新工科·高质量教材建设计划
国家一流本科课程教材

数值计算方法

向华萍　张奕韬　曾建邦　付智辉　主编

电子科技大学出版社
University of Electronic Science and Technology of China Press
·成都·

图书在版编目(CIP)数据

数值计算方法 / 向华萍等主编. -- 成都 : 成都电子科大出版社, 2024. 9. -- ISBN 978-7-5770-1159-2

Ⅰ. O241

中国国家版本馆 CIP 数据核字第 2024W1574U 号

数值计算方法

SHUZHI JISUAN FANGFA

向华萍　张奕韬　曾建邦　付智辉　主编

策划编辑　李述娜
责任编辑　李述娜
责任校对　熊晶晶
责任印制　梁　硕

出版发行　电子科技大学出版社
　　　　　成都市一环路东一段 159 号电子信息产业大厦九楼　邮编 610051
主　　页　www.uestcp.com.cn
服务电话　028-83203399
邮购电话　028-83201495

印　　刷　成都市火炬印务有限公司
成品尺寸　185 mm×260 mm
印　　张　18.5
字　　数　475 千字
版　　次　2024 年 9 月第 1 版
印　　次　2024 年 9 月第 1 次印刷
书　　号　ISBN 978-7-5770-1159-2
定　　价　59.00 元

前言 ‖ PREFACE

数值计算方法(亦称为计算方法、数值分析)是计算机科学发展到现阶段后,为了更好地解决诸如工程应用方面的计算问题而迅速发展的一门数学应用学科,是现代数学的一个分支。随着计算机的飞速发展,数值计算方法已深入计算物理、计算力学、计算化学、计算生物学、计算经济学等各个领域,尤其是大数据、人工智能和机器学习的蓬勃发展与广泛应用,让作为它们基础的数值计算方法也受到了广泛的重视,其重要性不言而喻。

"数值计算方法"课程是计算机类、软件类以及其他工科类专业必修的专业基础课,主要讨论如何利用计算机更好地解决各种数值计算的问题,在重点讨论各种算法的同时,还讨论计算过程中的误差、收敛性和稳定性等问题。

本教材的作者均长期在第一线担任相关课程的教学工作,具备丰富的教学经验和科研实践。本教材作者承担的"数值计算方法"课程通过了江西省精品在线开放课程认定,是江西省高校育人共享计划项目课程和江西省防疫期间线上教学优质课,先后获批江西省一流本科课程、国家级一流本科课程。

根据作者在教学实践中的体会,本着满足教学基本需要的原则,本教材将误差分析、非线性方程求根、线性方程组的直接法、线性方程组的迭代法、插值法、拟合与逼近、数值积分和常微分方程数值方法等内容编入,对各种数值计算方法进行分析比较及误差分析,还进一步讨论其收敛性和稳定性,加深读者对各种方法的理解,帮助读者根据不同的数据对象选择合适的数值计算方法。

本教材注重实践性和应用性,每章包含大量实例和练习题,章后附有"上机实验参考程序""工程应用实例"板块,以提升读者的实验实践能力和解决工程实际问题的能力。此外,章后还增加"算法背后的历史"板块,介绍与本章节内容相关的历史,特别是我国数学史和数学家卓越成就事迹，拓展读者的知识面，增强阅读的趣味性，培养学生科学人文素养，提升学生学习兴趣。

本教材共8章，第1、2、8章由向华萍编写，第3、4章由张奕韬编写，第5章由曾建邦编写，第6、7章由付智辉编写，“上机实验参考程序”板块、“工程应用实例”板块和“算法背后的历史”板块由向华萍、曾建邦和付智辉共同编写，向华萍负责全书的统稿工作。

编　者

2024年5月

目录 ‖ CONTENTS

第1章 误差分析

第2章 非线性方程求根

第4章　线性方程组的迭代法

第5章　插值法

第6章 拟合与逼近

第7章 数值积分

第8章 常微分方程数值方法

第1章 误差分析

在科学研究与工程技术中，有大量的数值计算问题，大到航天技术的复杂性计算，小到一项建筑造价的计算。对于数值计算的问题，其实我们并不陌生，学数学都是在从初等数值计算开始，只是截至目前的数学学习，缺乏从工程应用的角度考虑更进一步的问题。

将数学方法应用实际，大概的步骤是：实际问题⇒数学模型⇒设计模型求解的计算方法⇒计算方法的程序设计⇒上机计算并求出结果。对于求出的结果，还要进行检验，符合要求就应用结果；否则，重复此过程。在这个过程中，存在大量的“取舍”，如由实际问题建立数学模型、求解过程中数值取值等，必须做出必要的取舍。一个好的数学模型，不在乎其复杂程度，关键是能够解决问题。如果考虑的因素太多，模型建立得太“细”（即考虑的因素多，对问题的描述比较全面），尽管比较好地描述了实际问题，但因模型太复杂而难以求解，或求解过于复杂，算法的“时间复杂性”与“空间复杂性”不好。如果考虑的因素太少，模型建立得太“粗”，可能解决不了问题。建立数学模型时，必须根据需要抓住问题的主要矛盾、主要因素，舍去无关紧要的次要因素。问题的求解必然涉及数值计算，也就必然有“四舍五入”等数值的取舍等。一个好的算法应具有如下特点：①结构简单，易于计算机实现；②理论上要保证方法的收敛性和数值稳定性；③计算效率高，即计算速度快，节省存储量；④经过数值实验检验，证明行之有效。

在实际问题的求解中，既然存在因素、数值等的“取舍”，就必然产生“误差”。通俗地说，误差就是所求出的结果值与原问题的结果值的差值。在学习数值计算方法的时候，我们还必须明白一个问题：误差是会传播和积累的。如果一个算法较好，误差的传播可以保持在可控的范围，不至于由于初始值的误差而导致最后结果的误差太大；反之，如果一个算法不好，误差的传播可能如“蝴蝶效应”所描述的那样，失去控制。著名的“蝴蝶效应”，通俗地说是“纽约的一只蝴蝶翅膀拍动一下，通过大气的传播，原本风和日丽的北京刮起了大风暴”。大气运动是遵循一系列物理学定律的，这些定律就是一系列抽象、复杂的方程式（或方程组）。在初始时刻，蝴蝶翅膀的一次拍动，造成了空气的风速或温度的微小变化，但初始值的这一点微小变化，经过物理定律的成千上万步推算后，初始值的信息可能全部丧失，直至不可控。本章将对此做进一步的讨论。

1.1 误差的产生与类型

从纯数学的角度看，求解问题的答案是完全精确的，一个等号的成立也是刚性的。但在实际工程问题中，很难真正得到所谓的精确解：一方面是因为得到精确解的困难性；另一方面是因为我们并不真的需要那么精确的解，在很多实际问题中，只需要近似解就可以了。

根据高等数学幂级数的知识，我们可知

$$e = 1 + \frac{1}{1!} + \frac{1}{2!} + \cdots + \frac{1}{n!} + \cdots$$

$$\sin x = x - \frac{x^3}{3!} + \frac{x^5}{5!} + \cdots + (-1)^n \frac{x^{2n+1}}{(2n+1)!} + \cdots$$

自然常数 e 在工程实践中经常被用到，但它是个无理数，不可能获得其精确值，所以在应用的时候只能在满足要求的情况下取其近似值，这之间就产生了误差。高等数学求极限的时候，如果 $x \to 0$，那么可以用 x 近似代替 $\sin x$（无穷小等价代换），此过程中，$\sin x$ 展开式中的比 x 高阶的无穷小量被忽略了。

总的来说，根据误差的产生原因，误差分为以下四种类型。

1.1.1 模型误差

在解决实际问题时，建立数学模型的过程可能很复杂，也可能较简单，但无论简单与复杂，都必须对实际问题进行抽象与简化。为了抓住问题的主要因素，要舍去一些次要因素，这样就会使建立的数学模型只是实际问题的一种近似描述，因此数学模型与实际问题之间总会存在一定的误差，我们称这种误差为模型误差。

例如，在计算地球的体积时，地球常被近似看作一个球体（简单的模型），利用体积公式 $V = \frac{4}{3}\pi R^3$（其中，R 是地球的半径）即可求得。但地球实际上更似一个椭球体，这中间就产生了模型误差。

设 v 表示实际问题的客观值，v_1 表示数学模型的解，则模型误差为 $|v - v_1|$。由于这类误差难于做定量分析，所以本课程总是假定所研究的数学模型是合理的，对模型误差不做深入的讨论。

1.1.2 观测误差

数学模型中往往包含一些物理参数，这些参数通常是通过观测和实验得到的，由于测量工具和测量手段的限制，它们与实际参数值之间难免存在误差，我们称这种误差为观测误差或测量误差。

例如，在测量一个物体温度时，由于测量温度工具的局限性（世界上没有绝对精确的测量工具）和观测人员的局限性，所观测到的温度只能是一个近似值，其中的误差就是观测误差。

设 v 表示实际问题的客观值，v_2 表示测量所得的值，则观测误差为 $|v - v_2|$。通常根据测量工具或仪器本身的精度，可以知道这类误差的上限值，本课程对观测误差也不做过多的讨论。

1.1.3 截断误差

在求解数学模型时，很多情况下很难得到精确解，而我们往往需要它的近似解。例如，一个复杂的方程式，可以借助无限逼近的方法，用能方便计算的方程式代替，如用线性方程式代替非线性方程式，用代数方程式代替超越方程式等。这种用近似的数值方法求解数学模型所产生的误差称为截断误差或方法误差。

例如，$e \approx 1 + \frac{1}{1!} + \frac{1}{2!} + \cdots + \frac{1}{9!}$，$\sin x \approx x$ 等产生的误差都是截断误差。如果取 $\sin x \approx x - \frac{x^3}{3!} + \frac{x^5}{5!}$，根据泰勒公式，其产生的截断误差为 $R_5(x) = \frac{|\xi|^7}{7!}$，其中 ξ 介于 0 与 x 之间。

截断误差的大小直接影响数值计算的精度，是数值计算中必须重视的一类误差。

1.1.4 舍入误差

由于计算机只能对有限位数值进行运算，在运算中如 π，$\sqrt{2}$，$\frac{1}{\sqrt{3}}$等都要按四舍五入原则取有限位的有效值，因此产生的误差称为舍入误差或计算误差。

例如，取 $\pi^* = 3.14$，由于 $\pi = 3.141\,592\,6\cdots$，那么 $\pi - \pi^* = 0.001\,592\,6\cdots$ 就是舍入误差。同样，取 $\sqrt{2} \approx 1.414$，产生的舍入误差为 $0.000\,213\,6\cdots$。

舍入误差也是数值计算中必须十分关注的，因为即使微小的舍入，经过多次运算后，通过误差的传播与积累，也可能产生很大的影响。

例题 1.1 对于定积分 $I_n = \int_0^1 x^n e^{x-1} dx$，利用分部积分法得

$$I_n = \int_0^1 x^n e^{x-1} dx = \int_0^1 x^n d(e^{x-1}) = x^n e^{x-1} \big|_0^1 - n\int_0^1 x^{n-1} e^{x-1} dx = 1 - nI_{n-1}$$

即有递推关系 $I_n = 1 - nI_{n-1}$，$n = 1, 2, \cdots$。

当 $n = 0$ 时，$I_0 = \int_0^1 e^{x-1} dx = 1 - e^{-1} = 0.632\,120\,558\cdots$，取 I_0 的 4 位有效数字的近似值，即 $I_0 \approx 0.632\,1$，可递推得到表 1-1 所列的结果。

表 1-1 计算结果

I_0	I_1	I_2	I_3	I_4
0.632 1	0.367 9	0.264 2	0.207 4	0.170 4
I_5	I_6	I_7	I_8	I_9
0.148 0	0.112 0	0.216 0	-0.728 0	7.552 0

从表 1-1 看到，尽管对于任何 n，都有 $I_n > 0$，但计算的结果竟然出现 $I_8 < 0$，且由于

$$I_9 \leqslant \int_0^1 x^9 \mathrm{d}x \leqslant \frac{1}{10}$$

这说明在表1-1中，I_9 的结果误差太大，真是“差之毫厘，谬以千里”。

综上所述，数值计算中，误差难以回避，所以讨论误差是十分重要的。本章主要研究截断误差和舍入误差（包括初始数据的误差）对计算结果的影响，讨论它们在计算过程中的传播和对计算结果的影响。

1.2 误差与有效数字

1.2.1 绝对误差

定义 1.1 设 x 是某一量的精确值，x^* 是它的一个近似值，则称

$$e(x) = x - x^*$$

为近似值 x^* 的绝对误差，不会混淆的情况下简写为 e。

通常精确值 x 是无法知道的，所以误差 e 也无法知道，这时我们只能估计 e 的界。如果存在 $\varepsilon(x) > 0$，使得

$$|e(x)| = |x - x^*| \leqslant \varepsilon(x)$$

则称 $\varepsilon(x)$ 为近似值的绝对误差限，不会混淆的情况下简写为 ε。

显然，x^* 的误差限不是唯一的。从某种意义上讲，ε 越小，近似值 x^* 的精确度越高，则

$$x^* - \varepsilon \leqslant x \leqslant x^* + \varepsilon$$

在实际应用中，常用

$$x = x^* \pm \varepsilon$$

来表示近似值 x^* 的精确值 x 的取值范围。

例题 1.2 设 $x = \frac{2}{3} = 0.666\,6\cdots$，取 $x^* = 0.667$，请给出其绝对误差限。

解 根据

$$|e| = |x - x^*| = 0.000\,333\cdots < 0.000\,5$$

估计的 x^* 的绝对误差限为0.000 5。

值得注意的是，绝对误差与绝对误差限是有量纲的，讨论时要统一。例如，房屋 A 的测量面积为 $x_A^* = 120\ \mathrm{m}^2$，如果要求误差不能超过 $20\ \mathrm{cm}^2$，则 $x = (120 \pm 0.002)\ \mathrm{m}^2$；房屋 B 的测量面积为 $x_B^* = 200\ \mathrm{m}^2$，如果要求误差不能超过 $25\ \mathrm{cm}^2$，则 $x = (200 \pm 0.002\,5)\ \mathrm{m}^2$。

显然 x_B^* 比 x_A^* 的绝对误差大，但是这并不能代表它们的精度，实际上 x_B^* 比 x_A^* 的精度更好。又如测量长度 50 m 和 10 m，如果它们的绝对误差都是 1 cm，显然前者的精度比后者高。所以，决定近似值的精确度，仅仅靠绝对误差是不够的，必须考虑被测量本身的大小，为此自然引出相对误差的概念。

1.2.2 相对误差

定义 1.2 绝对误差与精确值的比值，即

$$e_r(x)=\frac{e}{x}=\frac{x-x^*}{x}$$

称为近似值 x^* 的相对误差，不会混淆的情况下简写为 e_r。

由于精确值 x 往往未知，而

$$\frac{e}{x^*}-\frac{e}{x}=\frac{e(x-x^*)}{xx^*}=\frac{e^2}{xx^*}=\frac{e^2}{x(x-e)}=\frac{\left(\frac{e}{x}\right)^2}{1-\left(\frac{e}{x}\right)}$$

当相对误差 $e_r=\frac{e}{x}$ 相当小时，$\frac{e}{x^*}-\frac{e}{x}$ 是 $e_r=\frac{e}{x}$ 的高阶无穷小，所以可用

$$e_r=\frac{e}{x^*}=\frac{x-x^*}{x^*}$$

作为近似值 x^* 的相对误差。

同样，由于精确值 x 未知，因此 e_r 是不确定的，只能估计它的大小范围。由于 $|e|\leqslant\varepsilon$，可指定一个适当小的正数 $\varepsilon_r(x)$，使

$$|e_r(x)|=\frac{|e(x)|}{|x^*|}\leqslant\varepsilon_r(x)$$

称 $\varepsilon_r(x)$ 为近似值 x^* 的相对误差限。在不会混淆的情况下简写为 ε_r。当 $|e_r|$ 较小时，可以用下式来计算 ε_r：

$$\varepsilon_r=\frac{\varepsilon}{|x^*|}$$

显然，相对误差和相对误差限没有量纲。

例题 1.3 设 $x=100$ m，$x^*=99$ m，$y=10\ 000$ m，$y^*=9\ 950$ m，求 x^*，y^* 的绝对误差和相对误差。

解 x^* 的绝对误差 $|e(x)|=1$ m，相对误差 $e_r(x)=\frac{1}{100}=0.01$；

y^* 的绝对误差 $|e(y)|=50$ m，相对误差 $e_r(x)=\frac{50}{10\ 000}=0.005$。

y^* 的绝对误差比 x^* 的绝对误差大，但由相对误差可知，实际上 y^* 的相对误差比 x^* 的小，精度更高。

如前所述，房屋 A 的相对误差限是 $\frac{0.002}{120}\approx0.000\ 016\ 667$，房屋 B 的相对误差限是 $\frac{0.002\ 5}{200}=0.000\ 012\ 5$，可见房屋 B 的测量精确度高于房屋 A。所以，分析误差时，相对误差或相对误差限更能描述精确度。

一般来说，凡是由精确值经过四舍五入得到的近似值，其绝对误差限等于该近似值末位的半个单位。

例题 1.4 设 $x^*=2.48$ 是由精确值四舍五入得到的近似值，求 x^* 的绝对误差限和相对误差限。

解 根据题意可知精确值 x 满足

$$2.475\leqslant x\leqslant 2.485$$

所以绝对误差限 $\varepsilon=0.005$，相对误差限 $\varepsilon_r=\dfrac{0.005}{2.48}\approx 0.002$。

1.2.3 有效数字

为了能给出一种数的表示法，使得它既能表示数的大小，又能表示其精确度，下面引入有效数字的概念。

当精确值 x 有很多位数时，为了计算方便，常按四舍五入的原则得到 x 的近似值 x^*。例如，圆周率 $\pi=3.141\,592\,65\cdots$，按四舍五入的原则分别得到三个近似值：

$$\pi_1^*\approx 3.14,\ \pi_2^*\approx 3.142,\ \pi_3^*\approx 3.141\,593$$

它们的绝对误差限均不超过对应近似值末位数的半个单位，即

$$|\pi-3.14|\leqslant\frac{1}{2}\times 10^{-2}$$

$$|\pi-3.142|\leqslant\frac{1}{2}\times 10^{-3}$$

$$|\pi-3.141\,593|\leqslant\frac{1}{2}\times 10^{-6}$$

定义 1.3 若近似值 x^* 的绝对误差限是某一位的半个单位，就称此近似值精确到这一位，且若从该位直到 x^* 的第一位非零数字共有 n 位，则称近似值 x^* 有 n 位有效数字。如果表示一个数的数字都是有效数字，则称此数为有效数。

通过四舍五入得到的 π 的近似值 $\pi_1^*\approx 3.14$，$\pi_2^*\approx 3.142$ 和 $\pi_3^*\approx 3.141\,593$，分别有 3 位、4 位和 7 位有效数字，均为有效数。它们的绝对误差限分别为 $\frac{1}{2}\times 10^{-2}$，$\frac{1}{2}\times 10^{-3}$，$\frac{1}{2}\times 10^{-6}$。但如果取 π 的近似值为 $\pi^*\approx 3.141$，由于 $|\pi-3.141|\leqslant\frac{1}{2}\times 10^{-2}$，则此近似值同 3.14 一样，只有 3 位有效数字。

引入有效数字概念后，我们规定：在不说明的情况下，所写出的数都应该是有效数字，且在同一计算问题中，参加运算的数都应该有相同的有效数字。

例题 1.5 写出 374.462，0.002 884 271，9.000 016，$9.000\,016\times 10^3$ 的具有 5 位有效数字的近似值。

解 374.462，0.002 884 271，9.000 016，$9.000\,016\times 10^3$ 的具有 5 位有效数字的近似值分别是 374.46，0.002 884 3，9.000 0，9 000.0。

注意： 9.000 016 的有效数字是 9.000 0，而不是 9，因为 9 只有 1 位有效数字。9.000 0 精确到 0.000 1，而 9 精确到 1，两者相差很大。所以，有效数字尾部的零是不能随意省去的，

省去会损失近似值的精度。

数 3.141 59 也可以表示为

$$3.14159=0.314159\times 10$$
$$=10\times(3\times 10^{-1}+1\times 10^{-2}+4\times 10^{-3}+1\times 10^{-4}+5\times 10^{-5}+9\times 10^{-6})$$

一般来说，任何一个实数 x 经过四舍五入得到的近似值 x^* 都可以写成如下标准形式：

$$x^*=\pm 10^m\times(a_1\times 10^{-1}+a_2\times 10^{-2}+\cdots+a_n\times 10^{-n})$$

其中，a_1 是 1 ~ 9 的一个数字；a_2，a_3，…，a_n 是 0 ~ 9 的一个数字；m，n 为整数。

注意到，如上表示的数，其绝对误差满足

$$|x-x^*|\leqslant\frac{1}{2}\times 10^{m-n}$$

所以 $x^*=\pm 10^m\times(a_1\times 10^{-1}+a_2\times 10^{-2}+\cdots+a_n\times 10^{-n})$ 有 n 位有效数字 a_1，a_2，…，a_n。

结论

如果 x^* 的绝对误差限 $|\varepsilon(x)|=\frac{1}{2}\times 10^{m-n}$，那么 x^* 具有 n 位有效数字。(注：此结论也可作为有效数字的定义。)

有效数字不仅给出了近似值的大小，还给出了此近似值的绝对误差限。例如，有效数字 923.66，0.346×10^{-3}，0.3460×10^{-3} 的绝对误差限分别是 $\frac{1}{2}\times 10^{-2}$，$\frac{1}{2}\times 10^{-6}$，$\frac{1}{2}\times 10^{-7}$。请注意有效数字 0.346×10^{-3} 与 0.3460×10^{-3} 的区别。

例题 1.6 为使 $x=\sqrt{3}$ 的近似值的绝对误差小于 10^{-4}，问应该取几位有效数字?

解 由于 $x=\sqrt{3}=1.7320508\cdots$，近似值 x^* 可写为

$$x^*=10\times(0.a_1a_2\cdots a_n)$$

为满足要求，使

$$|\sqrt{3}-x^*|\leqslant\frac{1}{2}\times 10^{1-n}\leqslant 10^{-4}$$

故取 $n=5$，即取 5 位有效数字，此时 $x=\sqrt{3}=1.7321$。

例题 1.7 求近似数 56.000 0 的绝对误差限。

解法一 因为该近似数最末位的有效数字在 10^{-4} 数位上，所以它的绝对误差限为 $\frac{1}{2}\times 10^{-4}$。

解法二 由 $56.0000=0.560000\times 10^2$ 得 $m=2$。已知该数有 6 位有效数字，$n=6$，所以其绝对误差限为 $\frac{1}{2}\times 10^{m-n}=\frac{1}{2}\times 10^{-4}$。

下面看看有效数字与相对误差限的关系。

因为 $x^*=\pm 10^m\times(a_1\times 10^{-1}+a_2\times 10^{-2}+\cdots+a_n\times 10^{-n})$，则

$$\varepsilon=\frac{1}{2}\times 10^{m-n}$$

所以 $a_1 \times 10^{m-1} \leqslant |x^*| \leqslant (a_1+1) \times 10^{m-1}$，则

$$\varepsilon_r = \frac{\varepsilon}{|x^*|} \leqslant \frac{0.5 \times 10^{m-n}}{a_1 \times 10^{m-1}} = \frac{1}{2a_1} \times 10^{-(n-1)}$$

另外，由 $\varepsilon = \varepsilon_r \cdot |x^*|, |x^*| \leqslant (a_1+1) \times 10^{m-1}$，得到

$$\varepsilon \leqslant \varepsilon_r \cdot (a_1+1) \times 10^{m-1} \tag{1-1}$$

又根据前述，$x^* = \pm 10^m \times (a_1 \times 10^{-1} + a_2 \times 10^{-2} + \cdots + a_n \times 10^{-n})$ 要有 n 位有效数字 a_1，a_2，…，a_n，其绝对误差限为

$$\varepsilon = \frac{1}{2} \times 10^{m-n} \tag{1-2}$$

比较式（1-1）和式（1-2），若 $\varepsilon_r = \dfrac{1}{2(a_1+1)} \times 10^{-(n-1)}$ 时，x^* 有 n 位有效数字。

结论

（1）如果 x^* 有 n 位有效数字，那么它的相对误差限为

$$\varepsilon_r \leqslant \frac{1}{2a_1} \times 10^{-(n-1)}$$

其中，a_1 为 x^* 的第一个有效数字。

（2）如果 x^* 的相对误差限为 $\varepsilon_r = \dfrac{1}{2(a_1+1)} \times 10^{-(n-1)}$，那么 x^* 有 n 位有效数字。

通过上述结论可以看到，有效数字的位数越多（即 n 越大），相对误差限就越小，近似值的精确度就越高。有效数字的位数可刻画近似数的精确度，相对误差限与有效数字的位数有关。

例题 1.8 设 $x^* = 2.7183$ 表示自然数 e 具有 5 位有效数字的近似值，求此近似值的相对误差限。

解 $x^* = 2.7183 = 0.27183 \times 10^1$，$a_1 = 2$，$n = 5$，则其相对误差限为

$$\varepsilon_r \leqslant \frac{1}{2a_1} \times 10^{-(n-1)} = \frac{1}{2 \times 2} \times 10^{-(5-1)} = 0.25 \times 10^{-4}$$

例题 1.9 为使 $\sqrt{24}$ 的近似值的相对误差小于 1%，问至少应取几位有效数字？

解 $\sqrt{24}$ 的近似值的首位非零数字是 $a_1 = 4$，由结论（1）得

$$\varepsilon_r = \frac{1}{2 \times 4} \times 10^{-(n-1)} < 1\%$$

求解后可知 $n > 2$，故取 $n = 3$，即只要 $\sqrt{24}$ 的近似值取 3 位有效数字，就能够保证 $\sqrt{24} \approx 4.90$ 的相对误差限小于 1%。（注：$\sqrt{24} = 4.8989795\cdots$）

1.3 误差的传播与控制

按照例题 1.1 所讨论的方法计算定积分 $I_n = \int_0^1 x^n e^{x-1} dx$，出现了较大的误差，问题出在

哪里呢？这是因为，尽管 I_0 的近似值的误差不超过 $\frac{1}{2}\times 10^{-4}$，但在计算过程中误差会传播和积累。如果一个算法不好，随着计算步骤的增加，误差就可能会明显增大。上述给出的递推关系式就是一个数值不稳定的例子。出现这种情况，我们就要改变算法。

下面从函数的误差分析和算法的稳定性两方面来讨论误差的传播和误差的控制。

1.3.1 函数的误差分析

对于一元函数 $y=f(x)$，如果自变量 x 用近似值 x^* 代替，则函数的近似值 $y^*=f(x^*)$。对于函数的误差 $|e(y)|=|f(x)-f(x^*)|$，根据拉格朗日中值定理，有

$$f(x)-f(x^*)=f'(\xi)\ (x-x^*)$$

其中，ξ 介于 x 与 x^* 之间，则

$$|e(y)|=|f'(\xi)||e(x)|\approx|f'(x^*)||e(x)|$$

从上式看到，函数的绝对误差 $|e(y)|$ 是自变量绝对误差 $|e(x)|$ 的 $|f'(x^*)|$ 倍，即 $|f'(x^*)|$ 可看成函数绝对误差与自变量绝对误差的放大数，称为绝对误差条件数。如果条件数较小，函数的绝对误差可以被控制在某个范围内，则称该函数值 $y=f(x)$ 为好条件；如果条件数 $|f'(x^*)|$ 在某点 x_0 的值较大，则称函数 $y=f(x)$ 在点 x_0 处为坏条件。

进一步考虑函数的相对误差：

$$e_r(y)=\frac{|e(y)|}{|f(x^*)|}=\frac{|f(x)-f(x^*)|}{|f(x^*)|}=\left|\frac{f(x)-f(x^*)}{x-x^*}\right|\left|\frac{x-x^*}{x^*}\right|\left|\frac{x^*}{f(x^*)}\right|$$

$$\approx|f'(x^*)||e_r(x)|\left|\frac{x^*}{f(x^*)}\right|=\left|\frac{x^*f'(x^*)}{f(x^*)}\right||e_r(x)|$$

式中，$\left|\frac{x^*f'(x^*)}{f(x^*)}\right|$ 是相对误差的放大数，称为相对误差条件数。

对于多元函数的情形，我们可利用泰勒展开式讨论。

例如，对于二元函数 $y=f(x_1,x_2)$，若 x_1,x_2 的近似值为 x_1^*,x_2^*，相应函数近似值为 y^*，即 $y^*=f(x_1^*,x_2^*)$，则绝对误差：

$$|e(y)|=|y-y^*|=|f(x_1,x_2)-f(x_1^*,x_2^*)|$$

$$\approx\left|\frac{\partial f(x_1,\ x_2)}{\partial x_1}\right|_{(x_1^*,x_2^*)}e(x_1)+\frac{\partial f(x_1,\ x_2)}{\partial x_2}\Bigg|_{(x_1^*,x_2^*)}e(x_2)$$

记为

$$f_{x_1}=\frac{\partial f(x_1,\ x_2)}{\partial x_1}\Bigg|_{(x_1^*,x_2^*)},\ f_{x_2}=\frac{\partial f(x_1,\ x_2)}{\partial x_2}\Bigg|_{(x_1^*,x_2^*)}$$

即 $|e(y)|=|f_{x_1}\cdot e(x_1)+f_{x_2}\cdot e(x_2)|$。

推广到 n 元函数 $y=f\ (x_1,\ x_2,\ \cdots,\ x_n)$，类似有

$$|e(y)|=|f_{x_1}\cdot e(x_1)+f_{x_2}\cdot e(x_2)+\cdots+f_{x_n}\cdot e(x_n)|$$

例题 1.10 现测得某平板电脑的液晶屏的长度 a 的近似值 $a^*=120$ cm，宽度 b 的近似

值 $b^*=80$ cm，如果已知长、宽的误差分别不超过 0.03 cm、0.01 cm，求液晶板面积的近似值 $S^*=a^*b^*$ 的绝对误差限与相对误差限。

解 由于 $S=ab, \dfrac{\partial S}{\partial a}=b, \dfrac{\partial S}{\partial b}=a$，则

$$|e(S)|=\left|\frac{\partial S}{\partial a}\cdot e(a)+\frac{\partial S}{\partial b}\cdot e(b)\right| \leqslant \left|\frac{\partial S}{\partial a}\cdot e(a)\right|+\left|\frac{\partial S}{\partial b}\cdot e(b)\right|$$

$$=80\times 0.03+120\times 0.01=3.6(\mathrm{cm}^2)$$

相对误差限为

$$|e_r(S)|=\frac{|e(S)|}{|S^*|}=\frac{|e(S)|}{a^*b^*}\leqslant\frac{3.6}{9\ 600}\approx 0.037\ 5\%$$

对于加、减、乘、除四则运算，分别令

$$y=f(x_1, x_2)=x_1\pm x_2,\ y=f(x_1, x_2)=x_1x_2,\ y=f(x_1, x_2)=\frac{x_1}{x_2}$$

可推出两个近似数进行加、减、乘、除运算得到的绝对误差分别为

$$e(x_1\pm x_2)\approx e(x_1)+e(x_2)$$

$$e(x_1x_2)\approx d(x_1x_2)\approx x_2e(x_1)+x_1e(x_2)$$

$$e\left(\frac{x_1}{x_2}\right)a\approx d\left(\frac{x_1}{x_2}\right)\approx\frac{x_2e(x_1)-x_1e(x_2)}{x_2^2}\quad(x_2\neq 0)$$

由于 $|e(x_1+x_2)|=|e(x_1)+e(x_2)|\leqslant|e(x_1)|+|e(x_2)|$，因此任何两个数之和的绝对误差限为这两个数的绝对误差限之和，且可推广到有限多个数相加的情形。所以做大量加、减运算后的绝对误差限是绝不可以忽视的。

两个近似数进行加、减、乘、除运算，得到的相对误差分别为

$$e_r(x_1\pm x_2)=\frac{e(x_1\pm x_2)}{x_1\pm x_2}\approx\frac{x_1}{x_1\pm x_2}e_r(x_1)+\frac{x_2}{x_1\pm x_2}e_r(x_2)$$

$$e_r(x_1x_2)=\frac{e(x_1x_2)}{x_1x_2}\approx e_r(x_1)+e_r(x_2)$$

$$e_r\left(\frac{x_1}{x_2}\right)=e\left(\frac{x_1}{x_2}\right)\cdot\frac{x_2}{x_1}\approx e_r(x_1)-e_r(x_2)\quad(x_2\neq 0)$$

两数乘积的相对误差，可看作是各乘数的相对误差之和；两数商的相对误差，可看作是被除数与除数的相对误差之差。

以上所述的误差积累规律，对多个近似数的运算也是成立的。一般来说，任意多次连乘和连除所得的结果的相对误差限，可看作是各乘数和除数的相对误差限之和。

1.3.2 算法的稳定性

利用计算机求解数学模型的数值解时，必须设计算法。一个好的算法不仅要考虑时间复杂性和空间复杂性，还必须特别注意算法的稳定性。

解决一个计算问题往往有多种算法，其计算结果的精度也往往大不相同。如果一个算法

的输入数据有误差，而在计算过程中舍入误差不增长，则称此算法是数值稳定的，否则，称此算法为不稳定的。

例如，要计算

$$x=\left(\frac{\sqrt{2}-1}{\sqrt{2}+1}\right)^3$$

可用如下四种算法：

$$x=(\sqrt{2}-1)^6$$

$$x=\left(\frac{1}{\sqrt{2}+1}\right)^6$$

$$x=99-70\sqrt{2}$$

$$x=\frac{1}{99+70\sqrt{2}}$$

表 1-2 是分别取近似值 $\sqrt{2}\approx\frac{7}{5}=1.4$ 和 $\sqrt{2}\approx\frac{17}{12}=1.416\,6\cdots$ 时所计算出的 x 值。

表 1-2　四种算法在取近似值 $\sqrt{2}\approx\frac{7}{5}$ 和 $\sqrt{2}\approx\frac{17}{12}$ 时所计算的结果

算法序号	算法	$\sqrt{2}\approx\frac{7}{5}$	$\sqrt{2}\approx\frac{17}{12}$
1	$x=(\sqrt{2}-1)^6$	$\left(\frac{2}{5}\right)^6=0.004\,096\,0$	$\left(\frac{5}{12}\right)^6=0.005\,232\,78$
2	$x=\left(\frac{1}{\sqrt{2}+1}\right)^6$	$\left(\frac{5}{12}\right)^6=0.005\,232\,78$	$\left(\frac{12}{29}\right)^6=0.005\,019\,95$
3	$x=99-70\sqrt{2}$	1	$\frac{1}{6}=-0.166\,666\,67$
4	$x=\frac{1}{99+70\sqrt{2}}$	$\frac{1}{197}=0.005\,076\,14$	$\frac{12}{2\,378}=0.005\,046\,26$

在近似计算的时候，用不同算法计算同一个代数式却得出了不同的结果，尤其像算法 3，无论是 $\sqrt{2}\approx\frac{7}{5}=1.4$，还是 $\sqrt{2}\approx\frac{17}{12}=1.416\,6\cdots$ 都得出不可理解的结果（当然，算法 2 和算法 4 的结果是理想的），所以算法的选择十分重要。

为了减少和控制误差，在构造算法时，通常要注意以下几条原则。

（1）要防止“大数吃小数”。在数值计算中，参加运算的数有时数量级相差很大，而计算机的字长有限，加减法在先向上对阶运算，再四舍五入时，小数被吃掉。故在多个数求和时，我们可将同号数按从小到大的顺序来计算。

例题 1.11　求方程 $x^2+(\alpha+\beta)x+10^9=0$ 的根，其中 $\alpha=-10^9$，$\beta=-1$。

解　如果在八位数字的计算机上，用

$$x_1,\ x_2=\frac{-b\pm\sqrt{b^2-4ac}}{2a}$$

计算，有

$$
\begin{aligned}
-b &= -(\alpha+\beta) = 10^9+1\\
&= 0.100\,000\,00\times10^{10}+0.100\,000\,00\times10^{1}\\
&= 0.100\,000\,00\times10^{10}+0.000\,000\,000\,1\times10^{10}\\
&\approx 0.100\,000\,00\times10^{10} \quad \text{第9，10位舍去}\\
&= 10^9 = -\alpha
\end{aligned}
$$

那么 $\sqrt{b^2-4ac} = \sqrt{(10^9+1)^2-4\times1\times10^9} = \sqrt{(10^9-1)^2} \approx 10^9$，则

$$x_1 = \frac{-b+\sqrt{b^2-4ac}}{2a} = \frac{10^9+10^9}{2} = 10^9$$

$$x_2 = \frac{-b-\sqrt{b^2-4ac}}{2a} = \frac{10^9-10^9}{2} = 0$$

但实际上，方程的两个根分别是 $x_1=10^9$，$x_2=1$，x_1 可靠，x_2 错误。从上述过程看到，出现这种巨大误差的原因就是，小数1被大数 10^9 "吃掉"了。这时怎么办呢？我们可以利用根之间的韦达定理，即由于

$$x_1\cdot x_2 = \frac{c}{a}$$

则

$$x_2 = \frac{c}{ax_1} = \frac{10^9}{1\times10^9} = 1$$

（2）要避免两个相近的数相减。两个相近数相减会引起有效数字的严重损失，从而导致相对误差的增大，正所谓：两虎相斗，两败俱伤。要避免这种情况，我们通常采用数学方法将相应的计算公式转化为另一个等价的计算公式。

例如，$x=1.275\,8$，$y=1.275\,4$ 都是具有5位有效数字的，但 $x-y=0.000\,4$ 只有1位有效数字。如果取4位有效数字，即取近似值 $x^*=1.276$，$y^*=1.275$，那么 $x^*-y^*=0.001$，产生的相对误差为

$$|e_r| = \left|\frac{(x-y)-(x^*-y^*)}{(x^*-y^*)}\right| = \left|\frac{0.000\,4-0.001}{0.001}\right| = 60\%$$

相对误差很大。

例题 1.12 保持4位有效数字，求方程 $x^2+62.10x+1=0$ 的根。

解 由

$$
\begin{aligned}
\sqrt{b^2-4ac} &= \sqrt{62.10^2-(4.000)\times(1.000)\times(1.000)}\\
&= \sqrt{3\,856-4.000} = \sqrt{3\,852} = 62.06
\end{aligned}
$$

则

$$x_1^* = \frac{-62.10+62.06}{2} = \frac{-0.040\,00}{2} = 0.020\,00$$

$$x_2^* = \frac{-62.10-62.06}{2} = \frac{-124.2}{2} = -62.10$$

上述通过求解得到的结果并不好，实际上 $x_1=-0.016\,107\,23$，$x_2=-62.083\,90$，取4位有效数字：$x_1\approx-0.016\,11$，$x_2=-62.08$。对于 x_1^*，其相对误差为

$$\left|\frac{-0.01611+0.02000}{-0.01611}\right| \approx 0.24\times10^{-1} \leqslant \frac{1}{2(a_1+1)}\times10^{-1} \quad (\text{其中 } a_1=1)$$

x_1^* 相对误差不仅较大，并且 $-(n-1)=-1, n=2$，只有 2 位有效数字。出现这种不好结果的原因就是两个相近的数 -62.10 与 -62.06 相减。为了避免这种情况发生，可用如下公式计算 x_1^*：

$$x_1 = \frac{-b+\sqrt{b^2-4ac}}{2a}\cdot\frac{-b-\sqrt{b^2-4ac}}{-b-\sqrt{b^2-4ac}}$$

$$= \frac{b^2-(b^2-4ac)}{2a(-b-\sqrt{b^2-4ac})} = \frac{-2c}{b+\sqrt{b^2-4ac}}$$

则

$$x_1^* = \frac{-2.000}{62.10+62.06} = \frac{-2.000}{124.2} = -0.01610$$

上式的相对误差是 0.62×10^{-3}，相对较小。但如果用求解 x_1^* 的方法求解 x_2^*，则将得到相反的效果，其中理由一样。

类似地，如果 x 很大，计算 $\sqrt{x+1}-\sqrt{x}$ 时，$\sqrt{x+1}$ 与 $\sqrt{x}$ 很接近，直接计算会造成有效数字的严重损失，可将原式化为如下等价式：

$$\frac{1}{\sqrt{x+1}+\sqrt{x}}$$

来计算，以减少误差。

例题 1.13 用四位有效数字计算 $y=\sqrt{1001}-\sqrt{1000}$ 的值。

解 $y=\sqrt{1001}-\sqrt{1000}=\dfrac{1}{\sqrt{1001}+\sqrt{1000}}=\dfrac{1}{63.26}\approx0.01581$

与准确值相比较，所得结果具有 4 位有效数字，y 的相对误差不超过 0.02%。

如果直接计算，则

$$y=\sqrt{1001}-\sqrt{1000}=31.64-31.62=0.02$$

事实上，y 的准确值是 0.015 807 437 4…，可见直接计算所得的近似值仅有一位有效数字，y 的相对误差大于 26%。

(3) 要避免以绝对值很小的数作为除数。以绝对值很小的数作为除数会直接影响计算结果的精度，这是由于

$$\left|e\left(\frac{x}{y}\right)\right| \approx \frac{|x||e(y)|+|y||e(x)|}{|y|^2}$$

可见，当 $|y|$ 充分小时，误差 $\left|e\left(\dfrac{x}{y}\right)\right|$ 可能会变得很大。

避免发生这种情况的方法：用化其为其他等价形式的方法来处理。例如，当 x 接近于 0 时，将 $\dfrac{1-\cos x}{\sin x}$ 转化为等值式 $\dfrac{\sin x}{1+\cos x}$ 来计算。

(4) 要减少运算次数，避免误差积累。减少运算次数，能减少舍入误差及其传播环节。

例如，直接计算 x^{127} 需要做 126 次乘法，但若写成

$$x^{127}=x\cdot x^{2}\cdot x^{4}\cdot x^{8}\cdot x^{16}\cdot x^{32}\cdot x^{64}$$

只需要做 12 次乘法。

又如，给一个 x 的值，计算多项式 $P_n(x)=a_0+a_1x+a_2x^2+\cdots+a_nx^n$，若直接计算，则需

$$1+2+\cdots+n=\frac{n(n+1)}{2}$$

次乘法和 n 次加法。但若将多项式改写为

$$P_n(x)=a_0+x\{a_1+x[a_2+\cdots+x(a_{n-1}+xa_n)]\}$$

再用算法

$$\begin{cases}P_0=a_n\\ P_k=P_{k-1}\cdot x+a_{n-k},k=1,2,\cdots,n\end{cases}$$

计算，则只要做 n 次乘法和 n 次加法，这就是秦九韶算法。

(5) 要控制舍入误差的积累和传播。例题 1.1 用定积分递推公式，初值的舍入误差在计算过程中迅速传播；而用逆推公式，则成为数值稳定的算法。

例题 1.14 利用递推关系

$$I_n=1-nI_{n-1}\quad(n=1,\ 2,\ \cdots)$$

计算定积分 $I_n=\int_0^1 x^n e^{x-1}dx$ 并不是好算法。

下面将该递推关系式反向，得

$$I_{n-1}=\frac{1}{n}(1-I_n)$$

由于

$$\frac{1}{e(n+1)}\leqslant\int_0^1 x^n\cdot e^{-1}\leqslant I_n\leqslant\int_0^1 x^n dx=\frac{1}{n+1}$$

当 $n=9$ 时，$0.036\ 79\leqslant I_9\leqslant 0.100\ 00$，取中值 $I_9\approx 0.068\ 39$，据此反推的结果见表 1-3所列。

表 1-3 例题 1.1 反推的结果

I_9	I_8	I_7	I_6	I_5
0.068 39	0.103 51	0.112 06	0.126 85	0.145 53
I_4	I_3	I_2	I_1	I_0
0.170 89	0.207 28	0.264 24	0.367 88	0.632 12

从表 1-3 看到，反推的结果是比较稳定的，如 I_0 的值与其精确值接近。假如利用这种反推方法求 I_k，可以设一个比 k 大的整数 m，按如上方法估计 I_m 的近似值，再反推出 I_k 的近似值。

下面我们讨论这两种算法出现不同结果的原理。

根据 $I_n=1-nI_{n-1}$，$n=1,2,\cdots$，有绝对误差

$$|e_n|=|I_n-I_n^*|=|(1-nI_{n-1})-(1-nI_{n-1}^*)|$$
$$=n|I_{n-1}-I_{n-1}^*|=\cdots=n!\ |I_0-I_0^*|=n!\ |e_0|$$

即 $|e_n|=n!|e_0|$,说明绝对误差是按 n 的阶乘倍增加,误差显然放大很快,故此算法是不好的。

反过来,由 $I_{n-1}=\frac{1}{n}(1-I_n)$ 可得

$$|e_0|=\frac{1}{n!}|e_n|$$

进一步有

$$|e_k|=\frac{1}{m(m-1)\cdots(k+1)}|e_m|$$

说明从 I_m 到 I_k，绝对误差越来越小，所以此算法是好的、稳定的。

小结

1. 了解误差类型，掌握绝对误差、相对误差、有效数字等概念及相关计算。
2. 了解误差的传播与积累规律。
3. 熟悉算法设计中控制误差的原则。

典型例题选讲

☞**典型例题选讲 1.1** 问应取 $\sqrt{101}$ 的几位有效数字才能使其相对误差限不超过 $\frac{1}{2}\times10^{-4}$？

解 $\sqrt{101}$ 的近似值的首位非 0 数字 $a_1=1$，因此有

$$|\varepsilon_r^*(x)|=\frac{1}{2\times1}\times10^{-(n-1)}\leqslant\frac{1}{2}\times10^{-4}$$

解得 $n\geqslant5$，所以 $n=5$。

☞**典型例题选讲 1.2** 指出下列数字具有几位有效数字，及其绝对误差限和相对误差限：2.000 4，−0.002 00，9 000，9 000.00。

解 （1）因为 $2.000\,4=0.200\,04\times10^1$，$m=1$，所以绝对误差限：

$$|x-x^*|=|x-2.000\,4|\leqslant0.5\times10^{-4}$$
$$m-n=-4,\ m=1$$

则 $n=5$，故 $x=2.000\,4$ 有 5 位有效数字，$x_1=2$，相对误差限

$$\varepsilon_r=\frac{1}{2\times x_1}\times10^{-(n-1)}=\frac{1}{2\times2}\times10^{1-5}=0.000\,025$$

（2）因为 $-0.002\,00=-0.2\times10^{-2}$，$m=-2$，所以

$$|x-x^*|=|x-(-0.002\,00)|\leqslant0.5\times10^{-5}$$
$$m-n=-5,\ m=-2$$

则 $n=3$，故 $x=-0.002\,00$ 有3位有效数字，$x_1=2$，相对误差限 $\varepsilon_r=\frac{1}{2\times 2}=10^{1-3}=0.002\,5$。

（3）因为 $9\,000=0.900\,0\times 10^4$，$m=4$，所以

$$|x-x^*|=|x-9\,000|\leqslant 0.5\times 10^0$$

$$m-n=0,\ m=4$$

则 $n=4$，故 $x=9\,000$ 有4位有效数字，$\varepsilon_r=\frac{1}{2\times 9}\times 10^{1-4}=0.000\,056$。

（4）因为 $9\,000.00=0.900\,000\times 10^4$，$m=4$，所以

$$|x-x^*|=|x-9\,000.00|\leqslant 0.5\times 10^{-2}$$

$$m-n=-2,\ m=4$$

则 $n=6$，故 $x=9\,000.00$ 有6位有效数字，相对误差限为 $\varepsilon_r=\frac{1}{2\times 9}\times 10^{1-6}=0.000\,000\,56$。

由（3）与（4）可以看到，小数点之后的0不是可有可无的，它是有实际意义的。

典型例题精讲1.3 序列 $\{y_n\}$ 满足递推关系 $y_n=10y_{n-1}-1(n=1,2,\cdots)$，若 $y_0=\sqrt{2}\approx 1.41$（3位有效数字），计算到 y_{10} 时误差有多大？这个计算过程稳定吗？

解 设 y_n^* 为 y_n 的近似值，$\varepsilon(y_n)=|y_n^*-y_n|$，则由

$$\begin{cases} y_0=\sqrt{2} \\ y_n=10y_{n-1}-1 \end{cases} \text{与} \begin{cases} y_0^*=1.41 \\ y_n^*=10y_{n-1}^*-1 \end{cases}$$

可知，$\varepsilon(y_0^*)=\frac{1}{2}\times 10^{-2}$，$y_n^*-y_n=10(y_{n-1}^*-y_{n-1})$，即

$$\varepsilon(y_n^*)=10\,\varepsilon(y_{n-1}^*)=10^n\varepsilon(y_0^*)$$

从而可知 $\varepsilon(y_{10}^*)=10^{10}\varepsilon(y_0^*)=10^{10}\times\frac{1}{2}\times 10^{-2}=\frac{1}{2}\times 10^8$，因此计算过程不稳定。

算法背后的历史

蝴蝶效应与混沌理论

蝴蝶效应（butterfly effect）是一种混沌现象，说明了任何事物的发展均存在定数与变数。事物在发展过程中的发展轨迹有规律可循，同时也存在不可测的“变数”，有时还会适得其反，一个微小的变化能影响事物的发展。蝴蝶效应反映了问题的解对初始条件极端敏感（sensitive dependence of solutions on initial conditions）。也就是说，在一个动态系统中，初始条件的细微变化，会导致事物发展的过程或结果有显著差异。常见延伸的看法是指初始条件的微小变化，可能带动整个系统长期且巨大的链式反应。

蝴蝶效应的发现[8]

早在1963年，美国气象学家爱德华·洛伦兹（Edward N. Lorenz）在介绍研究成果时，

正式提出了蝴蝶效应。蝴蝶效应也被形象描述为“巴西的一只蝴蝶轻拍翅膀，可能导致美国的一场龙卷风”。

爱德华·洛伦兹

事实上，在发现蝴蝶效应之前，爱德华·洛伦兹也曾想用精准的数学公式来预测天气变化。1961 年冬季的某一天，洛伦兹通过电脑进行天气预报的计算。由于当时的计算机非常原始，计算速度很慢，为了节省时间，洛伦兹便在第一次计算结束后，改从程序中间开始执行第二次计算。然后他就下楼喝咖啡去了。

第一次计算到中段的结果是 0.506 127。在进行第二阶段的运算时，洛伦兹把 0.506 127 简化成 0.506 并作为输入的数值。他以为这种小变动对结果的影响可以忽略不计，但令他没想到的是，当他喝完咖啡回来看计算结果时，却发现远小于千分之一的输入值差异，已经造成运算结果的巨大改变。

经过缜密的演算推导之后，洛伦兹总结了他的发现，提出了著名的混沌理论。根据混沌理论，预报完全精确的天气是不可能的，因为在大气运动过程中，即使各种误差和不确定性很小，也有可能逐渐积累，并经过逐级放大，形成与预先计算结果完全不同的大气运动。

1963 年，洛伦兹正式向纽约科学院提交了一篇名为《决定性的非周期流动》的论文，指出大气动力学数值计算所产生的混沌现象。最初，洛伦兹用海鸥效应形容混沌现象带来的不确定性。但在后来的一次演讲中，他把海鸥效应换成了更富诗意的蝴蝶效应，由此广为人知。

中国古代先哲曾说“君子慎始，差若毫厘，谬以千里。（《礼记·经解》）”“差之毫厘，失之千里（《魏书·乐志》）”“一招不慎，满盘皆输”；西方国家则有民谣云：丢失一个钉子，坏了一只蹄铁；坏了一只蹄铁，折了一匹战马；折了一匹战马，伤了一位骑士；伤了一位骑士，输了一场战争；输了一场战争，亡了一个帝国。这些名言都指出，细微的偏差可能导致结果的巨变。

混沌理论[9]

蝴蝶效应被认为是混沌理论在生活中的实例之一。发现混沌理论的人，就是爱德华·洛伦兹，他因此被誉为“混沌理论之父”。

“混沌”一词，原指宇宙未形成之前的混乱状态。中国及古希腊哲学家都认为，宇宙从最初的混沌状态逐渐过渡到如今有条不紊的世界。经过长期的探索，科学家逐渐发现了宇宙中的众多规律，包括大家耳熟能详的万有引力、杠杆原理等。这些规律都能用单一的数学公式加以描述，并可以依据数学公式准确预测物体的状态或动向。

久而久之，以牛顿力学为中心的经典物理学认为：宇宙万物组成了一个确定的系统，就好像一个巨大的钟表中，有许多大小不一的齿轮在有规律地转动，只要确定了初始条件，该系统此后的所有状态都能事先预知，这就是决定论。在混沌理论出现之前，决定论被人们普遍认可。

到 19 世纪中期，决定论的发展达到了顶峰，标志事件是：法国天文学家勒威耶根据牛顿力学进行计算，于 1846 年预言了海王星的轨道，仅仅过去几个星期，德国天文学家加勒就在该轨道上第一次找到了海王星。后来，科学家又通过理论计算找到了冥王星。

法国分析学家、概率论学家和物理学家拉普拉斯，同样坚信决定论。他仿效阿基米德的口气，说出一番豪言壮语："假设能知道宇宙中每个原子现在的确切位置和动量，便能根据牛顿定律，计算出宇宙中事件的整个过程！计算结果中，过去和未来都将一目了然！"

不过在不久之后，决定论受到了其他科学发现的挑战，包括混沌理论的挑战。因为混沌理论显示，"在一切条件都确定的系统内，结果依然不可能是精确的，而是随机结果"。并且，这种混沌现象不是偶然的、个别的，而是普遍存在于宇宙间各种各样、或大或小的系统内。

混沌理论成立，代表着宇宙的变化并不是沿着有规律的直线进行的，而是走过了许多分岔路口。因此，拉普拉斯不仅不能根据"现在"来预测"将来"，也不可能找回"过去"的模样。

习题 1

1. 称得一物体重 542 g，如果其绝对误差不超过 0.5 g，问其相对误差是多少？

2. 按四舍五入的原则，将下列数舍入成 5 位有效数字：

718.856 7，9.000 015，27.322 250，1.324，651，73.182 13，0.015 236 23。

3. 下列各数都是经过四舍五入得到的近似数，即误差限不超过最后一位的半个单位，试指出它们是几位有效数字：

$x_1^* = 1.102\,3$；$x_2^* = 0.032$；$x_3^* = 489.7$；$x_4^* = 56.340$。

4. 计算下列数的近似值，精确到 5 位有效数字，并写出其相对误差限。

（1）$\sqrt{10} - \pi$；（2）$\sqrt{281}$；（3）$\dfrac{1}{\pi}$。

（注：$\sqrt{10} = 3.162\,277\,7\cdots$，$\pi = 3.141\,592\,653\,59\cdots$，$\sqrt{281} = 16.763\,054\,6\cdots$）

5. 设 3.14，3.141 5，3.141 6 分别作为 π 的近似值时所具有的有效数字位数。

6. 讨论下列各题：

（1）设 $x > 0$，x 的相对误差为 δ，求 $\ln x$ 的误差；

（2）设 x 的相对误差为 2%，求 x^n 的相对误差；

（3）正方形的边长大约为 100 cm，问边长的误差不超过多少，才能使其面积误差不超过 1 cm^2？

7. 求方程 $x^2 - 56x + 1 = 0$ 的两个根，使它至少具有四位有效数字（$\sqrt{783} \approx 27.982$）。

8. 设 $f(x) = \ln(x - \sqrt{x^2 - 1})$，求 $f(30)$ 的值。若开平方用六位函数表，问求对数时误差有多大？若改用另一等价公式 $\ln(x - \sqrt{x^2 - 1}) = -\ln(x + \sqrt{x^2 - 1})$ 计算，求对数时误差有多大？（注：$\sqrt{899} = 29.983\,328\,7\cdots$，$\ln 0.016\,7 = -4.092\,3\cdots$）

9. 计算 $f = (\sqrt{2} - 1)^6$，取 $\sqrt{2} \approx 1.4$，利用下列等式计算，哪一个得到的结果最好？

（1）$\frac{1}{(\sqrt{2}+1)^6}$；（2）$(3-2\sqrt{2})^3$；（3）$\frac{1}{(3+2\sqrt{2})^3}$；（4）$99-70\sqrt{2}$。

10. 改变下列各式，使计算结果更精确：

（1）$\ln x_1-\ln x_2$，$x_1\approx x_2$；

（2）$\frac{1-\cos x}{x}$，$x\neq 0$，$|x|$很小；

（3）$\frac{1}{1-x}-\frac{1-x}{1+x}$，$|x|$很小；

（4）$\frac{1}{x}-\cot x$，$x\neq 0$，$|x|$很小；

（5）$\sqrt{x+\frac{1}{x}}-\sqrt{x-\frac{1}{x}}$，$x$ 远比 1 大；

（6）$\int_n^{n+1}\frac{1}{1+x^2}\mathrm{d}x$，$n$ 充分大。

第2章 非线性方程求根

在科学计算和工程应用领域中，电路和电力系统计算、非线性微分和积分方程、非线性规划、非线性力学等众多领域经常会遇到求解高次代数方程或含有指数和正弦函数的超越方程的问题。高次代数方程和超越方程统称为非线性方程。与线性方程相比，非线性方程问题无论是从理论上还是从计算公式上，都要复杂得多。计算一般的非线性方程 $f(x)=0$ 的根，既无一定章程可循，也无直接法可言。例如，高次代数方程

$$7x^6-2x^4+x-4=0$$

或超越方程

$$2e^{x^2}-\cos\frac{\pi x}{2}=0$$

这些方程看似简单却不易求其准确根。在实际问题中，只要能获得满足一定精确度的近似根就可以了，所以研究适用于实际计算的求方程近似根的数值方法，具有重要的现实意义。通常，非线性方程的根不止一个。因此，在求解非线性方程时，要给定初始值或求解范围。

本章主要讨论一元非线性方程的数值解法。设一元非线性方程为

$$f(x)=0 \tag{2-1}$$

定义 2.1 若有数 x^* 使 $f(x^*)=0$ 成立，则称 x^* 为方程 $f(x)=0$ 的根，或称 x^* 为函数 $f(x)$ 的零点。

如果 $f(x)$ 能写成

$$f(x)=(x-x^*)^m g(x) \tag{2-2}$$

其中，m 是正整数，$g(x^*)\neq 0$，则 x^* 为 $f(x)=0$ 的 m 重根，或 x^* 为 $f(x)$ 的 m 重零点；当 $m=1$ 时，x^* 为方程的单根。

2.1 方程求根的基本思想

在介绍求解非线性方程的具体方法之前，首先讨论用数值方法求解非线性方程的基本思想及基本过程。使用数值方法求根是直接从方程出发，逐步缩小根的存在区间，或者把根的近似值逐步精确化，使之满足一些实际问题的需要。一般来说，用数值方法求解非线性方程（即求非线性方程的实根）的步骤分为以下两步。

2.1.1 确定非线性方程实根的范围

为了求非线性方程 $f(x)=0$ 的满足预定精度要求的实根的近似值，必须根据方程的性质，分析实根的大致分布情况，最好能先给出一个根的粗略近似值或者预先确定出根所在的区间，在这个基础上再进行加工，使结果逐步精确化。

用于确定根的初始近似值或根所在区间的常用方法有图解法和逐步扫描法。

1. 图解法

求方程 $f(x)=0$ 的实根，其几何意义就是求曲线 $y=f(x)$ 的零点，即与 x 轴交点的横坐标。因此，一种简单的方法就是画出 $y=f(x)$ 的粗略图形，从而确定曲线 $y=f(x)$ 与 x 轴交点的粗略位置 x_0，则 x_0 可以取为方程 $f(x)=0$ 的实根的初始近似值。

但在有的情况下，函数 $y=f(x)$ 的曲线很难绘制，此时可以将非线性方程 $f(x)=0$ 进行同解变换，即同解变换成以下形式：

$$\varphi_1(x)=\varphi_2(x) \tag{2-3}$$

则 $f(x)=0$ 的实根就是 $\varphi_1(x)=\varphi_2(x)$ 的实根，反之亦然。而求非线性方程 $\varphi_1(x)=\varphi_2(x)$ 的实根，其几何意义就是求下列两条曲线

$$\begin{cases} y=\varphi_1(x) \\ y=\varphi_2(x) \end{cases} \tag{2-4}$$

交点的横坐标。在这种情况下，为了确定方程 $f(x)=0$ 的实根的初始近似值，可以直接画出式（2-4）中的两条曲线，然后从图形上大致确定出交点的横坐标，即实根的初始近似值。

例题 2.1 用图解法确定方程 $x^x=10$ 的根的初始近似值。

解 首先将方程 $x^x=10$ 同解变换成

$$\lg x=\frac{1}{x}$$

其次画两条曲线

$$\begin{cases} y=\lg x \\ y=\dfrac{1}{x} \end{cases}$$

这两条曲线的交点的横坐标大致为 $x_0=2.5$ 或 $x\in[2,3]$。即方程 $x^x=10$ 的实根的初始近似值取为 $x_0=2.5$，也可以将该方程的实根所在的区间取为 [2，3]。

利用图解法来确定方程根的初始近似值或根所在区间的优点是简单且直观的，但是这种

方法很难用计算机来实现。用计算机能实现的方法主要是逐步扫描法。

2. 逐步扫描法

假设非线性方程 $f(x)=0$ 在区间 $[a, b]$ 上有实根。首先选定一个步长 h，其次从 $x=a$ 开始，以 h 为步长，依次扫描计算节点

$$x_k = a + kh \quad (k=0, 1, 2, \cdots)$$

处的函数值 $f(x_k)$。若发现某相邻两个点上的函数值异号，即

$$f(x_k) \cdot f(x_{k+1}) < 0$$

则说明在小区间 $[x_k, x_{k+1}]$ 内至少有一个实根；若有一个点上的函数值等于0，如

$$f(x_k) = 0$$

则 x_k 即为该非线性方程的一个实根。

方程 $f(x)=0$ 的根的分布可能很复杂，一般可用试探的办法或根据图解法确定出根的分布范围，即将函数 $f(x)$ 的定义域分成若干个只含一个实根的区间（图 2－1）。

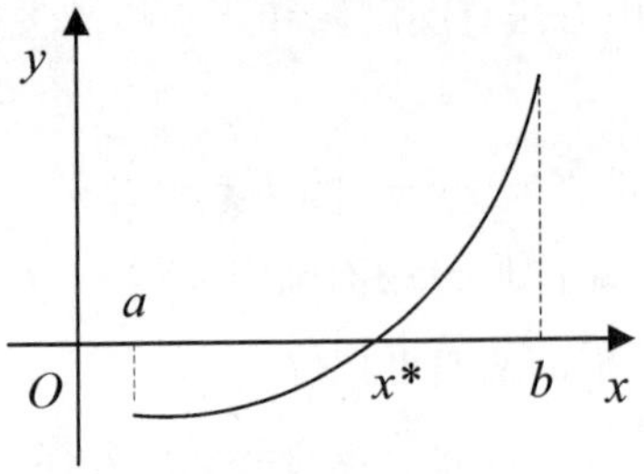

图 2－1　方程有单根的示意图

用逐步扫描法确定方程的初始近似根的计算步骤如下：

(1) $x_0 \Leftarrow a$；

(2) 若 $f(x_0)f(x_0+h)<0$，则 x^* 必在 (x_0, x_0+h) 中，故取 x_0 或 x_0+h 作为初始近似根，否则转 (3)；

(3) $x_0 \Leftarrow x_0+h$，转 (2)。

逐步扫描法的计算框图如图 2－2 所示。下面举例说明逐步扫描法。

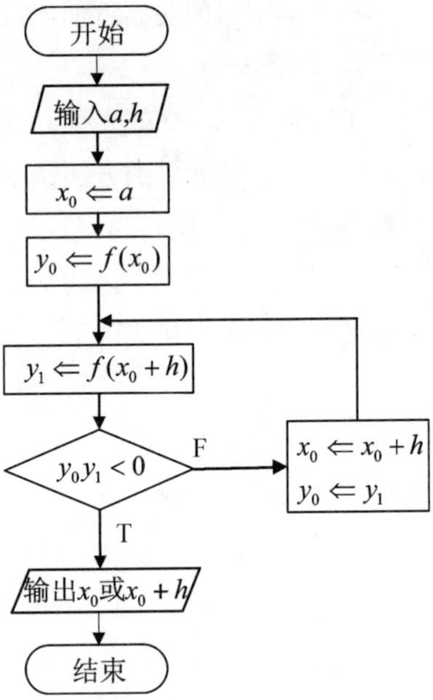

图 2－2　逐步扫描法的计算框图

例题 2.2　设方程 $f(x)=x^3-x-1=0$，因为 $f(0)=-1<0$，$f(\infty)=\infty>0$，因此，该方程至少有一个正的实根。

解　从 $x=0$ 开始，以 $h=0.5$ 为步长向后进行逐步扫描。扫描结果见表 2－1 所列。

表 2－1　扫描结果

x	0	0.5	1.0	1.5	…
$f(x)$的符号	－	－	－	＋	…

由表 2－1 可以看出，该方程在区间 $[1.0, 1.5]$ 上至少有一个实根，因此可以 $x_0=1.0$ 或 $x_0=1.5$ 作为根的初始近似值。

在用逐步扫描法时，步长 h 的选择是关键。显然，只要步长 h 取得足够小，利用这种方法就可以得到具有任意精度的近似值。但步长 h 越小，计算工作量越大；步长 h 选得过大，

有可能扫描不到实根或者在一个小区间内根不唯一，如图2-3所示。因此，当根的精度要求比较高时，还要配用其他的方法，对所求的近似根逐步精确化，直至满足预先要求的精度为止。

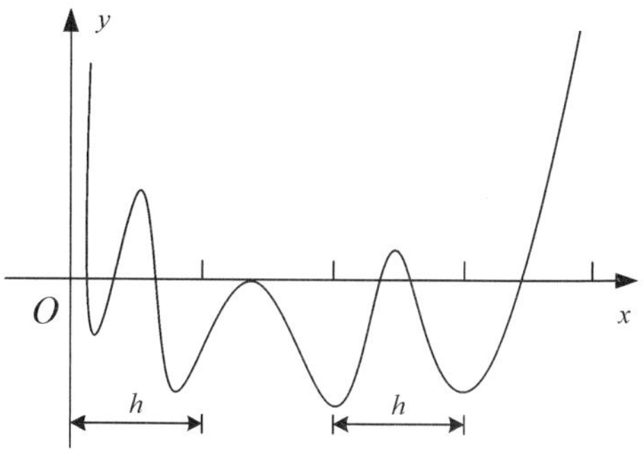

图2-3 步长过大时扫描根的情形

2.1.2 对方程根进一步精确化

有了根的初始近似值或根所在区间后，我们就可以利用某种“细加工”方法，使之逐步精确化。实际上，确定根的初始近似值或所在区间是一个“粗加工”的过程。

使根逐步精确化的方法有很多，本章要介绍的几种求方程根的常用数值解法，即二分法（对分法）、不动点迭代法（简单迭代法）、Newton（牛顿）迭代法，都是将方程的初始近似根逐步精确化的方法。

2.2 二 分 法

2.2.1 二分法的基本思想

二分法（又称对分法）是求方程近似解的一种简单、直观的方法。设函数$f(x)$在$[a, b]$上连续，且$f(a)f(b)<0$，则函数$f(x)$在区间$[a, b]$上至少有一零点，这是微积分中的介值定理，也是使用二分法的前提条件。

二分法就是通过分区间、缩小区间范围的步骤搜索零点的位置，其基本思想是：首先，将含方程根的区间平分为两个小区间；其次，判断根在哪个小区间，舍去无根的区间，而把有根的区间一分为二；最后，判断根属于哪个更小的区间，如此周而复始，当这个区间长度减少到一定程度时，就取这个区间的中点作为根的近似值。

2.2.2 二分法的具体计算过程

假设$[a, b]$是方程$f(x)=0$的有根区间，则

（1）取有根区间的中点x_0，即$x_0=\frac{1}{2}(a+b)$，计算$f(a)$与$f(x_0)$，若

①$f(x_0)=0$，则x_0就是方程$f(x)=0$的根x^*，算法结束；

②$f(a)f(x_0)<0$，则根$x^*\in(a, x_0)$，令$a_1=a$，$b_1=x_0$；

③$f(a)f(x_0)>0$，则根$x^*\in(x_0, b)$，令$a_1=x_0$，$b_1=b$。

从而得到新的有根区间(a_1, b_1)，其长度为区间(a, b)长度的一半，如图2-4所示。

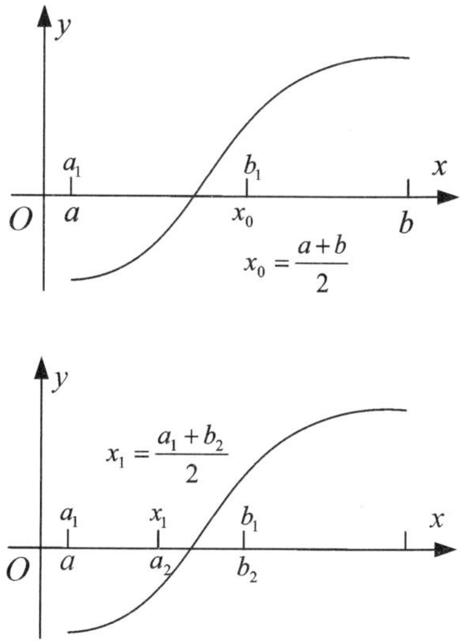

图2-4 二分法示意图

(2) 对有根区间(a_1, b_1)施行同样的过程，即取中点$x_1=\frac{1}{2}(a_1+b_1)$，计算$f(a_1)$和$f(x_1)$，再根据$f(a_1)$和$f(x_1)$的情况确定新的有根区间(a_2, b_2)，该区间的长度是区间(a_1, b_1)长度的一半。

(3) 如此反复二分，便得到一系列有根区间

$$(a, b)\supset(a_1, b_1)\supset(a_2, b_2)\supset\cdots\supset(a_k, b_k)\supset\cdots$$

设$a_0=a$，$b_0=b$，显然有

$$b_k-a_k=\frac{1}{2^k}(b-a)\quad(k=0,1,2,\cdots)\tag{2-5}$$

当$k\to\infty$时，上式的极限为0，区间(a_k, b_k)最终必收敛于一点，该点就是所求方程(2-1)的根x^*。

把每次二分后的有根区间(a_k, b_k)的中点$x_k=\frac{1}{2}(a_k+b_k)$作为所求根x^*的近似根，这样获得一个近似根的序列x_0，x_1，x_2，…，x_k，…，该序列必以根x^*为极限，即$\lim\limits_{k\to\infty}x_k=x^*$。

因而，当$k\to\infty$时，取$x_k=\frac{1}{2}(a_k+b_k)$作为方程$f(x)=0$的根。

在实际计算中，二分过程不可能，也不必无限进行下去，由于第$k+1$次二分所得的近似根x_k有误差估计式

$$|x^*-x_k|\leqslant\frac{1}{2}(b_k-a_k)=b_{k+1}-a_{k+1}=\frac{1}{2^{k+1}}(b-a)\tag{2-6}$$

所以得到定理2.1。

定理 2.1 若$f(a)\in[a, b]$，且$f(a)f(b)<0$，则由二分法产生的序列$\{x_k \mid k=0, 1, 2, \cdots\}$收敛于$f(x)=0$在区间$[a, b]$上的一个根$x^*$，且

$$|x^*-x_k|\leqslant\frac{1}{2^{k+1}}(b-a)$$

对于指定的精度ε，可以估计二分法执行的次数为$k+1$，而

$$\frac{1}{2^{k+1}}(b-a)<\varepsilon$$

两边取对数：

$$\ln(b-a)-(k+1)\ln 2<\ln\varepsilon$$

$$k+1>\frac{\ln(b-a)-\ln\varepsilon}{\ln 2}$$

此处$k+1=\left\lfloor\frac{\ln(b-a)-\ln\varepsilon}{\ln 2}\right\rfloor+1$。

所以对预先给定的精度要求ε，可以用以下原则之一结束二分过程：

(1) 当$|b_{k+1}-a_{k+1}|<\varepsilon$时，必有$|x^*-x_k|<\varepsilon$，故结束二分计算，取$x^*\approx x_k$；

(2) 事先由ε估计出迭代的最小次数$k+1=\left\lfloor\frac{\ln(b-a)-\ln\varepsilon}{\ln 2}\right\rfloor+1$，则二分$k+1$次后结束，取$x^*\approx x_k$。

2.2.3 二分法的特点

二分法是电子计算机上一种常用的算法，具有简单和易操作的优点，也具有收敛较慢和不能求重根的缺点。由于每个小区间左端点的函数值 $f(a_k)$ 都与 $f(a)$ 同号，因此 $f(x_k)$ 只需与 $f(a)$ 比较符号即可，故二分法的计算步骤如下：

（1）输入有根区间的端点 a，b 及预先给定的精度 ε_1，ε_2，$y \Leftarrow f(a)$。

（2）$x \Leftarrow (a+b)/2$。

（3）若 $|f(x)| < \varepsilon_1$，则输出方程满足精度的根 x，结束。

若 $yf(x) < 0$，则 $b \Leftarrow x$，转向（4）；否则 $a \Leftarrow x$，转向（4）。

（4）若 $b - a < \varepsilon_2$，则输出方程满足精度的根 x，结束；否则转向（2）。

二分法的计算框图如图 2-5 所示。

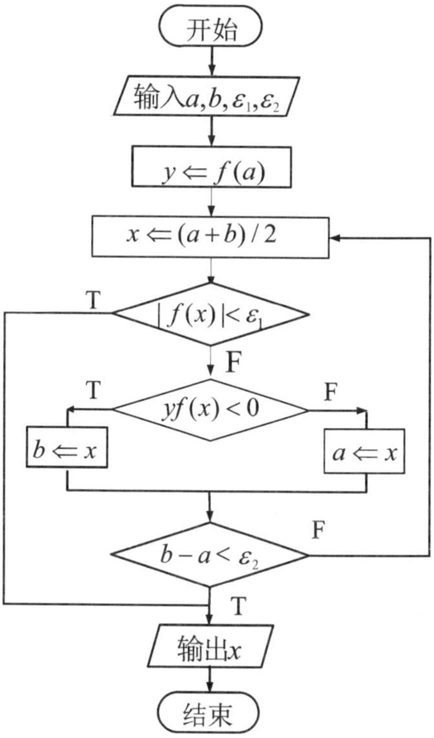

图 2-5　二分法的计算框图

在算法中，常用 sign $[f(a)]$ · sign $[f(x)]$ <0 代替 $f(a) \cdot f(x) < 0$，以避免 $f(a) \cdot f(x)$ 数值溢出。

例题 2.3　用二分法求解 $f(x) = x^4 - x^3 - 4x - 5$ 在区间 $[1, 3]$ 的根，精度为 0.5×10^{-2}。

解　（1）$f(1) = -9$，$f(3) = 37$，由介值定理可得有根区间 $[a, b] = [1, 3]$。

（2）计算 $x_1 = \dfrac{1+3}{2} = 2$，$f(2) = -5$，有根区间 $[a, b] = [2, 3]$。

（3）计算 $x_2 = \dfrac{2+3}{2} = 2.5$，$f(2.5) = 8.4375$，有根区间 $[a, b] = [2, 2.5]$。

（4）一直做到 $|f(x_k)| < 0.5 \times 10^{-2}$ 或 $|a - b| < 0.5 \times 10^{-2}$ 时停止。

详细计算结果见表 2-2 所列。

表 2-2　二分法计算结果表

k	x_k	$f(x_k)$	有根区间	$\lvert x_k - x_{k-1} \rvert$
0	1	−9		
1	3	37	[1, 3]	2
2	2	−5	[2, 3]	1
3	2.5	8.437 5	[2, 2.5]	0.5
4	2.25	0.238 3	[2.25, 2.5]	0.25
5	2.125	−2.704 8	[2.125, 2.25]	0.125

续表

k	x_k	$f(x_k)$	有根区间	$\lvert x_k - x_{k-1}\rvert$
6	2.187 5	−1.319 8	[2.187 5, 2.25]	0.062 5
7	2.218 8	−0.563 1	[2.218 8, 2.25]	0.031 3
8	2.234 4	−0.168 1	[2.234 4, 2.25]	0.015 6
9	2.242 2	0.033 7	[2.234 4, 2.242 2]	0.007 8
10	2.238 3	−0.067 6	[2.238 3, 2.242 2]	0.003 9

由表 2-2 可知

$$\lvert x_{10} - x_9 \rvert = 0.003\,9 < 0.5 \times 10^{-2}$$

所以原方程在 [1, 3] 内的根 $x^* \approx x_{10} \approx 2.238\,3$。

如果在上述计算过程中，满足 $\lvert f(x_k) \rvert < 0.5 \times 10^{-2}$，则认为 $f(x_k)$ 的值接近 0，满足精度要求，也可以结束循环，x_k 即为满足精度要求的方程的根的近似值。

二分法的算法简单，对 $f(x)$ 要求不高，收敛性好，但收敛速度不快。一方面，若 $f(x)$ 在 $[a, b]$ 上有几个零点，则二分法只能算出其中一个零点；另一方面，即使 $f(x)$ 在 $[a, b]$ 上有零点，也未必有 $f(a) \cdot f(b) < 0$，如图 2-6 所示。这就限制了二分法的使用范围。二分法只能计算方程 $f(x) = 0$ 的实根，无法求复根。

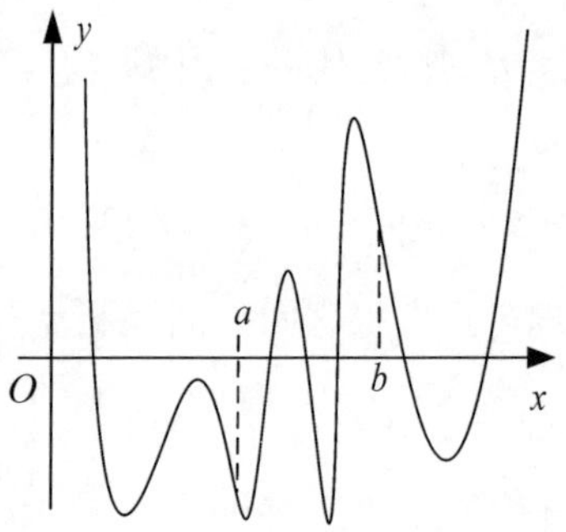

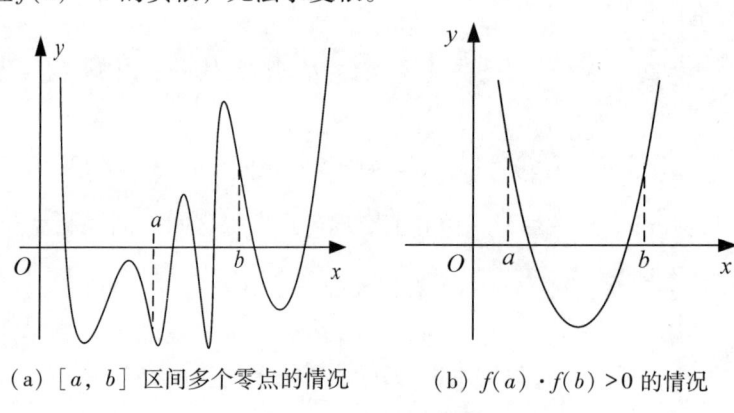

(a) [a, b] 区间多个零点的情况

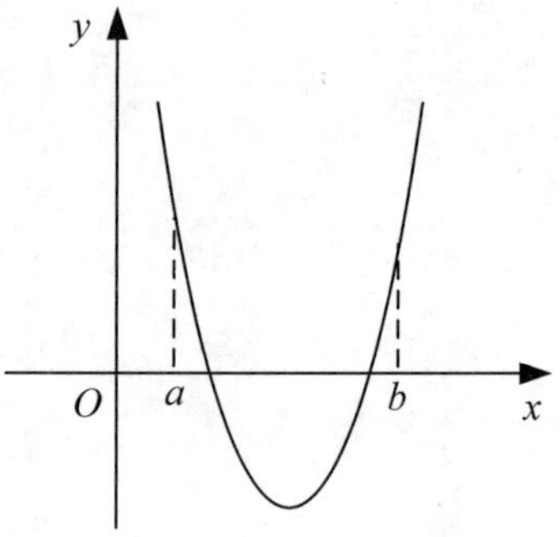

(b) $f(a) \cdot f(b) > 0$ 的情况

图 2-6　二分法的缺陷

2.3　不动点迭代法

不动点迭代法是数值计算中一类典型的方法，尤其是计算机的普遍使用，使不动点迭代法的应用更为广泛。

2.3.1　不动点迭代法的基本思想

所谓不动点迭代法就是用某种收敛于所给问题精确解的极限过程，来逐步逼近的一种计算方法，从而可以用有限个步骤算出精确解的具有指定精度的近似解。简单来讲，不动点迭代法就是一种逐步逼近精确解的方法。

不动点迭代法的基本思想是：将方程 $f(x)=0$，转换成等价形式，即

$$x=g(x) \tag{2-7}$$

然后根据式（2-7）构造迭代公式

$$x_{k+1}=g(x_k) \quad (k=0,1,2,\cdots) \tag{2-8}$$

从给定的初始近似根 x_0 出发，按迭代公式（2-8）可以得到一个数列：

$$x_0,\ x_1,\ x_2,\ \cdots,\ x_k,\ \cdots$$

称 $\{x_k\}$ 为迭代序列，而称式（2-7）中的 $g(x)$ 为迭代函数。如果迭代序列 $\{x_k\}$ 是收敛的，且收敛于 x^*，则当 $g(x)$ 连续时，在式（2-8）两边取极限，得 $x^*=g(x^*)$，即

$$f(x^*)=0$$

x^* 便是 $f(x)=0$ 的根，也称 x^* 是 $g(x)$ 的不动点。

实际计算当然不可能做无穷多步，当 k 充分大时，若

$$|x_k-x_{k-1}|<\varepsilon$$

就取 x_k 作为原方程的近似根。这种求根法称为简单迭代法，或称不动点迭代法。

当迭代公式（2-8）产生的迭代序列 $\{x_k\}$ 收敛时，就称不动点迭代法或迭代公式（2-8）是收敛的，否则就称是发散的。

2.3.2 不动点迭代法的几何意义

不动点迭代法程序简单，但是存在收敛性问题。下面看一下迭代法的几何意义（图2-7）。

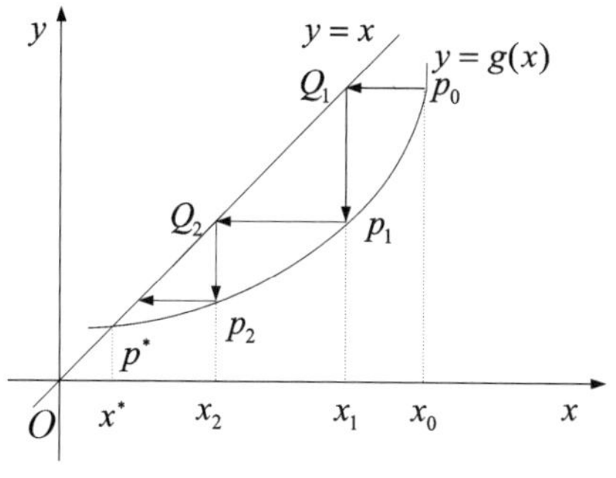

（a）$0<g'(x)<1$

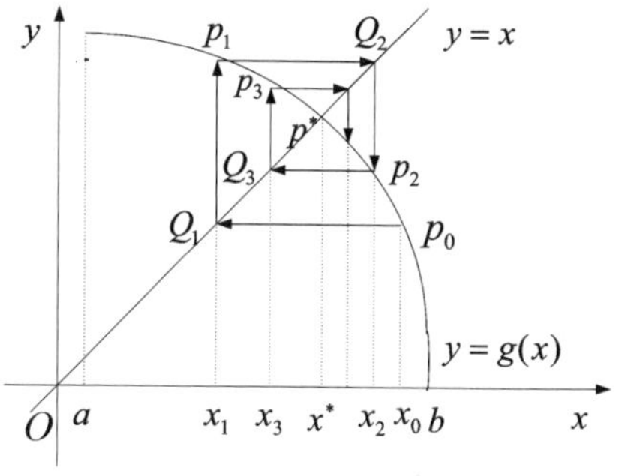

（b）$-1<g'(x)<0$

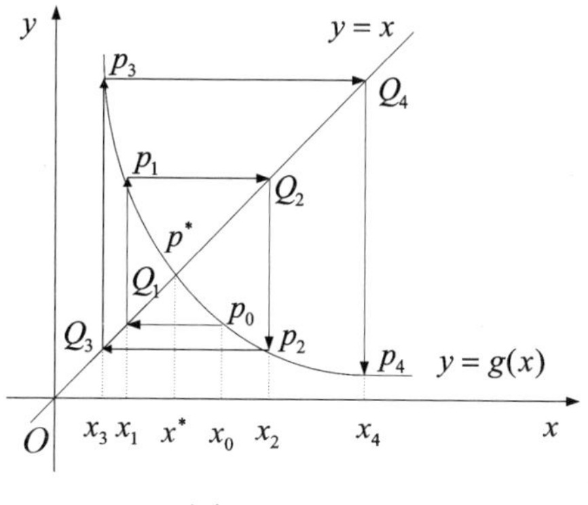

（c）$g'(x)<-1$

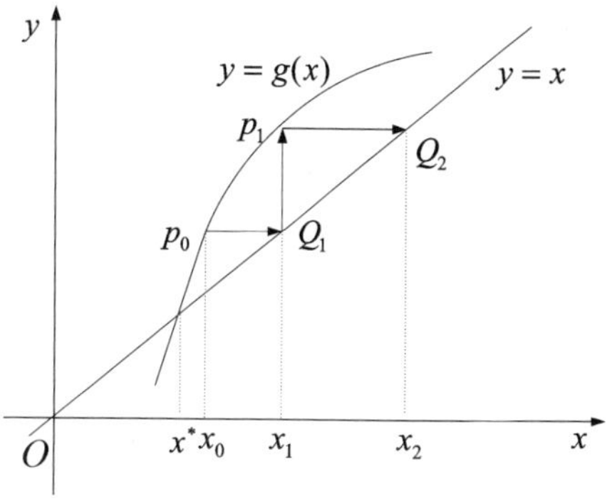

（d）$g'(x)>1$

图2-7　不动点迭代法的几何意义

方程的求根问题，在几何上就是确定 xy 平面内直线 $y=x$ 和 $y=g(x)$ 的交点 $p*$。

如此继续，通过曲线 $y=g(x)$ 得到点列 p_1，p_2，…，其横坐标分别为 x_1，x_2，…。如果点列 $\{p_k\}$ 趋向于 $p*$，则相应的迭代值 x_k 收敛到所求的根 x^*。

例题 **2.4** 求代数方程 $x^3-2x+3=0$ 的一个根，其中 $x_0=1$。

解法一 将方程改写成如下等价形式：

$$x=\sqrt[3]{2x-3}$$

对应的迭代公式如下：

$$x_{k+1}=\sqrt[3]{2x_k-3} \tag{2-9}$$

将 $x_0=1$ 代入迭代公式（2-9），求得

$$x_1=-1,\ x_2=-1.709\ 98,\ \cdots,\ x_6=-1.893\ 06,\ x_7=-1.893\ 25$$

因为 x_6 和 x_7 有四位数字完全重合，所以迭代公式（2-9）是收敛的。取 $x_7=-1.893\ 25$ 为原方程在 $x_0=1$ 附近的一个根的近似值。

解法二 将方程改写成如下等价形式：

$$x=\frac{x^3+3}{2}$$

对应的迭代公式如下：

$$x_{k+1}=\frac{x_k^3+3}{2} \tag{2-10}$$

将 $x_0=1$ 带入迭代公式（2-10），求得

$$x_1=2,\ x_2=5.5,\ x_3=84.687\ 5,\ \cdots,\ x_6=1.37\times10^{48},\ x_7=1.3\times10^{144}$$

迭代值 x_k 越来越大，不可能趋向于某个极限，所以迭代公式（2-10）是发散的。一个发散的迭代过程，纵然进行千百次迭代，其结果还是毫无价值的。因此不可以盲目地建立迭代函数。对于方程 $f(x)=0$ 构造的多种迭代公式 $x_{k+1}=g(x_k)$，怎样判断构造的迭代公式是否收敛？收敛是否与迭代的初值有关？下面将具体讨论迭代法的收敛性、收敛速度及近似根的误差估计。

2.3.3 不动点迭代法的收敛性

定理 **2.2** 对于方程 $f(x)=0$ 的等价形式 $x=g(x)$，若迭代函数 $g(x)$ 满足

（1）$g(x)\in C\ [a,\ b]$；

（2）对 $\forall x\in[a,\ b]$，有 $g(x)\in[a,\ b]$，即当 $a\leqslant x\leqslant b$ 时，$a\leqslant g(x)\leqslant b$；

（3）对 $\forall x\in[a,\ b]$，有 $|g'(x)|\leqslant L<1$。

则有

（1）$x=g(x)$ 在 $[a,\ b]$ 上有唯一解 x^*；

（2）对 $\forall x_0\in[a,\ b]$，迭代过程 $x_{k+1}=g(x_k)(k=0,\ 1,\ \cdots)$ 收敛于方程 $x=g(x)$ 的根 x^*，即 $\lim\limits_{k\to\infty}x_k=x^*$；

（3）$|x^*-x_k|\leqslant\dfrac{1}{1-L}|x_{k+1}-x_k|$；

(4) $|x^*-x_k|\leqslant\dfrac{L^k}{1-L}|x_1-x_0|$。

证明

(1) 存在性：令 $h(x)=g(x)-x$，则 $h(x)\in C[a,b]$，且 $h(a)=g(a)-a\geqslant0$，$h(b)=g(b)-b\leqslant0$。由连续函数性质可知，$\exists x^*\in[a,b]$ 使得 $h(x^*)=g(x^*)-x^*=0$。

唯一性：设两个解 x^*，$\bar{x}\in[a,b]$，使 $x^*=g(x^*)$ 及 $\bar{x}=g(\bar{x})$，由中值定理得，$x^*-\bar{x}=g(x^*)-g(\bar{x})=g'(\xi)(x^*-\bar{x})$，其中 ξ 在 x^* 与 $\bar{x}$ 之间。

所以 $(x^*-\bar{x})[1-g'(\xi)]=0$，由于 $1-g'(\xi)>0$，所以 $x^*=\bar{x}$。

(2) 由中值定理得

$$x^*-x_{k+1}=g(x^*)-g(x_k)=g'(\xi)(x^*-x_k)$$

取绝对值得

$$|x^*-x_{k+1}|\leqslant L|x^*-x_k| \tag{2-11}$$

反复利用式（2-11），得

$$|x^*-x_{k+1}|\leqslant L|x^*-x_k|\leqslant L^2|x^*-x_{k-1}|\leqslant\cdots\leqslant L^{k+1}|x^*-x_0|$$

注意：$0\leqslant L<1$，所以 $\lim\limits_{k\to\infty}|x^*-x_{k+1}|=0$，即 $\lim\limits_{k\to\infty}x_k=x^*$。

(3) 由于
$$\begin{aligned}|x_{k+1}-x_k|&=|(x^*-x_k)-(x^*-x_{k+1})|\\&\geqslant|x^*-x_k|-|x^*-x_{k+1}|\\&\geqslant|x^*-x_k|-L|x^*-x_k|\quad[\text{注意式}(2-11)]\\&=(1-L)|x^*-x_k|\end{aligned}$$

两边除以（$1-L$），结论得证。

(4) 由中值定理得

$$|x_{k+1}-x_k|=|g(x_k)-g(x_{k-1})|=|g'(\xi)(x_k-x_{k-1})|\leqslant L|x_k-x_{k-1}| \tag{2-12}$$

由结论（3）及式（2-12）得

$$\begin{aligned}|x^*-x_k|&\leqslant\frac{1}{1-L}|x_{k+1}-x_k|\leqslant\frac{L}{1-L}|x_k-x_{k-1}|\\&\leqslant\cdots\leqslant\frac{L^k}{1-L}|x_1-x_0|\end{aligned}$$

证毕。

这里，必须说明几点：

(1) 由结论 $|x^*-x_k|\leqslant\dfrac{L^k}{1-L}|x_1-x_0|$ 知，L 越小收敛越快。

(2) 由结论 $|x^*-x_k|\leqslant\dfrac{1}{1-L}|x_{k+1}-x_k|$ 知，要使 $|x^*-x_k|\leqslant\varepsilon$，只需 $|x_k-x_{k-1}|$ 小于某一正数即可。因此，在程序中，常用 $|x_k-x_{k-1}|<\varepsilon$ 来控制精度。

(3) 定理 2.2 是判断不动点迭代法收敛的充分条件，而非必要条件。

定义 2.2 定理 2.2 中的 L 称为渐近收敛因子。

定义 2.3 对于方程 $x=g(x)$，若存在根 x^* 的某一邻域 R：$|x-x^*|<\delta$，使得迭代过

程 $x_{k+1}=g(x_k)$ $(k=0, 1, \cdots)$ 对任意 $x_0\in\mathbf{R}$ 都收敛，则称迭代过程 $x_{k+1}=g(x_k)$ 在 x^* 邻近具有局部收敛性。

定理 2.3 设 x^* 为 $x=g(x)$ 的根，$g'(x)$ 在 x^* 的邻近连续，且 $|g'(x^*)|\leqslant L<1$，则迭代过程 $x_{k+1}=g(x_k)$ 在 x^* 邻近具有局部收敛性。

证明 因为 $|g'(x^*)|\leqslant L<1$，又由于 $g'(x)$ 在 x^* 的邻近连续，故存在 x^* 的某一邻域 R：$|x-x^*|<\delta$，使对任意 $x\in\mathbf{R}$，有 $|g'(x)|\leqslant L<1$，则对任意 $x\in\mathbf{R}$，$|g(x)-x^*|=|g(x)-g(x^*)|\leqslant L|x-x^*|<|x-x^*|<\delta$，即对任意 $x\in\mathbf{R}$，有 $g(x)\in\mathbf{R}$。由定理 2.2 可知，$x_{k+1}=g(x_k)$ 收敛。

不动点迭代法的突出优点是算法的逻辑结构简单，且在计算时中间结果即便有扰动也不影响计算结果。其计算步骤归结如下：

（1）确定方程 $f(x)=0$ 的等价形式 $x=g(x)$，为确保迭代过程的收敛，要求 $g(x)$ 在某个含根区间 (a, b) 内满足 $|g'(x)|\leqslant L<1$；

（2）选取初始根 x_0，按公式 $x_{k+1}=g(x_k)(k=0,1,2,\cdots)$ 进行迭代；

（3）若 $|x_{k+1}-x_k|<\varepsilon$，则停止计算，$x^*\approx x_{k+1}$。

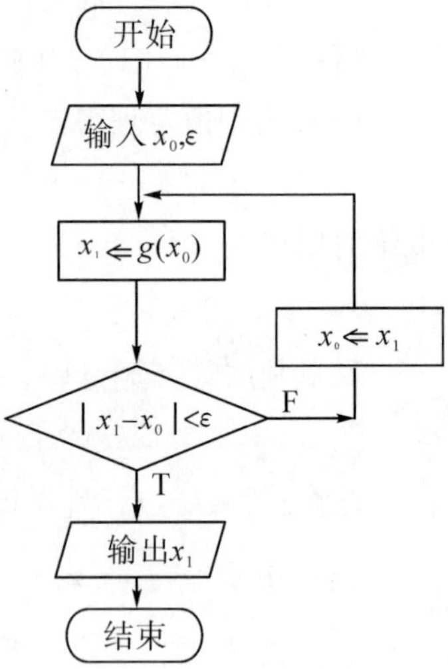

图 2－8　不动点迭代法的计算框图

不动点迭代法的计算框图如图 2－8 所示。

例题 2.5 求方程 $x=e^{-x}$ 在 $x_0=0.5$ 附近的一个根，要求精度满足 $|x_{k+1}-x_k|<10^{-5}$。

解 易知，在 [0.5, 0.6] 区间内 $g'(x)$ 满足 $|(e^{-x})'|\approx 0.6<1$。因此迭代公式 $x_{k+1}=e^{-x_k}$ 对初值 $x_0=0.5$ 是收敛的。计算结果见表 2－3 所列。

表 2－3　计算结果

k	x_k	k	x_k	k	x_k	k	x_k
0	0.5	5	0.571 172 1	10	0.566 907 2	15	0.567 157 1
1	0.606 530 6	6	0.564 862 9	11	0.567 277 2	16	0.567 135 4
2	0.545 239 2	7	0.568 438 0	12	0.567 067 3	17	0.567 147 7
3	0.579 703 1	8	0.566 409 4	13	0.567 186 3	18	0.567 140 7
4	0.560 064 6	9	0.567 559 6	14	0.567 118 8		

从以上的迭代可见，简单迭代法的收敛速度是较慢的。下面我们研究迭代公式的加工，以提高收敛速度。

2.3.4 不动点迭代法的加速

不动点迭代法简单，对于收敛的迭代过程，只要迭代足够多次，就可以使结果达到任意的精度，但有时迭代过程收敛缓慢，从而使计算量变得很大，因此迭代过程的加速是个重要的课题。

1. 迭代法的改进

设 x_0 是 x^* 的某个近似值，迭代一次后得 $x_1=g(x_0)$，由中值定理得 $x_1-x^*=g'(\xi)(x_0-x^*)$，其中 ξ 在 x_0 与 x^* 之间。

假设 $g'(x)$ 变化不大，可以近似地取某个近似值 L，则有

$$x_1-x^*\approx L(x_0-x^*) \tag{2-13}$$

解式（2-13），得

$$x^*\approx\frac{1}{1-L}x_1-\frac{L}{1-L}x_0=x_1+\frac{L}{1-L}(x_1-x_0)$$

所以，取

$$x_2=x_1+\frac{L}{1-L}(x_1-x_0) \tag{2-14}$$

它应该更接近 x^*，将此 x_2 代入公式得到 $x_3=g(x_2)$，而 x_4 再根据式（2-14）取为

$$x_4=x_3+\frac{L}{1-L}(x_3-x_2),\ \cdots$$

继续下去便得一个加速公式：

校正 $\quad\bar{x}_{k+1}=g(x_k)$

改进 $\quad x_{k+1}=\bar{x}_{k+1}+\frac{L}{1-L}(\bar{x}_{k+1}-x_k)\quad(k=0,1,2,\cdots) \qquad (2-15)$

用式（2-15）时，关键是 $g'(x)$ 的近似值 L 的选择。它直接关系到收敛与否以及收敛的速度。式（2-15）虽然能提高速度，但此法的缺点是 $g'(x)$ 的近似值 L 的选择往往不是件容易的事，为克服这一缺点我们讨论另一个行之有效的加速公式，通常称为 Aitken（艾特肯）加速迭代法，也称为 Steffensen（斯特芬森）加速迭代法。

2. Aitken 加速迭代法

设 x_0 是 x^* 的某个近似值，迭代一次后得 $x_1=g(x_0)$，再迭代一次后得 $x_2=g(x_1)$，同上分别得到

$$x_1-x^*\approx L(x_0-x^*)$$

及

$$x_2-x^*\approx L(x_1-x^*)$$

两式相除得到

$$\frac{x_1-x^*}{x_2-x^*}\approx\frac{x_0-x^*}{x_1-x^*}$$

解之，得

$$x^*\approx x_2-\frac{(x_2-x_1)^2}{x_0-2x_1+x_2}$$

所以取

$$x_3=x_2-\frac{(x_2-x_1)^2}{x_0-2x_1+x_2}$$

此过程继续下去，每迭代两次后，取一次。这样产生的迭代方法即称为 Aitken 加速迭代法。

我们从几何意义上来理解 Aitken 加速迭代法，如图 2-9 所示，初值为 x_0，由迭代公法得 $x_1=g(x_0)$，$x_2=g(x_1)$，过 $P_0(x_0,x_1)$，$P_1(x_1,x_2)$ 两点作直线，与 $y=x$ 的交点为 (x_3,y_3)。

由三角形相似关系得

$$\frac{x_3 - x_1}{x_2 - x_1} = \frac{x_0 - x_3}{x_0 - x_1}$$

$$x_3 = x_2 - \frac{(x_2 - x_1)^2}{x_0 - 2x_1 + x_2}$$

结果正是 Aitken 加速收敛的公式。如图 2-9 所示，x_3 比 x_2 更靠近 x^*。由此可见，用 Aitken 加速迭代法可以大大提高收敛速度，甚至对于某些不收敛的情况，用 Aitken 加速迭代法改进后还是收敛的。

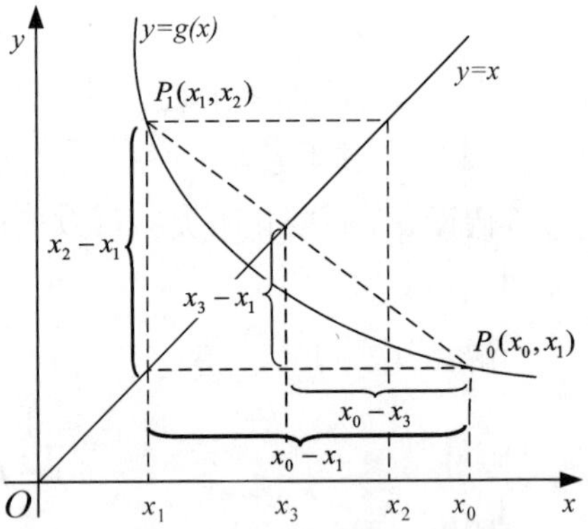

图 2-9 Aitken 加速方法的几何意义

需要注意的是，Aitken 加速迭代法并不是用 $x = g(x)$ 的等价方程迭代，而是在 $x_{k+1} = g(x_k)$ 迭代的每一步中，都用 Aitken 加速迭代法加以改进。

Aitken 加速迭代法的具体迭代公式为

$$\text{校正} \quad \bar{x}_k = g(x_k)$$

$$\text{再校正} \quad \tilde{x}_k = g(\bar{x}_k)$$

$$\text{改进} \quad x_{k+1} = \tilde{x}_k - \frac{(\tilde{x}_k - \bar{x}_k)^2}{\tilde{x}_k - 2\bar{x}_k + x_k} \quad (k = 0, 1, 2, \cdots) \tag{2-16}$$

实际计算时我们也常用下列迭代公式：

$$\text{校正} \quad \bar{x}_k = g(x_k)$$

$$\text{再校正} \quad \tilde{x}_k = g(\bar{x}_k)$$

$$\text{改进} \quad x_{k+1} = x_k - \frac{(\bar{x}_k - x_k)^2}{\tilde{x}_k - 2\bar{x}_k + x_k} \quad (k = 0, 1, 2, \cdots) \tag{2-17}$$

例题 2.6 用迭代法求方程 $x^3 - x - 1 = 0$ 在 $x_0 = 1.5$ 附近的根。

解 先将方程 $x^3 - x - 1 = 0$ 转化为 $x = x^3 - 1$，再建立迭代公式 $x_{k+1} = x_k^3 - 1(k = 0, 1, 2, \cdots)$，取 $x_0 = 1.5$，迭代得 $x_1 = 2.375$，$x_2 = 12.396\ 48$。产生的序列 $\{x_k\}$ 是不收敛的。

用 Aitken 加速迭代法处理这一迭代公式后，所得到的序列具有较好的收敛性。计算结果见表 2-4 所列。

表 2-4 计算结果

k	$\bar{x}_k$	$\tilde{x}_k$	x_k
0			1.500 00
1	2.375 00	12.394 48	1.416 29
2	1.840 92	5.238 87	1.355 65
3	1.491 40	2.317 27	1.328 95
4	1.347 06	1.444 35	1.324 80
5	1.325 17	1.327 12	1.324 72

我们看到，将发散的迭代公式通过 Aitken 加速迭代法处理后，竟获得了相当好的收敛性。

说明 12.396 48 数据偏离根较远，所以才用 Aitken 加速迭代法修正。

2.3.5 不动点迭代法的收敛阶

一个迭代法要具有实用价值，首先要求它是收敛的，其次要求它收敛得比较快。选取不同的迭代函数所得到的迭代序列即使都收敛，也有快慢之分，这存在一个收敛速度的问题，即迭代误差的下降速度。

用什么反映迭代序列的收敛速度？下面引进迭代法的收敛阶的概念，这是迭代法的一个重要概念，它反映了迭代序列的收敛速度，是衡量一个迭代法好坏的标志之一。

定义 2.4 设迭代过程 $x_{k+1}=g(x_k)$ 收敛于方程 $x=g(x)$ 的根 x^*，若迭代误差 $e_k=x_k-x^*$，当 $k\to\infty$ 时，有

$$\lim_{k\to\infty}\frac{x_{k+1}-x^*}{(x_k-x^*)^p}=\lim_{k\to\infty}\frac{e_{k+1}}{e_k^p}=c\neq 0 \quad (c\text{ 为一常数})$$

成立，则称该迭代过程是 p 阶收敛的。特别地，当 $p=1$ 时，称其为线性收敛；当 $p=2$ 时，称其为平方收敛；当 $p>1$ 时，称其为超线性收敛。

显然，p 的大小反映了迭代法收敛速度的快慢，p 越大，则收敛速度越快。所以，迭代法的收敛阶是对迭代法收敛速度的一种度量。

定理 2.4 对于迭代过程 $x_{k+1}=g(x_k)$，若 $g^{(p)}(x)$ 在 x^* 的附近连续，且 $g'(x^*)=g''(x^*)=\cdots=g^{(p-1)}(x^*)=0$，而 $g^{(p)}(x^*)\neq 0$，则该迭代过程在 x^* 的附近是 p 阶收敛的。

证明 首先，由 $g'(x^*)=0$ 可知，迭代过程 $x_{k+1}=g(x_k)$ 具有局部收敛性。其次，将 $g(x_k)$ 在 x^* 点作泰勒展开，得

$$\begin{aligned}g(x_k)&=g[x^*+(x_k-x^*)]\\&=g(x^*)+g'(x^*)(x_k-x^*)+\frac{g''(x^*)}{2!}(x_k-x^*)^2+\cdots\\&\quad+\frac{g^{(p-1)}(x^*)}{(p-1)!}(x_k-x^*)^{p-1}+\frac{g^{(p)}(\xi)}{p!}(x_k-x^*)^p\end{aligned}$$

其中，ξ 在 x_k 与 x^* 之间。

由条件可得 $g(x_k)=g(x^*)+\frac{g^{(p)}(\xi)}{p!}(x_k-x^*)^p$，即

$$x_{k+1}-x^*=\frac{g^{(p)}(\xi)}{p!}(x_k-x^*)^p$$

所以 $\lim\limits_{k\to\infty}\frac{x_{k+1}-x^*}{(x_k-x^*)^p}=\lim\limits_{k\to\infty}\frac{g^{(p)}(\xi)}{p!}$。由于 ξ 在 x_k 与 x^* 之间，又由收敛性可知 $\lim\limits_{k\to\infty}x_k=x^*$，故 $\lim\limits_{k\to\infty}\frac{x_{k+1}-x^*}{(x_k-x^*)^p}=\frac{g^{(p)}(x^*)}{p!}$。

证毕。

例题 2.7 试确定常数 p，q，r，使迭代公式

$$x_{k+1}=px_k+q\frac{a}{x_k^2}+r\frac{a^2}{x_k^5}$$

产生的序列$\{x_k\}$收敛到$\sqrt[3]{a}$，并使收敛阶尽量高。

解 因为迭代函数为$g(x)=px+q\dfrac{a}{x^2}+r\dfrac{a^2}{x^5}$，而$x^*=\sqrt[3]{a}$。由定理可知，要使收敛阶尽量高，应有$x^*=g(x^*)$，$g'(x^*)=0$，$g''(x^*)=0$，由此三式即可得到$p$，$q$，$r$所满足的三个方程：

$$p+q+r=1, p-2q-5r=0, q+5r=0$$

解之得，$p=q=\dfrac{5}{9}$，$r=-\dfrac{1}{9}$，且$g'''(\sqrt[3]{a})\neq 0$，故迭代公式是三阶收敛的。

2.4 Newton 迭代法

用迭代法求方程$y=f(x)$的根，首先要把方程$y=f(x)$化为等价形式$x=g(x)$。迭代函数$g(x)$选择的好坏，不仅影响迭代序列收敛与否，而且影响收敛速度。构造迭代函数的一条重要途径是用近似方程代替原方程去求根。Newton 迭代法的基本思想就是把非线性方程线性化，用线性方程的解逐步逼近非线性方程的解。Newton 迭代法是求方程近似根的一种重要方法。

2.4.1 Newton 迭代公式及其几何意义

设方程$f(x)=0$的函数$f(x)$连续可微，x^*为方程$f(x)=0$的实根，x_k是其某个近似值。将$f(x)$在x_k点作泰勒展开：

$$f(x)=f(x_k)+f'(x_k)(x-x_k)+\frac{f''(x_k)}{2!}(x-x_k)^2+\cdots$$

在上式中，以

$$f(x_k)+f'(x_k)(x-x_k)=0 \tag{2-18}$$

的根作为方程$f(x)=0$的根的一个近似。由式（2-18）得

$$x^*\approx x_k-\frac{f(x_k)}{f'(x_k)}$$

将这一近似值作为第$k+1$次迭代，得到

$$x_{k+1}=x_k-\frac{(x_k)}{f'(x_k)} \quad (k=0,1,2,\cdots) \tag{2-19}$$

此即称为 Newton 迭代法。

方程$f(x)=0$的根从几何上讲，它是曲线$y=f(x)$与x轴的交点的横坐标，而$f(x_k)+f'(x_k)(x-x_k)=0$，相当于直线$y=f(x_k)+f'(x_k)(x-x_k)$与x轴的交点的横坐标。而直线$y=f(x_k)+f'(x_k)(x-x_k)$实际上是曲线$y=f(x)$在$(x_k, f(x_k))$点的切线方程。

所以 Newton 迭代法的几何意义是：以$f'(x_k)$为斜率作过$(x_k, f(x_k))$点的切线，以切线与x轴交点的横坐标x_{k+1}作为曲线与x轴交点的横坐标x^*的近似，如图 2-10 所示。故

Newton 迭代法又常称为切线法。Newton 迭代法的计算步骤如下：

（1）给出初始近似根 x_0 及精度 ε；

（2）计算 $x_1 \Leftarrow x_0 - \dfrac{f(x_0)}{f'(x_0)}$；

（3）若 $|x_1 - x_0| < \varepsilon$，转向（4），否则 $x_0 \Leftarrow x_1$，转向（2）；

（4）输出满足精度的根 x_1，结束。

要得到 Newton 迭代法的计算框图，只要把一般不动点迭代法的计算框图（图 2-8）中的 $g(x_0)$ 改写为 $x_0 - \dfrac{f(x_0)}{f'(x_0)}$ 即可。

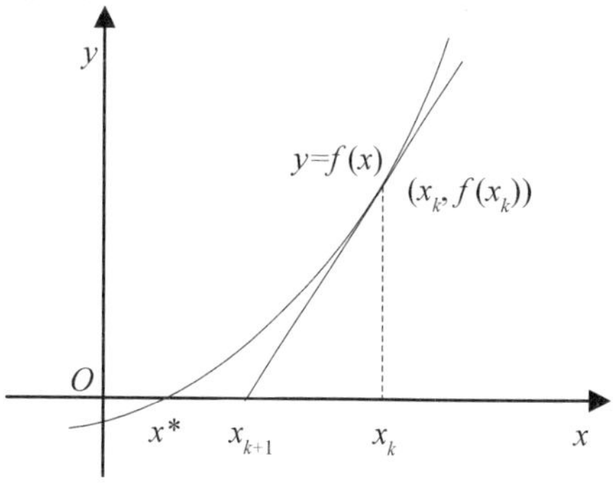

图 2-10 Newton 迭代法的几何意义

例题 2.8 用 Newton 迭代法求方程 $xe^x - 1 = 0$ 在 $x = 0.5$ 附近的根（取五位小数计算），精度要求为 $\varepsilon = 10^{-3}$。

解 这里 $f(x) = xe^x - 1$，$f'(x) = e^x + xe^x$，相应的 Newton 迭代公式为

$$x_{k+1} = x_k - \frac{x_k e^{x_k} - 1}{e^{x_k} + x_k e^{x_k}} = x_k - \frac{x_k - e^{-x_k}}{1 + x_k}$$

取 $x_0 = 0.5$，迭代结果见表 2-5 所列。

表 2-5 迭代结果

k	x_k
0	0.5
1	0.571 02
2	0.567 16
3	0.567 14

由于 $|x_3 - x_2| = 0.000\,02 < 10^{-3}$，

故 $x^* \approx x_3 \approx 0.567$。

迭代了三次就得到了较满意的结果。与例题 2.5 比较，可以看出 Newton 迭代法的收敛速度是很快的。

下面再举一有实用价值的例子说明 Newton 迭代法的应用。

例题 2.9 用 Newton 迭代法计算 $\sqrt{2}$。

解 令 $x = \sqrt{2}$，则 $x^2 - 2 = 0$，即求 $\sqrt{2}$ 等价于求方程

$$f(x) = x^2 - 2 = 0$$

的正实根。因为 $f'(x) = 2x$，由 Newton 迭代公式得

$$\begin{aligned} x_{k+1} &= x_k - \frac{x_k^2 - 2}{2x_k} \\ &= \frac{1}{2}\left(x_k + \frac{2}{x_k}\right) \quad (k = 0, 1, 2, \cdots) \end{aligned}$$

取初值 $x_0=1$，得

$$x_1=\frac{1}{2}\left(x_0+\frac{2}{x_0}\right)=1.5$$

$$x_2=\frac{1}{2}\left(x_1+\frac{2}{x_1}\right)=1.416\ 666\ 667$$

$$x_3=\frac{1}{2}\left(x_2+\frac{2}{x_2}\right)=1.414\ 215\ 686$$

$$x_4=\frac{1}{2}\left(x_3+\frac{2}{x_3}\right)=1.414\ 213\ 562$$

$$x_5=\frac{1}{2}\left(x_4+\frac{2}{x_4}\right)=1.414\ 213\ 562$$

所以

$$\sqrt{2}\approx 1.414\ 213\ 562$$

这个迭代公式的意义在于通过加法和乘除法实现开方运算，这是在计算机上作开方运算的一个方法。

2.4.2 Newton 迭代法的收敛性

下面我们来讨论 Newton 迭代法的收敛性问题。

定理 2.5 对于给定方程 $f(x)=0$，若满足

(1) $f\in C^2[a,b]$，且 $f(a)\cdot f(b)<0$；

(2) $f''(x)$ 在 $[a,b]$ 上不变号，且 $f'(x)\neq 0$，$x\in[a,b]$；

(3) 取 $x_0\in[a,b]$，满足 $f(x_0)f''(x_0)>0$。

则 Newton 迭代法产生的序列 $\{x_k\}$ 收敛于 $f(x)=0$ 在 $[a,b]$ 内的唯一根 x^*。

证明

(1) 存在性。

由条件 (1) 可知，$f(x)$ 在 $[a,b]$ 上连续，且 $f(a)\cdot f(b)<0$，则 $f(x)$ 在 $[a,b]$ 上存在根。

(2) 唯一性。

由条件 (2) 可知，$f''(x)$ 在 $[a,b]$ 上不变号，则 $f'(x)$ 在 $[a,b]$ 上单调，且 $f'(x)\neq 0$，因此，$f'(x)$ 在 $[a,b]$ 上也不变号。不妨设 $f''(x)>0$，$f'(x)>0$，$x\in[a,b]$。如果 $f'(x)>0$，则 $f(x)$ 在 $[a,b]$ 上单调，因此 $f(x)=0$ 在 $[a,b]$ 上的根是唯一的，记为 x^*。

(3) 收敛性。

取 $x_0\in[a,b]$，满足 $f(x_0)f''(x_0)>0$，且 $f(x_0)>0$ [前面已假设 $f''(x)>0$]，又因为 $f(x^*)=0$，由 $f(x)$ 在 $[a,b]$ 上的单调性可知 $x_0>x^*$。下面用归纳法证明由 Newton 迭代法产生的序列 $\{x_k\}$ 单调下降，并有下界 x^*。

因为 $x_0>x^*$，$x_0\in[a,b]$，假设 $x_k>x^*$，且 $x_k\in[a,b]$，由泰勒展开可知

$$f(x^*)=f(x_k)+f'(x_k)(x^*-x_k)+\frac{f''(\xi)}{2}(x^*-x_k)^2\quad \{\xi\in[x^*,x_k]\}$$

$$f''(\xi)>0$$
$$0=f(x^*)\geqslant f(x_k)+f'(x_k)(x^*-x_k)$$
$$x^*-x_k\leqslant\frac{-f(x_k)}{f'(x_k)}$$
$$x^*\leqslant x_k-\frac{f(x_k)}{f'(x_k)}=x_{k+1}$$

由 $f(x_k)>f(x^*)=0$，又 $f'(x_k)>0$ 可知，$\frac{f(x_k)}{f'(x_k)}>0$，可得 $x_k>x_{k+1}$。这样便得到 $a<x^*\leqslant x_{k+1}<x_k\leqslant b$，从而有 $x_{k+1}\in[a,\ b]$。

因此由 Newton 迭代法产生的序列 $\{x_k\}$ 单调下降，且下界为 x^*；而单调下降又有下界的序列 $\{x_k\}$ 必存在极限，记 $\lim\limits_{k\to\infty}x_k=\bar{x}$；对 $x_{k+1}=x_k-\frac{f(x_k)}{f'(x_k)}$ 两边取极限，得到 $\bar{x}=\bar{x}-\frac{f(\bar{x})}{f'(\bar{x})}$；而 $f'(\bar{x})\neq0$，所以 $f(\bar{x})=0$，即 $\bar{x}$ 是 $f(x)=0$ 的根，且 $\bar{x}\in[a,\ b]$，又由在 $[a,\ b]$ 内的根唯一的特性得到 $\bar{x}=x^*$，即由 Newton 迭代法产生的序列 $\{x_k\}$ 收敛于 $f(x)=0$ 在 $[a,\ b]$ 内的唯一根 x^*。证毕。

该定理的条件是 Newton 迭代法收敛的充分条件而非必要条件。Newton 迭代法也有一个局部收敛定理。

定理 2.6 已知 $f(x)=0$，若

(1) $f\in C^2[a,\ b]$；

(2) $f(x)=0$ 的根 $x^*\in[a,b]$，且 $f'(x^*)\neq0$。

则存在 x^* 的一个邻域 R: $|x-x^*|<\delta$，使得任取初值 $x_0\in\mathbf{R}$，Newton 迭代法产生的序列 $\{x_k\}$ 收敛于 x^* 且满足

$$\lim_{k\to\infty}\frac{x_{k+1}-x^*}{(x_k-x^*)^2}=-\frac{f''(x^*)}{2f'(x^*)}$$

证明

(1) 由于迭代函数 $x=x-\frac{f(x)}{f'(x)}=g(x)$，则知

$$g'(x)=1-\frac{[f'(x)]^2-f(x)f''(x)}{[f'(x)]^2}=\frac{f(x)f''(x)}{[f'(x)]^2}$$

由于 $f(x^*)=0$，且 $f'(x^*)\neq0$，则知

$$g'(x^*)=\frac{f(x^*)f''(x^*)}{[f'(x^*)]^2}=0<1$$

根据定理 2.3，迭代局部收敛，$\lim\limits_{k\to\infty}x_k=x^*$。

(2) 将 $f(x^*)$ 在 x_k 处进行泰勒展开：

$$0=f(x^*)=f(x_k)+f'(x_k)(x^*-x_k)+\frac{f''(\xi)}{2!}(x^*-x_k)^2\quad\{\xi\in[x^*,x_k]\}$$

$$x^*-x_k=-\frac{f(x_k)}{f'(x_k)}-\frac{f''(\xi)}{2f'(x_k)}(x^*-x_k)^2$$

$$x^* = x_k - \frac{f(x_k)}{f'(x_k)} - \frac{f''(\xi)}{2f'(x_k)}(x^* - x_k)^2$$

$$x^* = x_{k+1} - \frac{f''(\xi)}{2f'(x_k)}(x^* - x_k)^2$$

$$\frac{x^* - x_{k+1}}{(x^* - x_k)^2} = -\frac{f''(\xi)}{2f'(x_k)}$$

$$\lim_{k\to\infty}\frac{x^* - x_{k+1}}{(x^* - x_k)^2} = -\frac{f''(x^*)}{2f'(x^*)}$$

证毕。

此定理说明在$f'(x^*)\neq 0$的条件下，Newton迭代法至少具有二阶局部收敛性，具有较快的收敛速度。

2.4.3 Newton迭代法的改进

为了说明Newton迭代法的应用，针对Newton迭代法的某些特点，我们介绍几种Newton迭代法的改进和推广。

1. 重根加速收敛法

定理2.5和定理2.6都要求$f'(x)$在根x^*附近不为零。而$f'(x^*)\neq 0$，表明x^*只能是方程$f(x)=0$的单根。若x^*是$f(x)=0$的重根时，Newton迭代法的收敛性又会如何呢?

设x^*是$f(x)=0$的$n(n>1)$重根，则令

$$f(x)=(x-x^*)^n q(x) \text{且} q(x^*)\neq 0$$

则有

$$f'(x)=n(x-x^*)^{n-1}q(x)+(x-x^*)^n q'(x)$$
$$f''(x)=n(n-1)(x-x^*)^{n-2}q(x)+2n(x-x^*)^{n-1}q'(x)+(x-x^*)^n q''(x)$$

由Newton迭代法可知$g(x)=x-\frac{f(x)}{f'(x)}$，则

$$g'(x)=1-\frac{[f'(x)]^2-f(x)f''(x)}{[f'(x)]^2}=\frac{f(x)f''(x)}{[f'(x)]^2}$$
$$=\frac{(x-x^*)^n q(x)[n(n-1)(x-x^*)^{n-2}q(x)+2n(x-x^*)^{n-1}q'(x)+(x-x^*)^n q''(x)]}{[n(x-x^*)^{n-1}q(x)+(x-x^*)^n q'(x)]^2}$$
$$=\frac{q(x)[n(n-1)q(x)+2n(x-x^*)q'(x)+(x-x^*)^2 q''(x)]}{[nq(x)+(x-x^*)q'(x)]^2}$$

由此可得

$$|g'(x^*)|=\frac{q(x^*)\ \ [n(n-1)q(x^*)]}{[nq(x^*)]^2}=1-\frac{1}{n}<1$$

可见，Newton迭代法对重根也是收敛的，呈线性收敛，且重数n越高，收敛速度越慢。

为了加速重根的收敛速度，定义$\mu(x)=\frac{f(x)}{f'(x)}$，则$\mu'(x)=\frac{[f'(x)]^2-f(x)f''(x)}{[f'(x)]^2}$。若$x^*$是$f(x)$的$n$重根，$x^*$必定是$\mu(x)$的单根，这是因为

$$f(x)=(x-x^*)^n q(x) \quad [q(x^*)\neq 0]$$

$$f'(x)=n(x-x^*)^{n-1}q(x)+(x-x^*)^n q'(x)$$

$$\mu(x)=\frac{(x-x^*)^n q(x)}{n(x-x^*)^{n-1}q(x)+(x-x^*)^n q'(x)}$$

$$=(x-x^*)\frac{q(x)}{nq(x)+(x-x^*)q'(x)}$$

令 $\varphi(x)=\dfrac{q(x)}{nq(x)+(x-x^*)q'(x)}$，则 $\mu(x)=(x-x^*)\varphi(x)$。

由于 $q(x^*)\neq 0$，则 $\varphi(x^*)=\dfrac{q(x^*)}{nq(x^*)+(x^*-x^*)q'(x^*)}\neq 0$。

所以 x^* 是 $\mu(x)$ 的单根。然后用 Newton 迭代法快速求得 $\mu(x)=0$ 的单根，从而得到 $f(x)=0$ 的重根。

2. Newton 下山法

Newton 迭代法是一种局部收敛方法，通常要求初始值 x_0 选在 x^* 附近时，Newton 迭代法才收敛。如图 2-11 所示，初值 x_0 取 c 的位置，Newton 迭代公式收敛，而 x_0 取 a 或 b 的位置，则不收敛。由此可见，Newton 迭代法的收敛性依赖于初值 x_0 的选取。

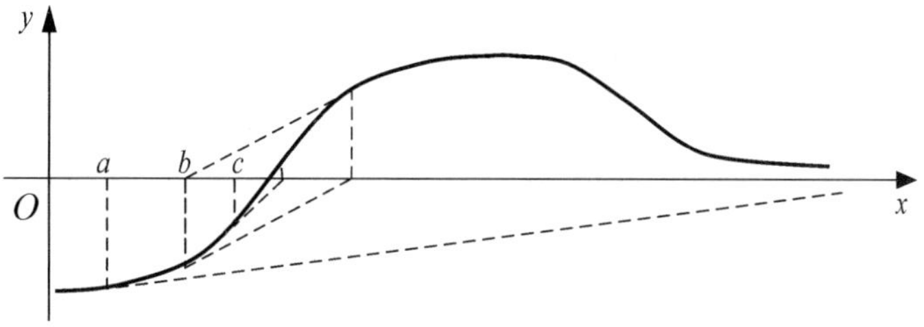

图 2-11 Newton 迭代法的收敛性

例题 2.10 用 Newton 迭代法求方程 $x^3-x-1=0$ 在 $x_0=1.5$ 附近的一个根。

解 取迭代初值 $x_0=1.5$，建立 Newton 迭代公式

$$x_{k+1}=x_k-\frac{f(x_k)}{f'(x_k)}=x_k-\frac{x_k^3-x_k-1}{3x_k^2-1}$$

计算结果见表 2-6 所列。

表 2-6 计算结果

k	x_k
0	1.5
1	1.347 83
2	1.325 20
3	1.324 72

但是，如果改用初值 $x_0=0.6$，则按上述迭代公式迭代一次，得 $x_1=17.9$。这个结果反而比 x_0 更偏离了所求的根 x^*。

为了防止迭代发散，在迭代过程中附加一项要求，即保证函数值单调下降。单调下降的条件式可写成

$$|f(x_{k+1})| < |f(x_k)|$$

满足这项要求的算法称为下山法。

将 Newton 迭代法和下山法结合起来使用，即在下山法保证函数值稳定下降的前提下，用 Newton 迭代法加快收敛速度。

如果用 Newton 迭代法求得的

$$\bar{x}_{k+1} = x_k - \frac{f(x_k)}{f'(x_k)} \tag{2-20}$$

不能保证 $|f(x_{k+1})| < |f(x_k)|$，则取 x_k 和 $\bar{x}_{k+1}$ 的加权平均。

$$x_{k+1} = \lambda \bar{x}_{k+1} + (1-\lambda)x_k \tag{2-21}$$

作为新的近似解。其中，参数 $0<\lambda \leqslant 1$，称为下山因子。

下山因子的选择是个逐步探索的过程。一般先取 $\lambda=1$，若满足下山条件 $|f(x_{k+1})| < |f(x_k)|$，则进行下一轮迭代，此时即是原来的 Newton 迭代法。若不满足下山条件，下山因子取原来的一半，即 $\lambda=\frac{1}{2}$，再判断是否满足下山条件：若满足下山条件，就可将 x_{k+1} 次作为第 $k+1$ 次迭代近似值；若还不满足下山条件，则将 λ 再分半，直到满足为止。

但若 λ 的值很小，即 $0<\lambda<\varepsilon$，下山条件仍不满足，则称“下山失败”，这时需另选初值重算。Newton 下山法的本质就是对初值的不断调整。

再考察例题 2.11，前面已指出，若取 $x_0=0.6$，则按 Newton 迭代公式求得的迭代值 $\bar{x}_1=17.9$，通过反复调整下山因子 λ，当 $\lambda=\frac{1}{32}$ 满足下山条件，将 $\lambda=\frac{1}{32}$ 代入式（2-20），求得

$$x_1 = \frac{1}{32}\bar{x}_1 + \left(1-\frac{1}{32}\right)x_0 = 1.140\ 625$$

这个结果纠正了 $\bar{x}_1$ 的严重偏差。

3. 正割法（弦截法）

Newton 迭代法的每一步迭代都要计算 $f(x)$ 及 $f'(x)$，但如果 $f(x)$ 在某点不可导或者 $f'(x)$ 较冗长，就会给 Newton 迭代法的应用带来不便。因此为了避免求 $f'(x)$，用差商代替导数，即

$$f'(x_k) \approx \frac{f(x_k)-f(x_{k-1})}{x_k - x_{k-1}}$$

代入 Newton 迭代公式，则有

$$x_{k+1} = x_k - \frac{f(x_k)}{f(x_k)-f(x_{k-1})}(x_k - x_{k-1}) \quad (k=1,\ 2,\ 3,\ \cdots) \tag{2-22}$$

式（2-22）称为正割法。正割法不需要求导数，但需要前两次的迭代结果 x_{k-1} 和 x_k，初值也要取 x_0 和 x_1 两个值。正割法的几何意义如图 2-12 所示。

弦截线 $y-f(x_k)=\dfrac{f(x_k)-f(x_{k-1})}{x_k-x_{k-1}}(x-x_k)$ 与 x 轴 $(y=0)$ 的交点的横坐标为

$$x_{k+1}=x_k-\frac{x_k-x_{k-1}}{f(x_k)-f(x_{k-1})}f(x_k)$$

这正是正割法的迭代公式，故也称为弦截法。

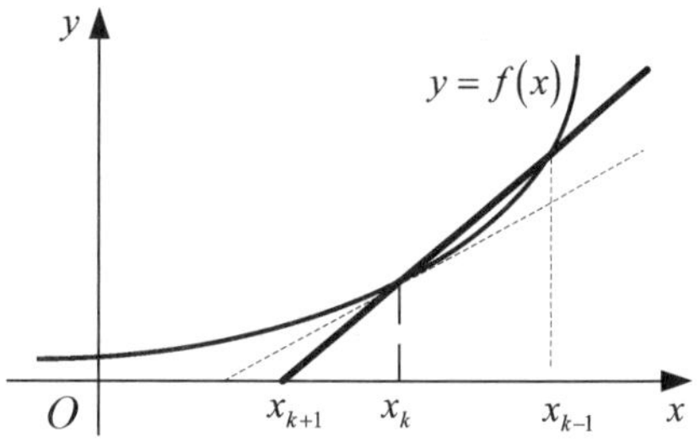

图 2-12 正割法的几何意义

当 $f(x)$ 在 x^* 的某一个领域内具有二阶连续导数，且 $f'(x)\neq 0$，初值 x_0 和 x_1 落在此领域内，弦截法是收敛的。

小结

本章介绍了非线性方程的多种数值解法，主要包括二分法、不动点迭代法（简单迭代法）和 Newton 迭代法。不论是使用哪种数值方法求根，一般都是先用图解法或逐步扫描法进行根的隔离，即先给出一个根的粗略近似值或者预先确定出根所在的区间，为迭代求解做准备，再选择合适的方法对方程的根进一步求解。

二分法具有算法简单和易实现的优点，收敛性有保证，适用于连续函数，且存在区间两端点函数值异号的情况；二分法的缺点是收敛速度慢。

不动点迭代法算法简单，但收敛速度较缓慢，可用 Aitken 迭代加速法加速。

Newton 迭代法是一种特殊的不动点迭代法，在单根的情况下，收敛速度较快，是平方收敛。如果是重根，则是线性收敛。

Newton 迭代法的收敛性与初值的选取有关，可以通过 Newton 下山法对初值不断调整，以保证 Newton 迭代法的收敛性。Newton 迭代公式需要求导，可以用正割法避免求导（可提高运算效率），但需要两个初值，这对收敛性有影响。

上机实验参考程序

1. 实验目的

（1）掌握计算机上常用的求非线性方程的近似根的数值方法（二分法、迭代法、牛顿法、正割法），并能比较各种方法的优缺点。

（2）掌握迭代的收敛性定理，局部收敛性、收敛阶的概念。

（3）正确应用所学的方法求出给定的非线性方程满足一定精度要求的数值解。

2. 二分法参考程序

根据 2.2 节给出的二分法计算步骤及框图 2-2 编制程序，用迭代法求方程 $f(x)=x^3-2x-1=0$ 在 [0, 2] 内的根，输出每次的迭代结果并统计所用的迭代次数，精确到 10^{-4}。

定义数据：

程序中的主要变量及函数：

double y——区间左端点处的函数值。

double a, b——分别存放含根区间的左、右端点。

double x——计算并存放含根区间的中点并输出。

int k——计算二分次数。

f(x)——用于计算区间中点处的函数值。

程序清单：

```
/*****************二分法示例****************/
#include <stdio.h>
#include <math.h>
#define f(x)    ((x*x-2)*x-1)
#define EPS 0.0001          /* 求解精度 */
#define x1  1               /* 区间左端点 */
#define x2  2               /* 区间右端点 */
Void main()
{
    double a, b, y, x;
    int k =0;
    a =x1; b =x2;
    y =f(a);
    x =0.5*(a+b);
    printf ("k%9c%10c (x)%11c%12c\n", 'x', 'f', 'a', 'b');
    printf ("%4d%12f%12f%12f%12f\n", k, x, f(x), a, b);
/* 输出中间结果 */
    while (fabs (b-a) >EPS)
     {
      if (y*f(x) <0)    b =x;
        else     a =x;
        x =0.5*(a+b);
        k++;
        printf ("%4d%12f%12f%12f%12f\n", k, x, f(x), a, b);
/* 输出中间结果 */
    }
    printf ("The Root is x =%f\n", x);
}
```

输出结果：

```
选择 "D:\project\Debug\project.exe"
  k        x          f(x)          a           b
  0    1.500000   -0.625000    1.000000    2.000000
  1    1.750000    0.859375    1.500000    2.000000
  2    1.625000    0.041016    1.500000    1.750000
  3    1.562500   -0.310303    1.500000    1.625000
  4    1.593750   -0.139313    1.562500    1.625000
  5    1.609375   -0.050327    1.593750    1.625000
  6    1.617188   -0.004952    1.609375    1.625000
  7    1.621094    0.017958    1.617188    1.625000
  8    1.619141    0.006484    1.617188    1.621094
  9    1.618164    0.000762    1.617188    1.619141
 10    1.617676   -0.002096    1.617188    1.618164
 11    1.617920   -0.000668    1.617676    1.618164
 12    1.618042    0.000047    1.617920    1.618164
 13    1.617981   -0.000310    1.617920    1.618042
 14    1.618011   -0.000132    1.617981    1.618042
The Root is x=1.618011
```

结果分析：

从实验结果可以看出，二分法算法简单，但运算结果收敛速度慢，二分 15 次后才具有 4 位有效数字。

3. 迭代法参考程序

用迭代法求方程 $f(x)=x^3-2x-1=0$ 的根。采用以下两种方案实现，分析迭代函数对收敛性的影响。要求输出每次的迭代结果并统计所用的迭代次数，取 $\varepsilon=0.5\times10^{-5}$，$x_0=2$。

方案一：化方程为等价方程 $x=\sqrt[3]{2x+1}=g(x)$。

方案二：化 $f(x)=2x^3-x-1=0$ 为等价方程 $x=\dfrac{x^3-1}{2}=g(x)$，观察其计算值。

程序结构：

在程序初始化时给出最大迭代次数 MAXREPT，精度 EPS 及迭代初值 x0。用宏定义 G(x) 实现迭代函数。主函数 main() 调用宏 G(x) 进行迭代计算，求方程的数值解。

定义数据：

程序中的主要变量、函数：

i——统计迭代次数。

x1，x2——分别存放相邻两次迭代值。

G(x)——宏定义，求迭代函数 $g(x)$。

方案一程序清单：

```
/***************简单迭代法示例**************/
#include <stdio.h>
#include <math.h>
#define x0 2              /* 迭代初值 x0 */
#define MAXREPT 1000   /* 最大迭代次数 */
#define EPS   0.5E-5   /* 求解精度 */
#define G(x) pow (2*x+1, 1.0/3)    /* 方案一迭代函数 G(x) */

void main ()
{   int i;
    double x_k = x0, x_k1 = x0;
    printf ("  k       xk\n");
    for (i=0; i<MAXREPT; i++)
    {
            printf ("   %d     %g\n", i, x_k1);
            x_k1 = G(x_k);                   /* 迭代 */
            if(fabs(x_k1 - x_k) <EPS)
             {
                        printf ("The Root is x=%g , k=%d\n", x_k1, i);
                        return;
             }
            x_k = x_k1;
    }
  printf ("After %d repeate, no solved. \n", MAXREPT);
}
```

方案一输出结果：

```
"D:\project\Debug\project.exe"
  k      xk
  0    2
  1    1.70998
  2    1.64112
  3    1.62389
  4    1.61952
  5    1.61841
  6    1.61813
  7    1.61806
  8    1.61804
The Root is x=1.61804 , k=8
```

方案二程序清单：

将方案一中的宏定义 G(x)改成如下即可。

```
#define G(x)(x*x*x-1)/2.0
```

方案二输出结果：

```
"D:\project\Debug\project.exe"
 k      xk
 0    2
 1    3.5
 2    20.9375
 3    4588.78
 4    4.83127e+010
 5    5.63838e+031
 6    8.96259e+094
 7    3.59973e+284
 8    1.#INF
The Root is x=1.#INF , k=8
```

结果分析：

从方案一和方案二的程序及输出结果可以看出，迭代法的算法简单，但并不是所有的迭代格式都收敛，即使收敛，其收敛速度也不快。

4. Newton 迭代法的参考程序

用 Newton 迭代法求方程 $f(x)=x^3-x-1=0$ 在 $x=1.5$ 附近的根。采用以下两种方案实现，分析初值的选取对迭代法收敛性的影响。要求输出每次的迭代结果并统计所用的迭代次数，取 $\varepsilon=0.5\times10^{-5}$。

方案一：使用 Newton 迭代法并取 $x=1.5$，由 $x_{k+1}=x_k-\dfrac{f(x_k)}{f'(x_k)}$得

$$x_{k+1}=x_k-\frac{x_k^3-x_k-1}{3x_k^2-1}$$

方案二：取 $x=0$，使用同样的公式 $x_{k+1}=x_k-\dfrac{x_k^3-x_k-1}{3x_k^2-1}$，观察和比较结果并分析原因。

程序结构：

在程序初始化时给出最大迭代次数 MAXREPT、精度 EPS 及迭代初值 x0。用宏定义 G(x)实现 Newton 迭代函数。主函数 main()调用宏 G(x) 进行迭代计算。

定义数据：

程序中的主要变量、函数：

i——统计迭代次数。

x1，x2——分别存放相邻的两次迭代值。

G(x)——宏定义，求 Newton 迭代函数 $g(x)=x-\dfrac{f(x)}{f'(x)}$。

方案一程序清单：

```
/**************** 简单迭代法示例 ***************/
#include <stdio.h>
#include <math.h>
#define x0 1.5                /* 迭代初值 x0 */
#define MAXREPT 1000          /* 最大迭代次数 */
#define EPS 0.5E-5            /* 求解精度 */
#define G(x)x - (x*x*x-x-1) / (3*x*x-1)    /* 方案一迭代函数 G (x) */

void main()
{   int i;
    double x_k = x0, x_k1 = x0;
    printf("  k       xk \n");
    for(i = 0;i < MAXREPT;i++)
    {
            printf("%4d%12f\n", i, x_k1);
            x_k1 = G(x_k);                /* 迭代 */
            if(fabs(x_k1 - x_k) < EPS)
             {
                    printf("The Root is x = %f , k = %d\n",x_k1,i);
                    return;
             }
            x_k = x_k1;
    }
  printf("After %d repeate,no solved. \n",MAXREPT);
}
```

方案一输出结果：

```
"D:\project\Debug\project.exe"
   k          xk
   0      1.500000
   1      1.347826
   2      1.325200
   3      1.324718
The Root is x=1.324718 , k=3
```

方案二程序清单：

将方案一中 x 初值改成如下即可。

```
#define x0   0            /* 迭代初值 x0  */
```

方案二输出结果：

```
"D:\project\Debug\project.exe"
  k        xk
  0     0.000000
  1    -1.000000
  2    -0.500000
  3    -3.000000
  4    -2.038462
  5    -1.390282
  6    -0.911612
  7    -0.345028
  8    -1.427751
  9    -0.942418
 10    -0.404949
 11    -1.706905
 12    -1.155756
 13    -0.694192
 14     0.742494
 15     2.781296
 16     1.982725
 17     1.536927
 18     1.357262
 19     1.325663
 20     1.324719
The Root is x=1.324718 , k=20
```

结果分析：

从方案一和方案二的运行结果可以看出，Newton 迭代法收敛速度较快，但初值的选取会影响其收敛性。如方案一的初值在根的附近，迭代 3 次就有了很好的效果。如果初值没选好，如方案二，收敛性差，有时甚至还会产生发散的结果。

5. Aitken 法参考程序

用 Aitken 法改进上小节方案二的迭代格式，求方程 $f(x)=x^3-2x-1=0$ 的根，取 $\varepsilon=0.5\times10^{-5}$，$x_0=2$，观察运行结果，并对结果进行分析。要求输出每次的迭代结果并统计所用的迭代次数。具体迭代公式如下：

$$\begin{cases} y=\dfrac{x_k^3-1}{2} \\ z=\dfrac{y^3-1}{2} \\ x_{k+1}=z-\dfrac{(z-y)^2}{z-2y+x_k} \end{cases} \qquad (k=0,\ 1,\ 2,\ \cdots)$$

程序结构：

在程序初始化时给出最大迭代次数 MAXREPT、精度 EPS 及迭代初值 x0。用宏定义 G(x)

实现迭代函数。主函数 main()调用宏 G(x)进行迭代计算。

定义数据：

程序中的主要常量、变量：

MAXREPT——最大迭代次数。

i——统计迭代次数。

x1，x2——分别存放相邻两次迭代值。

y，z——分别存放预迭代值。

程序清单：

```
/****************Aitken 法示例**************/
#include <stdio.h>
#include <math.h>
#define G(x)    (x*x*x-1)/2.0
#define x0 2                /* 迭代初值 x0 */
#define MAXREPT 100         /* 最大迭代次数 */
#define EPS  0.5E-5         /* 求解精度 */
void main()
{
  int i;
  double x1=x0, x2=x0;
  double y, z;
  printf("k\t      xk\n");
  for(i=0;i<MAXREPT;i++)
   {
        printf("%4d%12f\n",i,x2);
        y=G(x1);
        z=G(y);
        x2=z-((z-y)*(z-y))/(z-2*y+x1);
        if(fabs(x2-x1)<EPS)
         {
              printf("The Root is x=%f\n Iterations times k=%d\n",x2,i);
              return;
```

```
            }
            x1 = x2;
        }
        printf("After %d repeate,no solved. \n",MAXREPT);
    }
```

输出结果：

```
"D:\project\Debug\project.exe"
  k        xk
  0     2.000000
  1     1.858824
  2     1.735686
  3     1.652925
  4     1.621685
  5     1.618077
  6     1.618034
The Root is x=1.618034
 Iterations times k=6
```

结果分析：

本实验案例及数据是采用迭代法实验中发散的迭代格式，从实验结果可以看出，通过 Atiken 加速方法处理该迭代公式后，获得了相当好的收敛性。

工程应用实例

求解流体摩阻系数

工程和科学计算的许多领域中，描述流体通过管道和罐体的过程是一个常见的问题，设计管道系统时，准确预测流体在管道中的流动特性至关重要。

Colebrook - White（科尔布鲁克 - 怀特）方程是用于计算流体在管道中的摩擦系数的一种方法，在工程领域中，特别是在流体动力学和管道系统设计领域应用广泛。Colebrook - White 方程能够帮助工程师估算流体在管道中的压力损失和流量，从而设计出更加高效、经济的管道系统。例如，在天然气输送管道的设计中，工程师会使用该方程来计算不同管径、不同流速下的摩阻系数，进而确定管道的直径和壁厚，以确保输送效率和安全性。

Colebrook - White 方程的具体形式如下：

$$\frac{1}{\sqrt{f}} = -2\log_{10}\left(\frac{\varepsilon}{3.7d} + \frac{2.51}{\mathrm{Re}\sqrt{f}}\right) \tag{1}$$

其中，ε 是管道内壁粗糙度，单位为 m；d 是管道内径，单位为 m；Re 是雷诺数（Reynoids 数），反映了流体惯性力和黏性力之间的相对重要性，是判断流体是否为湍流的条件，只有当 Re >400 时才为湍流。Re 的计算公式为

$$\mathrm{Re}=\frac{\rho Vd}{\mu} \tag{2}$$

其中，ρ 是流体的密度，单位为 kg/m^3；V 是流体速度，单位为 m/s；μ 是动态黏性，单位为 $N \cdot s/m^2$。

Colebrook - White 方程的核心应用就是计算流体在管道中流动时的摩擦系数 f。这个系数是评估流体流动阻力和压力损失的关键参数。式（1）、式（2）的参数值如下：

$$\rho=1.21\ \mathrm{kg/m},\ V=45\ \mathrm{m/s},\ d=0.005\ \mathrm{m}$$

$$\mu=1.75\times10^{-5}\ \mathrm{N\cdot S/m^2},\ \varepsilon=1.5\times10^{-6}\ \mathrm{m}$$

由于 Colebrook - White 方程是一个隐式方程，需要采用迭代法求解。在实际应用中，工程师会先假设一个初始的摩阻系数值（摩阻系数 f 的取值范围是 0.008 ~ 0.08），再代入方程进行迭代计算，直到找到一个满足精度要求的解。下面分别讨论用不同的数值方法求解摩阻系数 f。

1. 用牛顿迭代法求解 Colebrook - White 方程

先根据式（2）计算 Reynoids 数：

$$\mathrm{Re}=\frac{\rho Vd}{\mu}=\frac{1.21\times45\times0.005}{1.75\times10^{-5}}=15\ 557.142\ 86>400$$

所以这是湍流问题，可以用 Colebrook - White 方程描述，取 Re = 155 57。

将 Re 值及其他参数值代入式（1），得方程

$$g(f)=\frac{1}{\sqrt{f}}+2\log_{10}\left(\frac{1.5\times10^{-6}}{3.7\times0.005}+\frac{2.51}{15\ 557\sqrt{f}}\right)=0 \tag{3}$$

Newton 迭代法求解 Colebrook - White 方程，建立迭代式：

$$f_{k+1}=f_k-\frac{g(f_k)}{g'(f_k)} \tag{4}$$

其中，

$$g'(f)=-\frac{1}{2}f^{-1.5}-\frac{2\times2.51\times0.5\times f^{-1.5}}{\ln(10)\times\left(\frac{\varepsilon}{3.7d}+\frac{2.51}{\mathrm{Re}\sqrt{f}}\right)\times\mathrm{Re}}$$

$$=-\frac{1}{2}f^{-1.5}-\frac{2.51\times f^{-1.5}}{\ln(10)\times\left(\frac{1.5\times10^{-6}}{3.7\times0.005}+\frac{2.51}{15\ 557\sqrt{f}}\right)\times15\ 557}$$

由于 Newton 迭代法是局部收敛的，其收敛性与初值的选取有关。可以求根之前，最好先画出函数图，以确定根的初始值，保证 Newton 迭代法的收敛性。$g(f)$ 函数图如图 2 - 13 所示。

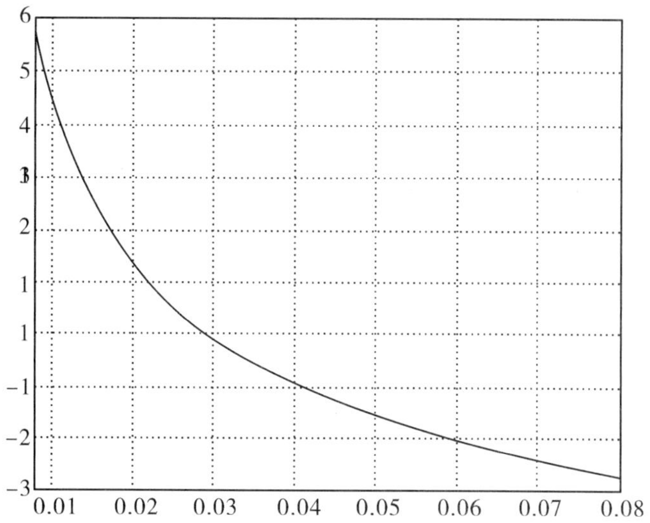

图 2-13 $g(f)$ 函数图

由图 2-13 可见，根大概在 0.03 附近，取 $f_0=0.03$，代入式（4），计算结果见表 2-7 所列。

表 2-7 Newton 迭代法计算结果

k	f_k	误差估计
0	0.03	
1	0.028 031 473 889 044 2	0.001 968 526
2	0.028 120 849 343 635 9	-8.937 55E-05
3	0.028 121 055 705 459 0	-2.063 62E-07
4	0.028 121 055 706 553 4	-1.094 44E-12

由表 2-7 可知，只需迭代 4 次计算结果就具有 11 位有效数字。可见选取合适的初值，Newton 迭代法的确是高效的数值计算方法。

2. 用弦截法求解 Colebrook - White 方程

Newton 迭代法需要求导数。本例的导数 $g'(f)$ 比较复杂，可以采用弦截法求解方程，就可以避免求导数 $g'(f)$ 了。

$$f_{k+1}=f_k-\frac{g(f_k)(f_k-f_{k-1})}{g'(f_k)-g'(f_{k-1})} \tag{5}$$

弦截法需要提供 2 个初值。这里根据函数图，初值取 $f_0=0.03f_1=0.028$，代入式(5)，计算结果见表 2-8 所列。

表 2-8 弦截法计算结果

k	f_k	误差估计
0	0.03	-0.215 636 963
1	0.028	0.014 605 055
2	0.028 126 866 984 593 100	-0.000 698 829

续表

k	f_k	误差估计
3	0.028 121 073 792 995 600	-2.175 29E-06
4	0.028 121 055 703 852 300	3.248 66E-10

弦截法的收敛性也依赖于初值的选取，因为两个初值都是选在根的附近，所以所有运算结果也比较好，但比 Newton 迭代法的收敛速度稍慢。因为弦截法不需要计算导数，所以计算量比牛顿迭代法小。

算法背后的历史

数学家秦九韶

秦九韶简介

秦九韶（1208—1268），字道古，汉族，祖籍鲁郡（今河南省范县），出生于普州（今四川安岳县）。南宋著名数学家，与李冶、杨辉、朱世杰并称宋元数学四大家。

秦九韶精研星象、音律、算术、诗词、弓、剑、营造之学，历任琼州知府、司农丞，后遭贬，卒于梅州任所，1247 年完成著作《数书九章》。《数书九章》共十八卷，分九大类型，共八十一道数学应用题，集秦汉 1000 多年以来有关开方术的所有成就，其中的大衍求一术（一次同余方程组问题的解法，也就是所称的中国剩余定理）、三斜求积术和正负开方术（高次方程正根的数值求法）达到了当时世界数学的最高水平。

正负开方术

早在公元 1 世纪左右，我国《九章算术》提出的“方程术”和“正负术”在解线性方程上已有独特的见解。直至 11 世纪，中国数学家贾宪推广《九章算术》，不仅创造了新的开平方、开立方的方法，而且还创造了开任意次幂的高次开方，即“增乘开方术”。随后，我国南宋数学家秦九韶对高次方程数值解做了更深入的研究，并在其著作《数书九章》（又名《数学九章》）中提出了一般的一元高次多项式方程数值解的解法，用于开高次方根和解高次方程，即“正负开方术”。

秦九韶的“正负开方术”列算式时，提出“商常为正，实常为负，从常为正，益常为负”的原则，纯用代数加法，给出统一的运算规律，并且扩充到任何高次方程中去，解决了高次方程有理数根和无理数根近似值的计算问题，比 1819 年英国人霍纳（W. G. Horner,

1786—1837）的同样解法早572年。

秦九韶还提出了秦九韶算法。秦九韶算法仍是多项式求值比较实用的算法，看似简单，其最大的意义在于将求 n 次多项式的值转化为求 n 个一次多项式的值。在人工计算时，利用秦九韶算法和其中的系数表可以大幅简化运算，减少误差。

天元术与四元术

天元术是利用未知数列方程的一种方法，与现代代数学中列方程的方法基本一致，但写法不同。1248年，金代数学家李冶在其著作《测圆海镜》中，系统地介绍了天元术。用天元术列方程的方法是：首先，“立天元一为某棠”，就是设未知数 x；其次，依据问题的条件列出两个相等的天元式（就是含这个天元的多项式），把这两个天元式相减，就得到一个天元式，就是高次方程式；最后，用增乘开方法求这个方程的正根。显然，天元术和现今代数方程的列法雷同，而在欧洲，只是在16世纪才开始做到这一点。

我国古代解方程的方法除了天元术，还有四元术，即是解四元高次方程。元成宗大德七年（1303），大都（今北京）数学家朱世杰，撰成《四元玉鉴》一书，为传统四元术之代表著作。朱世杰四元术，以天、地、人、物四元表示四元高次方程组，其求解方法和解方程组的方法基本一致，早于法国数学家别朱（Bezout）于1775年才系统提出的消元法近500年，领先于世界，是我国数学史上的光辉成就之一。

朱世杰在《四元玉鉴》中列举了很多用“四元术”解题的例子。值得注意的是，这些例子中相当一部分是由几何问题导出的。这种将几何问题转化为代数方程并用某种统一的算法求解的例子，在宋元数学著作中比比皆是，充分反映了中国古代几何代数化和机械化的倾向。

习题 2

1. 用二分法求方程 $x^2-x-1=0$ 的正根，要求误差小于0.05。

2. 判断下列方程有几个实根，并指出其有根区间：

（1）$x^3-6x-5=0$；（2）$x=2-e^{-x}$。

3. 为求方程 $x^3-x^2-1=0$ 在 $x_0=1.5$ 附近的一个根，设将方程改写成下列等价形式，并建立相应的迭代公式。

（1）$x=1+1/x^2$，迭代公式 $x_{k+1}=1+1/x_k^2$；

（2）$x^3=1+x^2$，迭代公式 $x_{k+1}=\sqrt[3]{1+x_k^2}$；

（3）$x^2=\dfrac{1}{x-1}$，迭代公式 $x_{k+1}=1/\sqrt{x_k-1}$；

（4）$x^2=x^3-1$，迭代公式 $x_{k+1}=\sqrt{x_k^3-1}$。

试分析每种迭代公式的收敛性，并选取一种公式求出具有四位有效数字的近似值。

4. 写出求方程 $4x=\cos(x)+1$ 在区间［0.1］的根的收敛的迭代公式，并证明其收敛性。

5. 比较求 $e^x+10x-2=0$ 的根到三位小数所需的计算量：

（1）在区间［0，1］内用二分法；

（2）用迭代法 $x_{k+1}=(2-e^{x_k})/10$，取初值 $x_0=0$。

6. 给定函数 $f(x)$，并设对一切 x，$f'(x)$ 存在且 $0<m\leqslant f'(x)\leqslant M$，证明对于范围 $0<\lambda<2/M$ 内的任意定数 λ，迭代过程 $x_{k+1}=x_k-\lambda f(x_k)$ 均收敛于 $f(x)$ 的根 x^*。

7. 已知 $x=\varphi(x)$ 在区间 $[a, b]$ 内只有一根，而当 $a<x<b$ 时，$|\varphi'(x)|\geqslant k>1$，试问如何将 $x=\varphi(x)$ 化为适于迭代的格式？将 $x=\tan x$ 化为适于迭代的格式，并求 $x=4.5$（弧度）附近的根。

8. 分别用二分法和牛顿法求 $x-\tan x=0$ 的最小正根。

9. 用下列方法求 $f(x)=x^3-3x-1=0$ 在 $x_0=2$ 附近的根。根的准确值 $x^*=1.879\ 385\ 24\cdots$，要求计算结果准确到四位有效数字。

（1）用牛顿法；

（2）用弦截法，取 $x_0=2$，$x_1=1.9$。

10. 已知求 $\sqrt{a}$（$a>0$）的牛顿迭代公式为 $x_{k+1}=\dfrac{1}{2}\left(x_k+\dfrac{a}{x_k}\right)$，$x_0>0$。证明：对于一切 $k=1, 2, \cdots$，$x_k\geqslant\sqrt{a}$，且序列 $\{x_k\}$ 是单调递减的，迭代过程收敛。

11. 设 a 为正整数，试建立一个求 $\dfrac{1}{a}$ 的牛顿迭代公式，要求在迭代公式中不含有除法运算，并考虑公式的收敛性。

12. 试就下列函数讨论牛顿法的收敛性和收敛速度。

（1）$f(x)=\begin{cases}\sqrt{x}, & x\geqslant 0,\\ -\sqrt{-x}, & x<0;\end{cases}$ （2）$f(x)=\begin{cases}\sqrt[3]{x^2}, & x\geqslant 0,\\ -\sqrt[3]{x^2}, & x<0。\end{cases}$

13. 应用 Newton 迭代法于方程 $x^3-a=0$，导出求立方根 $\sqrt[3]{a}$ 的迭代公式，并讨论其收敛性。

14. 利用适当的迭代公式证明：$\lim\limits_{k\to\infty}\underbrace{\sqrt{2+\sqrt{2+\cdots+\sqrt{2}}}}_{k}=2$。

15. 应用 Newton 迭代法于方程 $f(x)=x^n-a=0$ 和 $f(x)=1-\dfrac{a}{x^n}=0$，分别导出求 $\sqrt[n]{a}$ 的迭代公式，并求 $\lim\limits_{k\to\infty}(\sqrt[n]{a}-x_{k+1})/(\sqrt[n]{a}-x_k)^2$。

16. 证明：迭代公式 $x_{k+1}=\dfrac{x_k(x_k^2+3a)}{3x_k^2+a}$ 是计算 $\sqrt{a}$ 的方法。假定初值 x_0 充分靠近 x^*，求 $\lim\limits_{k\to\infty}(\sqrt{a}-x_{k+1})/(\sqrt{a}-x_k)^2$。

第3章 线性方程组的直接法

早在公元1世纪左右的《九章算术》“方程”章中就提出了采用分离系数法表示线性方程组，使用直除法解线性方程组。其中，分离系数法和直除法分别与矩阵和矩阵初等变换的思想是一致的。现在很多科学计算问题，如电学网络问题、化学方程式的配平问题、微分方程的差分方法或有限元方法的求解问题、经济学中的收支平衡问题等，往往直接或间接地归结为线性方程组的求解。

n 阶线性方程组的一般形式是

$$\begin{cases} a_{11}x_1+a_{12}x_2+\cdots+a_{1n}x_n=b_1 \\ a_{21}x_1+a_{22}x_2+\cdots+a_{2n}x_n=b_2 \\ \qquad\cdots\cdots \\ a_{n1}x_1+a_{n2}x_2+\cdots+a_{nn}x_n=b_n \end{cases}$$

写成矩阵形式，简记为

$$\boldsymbol{A}\boldsymbol{x}=\boldsymbol{b}$$

其中，$\boldsymbol{A}$ 为系数矩阵，$\boldsymbol{x}$ 为解向量，$\boldsymbol{b}$ 为常数向量，分别表示为

$$\boldsymbol{A}=\begin{bmatrix} a_{11} & a_{12} & \cdots & a_{1n} \\ a_{21} & a_{22} & \cdots & a_{2n} \\ \vdots & \vdots & & \vdots \\ a_{n1} & a_{n2} & \cdots & a_{nn} \end{bmatrix},\ \boldsymbol{x}=\begin{bmatrix} x_1 \\ x_2 \\ \vdots \\ x_n \end{bmatrix},\ \boldsymbol{b}=\begin{bmatrix} b_1 \\ b_2 \\ \vdots \\ b_n \end{bmatrix}$$

当系数矩阵 $\boldsymbol{A}$ 为非奇异（即 $\boldsymbol{\Delta A}=\boldsymbol{D}\neq 0$）时，由线性代数的克莱姆法则可知，则该方程组有唯一解，且解向量的每个分量为

$$x_i=\frac{D_i}{D}\quad (i=1,\ 2,\ \cdots,\ n)$$

其中，D_i 为系数矩阵 $\boldsymbol{A}$ 的第 i 列元素用 b 代替的矩阵行列式的值。然而，克莱姆法则在实际计算中有着难以承受的计算量。例如，解一个30阶线性方程组，需要进行 2.38×10^{35} 次运算。在实际应用中，成百上千阶的方程组常常出现，因此，需要有效的线性方程组的数值解法。线性方程组的求解方法主要有直接法和迭代法两类。

假设计算过程是精确的，通过有限步算术运算求出方程组精确解的方法称为直接法。然而，在实际计算过程中由于舍入误差的存在与影响，直接法一般只能求得方程组的近似解。

通过某种极限过程去逐步逼近方程组精确解的方法称为迭代法，类似第 2 章中非线性方程求解，极限过程的计算是通过迭代完成的。使用迭代法时，只能将迭代进行有限多次，得到满足一定精度要求的方程组的近似解，具体将在第 4 章讲解。

一般而言，对于同等规模的线性方程组，直接法对计算机的要求会高于迭代法；对于中等规模的线性方程组（$n<200$），由于直接法的准确性和可靠性高，一般都用直接法求解；对于高阶方程组和稀疏方程组（非零元素较少），一般用迭代法求解。本章将介绍直接法中的高斯（Gauss）消元法、三角分解法以及相应的一些变形方法。

3.1 高斯消元法

3.1.1 高斯消元法的基本思想

形如三角形的线性方程组比较容易求解。

对于对角线型线性方程组

$$\begin{cases} a_{11}x_1 & & & = b_1 \\ & a_{22}x_2 & & = b_2 \\ & & \ddots & \\ & & & a_{nn}x_n = b_n \end{cases}$$

若 $a_{ii}\neq 0$，则 $x_i=\dfrac{b_i}{a_{ii}}(i=1, 2, \cdots, n)$。

上三角线性方程组为

$$\begin{cases} a_{11}x_1 + a_{12}x_2 + \cdots + a_{1,n-1}x_{n-1} + a_{1n}x_n = b_1 \\ \qquad a_{22}x_2 + \cdots + a_{2,n-1}x_{n-1} + a_{2n}x_n = b_2 \\ \qquad\qquad \ddots \qquad\qquad \vdots \\ \qquad\qquad a_{n-1,n-1}x_{n-1} + a_{n-1,n}x_n = b_{n-1} \\ \qquad\qquad\qquad a_{nn}x_n = b_n \end{cases}$$

显然，若 $a_{nn}\neq 0$，则由方程组的最后一个方程可求得 $x_n=\dfrac{b_n}{a_{nn}}$；若 $a_{n-1,n-1}\neq 0$，则将 x_n 代入倒数第二个方程，可求得 $x_{n-1}=(b_{n-1}-a_{n-1,n}x_n)/a_{n-1,n-1}$；再将 x_n 和 x_{n-1} 代入倒数第三个方程，只要 $a_{n-2,n-2}\neq 0$ 便可求得 x_{n-2}；以此类推，把 x_n，x_{n-1}，$\cdots$，x_{i+1} 代入第 i 个方程

$$a_{ii}x_i + a_{i,i+1}x_{i+1} + \cdots + a_{i,n-1}x_{n-1} + a_{in}x_n = b_i$$

可得

$$x_i = \frac{\left(b_i - \sum_{j=i+1}^{n} a_{ij}x_j\right)}{a_{ii}} \quad (i=n,\ n-1,\ \cdots,\ 2,\ 1)$$

换而言之，只要 $a_{kk}\neq 0(k=n,\ n-1,\ \cdots,\ 1)$，就可依次求出 x_n，x_{n-1}，…，x_1。这种按未知量编号从大到小的次序求解上三角线性方程组的过程称为回代。

下三角线性方程组为

$$\begin{cases} a_{11}x_1 & = b_1 \\ a_{21}x_1 + a_{22}x_2 & = b_2 \\ \qquad\qquad \ddots & \ \ \vdots \\ a_{n1}x_1 + a_{n2}x_2 + \cdots + a_{nn}x_n & = b_n \end{cases}$$

与计算上三角方程组的次序相反，从第一个方程至第 n 个方程，逐个解出 x_i，其中 $i=1$，2，…，n。

消元法的基本思想是通过对方程组做初等变换，逐步消去未知量，即消元，把一般形式的方程组化成等价的具有上述三角形形式的易解方程组。

从二元一次方程组的求解步骤来归纳高斯消元法的基本思想：

$$\begin{cases} x_1 - x_2 = 1 & (3-1) \\ 3x_1 + 2x_2 = 8 & (3-2) \end{cases}$$

方程（3-1）乘以 -3 后与方程（3-2）相加，得

$$\begin{cases} x_1 - x_2 = 1 \\ \qquad 5x_2 = 5 \end{cases}$$

计算后得 $x_2=1$，再代入 $x_1-x_2=1$，得 $x_1=2$。

上述方法相当于对方程组的增广矩阵做初等变换：

$$(\boldsymbol{A},\ \boldsymbol{b}) = \begin{pmatrix} 1 & -1 & 1 \\ 3 & 2 & 8 \end{pmatrix} \to \begin{pmatrix} 1 & -1 & 1 \\ 0 & 5 & 5 \end{pmatrix} = (\tilde{\boldsymbol{A}},\tilde{\boldsymbol{b}})$$

其中，$\tilde{\boldsymbol{A}}$ 是上三角矩阵，$\tilde{\boldsymbol{b}}$ 是初等变换后的常数向量。变换后的增广矩阵对应的方程组：

$$\begin{cases} x_1 - x_2 = 1 \\ \qquad 5x_2 = 5 \end{cases}$$

它是原方程组的等价方程组，并且已化成易解的上三角形式，通过回代的方法，求解得 $x_2=1$，$x_1=2$。

因此，高斯消元法解线性方程组的步骤包含消元和回代两个过程。

在求解线性方程组的过程中，一般可对其进行以下三种等价变换：

（1）对换某两个方程的次序；

（2）对某个方程两边同时乘以一个不为零的常数；

（3）把某一个方程两边同时乘以一个常数后加到另一个方程的两边。

从矩阵变换的角度看，上述等价变换相当于对方程组的增广矩阵（$\boldsymbol{A}$, $\boldsymbol{b}$）进行以下行初等变换：

$$(\boldsymbol{A}, \boldsymbol{b}) = \begin{bmatrix} a_{11} & a_{12} & \cdots & a_{1n} & b_1 \\ a_{21} & a_{22} & \cdots & a_{2n} & b_2 \\ \vdots & \vdots & & \vdots & \vdots \\ a_{n1} & a_{n2} & \cdots & a_{nn} & b_n \end{bmatrix}$$

（1）对换（$\boldsymbol{A}$, $\boldsymbol{b}$）的某两行；

（2）将（$\boldsymbol{A}$, $\boldsymbol{b}$）中某一行乘以一个不为零的数；

（3）把（$\boldsymbol{A}$, $\boldsymbol{b}$）某一行乘以一个常数后加到另一行。

所以，高斯消元法的消元过程实质上是对线性方程组的增广矩阵（$\boldsymbol{A}$, $\boldsymbol{b}$）进行初等行变换，直至将系数矩阵化为上三角形。下一节将分析如何通过增广矩阵（$\boldsymbol{A}$, $\boldsymbol{b}$）的变换过程设计高斯消元法的算法。

3.1.2 高斯消元法

由于计算机难以判断系数之间的特殊关系，因此高斯消元法通过一定的规则完成消元。消元过程本身是矩阵的初等变换，通过方程组对应的增广矩阵（$\boldsymbol{A}$, $\boldsymbol{b}$）的等价变换，即可设计出高斯消元法的算法。

初始输入时，增广矩阵

$$(\boldsymbol{A}, \boldsymbol{b}) = \begin{bmatrix} a_{11}^{(1)} & a_{12}^{(1)} & \cdots & a_{1n}^{(1)} & b_1^{(1)} \\ a_{21}^{(1)} & a_{22}^{(1)} & \cdots & a_{2n}^{(1)} & b_2^{(1)} \\ \vdots & \vdots & & \vdots & \vdots \\ a_{n1}^{(1)} & a_{n2}^{(1)} & \cdots & a_{nn}^{(1)} & b_n^{(1)} \end{bmatrix}，记为 A^{(1)}x = b^{(1)}$$

如果 $a_{11}^{(1)} \neq 0$，则可以消去第 1 列中除 a_{11} 以外的所有元素。取乘数 $m_{i1} = \dfrac{a_{i1}^{(1)}}{a_{11}^{(1)}}(i=2, 3, \cdots, n)$，从第 2 行起，每行减去第 1 行乘上 $m_{i1}(i=2, 3, \cdots, n)$，得到

$$a_{ij}^{(2)} = a_{ij}^{(1)} - m_{i1}a_{1j}^{(1)} = a_{ij}^{(1)} - \frac{a_{i1}^{(1)}}{a_{11}^{(1)}}a_{1j}^{(1)} \qquad (j=1, 2, \cdots, n)$$

$$b_i^{(2)} = b_i^{(1)} - m_{i1}b_1^{(1)} = b_i^{(1)} - \frac{a_{i1}^{(1)}}{a_{11}^{(1)}}b_1^{(1)}$$

其中，$a_{i1}^{(2)} = a_{i1}^{(1)} - \dfrac{a_{i1}^{(1)}}{a_{11}^{(1)}}a_{11}^{(1)} = 0(i=2, 3, \cdots, n)$，则

$$\begin{bmatrix} a_{11}^{(1)} & a_{12}^{(1)} & \cdots & a_{1n}^{(1)} & b_1^{(1)} \\ 0 & a_{22}^{(2)} & \cdots & a_{2n}^{(2)} & b_2^{(2)} \\ \vdots & \vdots & & \vdots & \vdots \\ 0 & a_{n2}^{(2)} & \cdots & a_{nn}^{(2)} & b_n^{(2)} \end{bmatrix}，记为 A^{(2)}x = b^{(2)}$$

$A^{(2)}x=b^{(2)}$是$A^{(1)}x=b^{(1)}$的等价方程。如果$a_{22}^{(2)}\neq 0$，则可以用上面的方法把a_{32}，a_{42}，…，a_{n2}也变换成0。以此类推，如果完成第$k-1$次消元，可得$A^{(k)}x=b^{(k)}$，对应的增广矩阵为

$$\begin{bmatrix} a_{11}^{(1)} & a_{12}^{(1)} & \cdots & a_{1k}^{(1)} & \cdots & a_{1n}^{(1)} & b_1^{(1)} \\ 0 & a_{22}^{(2)} & \cdots & a_{2k}^{(2)} & \cdots & a_{2n}^{(2)} & b_2^{(2)} \\ \vdots & \vdots & & \vdots & & \vdots & \vdots \\ 0 & 0 & \cdots & a_{kk}^{(k)} & \cdots & a_{kn}^{(k)} & b_k^{(k)} \\ 0 & 0 & \cdots & a_{k+1,k}^{(k)} & \cdots & a_{k+1,n}^{(k)} & b_{k+1}^{(k)} \\ \vdots & \vdots & & \vdots & & \vdots & \vdots \\ 0 & 0 & \cdots & a_{nk}^{(k)} & \cdots & a_{nn}^{(k)} & b_n^{(k)} \end{bmatrix}$$

如果$a_{kk}^{(k)}\neq 0$，取乘数$m_{ik}=\dfrac{a_{ik}^{(k)}}{a_{kk}^{(k)}}(i=k+1,\ k+2,\ \cdots,\ n)$，对于每行，则有

$$a_{ij}^{(k+1)}=a_{ij}^{(k)}-m_{ik}a_{kj}^{(k)}=a_{ij}^{(k)}-\frac{a_{ik}^{(k)}}{a_{kk}^{(k)}}a_{kj}^{(k)}\quad (j=k,\ k+1,\ \cdots,\ n)$$

$$b_i^{(k+1)}=b_i^{(k)}-m_{ik}b_k^{(k)}=b_i^{(k)}-\frac{a_{ik}^{(k)}}{a_{kk}^{(k)}}b_k^{(k)}$$

这样可把$a_{k+1,k}$，…，a_{nk}全部消为0。由此可见，如果$a_{kk}^{(k)}(k=1,\ 2,\ \cdots,\ n-1)$都不为0，则消元法可进行到底，增广矩阵变为

$$\begin{bmatrix} a_{11}^{(1)} & a_{12}^{(1)} & \cdots & a_{1n}^{(1)} & b_1^{(1)} \\ 0 & a_{22}^{(2)} & \cdots & a_{2n}^{(2)} & b_2^{(2)} \\ \vdots & \vdots & & \vdots & \vdots \\ 0 & 0 & \cdots & a_{nn}^{(n)} & b_n^{(n)} \end{bmatrix}$$

对应的三角形线性方程组为

$$\begin{cases} a_{11}^{(1)}x_1+a_{12}^{(1)}x_2+\cdots+a_{1n}^{(1)}x_n=b_1^{(1)} \\ \qquad\qquad a_{22}^{(2)}x_2+\cdots+a_{2n}^{(2)}x_n=b_2^{(2)} \\ \qquad\qquad\qquad \cdots\cdots \\ \qquad\qquad\qquad\qquad a_{nn}^{(n)}x_n=b_n^{(n)} \end{cases}$$

此方程组用回代的方法可解出

$$x_n=\frac{b_n^{(n)}}{a_{nn}^{(n)}}$$

$$x_i=\frac{\left(b_i^{(i)}-\sum\limits_{j=i+1}^{n}a_{ij}^{(i)}x_j\right)}{a_{ii}^{(i)}}\quad (i=n-1,\cdots,2,1)$$

下面举例说明具体计算步骤。

例题 3.1 用高斯消元法解方程组

$$\begin{cases}2x_1+4x_2+x_4=1\\3x_1+8x_2+2x_3+2x_4=3\\x_1+3x_2+3x_3=6\\2x_1+5x_2+2x_3+2x_4=3\end{cases}$$

解 消元过程的增广矩阵为

$$(\boldsymbol{A},\boldsymbol{b})=\begin{bmatrix}2&4&0&1&1\\3&8&2&2&3\\1&3&3&0&6\\2&5&2&2&3\end{bmatrix}\sim\begin{bmatrix}2&4&0&1&1\\0&2&2&\frac{1}{2}&\frac{3}{2}\\0&1&3&-\frac{1}{2}&\frac{11}{2}\\0&1&2&1&2\end{bmatrix}$$

$$\sim\begin{bmatrix}2&4&0&1&1\\0&2&2&\frac{1}{2}&\frac{3}{2}\\0&0&2&-\frac{3}{4}&\frac{19}{4}\\0&0&1&\frac{3}{4}&\frac{5}{4}\end{bmatrix}\sim\begin{bmatrix}2&4&0&1&1\\0&2&2&\frac{1}{2}&\frac{3}{2}\\0&0&2&-\frac{3}{4}&\frac{19}{4}\\0&0&0&\frac{9}{8}&-\frac{9}{8}\end{bmatrix}$$

经过消元可得上三角形线性方程组

$$\begin{cases}2x_1+4x_2+x_4=1\\2x_2+2x_3+\frac{1}{2}x_4=\frac{3}{2}\\2x_3-\frac{3}{4}x_4=\frac{19}{4}\\\frac{9}{8}x_4=-\frac{9}{8}\end{cases}$$

在回代时，首先由第四个方程求得 $x_4=-1$；其次代入第三个方程得 $x_3=2$；再次将 x_3 和 x_4 代入第二个方程，得 $x_2=-1$；最后将 x_2，x_3 和 x_4 代入第一个方程，得 $x_1=3$。所以，方程组的解可表示为 $x=(3,\ -1,\ 2,\ -1)^{\mathrm{T}}$。

上例的求解是最基本的高斯消元法。它的消元过程遵守如下规则：

（1）按照从左到右、自上而下的次序将主元下方的元素化为零；

（2）不做行交换，也不做将某行乘以一个非零数的变换；

（3）当进行第 k 列消元时（即主元 a_{kk} 下方的元素化零），将 a_{kk} 下面各行分别减去第 k 行的适当倍数，不做其他变换。

根据高斯消元法的原理以及实际内存的需要，只需要开辟 $n(n+1)$ 个单元保存增广矩阵即可。因为在计算过程中不需要区分数据是经过第几次变换，只需要不断更新该内存空间的值。$\boldsymbol{b}$ 中元素的操作与矩阵中相应行的操作一样，在自下而上的回代过程中，可直接把 x 各分量的值存在第 $n+1$ 列。

高斯消元法的算法如下。

（1）输入：增广矩阵（$\boldsymbol{A}$, $\boldsymbol{b}$），输出：线性方程组的解 x。

（2）消元：$k=1, 2, \cdots, n-1$。

① 如果 $a_{kk}^{(k)}=0$，则算法停止。

②for $i=k+1$ to n

$$a_{ik}=\frac{a_{ik}}{a_{kk}}$$

③for $j=k+1$ to $n+1$

$$a_{ij}=a_{ij}-a_{ik}a_{kj}$$

（3）回代：$i=n, n-1, \cdots, 1$。

$$a_{i,n+1}=\frac{(a_{i,n+1}-\sum_{j=i+1}^{n}a_{ij}a_{j,n+1})}{a_{ii}}$$

需要注意的是，消元中 m_{ik} 占用了 a_{ik} 的位置，回代中 $a_{i,n+1}$ 中存放的是解向量的分量 x_i。高斯消元法结束后内存中的矩阵情况如下：

$$\begin{bmatrix} a_{11}^{(1)} & a_{12}^{(1)} & \cdots & a_{1n}^{(1)} & x_1 \\ m_{21} & a_{22}^{(2)} & \cdots & a_{2n}^{(2)} & x_2 \\ \vdots & \vdots & & \vdots & \vdots \\ m_{n1} & m_{n2} & \cdots & a_{nn}^{(n)} & x_n \end{bmatrix}$$

接下来，用高斯消元法的算法计算算法的运算量。由于计算机中乘除运算的时间远超加减运算的时间，所以在估计算法的运算量时，只估计乘除的次数，并且用乘除次数的最高次幂作为运算量的数量级。

第 k 次消元时，计算 m_{ik} 的除法次数为 $n-k$，更新 a_{ij}^{k} 的乘法次数为 $(n-k)^2$ 次，更新 b_i^k 的乘法次数为 $n-k$ 次。因此，第 k 次消元的总乘除次数为 $(n-k)(n-k+2)$。消元的总次数为 $n-1$，所以，消元过程的乘除次数为

$$\sum_{k=1}^{n-1}(n-k)(n-k+2)=\frac{n^3}{3}+\frac{n^2}{2}-\frac{5}{6}n$$

在回代时，计算 x_n 需要 1 次除法运算，计算 x_i 需要 $n-i+1$ 次乘除运算，此时 i 的取值范围是 $[1, n-1]$。所以，回代过程的乘除次数为

$$1+\sum_{i=1}^{n-1}(n-i+1)=\frac{n^2}{2}+\frac{n}{2}$$

综上，高斯消元法的总乘除次数为 $\frac{n^3}{3}+n^2-\frac{1}{3}n$，运算量为 $\frac{n^3}{3}$ 级。

容易看出，因为主元 a_{kk}^{k} 在计算过程中是作为除数的，所以高斯消元法能进行到底的充要条件是主元 $a_{kk}^{k}\neq 0(k=1, 2, \cdots, n)$。那么，在方程组的系数矩阵中如何描述这个约束条件呢？

把位于矩阵 $\boldsymbol{A}$ 中左上角前 k 行和 k 列的子矩阵称为 $\boldsymbol{A}$ 的 k 阶顺序主子矩阵，记为 $\boldsymbol{A}_k$，称 $\Delta\boldsymbol{A}_k(k=1, 2, \cdots, n)$ 为 A 的 k 阶顺序主子式的值。根据行列式的性质可知，在高斯消元过

程中，矩阵各阶顺序主子式的值不为0，所以由 $\boldsymbol{A}_k$ 的定义得

$$\Delta\boldsymbol{A}_k=\begin{vmatrix}a_{11}&a_{12}&\cdots&a_{1k}\\a_{21}&a_{22}&\cdots&a_{2k}\\\vdots&\vdots&&\vdots\\a_{k1}&a_{k2}&\cdots&a_{kk}\end{vmatrix}=\begin{vmatrix}a_{11}^{(1)}&a_{12}^{(1)}&\cdots&a_{1k}^{(1)}\\0&a_{22}^{(2)}&\cdots&a_{2k}^{(2)}\\\vdots&\vdots&&\vdots\\0&0&\cdots&a_{kk}^{(k)}\end{vmatrix}=a_{11}^{(1)}a_{22}^{(2)}\cdots a_{kk}^{(k)}\quad(k=1,2,\cdots,n)$$

由此可见，$a_{kk}^{k}\neq0$ 的充要条件是 $\Delta\boldsymbol{A}_k\neq0(k=1,2,\cdots,n)$。

定理 3.1 对于线性方程组，高斯消元法能进行到底的充要条件是系数矩阵 $\boldsymbol{A}$ 的所有顺序主子矩阵 $\boldsymbol{A}_k(k=1,2,\cdots,n-1)$ 均不为零（即非奇异）。

证明 用归纳法证明。当 $k=1$ 时，$\Delta\boldsymbol{A}_1=a_{11}$，由于 $\Delta\boldsymbol{A}_1\neq0$，则 $a_{11}\neq0$。假设 $\Delta\boldsymbol{A}_2,\cdots,\Delta\boldsymbol{A}_{n-1}$ 均不为0，则 $a_{22}^{(2)},\cdots,a_{n-1,n-1}^{(n-1)}$ 均不为0。由于

$$\Delta\boldsymbol{A}_n=\begin{vmatrix}a_{11}&a_{12}&\cdots&a_{1n}\\a_{21}&a_{22}&\cdots&a_{2n}\\\vdots&\vdots&&\vdots\\a_{n1}&a_{n2}&\cdots&a_{nn}\end{vmatrix}=\begin{vmatrix}a_{11}^{(1)}&a_{12}^{(1)}&\cdots&a_{1n}^{(1)}\\0&a_{22}^{(2)}&\cdots&a_{2n}^{(2)}\\\vdots&\vdots&&\vdots\\0&0&\cdots&a_{nn}^{(n)}\end{vmatrix}=\prod_{j=1}^{n}a_{jj}^{(j)}\neq0$$

则 $a_{nn}^{(n)}$ 也不为0，高斯消元法可进行到底。值得注意的是，当 $\Delta\boldsymbol{A}_1,\Delta\boldsymbol{A}_2,\cdots,\Delta\boldsymbol{A}_{n-1}$ 不为0时，高斯消元法已经可以进行到底,要求 $\Delta\boldsymbol{A}_n$ 不为0是为了保证方程组有唯一解。

在求解线性方程组时，一般事先并不知道定理3.1的条件是否满足，如果计算过程中遇到某个主元 a_{kk}^{k} 为0或几乎等于0，计算就会被迫中断。一种解决的办法是，每次消元前在 $a_{kk}^{(k)}$，$a_{k+1,k}^{(k)}$，$\cdots$，$a_{nk}^{(k)}$ 中依次寻找一个非零元素，必要时用交换两行的方式将它换到主元的位置上来，以保证消元过程能进行到底。当 $\boldsymbol{A}$ 非奇异时，这是可以实现的。然而，有时主元 a_{kk}^{k} 的绝对值比它所在列的其他元素小得多，用它作为除数会产生比较大的舍入误差。

例题 3.2 用高斯消元法解方程组，采用单精度（8位）进行计算。

$$\begin{cases}10^{-9}x_1+x_2=1\\x_1+x_2=2\end{cases}$$

解 该方程组的增广矩阵是 $\begin{bmatrix}10^{-9}&1&1\\1&1&2\end{bmatrix}$，则

$$m_{21}=\frac{a_{21}^{(1)}}{a_{11}^{(1)}}=10^9$$

$$a_{22}^{(2)}=a_{22}^{(1)}-m_{21}a_{12}^{(1)}=1-10^9\times1=0.000\,000\,001\times10^9-1\times10^9\approx-10^9$$

$$b_2^{(2)}=b_2^{(1)}-m_{21}b_1^{(1)}\approx-10^9$$

可得等价矩阵 $\begin{bmatrix}10^{-9}&1&1\\0&-10^9&-10^9\end{bmatrix}$。

所以，方程组的近似解为 $x_2=1$，$x_1=0$。

这个结果与精确解

$$x_1=\frac{1}{1-10^{-9}}=1.000\,000\,001\,00\cdots,\quad x_2=2-x_1=0.999\,999\,998\,99\cdots$$

存在较大差距。因此，当系数矩阵中存在相对较小主元时，高斯消元法往往是不稳定的，这就产生了在消元过程中逐次选主元的思想。

3.1.3 全主元消元法

在例题3.2的计算过程中，两次“大数吃小数”使得 x_1 的计算值与精确值之间存在较大差距。主要原因是，相对于矩阵中的其他数值，主元 $a_{11}^{(1)}=10^{-9}$ 较小，使得误差很大。所以在消元过程中除避免主元为0外，还应该避免主元的绝对值很小的情况，因此，这一节引入全主元消元法。

全主元消元法是在第 k 次($k=1,2,\cdots,n-1$)消元时，从系数矩阵右下角($n-k+1$)阶子矩阵

$$\begin{bmatrix} a_{kk}^{(k)} & \cdots & a_{kn}^{(k)} \\ \vdots & & \vdots \\ a_{nk}^{(k)} & \cdots & a_{nn}^{(k)} \end{bmatrix}$$

中，选取绝对值最大的元素作为主元，如果它位于第 i_1 行第 j_1 列，则通过交换第 k 行和第 i_1 行，以及第 k 列和第 j_1 列，使主元位于 a_{kk}^{k} 的位置，然后进行消元。由于列的交换会改变方程中未知量的次序，所以在算法实现过程中将次序关系存放在整形数组 $Z(k)$ 中，便于解方程后把次序换回来。

全主元消元法的算法如下。

(1) 输入：增广矩阵 ($\boldsymbol{A}$, $\boldsymbol{b}$)，输出：线性方程组的解 x。

(2) 选主元消元：$k=1,2,\cdots,n-1$。

①$|a_{i_k,j_k}|=\max\limits_{\substack{k\leqslant i\leqslant n\\k\leqslant j\leqslant n}}|a_{ij}|$

②for $j=k$ to $n+1$

$$a_{kj}=a_{i_k,j}$$

for $i=1$ to n

$$a_{ik}=a_{i,j_k}$$

③for $i=k+1$ to n

$$a_{ik}=\frac{a_{ik}}{a_{kk}}$$

for $j=k+1$ to $n+1$

$$a_{ij}=a_{ij}-a_{ik}a_{kj}$$

(3) 回代：for $i=n,n-1,\cdots,1$。

$$a_{i,n+1}=\frac{\left(a_{i,n+1}-\sum\limits_{j=i+1}^{n}a_{ij}a_{j,n+1}\right)}{a_{ii}}$$

(4) 调整未知数的次序：$k=1,2,\cdots,n$。

$$x_k=a_{Z(k),n+1}$$

下面举例说明。

例题 3.3 用全主元消元法求解方程组 $\begin{cases} 0.01x_1+2x_2-0.5x_3=-5 \\ -x_1-0.5x_2+2x_3=5 \\ 5x_1-4x_2+0.5x_3=9 \end{cases}$（用三位有效数字计算）。

解 每次选出的主元用小方框标出，方程组的增广矩阵为

$$\begin{bmatrix} 0.01 & 2 & -0.5 & -5 \\ -1 & -0.5 & 2 & 5 \\ \boxed{5} & -4 & 0.5 & 9 \end{bmatrix} \sim \begin{bmatrix} \boxed{5} & -4 & 0.5 & 9 \\ -1 & -0.5 & 2 & 5 \\ 0.01 & 2 & -0.5 & -5 \end{bmatrix} \sim \begin{bmatrix} \boxed{5} & -4 & 0.5 & 9 \\ 0 & -1.30 & 2.10 & 6.80 \\ 0 & 2.01 & -0.501 & -5.02 \end{bmatrix}$$

$$\sim \begin{bmatrix} \boxed{5} & 0.5 & -4 & 9 \\ 0 & \boxed{2.10} & -1.30 & 6.80 \\ 0 & -0.501 & 2.01 & -5.02 \end{bmatrix} \sim \begin{bmatrix} \boxed{5} & 0.5 & -4 & 9 \\ 0 & \boxed{2.10} & -1.30 & 6.80 \\ 0 & 0 & \boxed{1.70} & -3.40 \end{bmatrix}$$

由于交换过②、③两列，改变了 x_2 和 x_3 的次序，最后得到与原方程组等价的上三角形方程组

$$\begin{cases} 5x_1+0.5x_3-4x_2=9 \\ 2.10x_3-1.30x_2=6.80 \\ 1.70x_2=-3.40 \end{cases}$$

方程组的解：

$$x_1=0.00,\ x_2=-2.00,\ x_3=2.00$$

全主元消元法的计算精度很高，算法较为稳定，但是要换列和记录换列的次序，计算量大，比较费时。

3.1.4 列主元消元法

列主元消元法是在第 k 次（$k=1,2,\cdots,n-1$）消元时，从系数矩阵第 k 列中 a_{kk}^{k} 以下的元素中寻找绝对值最大的元素作为主元（称为列主元）。换而言之，确定 r，使 $|a_{rk}^{(k)}|$ 是 $|a_{kk}^{(k)}|$，$|a_{k+1,k}^{(k)}|$，$\cdots$，$|a_{nk}^{(k)}|$ 中绝对值最大的。

若 $r>k$，则交换增广矩阵的第 k 行和第 r 行使 a_{rk}^{k} 代替 a_{kk}^{k} 成为主元，然后进行消元。其余步骤与高斯消元法相同。下面举例说明计算步骤。

例题 3.4 用列主元消元法求解例题 3.3 的方程组。

解 对方程组的增广矩阵进行消元，每次选出的主元用小方框标出。

$$[\boldsymbol{A},\boldsymbol{b}]=\begin{bmatrix} 0.01 & 2 & -0.5 & -5 \\ -1 & -0.5 & 2 & 5 \\ \boxed{5} & -4 & 0.5 & 9 \end{bmatrix} \sim \begin{bmatrix} \boxed{5} & -4 & 0.5 & 9 \\ -1 & -0.5 & 2 & 5 \\ 0.01 & 2 & -0.5 & -5 \end{bmatrix} \sim \begin{bmatrix} \boxed{5} & -4 & 0.5 & 9 \\ 0 & -1.30 & 2.10 & 6.80 \\ 0 & \boxed{2.01} & -0.501 & -5.02 \end{bmatrix}$$

$$\sim \begin{bmatrix} \boxed{5} & -4 & 0.5 & 9 \\ 0 & \boxed{2.01} & -0.501 & -5.02 \\ 0 & -1.30 & 2.10 & 6.80 \end{bmatrix} \sim \begin{bmatrix} \boxed{5} & -4 & 0.5 & 9 \\ 0 & \boxed{2.01} & -0.501 & -5.02 \\ 0 & 0 & \boxed{1.78} & 3.55 \end{bmatrix}$$

回代可得

$$x_1 = 0.001\ 00,\ x_2 = -2.00,\ x_3 = 1.99$$

这个解与精确解（$x_1=0$，$x_2=-2$，$x_3=2$）比较接近，可见用列主元消元法求解线性方程组是可行的。

然而，列主元消元法不能保证具有与全主元消元法同样的稳定性，这点将通过以下的例子进行说明。再次考察例题 3.2 中的方程组，现将方程组的第一式两边同时乘以 10^9，得到一个与例题3.2 中的方程组理论上等价的方程组

$$\begin{cases} x_1 + 10^9 x_2 = 10^9 \\ x_1 + \quad x_2 = 2 \end{cases}$$

利用列主元消元法解方程组，可得

$$\begin{bmatrix} 1 & 10^9 & 10^9 \\ 1 & 1 & 2 \end{bmatrix} \sim \begin{bmatrix} 1 & 10^9 & 10^9 \\ 0 & -10^9 & -10^9 \end{bmatrix}$$

此时可解得 $x_1=0$，$x_2=1$，此时“大数吃小数”的问题再次出现。原因在于 a_{11} 虽然与 a_{21} 相等，但 a_{11} 在系数矩阵的第一行中是一个相对较小的数，即 a_{11} 仍是一个小主元。所以，我们在下一节引入标度化列主元消元法，解决列主元消元法中出现小主元的问题。

3.1.5 标度化列主元消元法

对于线性方程组的增广矩阵，首先，对系数矩阵的每一行计算 $s_i = \max\limits_{1\leqslant j\leqslant n} |a_{ij}|$，目的是找出系数矩阵每一行中的最大值，为节省算法执行时间，s_i 只在消元前计算一次；其次，把增广矩阵的每一行分别除以 s_i，实现对增广矩阵的标度化处理；最后，以系数矩阵子列中 $\left|\dfrac{a_{ik}}{s_i}\right|$ 的最大值作为主元，进行消元。

所以，对于增广矩阵 $\begin{bmatrix} 1 & 10^9 & 10^9 \\ 1 & 1 & 2 \end{bmatrix}$，第一、二行系数的绝对值最大值分别是 $s_1=10^9$ 和 $s_2=1$，把增广矩阵中第一行和第二行的数值分别除以 s_1，s_2，再通过列主元消元法求解即可得正确解。具体变换如下：

$$\begin{bmatrix} 1 & \boxed{10^9} & 10^9 \\ \boxed{1} & 1 & 2 \end{bmatrix} \begin{matrix} \frac{a_{2j}}{s_2} \\ \widetilde{\frac{a_{1j}}{s_1}} \end{matrix} \begin{bmatrix} 10^{-9} & 1 & 1 \\ \boxed{1} & 1 & 2 \end{bmatrix} \sim \begin{bmatrix} \boxed{1} & 1 & 2 \\ 10^{-9} & 1 & 1 \end{bmatrix} \sim \begin{bmatrix} 1 & 1 & 2 \\ 0 & 1 & 1 \end{bmatrix}$$

解得 $x_2=1$，$x_1=1$，该值接近精确解。因此，标度化列主元消元法的稳定性介于列主元消元法和全主元消元法之间。

3.1.6 高斯－若尔当消元法

高斯消元法将系数矩阵化为上三角矩阵，再通过回代求解；高斯－若尔当（Gauss－Jordan）消元法是高斯消元法的变形，它将消元的方法稍加改变，在第 k 次消元时先把第 k 行的数值乘以 $\dfrac{1}{a_{kk}}$，使主元 a_{kk} 化为 1，再消去主元所在列中主元上方和下方的全部元素。线性方程组的增广矩阵最终化为

$$\begin{bmatrix} 1 & & & & b_1' \\ & 1 & & & b_2' \\ & & \ddots & & \vdots \\ & & & 1 & b_n' \end{bmatrix}$$

即系数矩阵化成了单位矩阵，这样无须回代便容易得出方程组的解：

$$x_k = b_k' \quad (k=1,\ 2,\ \cdots,\ n)$$

高斯－若尔当消元法的算法如下。

（1）输入：增广矩阵（$\boldsymbol{A}$，$\boldsymbol{b}$），输出：线性方程组的解 x。

（2）消元：$k=1$，2，…，$n-1$。

①for $j=k$ to $n+1$

$$a_{kj} = \frac{a_{kj}}{a_{kk}}$$

②while $(i \neq k)$ do

$$a_{ij} = a_{ij} - a_{ik}a_{kj}$$

（3）输出：$x_i = a_{i,n+1}$。

从矩阵变换的角度，高斯－若尔当消元法实际上把增广矩阵（$\boldsymbol{A}$，$\boldsymbol{b}$）变换成（$\boldsymbol{I}$，$\boldsymbol{x}$）。其中，$\boldsymbol{I}$ 是 n 阶单位矩阵，是解向量。上述过程也可形式化为对矩阵($\boldsymbol{A}$，$\boldsymbol{I}$)左乘 $\boldsymbol{A}^{-1}$：

$$\boldsymbol{A}^{-1}(\boldsymbol{A},\ \boldsymbol{I}) = (\boldsymbol{A}^{-1}\boldsymbol{A},\ \boldsymbol{A}^{-1}\boldsymbol{I}) = (\boldsymbol{I},\ \boldsymbol{A}^{-1})$$

即可实现对逆矩阵的求解。

例题 3.5 用高斯－若尔当和列主元消元法求矩阵 $\boldsymbol{A} = \begin{bmatrix} 1 & 2 & 3 \\ 2 & 4 & 5 \\ 3 & 5 & 6 \end{bmatrix}$ 的逆矩阵。

解

$$(\boldsymbol{A},\ \boldsymbol{I}) = \begin{bmatrix} 1 & 2 & 3 & 1 & 0 & 0 \\ 2 & 4 & 5 & 0 & 1 & 0 \\ \boxed{3} & 5 & 6 & 0 & 0 & 1 \end{bmatrix} \sim \begin{bmatrix} 3 & 5 & 6 & 0 & 0 & 1 \\ 2 & 4 & 5 & 0 & 1 & 0 \\ 1 & 2 & 3 & 1 & 0 & 0 \end{bmatrix} \sim \begin{bmatrix} 1 & \frac{5}{3} & 2 & 0 & 0 & \frac{1}{3} \\ 0 & \boxed{\frac{2}{3}} & 1 & 0 & 1 & -\frac{2}{3} \\ 0 & \frac{1}{3} & 1 & 1 & 0 & -\frac{1}{3} \end{bmatrix}$$

$$\sim \begin{bmatrix} 1 & 0 & -\frac{1}{2} & 0 & -\frac{5}{2} & 2 \\ 0 & 1 & \frac{3}{2} & 0 & \frac{3}{2} & -1 \\ 0 & 0 & \boxed{\frac{1}{2}} & 1 & -\frac{1}{2} & 0 \end{bmatrix} \sim \begin{bmatrix} 1 & 0 & 0 & 1 & -3 & 2 \\ 0 & 1 & 0 & -3 & 3 & -1 \\ 0 & 0 & 1 & 2 & -1 & 0 \end{bmatrix} = (\boldsymbol{I},\ \boldsymbol{A}^{-1})$$

解得 $\boldsymbol{A}^{-1} = \begin{bmatrix} 1 & -3 & 2 \\ -3 & 3 & -1 \\ 2 & -1 & 0 \end{bmatrix}$。

3.2 三角分解法

3.2.1 矩阵的三角分解

实际上，高斯消元法是对系数矩阵和常向量进行了初等变换，而初等变换可看成是用初等矩阵左乘增广矩阵来实现的。换而言之，消元过程等价于增广矩阵左乘若干初等矩阵。

第一次消元：相当于用了 $n-1$ 个初等矩阵左乘增广矩阵（$\boldsymbol{A}$，$\boldsymbol{b}$），其中 $m_{i1}=\dfrac{a_{i1}}{a_{11}}$。

$$\begin{bmatrix} 1 & 0 & \cdots & 0 & 0 \\ 0 & 1 & \cdots & 0 & 0 \\ \vdots & \vdots & & \vdots & \vdots \\ 0 & 0 & \cdots & 0 & 0 \\ -m_{n1} & 0 & \cdots & 0 & 1 \end{bmatrix}\begin{bmatrix} 1 & 0 & \cdots & 0 & 0 \\ 0 & 1 & \cdots & 0 & 0 \\ \vdots & \vdots & & \vdots & \vdots \\ -m_{n-1,1} & 0 & \cdots & 1 & 0 \\ 0 & 0 & \cdots & 0 & 1 \end{bmatrix}\cdots\begin{bmatrix} 1 & 0 & \cdots & 0 & 0 \\ -m_{21} & 1 & \cdots & 0 & 0 \\ \vdots & \vdots & & \vdots & \vdots \\ 0 & 0 & \cdots & 1 & 0 \\ 0 & 0 & \cdots & 0 & 1 \end{bmatrix}$$

$$\begin{bmatrix} a_{11}^{(1)} & a_{12}^{(1)} & \cdots & a_{1n}^{(1)} & b_1^{(1)} \\ a_{21}^{(1)} & a_{22}^{(1)} & \cdots & a_{2n}^{(1)} & b_2^{(1)} \\ \vdots & \vdots & & \vdots & \vdots \\ a_{n1}^{(1)} & a_{n2}^{(1)} & \cdots & a_{nn}^{(1)} & b_n^{(1)} \end{bmatrix}=\begin{bmatrix} 1 & 0 & \cdots & 0 & 0 \\ -m_{21} & 1 & \cdots & 0 & 0 \\ \vdots & \vdots & & \vdots & \vdots \\ -m_{n-1,1} & 0 & \cdots & 1 & 0 \\ -m_{n1} & 0 & \cdots & 0 & 1 \end{bmatrix}\begin{bmatrix} a_{11}^{(1)} & a_{12}^{(1)} & \cdots & a_{1n}^{(1)} & b_1^{(1)} \\ a_{21}^{(1)} & a_{22}^{(1)} & \cdots & a_{2n}^{(1)} & b_2^{(1)} \\ \vdots & \vdots & & \vdots & \vdots \\ a_{n1}^{(1)} & a_{n2}^{(1)} & \cdots & a_{nn}^{(1)} & b_n^{(1)} \end{bmatrix}$$

$$=\boldsymbol{L}_1(\boldsymbol{A},\ \boldsymbol{b})=\begin{bmatrix} a_{11}^{(1)} & a_{12}^{(1)} & \cdots & a_{1n}^{(1)} & b_1^{(1)} \\ 0 & a_{22}^{(2)} & \cdots & a_{2n}^{(2)} & b_2^{(2)} \\ \vdots & \vdots & & \vdots & \vdots \\ 0 & a_{n2}^{(2)} & \cdots & a_{nn}^{(2)} & b_n^{(2)} \end{bmatrix}$$

同理，第二次消元相当于左乘 $\boldsymbol{L}_2$，得到 $\begin{bmatrix} a_{11}^{(1)} & a_{12}^{(1)} & a_{13}^{(1)} & \cdots & a_{1n}^{(1)} & b_1^{(1)} \\ 0 & a_{22}^{(2)} & a_{23}^{(2)} & \cdots & a_{2n}^{(2)} & b_2^{(2)} \\ 0 & 0 & a_{33}^{(3)} & \cdots & a_{3n}^{(3)} & b_3^{(3)} \\ \vdots & \vdots & \vdots & & \vdots & \vdots \\ 0 & 0 & a_{n3}^{(3)} & \cdots & a_{nn}^{(3)} & b_n^{(3)} \end{bmatrix}$，其中

$\boldsymbol{L}_2=\begin{bmatrix} 1 & 0 & 0 & \cdots & 0 & 0 \\ 0 & 1 & 0 & \cdots & 0 & 0 \\ 0 & -m_{32} & 1 & \cdots & 0 & 0 \\ 0 & -m_{42} & 0 & \cdots & 0 & 0 \\ \vdots & \vdots & \vdots & & \vdots & \vdots \\ 0 & -m_{n2} & 0 & \cdots & 0 & 1 \end{bmatrix}$。以此类推，第 k 次消元相当于左乘 $\boldsymbol{L}_k$，得到

$$\begin{bmatrix} a_{11}^{(1)} & a_{12}^{(1)} & \cdots & a_{1k}^{(1)} & \cdots & a_{1n}^{(1)} & b_1^{(1)} \\ 0 & a_{22}^{(2)} & \cdots & a_{2k}^{(2)} & \cdots & a_{2n}^{(2)} & b_2^{(2)} \\ \vdots & \vdots & & \vdots & & \vdots & \vdots \\ 0 & 0 & \cdots & a_{kk}^{(k)} & \cdots & a_{kn}^{(k)} & b_k^{(k)} \\ 0 & 0 & \cdots & 0 & \cdots & a_{k+1,n}^{(k+1)} & b_k^{(k+1)} \\ \vdots & \vdots & & \vdots & & \vdots & \vdots \\ 0 & 0 & \cdots & 0 & \cdots & a_{nn}^{(k+1)} & b_n^{(k+1)} \end{bmatrix}, \text{其中 } L_k = \begin{bmatrix} 1 & 0 & \cdots & 0 & 0 & \cdots & 0 \\ 0 & 1 & \cdots & 0 & 0 & \cdots & 0 \\ \vdots & \vdots & & \vdots & \vdots & & \vdots \\ 0 & 0 & \cdots & 1 & 0 & \cdots & 0 \\ 0 & 0 & \cdots & -m_{k+1,k} & 1 & \cdots & 0 \\ \vdots & \vdots & & \vdots & \vdots & & \vdots \\ 0 & 0 & \cdots & -m_{nk} & 0 & \cdots & 1 \end{bmatrix}。$$

经过 $n-1$ 次消元，把系数矩阵化为上三角矩阵，而此时所有 $L_k(k=1,\ 2,\ \cdots,\ n-1)$ 的乘积为下三角矩阵

$$L_{n-1}L_{n-2}\cdots L_1 = \begin{bmatrix} 1 & & & & \\ -m_{21} & 1 & & & \\ -m_{31} & -m_{32} & 1 & & \\ \vdots & \vdots & & \ddots & \\ -m_{n1} & -m_{n2} & \cdots & -m_{n,n-1} & 1 \end{bmatrix}$$

且 $L_{n-1}L_{n-2}\cdots L_1\boldsymbol{A}=\boldsymbol{U}$，其中 $\boldsymbol{U}=\begin{bmatrix} a_{11}^{(1)} & a_{12}^{(1)} & \cdots & a_{1n}^{(1)} \\ & a_{22}^{(2)} & \cdots & a_{2n}^{(2)} \\ & & \ddots & \vdots \\ & & & a_{nn}^{(n)} \end{bmatrix}$是一个上三角阵。

所以，$\boldsymbol{A}=L_1^{-1}L_2^{-1}\cdots L_{n-1}^{-1}\boldsymbol{U}=\boldsymbol{LU}$，其中 $\boldsymbol{L}=\begin{bmatrix} 1 & & & & \\ m_{21} & 1 & & & \\ m_{31} & m_{32} & 1 & & \\ \vdots & \vdots & & \ddots & \\ m_{n1} & \mathrm{m}_{n2} & \cdots & \mathrm{m}_{n,n-1} & 1 \end{bmatrix}$是一个下三角阵。由于 $\boldsymbol{L}$ 中对角线上的元素均为 1，$\boldsymbol{L}$ 也叫单位下三角阵。

由高斯消元法得到启发，对 $\boldsymbol{A}$ 的消元过程相当于将 $\boldsymbol{A}$ 分解为一个上三角矩阵和一个下三角矩阵的过程。如果直接分解 $\boldsymbol{A}$，得到 $\boldsymbol{L}$ 和 $\boldsymbol{U}$，则 $\boldsymbol{A}=\boldsymbol{LU}$。此时方程 $\boldsymbol{Ax}=\boldsymbol{b}$ 化为 $\boldsymbol{LUx}=\boldsymbol{b}$，令 $\boldsymbol{Ux}=\boldsymbol{y}$，由 $\boldsymbol{Ly}=\boldsymbol{b}$ 解出 $\boldsymbol{y}$；再由 $\boldsymbol{Ux}=\boldsymbol{y}$ 解出 $\boldsymbol{x}$，这就是三角分解法。

定义 3.1 设 $\boldsymbol{A}$ 为 n 阶矩阵，若 $\boldsymbol{A}$ 有分解式 $\boldsymbol{A}=\boldsymbol{LU}$，其中 $\boldsymbol{L}$ 为下三角矩阵，$\boldsymbol{U}$ 为上三角矩阵，则称为 $\boldsymbol{A}$ 的 $\boldsymbol{LU}$ 分解或三角分解。特别地，若 $\boldsymbol{L}$ 是单位下三角矩阵，则该分解式称为多利特（Doolittle）分解；若 $\boldsymbol{U}$ 是单位上三角矩阵，则称为克劳特（Crout）分解。

定理 3.2 若 $\boldsymbol{A}$ 的所有顺序主子矩阵 $\boldsymbol{A}_k\ (k=1,\ 2,\ \cdots,\ n-1)$ 均不为零，则 $\boldsymbol{A}$ 的 $\boldsymbol{LU}$ 分解是唯一的。

证明 由定理 3.1 可知，$\boldsymbol{LU}$ 分解一定存在，现在证明分解的唯一性。假设分解不唯一，则设 $\boldsymbol{A}=L_1U_1=L_2U_2$，可以推出：

$$U_1=L_1^{-1}L_1U_1=L_1^{-1}L_2U_2$$

进一步可得 $U_1U_2^{-1}=L_1^{-1}L_2U_2U_2^{-1}=L_1^{-1}L_2$，由 $\boldsymbol{L}$ 和 $\boldsymbol{U}$ 的矩阵特点以及矩阵乘法的结果可知，根据 $U_1U_2^{-1}$ 得出的矩阵是上三角矩阵，而根据 $L_1^{-1}L_2$ 得出的矩阵是单位下三角矩阵，两者相等的唯一条件是 $U_1U_2^{-1}=L_1^{-1}L_2=\boldsymbol{I}$，即 $U_1=U_2$，$L_1=L_2$，$\boldsymbol{LU}$ 分解唯一。

3.2.2 多利特分解法

若 $\boldsymbol{A}$ 的各阶主子式均不为零，$\boldsymbol{A}$ 可分解为 $\boldsymbol{LU}$，其中 $\boldsymbol{L}$ 为单位下三角矩阵，$\boldsymbol{U}$ 为上三角矩阵，即

$$\boldsymbol{A}=\begin{bmatrix}1 & & & \\ l_{21} & 1 & & \\ \vdots & \vdots & \ddots & \\ l_{n1} & l_{n2} & \cdots & 1\end{bmatrix}\begin{bmatrix}u_{11} & u_{12} & \cdots & u_{1n} \\ & u_{22} & \cdots & u_{2n} \\ & & \ddots & \vdots \\ & & & u_{nn}\end{bmatrix}$$

根据 $\boldsymbol{A}$ 矩阵的 a_{ij}，可以分别求出 $\boldsymbol{L}$ 和 $\boldsymbol{U}$ 中的元素，步骤如下。

（1）计算 $\boldsymbol{U}$ 中第一行元素

$$a_{11}=\sum_{r=1}^{n}l_{1r}u_{r1}=[1\quad 0\quad \cdots\quad 0]\begin{bmatrix}u_{11}\\0\\\vdots\\0\end{bmatrix}=u_{11}$$

可得 $u_{11}=a_{11}$。

一般情况下，由 $\boldsymbol{A}$ 的第一行元素的关系式

$$a_{1j}=\sum_{r=1}^{n}l_{1r}u_{rj}=[1\quad 0\quad \cdots\quad 0]\begin{bmatrix}u_{1j}\\u_{2j}\\\vdots\\0\end{bmatrix}=u_{1j}$$

可计算 $\boldsymbol{U}$ 中的第一行元素，即 $u_{1j}=a_{1j}(j=1,\ 2,\ \cdots n)$。

（2）计算 $\boldsymbol{L}$ 的第一列的元素

$$a_{21}=\sum_{r=1}^{n}l_{2r}u_{r1}=[l_{21}\quad 1\quad 0\quad \cdots\quad 0]\begin{bmatrix}u_{11}\\0\\\vdots\\0\end{bmatrix}=l_{21}u_{11}$$

可得 $l_{21}=\dfrac{a_{21}}{u_{11}}$。

一般情况下，由 $\boldsymbol{A}$ 的第一列元素的关系式

$$a_{i1}=\sum_{r=1}^{n}l_{ir}u_{r1}=[l_{i1}\quad \cdots\quad l_{i,i-1}\quad 1\quad 0\quad \cdots]\begin{bmatrix}u_{11}\\0\\\vdots\\0\end{bmatrix}=l_{i1}u_{11}$$

可计算 $\boldsymbol{L}$ 的第一列的元素，即 $l_{i1}=\dfrac{a_{i1}}{u_{11}}(i=2,\ 3,\ \cdots,\ n)$。

若已经算出 $\boldsymbol{U}$ 的前 $k-1$ 行，$\boldsymbol{L}$ 的前 $k-1$ 列，则以此类推以下步骤。

（3）计算 $\boldsymbol{U}$ 的第 k 行元素

$$a_{kj}=\sum_{r=1}^{n} l_{kr}u_{rj}=[l_{k1}\quad l_{k2}\quad \cdots\quad l_{k,k-1}\quad 1\quad 0\quad \cdots\quad 0]\begin{bmatrix} u_{1j}\\ \vdots\\ u_{jj}\\ 0\\ \vdots\\ 0\end{bmatrix}$$

$\boldsymbol{U}$ 是上三角阵，列标 $j>$ 行标 k。由

$$a_{kj}=\sum_{r=1}^{n} l_{kr}u_{rj}=\sum_{r=1}^{k} l_{kr}u_{rj}=\sum_{r=1}^{k-1} l_{kr}u_{rj}+u_{kj}$$

可计算 $\boldsymbol{U}$ 的第 k 行元素，即 $u_{kj}=a_{kj}-\sum\limits_{r=1}^{k-1} l_{kr}u_{rj}\ (j=k,\ k+1,\ \cdots,\ n)$。

（4）计算 $\boldsymbol{L}$ 的第 k 列元素

$$a_{ik}=\sum_{r=1}^{n} l_{ir}u_{rk}=[l_{i1}\quad l_{i2}\quad \cdots\quad l_{i,i-1}\quad 1\quad 0\quad \cdots\quad 0]\begin{bmatrix} u_{1k}\\ \vdots\\ u_{kk}\\ 0\\ \vdots\\ 0\end{bmatrix}$$

$\boldsymbol{L}$ 是下三角阵，行标 $i>$ 列标 k。由

$$a_{ik}=\sum_{r=1}^{n} l_{ir}u_{rk}=\sum_{r=1}^{k} l_{ir}u_{rk}=\sum_{r=1}^{k-1} l_{ir}u_{rk}+l_{ik}u_{kk}$$

可计算 $\boldsymbol{L}$ 的第 k 列元素，即 $l_{ik}=\dfrac{(a_{ik}-\sum\limits_{r=1}^{k-1} l_{ir}u_{rk})}{u_{kk}}\ (i=k+1,\ k+2,\ \cdots,\ n)$。

上述步骤一直执行到 $\boldsymbol{L}$ 的 $n-1$ 列，$\boldsymbol{U}$ 的第 n 行。

用三角分解法解方程 $\boldsymbol{Ax}=\boldsymbol{b}$，先要完成 $\boldsymbol{LU}$ 分解，再由解两个三角形方程组来实现。即 $\boldsymbol{LUx}=\boldsymbol{b}$，可设 $\boldsymbol{Ux}=\boldsymbol{y}$，则 $\boldsymbol{Ly}=\boldsymbol{b}$，这样可以先求解出 $\boldsymbol{y}$，再求解出 $\boldsymbol{x}$。

由于 $\boldsymbol{L}$ 是单位下三角矩阵，解方程组 $\boldsymbol{Ly}=\boldsymbol{b}$，可得

$$y_i=b_i-\sum_{j=1}^{i-1} l_{ij}y_j\quad (i=1,\ 2,\ \cdots,\ n)$$

解方程组 $\boldsymbol{Ux}=\boldsymbol{y}$，可得

$$x_i=\frac{(y_i-\sum\limits_{j=i+1}^{n} u_{ij}x_j)}{u_{ii}}\quad (i=n,\ n-1,\ \cdots,\ 2,\ 1)$$

多利特分解法的算法如下。

(1) 输入：系数矩阵 $\boldsymbol{A}$ 和常数向量 $\boldsymbol{b}$，输出：线性方程组的解 $\boldsymbol{x}$。

(2) $\boldsymbol{LU}$ 分解：$k=1,2,\cdots,n$。

①for $j=k$ to n

$$u_{kj}=a_{kj}-\sum_{r=1}^{k-1}l_{kr}u_{rj}$$

②for $i=k+1$ to n

$$l_{ik}=\frac{(a_{ik}-\sum_{r=1}^{k-1}l_{ir}u_{rk})}{u_{kk}}$$

(3) 计算方程组 $\boldsymbol{Ly}=\boldsymbol{b}$。

for $i=1$ to n

$$y_i=b_i-\sum_{j=1}^{i-1}l_{ij}y_j$$

(4) 计算方程组 $\boldsymbol{Ux}=\boldsymbol{y}$。

for $i=n$ to 1

$$x_i=\frac{(y_i-\sum_{j=i+1}^{n}u_{ij}x_j)}{u_{ii}}$$

在计算机内存设置方面，由于 $l_{ii}=1$，可以不用保存，从计算顺序可知 l_{ir}，u_{rj} 均可存放在 $\boldsymbol{A}$ 矩阵元素里面，且解向量 $\boldsymbol{x}$、中间解向量 $\boldsymbol{y}$ 以及常向量 $\boldsymbol{b}$ 都可存放在同一向量单位里面，所以，只需要 $n*(n+1)$ 个单元来存储数据。

例题 3.6 用多利特分解法解方程组 $\begin{cases}2x_1+x_2+x_3=4,\\x_1+3x_2+2x_3=6,\\x_1+2x_2+2x_3=5。\end{cases}$

解 由 $\boldsymbol{LU}$ 分解可得

$$\begin{bmatrix}2&1&1\\1&3&2\\1&2&2\end{bmatrix}=\begin{bmatrix}1&&\\l_{21}&1&\\l_{31}&l_{32}&1\end{bmatrix}\begin{bmatrix}u_{11}&u_{12}&u_{13}\\&u_{22}&u_{23}\\&&u_{33}\end{bmatrix}$$

当 $k=1$ 时，有

$$u_{1j}=a_{1j}\quad(j=1,2,3)\Rightarrow u_{11}=2,\ u_{12}=1,\ u_{13}=1$$

$$l_{i1}=\frac{a_{i1}}{u_{11}}\quad(i=2,3)\Rightarrow l_{21}=0.5,\ l_{31}=0.5$$

当 $k=2$ 时，有

$$u_{22}=a_{22}-l_{21}u_{12}=3-0.5=2.5$$

$$u_{23}=a_{23}-l_{21}u_{13}=2-0.5=1.5$$

$$l_{32}=\frac{(a_{32}-l_{31}u_{12})}{u_{22}}=\frac{(2-0.5)}{2.5}=0.6$$

当 $k=3$ 时，有

$$u_{33}=a_{33}-l_{31}u_{13}-l_{32}u_{23}=0.6$$

于是

$$\boldsymbol{Ly}=\boldsymbol{b}，即\begin{bmatrix}1 & & \\ 0.5 & 1 & \\ 0.5 & 0.6 & 1\end{bmatrix}\begin{bmatrix}y_1\\ y_2\\ y_3\end{bmatrix}=\begin{bmatrix}4\\ 6\\ 5\end{bmatrix}\Rightarrow\begin{bmatrix}y_1\\ y_2\\ y_3\end{bmatrix}=\begin{bmatrix}4\\ 4\\ 0.6\end{bmatrix}$$

$$\boldsymbol{Ux}=\boldsymbol{y}，即\begin{bmatrix}2 & 1 & 1\\ 0 & 2.5 & 1.5\\ 0 & 0 & 0.6\end{bmatrix}\begin{bmatrix}x_1\\ x_2\\ x_3\end{bmatrix}=\begin{bmatrix}4\\ 4\\ 0.6\end{bmatrix}\Rightarrow\begin{bmatrix}x_1\\ x_2\\ x_3\end{bmatrix}=\begin{bmatrix}1\\ 1\\ 1\end{bmatrix}$$

如下形式的分解式称为克劳特（Crout）分解。其求解过程与多利特分解类似，这里不再赘述。

$$\boldsymbol{A}=\begin{bmatrix}l_{11} & & & \\ l_{21} & l_{22} & & \\ \vdots & \vdots & \ddots & \\ l_{n1} & l_{n2} & \cdots & l_{nn}\end{bmatrix}\begin{bmatrix}1 & u_{12} & \cdots & u_{1n}\\ & 1 & \cdots & u_{2n}\\ & & \ddots & \vdots\\ & & & 1\end{bmatrix}$$

3.2.3 平方根法

定义 3.2 如果一个 n 阶矩阵 $\boldsymbol{A}=(a_{ij})_{n\times n}$ 中存在 $a_{ij}=a_{ji}$，则该矩阵称为对称阵。

定义 3.3 一个矩阵 $\boldsymbol{A}$ 称为正定阵，则 $\boldsymbol{x}^{\mathrm{T}}\boldsymbol{Ax}>0$ 对任意非零向量 $\boldsymbol{x}$ 都成立。

有关正定阵 $\boldsymbol{A}$ 的重要性质：

（1）$\boldsymbol{A}^{-1}$ 对称正定，且 $a_{ii}>0$；

（2）$\boldsymbol{A}$ 的顺序主子阵 $\boldsymbol{A}_k$ 也对称正定；

（3）$\boldsymbol{A}$ 的特征值 $\lambda_i>0$；

（4）$\boldsymbol{A}$ 的全部顺序主子式 $\boldsymbol{\Delta}(\boldsymbol{A}_k)>0$。

定理 3.3 设矩阵 $\boldsymbol{A}$ 对称正定，则存在非奇异下三角阵 $\boldsymbol{L}\in\boldsymbol{R}^{n\times n}$，使得 $\boldsymbol{A}=\boldsymbol{LL}^{\mathrm{T}}$。若限定 $\boldsymbol{L}$ 的对角线中的元素为正，则 $\boldsymbol{A}=\boldsymbol{LL}^{\mathrm{T}}$ 分解唯一。

证明 首先将 $\boldsymbol{A}$ 作 $\boldsymbol{LU}$ 分解，可得

$$\boldsymbol{A}=\begin{bmatrix}a_{11} & a_{12} & \cdots & a_{1n}\\ a_{21} & a_{22} & \cdots & a_{2n}\\ \vdots & \vdots & & \vdots\\ a_{n1} & a_{n2} & \cdots & a_{nn}\end{bmatrix}=\begin{bmatrix}1 & & & \\ l_{21} & 1 & & \\ \vdots & \vdots & \ddots & \\ l_{n1} & l_{n2} & \cdots & 1\end{bmatrix}\begin{bmatrix}u_{11} & u_{12} & \cdots & u_{1n}\\ & u_{22} & \cdots & u_{2n}\\ & & \ddots & \vdots\\ & & & u_{nn}\end{bmatrix}$$

事实上，将 $\boldsymbol{A}=\boldsymbol{LU}$ 按分块运算形式写出，有

$$\boldsymbol{A}_k=\boldsymbol{L}_k\boldsymbol{U}_k\quad(k=1,2,\cdots,n)$$

其中，$\boldsymbol{A}_k=\begin{bmatrix}a_{11} & a_{12} & \cdots & a_{1k}\\ a_{21} & a_{22} & \cdots & a_{2k}\\ \vdots & \vdots & & \vdots\\ a_{k1} & a_{k2} & \cdots & a_{kk}\end{bmatrix}$，$\boldsymbol{L}_k=\begin{bmatrix}1 & & & \\ l_{21} & 1 & & \\ \vdots & \vdots & \ddots & \\ l_{k1} & l_{k2} & \cdots & 1\end{bmatrix}$，$\boldsymbol{U}_k=\begin{bmatrix}u_{11} & u_{12} & \cdots & u_{1k}\\ & u_{22} & \cdots & u_{2k}\\ & & \ddots & \vdots\\ & & & u_{kk}\end{bmatrix}$。

由于 A 的各阶主子式的行列式皆大于零，所以

$$\Delta A_k = \Delta L_k * \Delta U_k \Rightarrow \prod_{i=1}^{k} u_{ii} > 0$$

此式对 $k=1, 2, \cdots, n$ 均成立，所以就有 $u_{ii}>0(i=1, 2, \cdots, n)$，即 U 的对角元为正。

进一步将 U 分解为 DU'，其中，

$$D=\begin{bmatrix} u_{11} & & & \\ & u_{22} & & \\ & & \ddots & \\ & & & u_{nn} \end{bmatrix},\quad U'=\begin{bmatrix} 1 & \dfrac{u_{12}}{u_{11}} & \cdots & \dfrac{u_{1n}}{u_{11}} \\ & 1 & \cdots & \dfrac{u_{2n}}{u_{22}} \\ & & \ddots & \vdots \\ & & & 1 \end{bmatrix}$$

此时 $A = LDU'$，由 A 对称可知 $A^{\mathrm{T}} = A$，得到 $LDU' = U'^{\mathrm{T}}D^{\mathrm{T}}L^{\mathrm{T}}$，令 $L = U'^{\mathrm{T}}$，$U' = L^{\mathrm{T}}$，则 $A = LDL^{\mathrm{T}}$；由于 A 对称正定，且 $u_{ii}>0(i=1, 2, \cdots, n)$，可将 D 进一步分解，可得

$$D=\begin{bmatrix} u_{11} & & & \\ & u_{22} & & \\ & & \ddots & \\ & & & u_{nn} \end{bmatrix}=D'D'\text{，其中 }D'=\begin{bmatrix} \sqrt{u_{11}} & & & \\ & \sqrt{u_{22}} & & \\ & & \ddots & \\ & & & \sqrt{u_{nn}} \end{bmatrix}$$

记 $L^* = LD'$，于是由 $A = LDL^{\mathrm{T}}$ 可得 $A = L^*L^{*\mathrm{T}}$。得证。

上述方法称为对称正定矩阵 A 的乔列斯基（Cholesky）分解，或 LL^{T} 分解法，又称为平方根法。直接利用 $A = L^*(L^*)^{\mathrm{T}}$ 分解来解方程，步骤如下：

$$A=\begin{bmatrix} a_{11} & a_{12} & \cdots & a_{1n} \\ a_{21} & a_{22} & \cdots & a_{2n} \\ \vdots & \vdots & & \vdots \\ a_{n1} & a_{n2} & \cdots & a_{nn} \end{bmatrix}=L^*(L^*)^{\mathrm{T}}=\begin{bmatrix} l_{11} & & & \\ l_{21} & l_{22} & & \\ \vdots & \vdots & \ddots & \\ l_{n1} & l_{n2} & \cdots & l_{nn} \end{bmatrix}\begin{bmatrix} l_{11} & l_{21} & \cdots & l_{n1} \\ & l_{22} & \cdots & l_{n2} \\ & & \ddots & \vdots \\ & & & l_{nn} \end{bmatrix}$$

可得

$$l_{11}l_{11} = a_{11} \Rightarrow l_{11} = \sqrt{a_{11}}$$

$$l_{i1}l_{11} = a_{i1} \Rightarrow l_{i1} = \frac{a_{i1}}{l_{11}} \quad (i=2, 3, \cdots, n)$$

以此类推，可知

$$l_{i1}l_{j1} + l_{i2}l_{j2} + \cdots + l_{ij}l_{jj} = a_{ij} \Rightarrow l_{ij} = \frac{\left(a_{ij} - \sum_{k=1}^{j-1} l_{ik}l_{jk}\right)}{l_{jj}} \quad (i>j)$$

$$l_{i1}l_{i1} + l_{i2}l_{i2} + \cdots + l_{ii}l_{ii} = a_{ii} \Rightarrow l_{ii} = \sqrt{\left(a_{ii} - \sum_{k=1}^{i-1} l_{ik}^2\right)} \quad (i=j)$$

由 $l_{ii}^2 = \left(a_{ii} - \sum_{k=1}^{i-1} l_{ik}^2\right) > 0$ 可知 $a_{ii} > \sum_{k=1}^{i-1} l_{ik}^2$，则 $|l_{ik}| < \sqrt{a_{ii}} < \max\limits_{1\leqslant i\leqslant n}\sqrt{a_{ii}}$，因此 L^* 的元素有界，且 $l_{ii}>0$。因此可见，平方根法是较平稳的方法，且精度比较好。

对于 $Ax=b$，如果 A 是对称正定阵，平方根法可将方程组化成两个三角形方程组 $L^*y=$

$\boldsymbol{b}$，$(\boldsymbol{L}^*)^{\mathrm{T}}\boldsymbol{x}=\boldsymbol{y}$，可分别计算出 $\boldsymbol{y}$ 和 $\boldsymbol{x}$ 的值：

$$y_i=\frac{1}{l_{ii}}(b_i-\sum_{k=1}^{i-1}l_{ik}y_k)\quad(i=1,2,\cdots,n)$$

$$x_i=\frac{1}{l_{ii}}(y_i-\sum_{k=i+1}^{n}l_{ik}x_k)\quad(i=n,n-1,\cdots,1)$$

平方根的算法如下。

(1) 输入：系数矩阵 $\boldsymbol{A}$ 和常数向量 $\boldsymbol{b}$，输出：线性方程组的解 $\boldsymbol{x}$。

(2) $\boldsymbol{LL}^{\mathrm{T}}$ 分解：$j=1,2,\cdots,n$。

if $i\geqslant j+1$ then

$$a_{ij}=\frac{(a_{ij}-\sum_{k=1}^{j-1}a_{ik}a_{jk})}{a_{jj}}$$

else if $i=j$ then

$$a_{ii}=\sqrt{(a_{ii}-\sum_{k=1}^{i-1}a_{ik}^2)}$$

(3) 计算方程组 $\boldsymbol{L}^*\boldsymbol{y}=\boldsymbol{b}$。

for $i=1$ to n

$$y_i=\frac{1}{a_{ii}}(b_i-\sum_{k=1}^{i-1}a_{ik}y_k)$$

(4) 计算方程组 $(\boldsymbol{L}^*)^{\mathrm{T}}\boldsymbol{x}=\boldsymbol{y}$。

for $i=n$ to 1

$$x_i=\frac{1}{a_{ii}}(y_i-\sum_{k=i+1}^{n}a_{ik}x_k)$$

在计算机内存设置方面，从计算顺序可见，l_{ij} 均可以放在 $\boldsymbol{A}$ 矩阵元素里面，且解向量 $\boldsymbol{x}$、中间解向量 $\boldsymbol{y}$ 以及常向量 $\boldsymbol{b}$ 都可以放在同一向量单位里面，这样只需要 $n*(n+1)$ 个单元来存储数据。

例题 3.7 用平方根法求解方程组

$$\begin{bmatrix}1&1&2\\1&2&0\\2&0&11\end{bmatrix}\begin{bmatrix}x_1\\x_2\\x_3\end{bmatrix}=\begin{bmatrix}5\\8\\7\end{bmatrix}$$

解 设

$$\begin{bmatrix}1&1&2\\1&2&0\\2&0&11\end{bmatrix}=\begin{bmatrix}l_{11}&0&0\\l_{21}&l_{22}&0\\l_{31}&l_{32}&l_{33}\end{bmatrix}\begin{bmatrix}l_{11}&l_{21}&l_{31}\\0&l_{22}&l_{32}\\0&0&l_{33}\end{bmatrix}$$

等号右端矩阵相乘并比较等式两端。由第一行可知 $1=l_{11}^2$，$1=l_{11}l_{21}$，$2=l_{11}l_{31}$，可得 $l_{11}=1$，$l_{21}=1$，$l_{31}=2$。

由第二行可知 $2=l_{21}^2+l_{22}^2$，$0=l_{31}l_{21}+l_{32}l_{22}$，求得 $l_{22}=(2-l_{21}^2)^{\frac{1}{2}}=1$，$l_{32}=\dfrac{(0-l_{31}l_{21})}{l_{22}}=-2$。

由第三行得 $11=l_{31}^2+l_{32}^2+l_{33}^2$，故 $l_{33}=(11-l_{31}^2-l_{32}^2)^{\frac{1}{2}}=\sqrt{3}$，则

$$\boldsymbol{L}=\begin{bmatrix}1&0&0\\1&1&0\\2&-2&\sqrt{3}\end{bmatrix}$$

由 $\boldsymbol{Ly}=\boldsymbol{b}$ 解得 $y_1=5$，$y_2=3$，$y_3=\sqrt{3}$，由 $\boldsymbol{L}^{\mathrm{T}}\boldsymbol{x}=\boldsymbol{y}$ 解得 $x_1=-2$，$x_2=5$，$x_3=1$。

为了避免开方运算，可直接使用对称矩阵 $\boldsymbol{A}$ 的 $\boldsymbol{LDL}^{\mathrm{T}}$ 分解来计算。由

$$\boldsymbol{A}=\boldsymbol{LDL}^{\mathrm{T}}$$

$$\Rightarrow\begin{bmatrix}a_{11}&a_{12}&\cdots&a_{1n}\\a_{21}&a_{22}&\cdots&a_{2n}\\\vdots&\vdots&&\vdots\\a_{n1}&a_{n2}&\cdots&a_{nn}\end{bmatrix}=\begin{bmatrix}1&&&\\l_{21}&1&&\\\vdots&\vdots&\ddots&\\l_{n1}&l_{n2}&\cdots&1\end{bmatrix}\begin{bmatrix}d_{11}&&&\\&d_{22}&&\\&&\ddots&\\&&&d_{nn}\end{bmatrix}\begin{bmatrix}1&l_{21}&\cdots&l_{n1}\\&1&\cdots&l_{n2}\\&&\ddots&\vdots\\&&&1\end{bmatrix}$$

$$=\begin{bmatrix}d_{11}&&&\\l_{21}d_{11}&d_{22}&&\\\vdots&\vdots&\ddots&\\l_{n1}d_{11}&l_{n2}d_{22}&\cdots&d_{nn}\end{bmatrix}\begin{bmatrix}1&l_{21}&\cdots&l_{n1}\\&1&\cdots&l_{n2}\\&&\ddots&\vdots\\&&&1\end{bmatrix}$$

可得 $a_{ij}=l_{i1}d_{11}l_{j1}+l_{i2}d_{22}l_{j2}+\cdots+l_{i,j-1}d_{j-1,j-1}l_{j,j-1}+l_{ij}d_{jj}=\sum\limits_{k=1}^{j-1}l_{ik}d_{kk}l_{jk}+l_{ij}d_{jj}$。

所以，$a_{ii}=\sum\limits_{k=1}^{i-1}l_{ik}^2d_{kk}+d_{ii}$。

若设 $T_{ik}=l_{ik}d_{kk}$，则有 $\begin{cases}a_{ij}=\sum\limits_{k=1}^{j-1}T_{ik}l_{jk}+T_{ij},\\a_{ii}=\sum\limits_{k=1}^{i-1}T_{ik}l_{ik}+d_{ii}\text{。}\end{cases}$

可得 $d_{11}=a_{11}$，$T_{ij}=a_{ij}-\sum\limits_{k=1}^{j-1}T_{ik}l_{jk}$，$l_{ij}=\dfrac{T_{ij}}{d_{jj}}$，$d_{ii}=a_{ii}-\sum\limits_{k=1}^{i-1}T_{ik}l_{ik}$。

求解 $\boldsymbol{Ax}=\boldsymbol{b}$，转化成求解 $\boldsymbol{LDL}^{\mathrm{T}}\boldsymbol{x}=\boldsymbol{b}$，等价于解两个方程组 $\boldsymbol{Ly}=\boldsymbol{b}$，$\boldsymbol{DL}^{\mathrm{T}}\boldsymbol{x}=\boldsymbol{y}$。

解 $\boldsymbol{Ly}=\boldsymbol{b}$，由 $\begin{bmatrix}1&&&\\l_{21}&1&&\\\vdots&\vdots&\ddots&\\l_{n1}&l_{n2}&\cdots&1\end{bmatrix}\begin{bmatrix}y_1\\y_2\\\vdots\\y_n\end{bmatrix}=\begin{bmatrix}b_1\\b_2\\\vdots\\b_n\end{bmatrix}$ 可得 $y_i=b_i-\sum\limits_{k=1}^{i-1}l_{ik}y_k\,(i=1,2,\cdots,n)$。

解 $\boldsymbol{DL}^{\mathrm{T}}\boldsymbol{x}=\boldsymbol{y}$，由 $\begin{bmatrix}d_{11}&&&\\&d_{22}&&\\&&\ddots&\\&&&d_{nn}\end{bmatrix}\begin{bmatrix}1&l_{21}&\cdots&l_{n1}\\&1&\cdots&l_{n2}\\&&\ddots&\vdots\\&&&1\end{bmatrix}\begin{bmatrix}x_1\\x_2\\\vdots\\x_n\end{bmatrix}=\begin{bmatrix}y_1\\y_2\\\vdots\\y_n\end{bmatrix}$ 可得 $x_i=\dfrac{y_i}{d_{ii}}-\sum\limits_{k=i+1}^{n}l_{ik}x_k$

$(i=n,n-1,\cdots,1)$。

例题 3.8 用改进的平方根法求解方程组 $\boldsymbol{Ax}=\boldsymbol{b}$，其中

$$\boldsymbol{A}=\begin{bmatrix}1&2&1&-3\\2&5&0&-5\\1&0&14&1\\-3&-5&1&15\end{bmatrix},\ \boldsymbol{b}=\begin{bmatrix}1\\2\\16\\8\end{bmatrix}$$

解 按公式计算有

$i=1$：$d_{11}=1$

$i=2$：$T_{21}=2$，$l_{21}=2$，$d_{22}=1$

$i=3$：$T_{31}=1$，$T_{32}=-2$，$l_{31}=1$，$l_{32}=-2$，$d_{33}=9$

$i=4$：$T_{41}=-3$，$T_{42}=1$，$T_{43}=6$，$l_{41}=-3$，$l_{42}=1$，$l_{43}=\dfrac{2}{3}$，$d_{44}=1$

再按求根公式求解方程组，得 $\begin{cases}y_1=1,\ y_2=0,\ y_3=15,\ y_4=1,\\ x_1=1,\ x_2=1,\ x_3=1,\ x_4=1。\end{cases}$

3.2.4 追赶法

高斯消元法和 **LU** 分解法都是求解一般线性方程组的方法，均不考虑线性方程组的特点。在实际应用中可能会遇到一些特殊类型的线性方程组，如用差分法解二阶线性常微分方程边值问题、解热传导方程、船体数学放样中建立三次样条函数等，都要求解系数矩阵为对角占优的三对角线性方程组。若用一般方法来求解，势必造成存储和计算的浪费，因此有必要构造适合解此类方程组的解法。

设有方程组

$$\begin{cases}b_1x_1+c_1x_2 & =d_1\\ a_2x_1+b_2x_2+c_2x_3 & =d_2\\ \quad a_3x_2+b_3x_3+c_3x_4 & =d_3\\ \qquad \ddots\qquad\ddots\qquad\ddots & \vdots\\ \qquad a_{n-1}x_{n-2}+b_{n-1}x_{n-1}+c_{n-1}x_n & =d_{n-1}\\ \qquad\qquad a_n\ x_{n-1}+b_n\ x_n & =d_n\end{cases}$$

记为 $\boldsymbol{Ax}=\boldsymbol{d}$，其系数矩阵 $\boldsymbol{A}$ 为三对角矩阵，表示为

$$\boldsymbol{A}=\begin{bmatrix}b_1&c_1&&&&\\a_2&b_2&c_2&&&\\&a_3&b_3&c_3&&\\&&\ddots&\ddots&\ddots&\\&&&a_{n-1}&b_{n-1}&c_{n-1}\\&&&&a_n&b_n\end{bmatrix}$$

利用矩阵分解法，求解具有三对角矩阵的线性方程组十分简单且有效。现将 $\boldsymbol{A}$ 分解为下三角矩阵 $\boldsymbol{L}$ 和单位上三角矩阵 $\boldsymbol{U}$ 的乘积,即 $\boldsymbol{A} = \boldsymbol{LU}$，其中

$$\boldsymbol{L} = \begin{bmatrix} \alpha_1 & & & & & & \\ \gamma_2 & \alpha_2 & & & & & \\ & \gamma_3 & \alpha_3 & & & & \\ & & \ddots & \ddots & & & \\ & & & \gamma_i & \alpha_i & & \\ & & & & \ddots & \ddots & \\ & & & & & \gamma_n & \alpha_n \end{bmatrix}, \boldsymbol{U} = \begin{bmatrix} 1 & \beta_1 & & & & & \\ & 1 & \beta_2 & & & & \\ & & 1 & \beta_3 & & & \\ & & & \ddots & \ddots & & \\ & & & & 1 & \beta_i & \\ & & & & & \ddots & \\ & & & & & & 1 \end{bmatrix}$$

利用矩阵乘法，比较 $\boldsymbol{A} = \boldsymbol{LU}$ 两边元素，可得 α_i，γ_i，β_i 与 a_i，b_i，c_i 之间的关系：

$$\begin{aligned} &\gamma_i = a_i \quad (i=2，3，\cdots，n) \\ &\alpha_1 = b_1 \\ &\gamma_i\beta_{i-1} + \alpha_i = b_i \quad (i=2，3，\cdots，n) \\ &\alpha_i\beta_i = c_i \quad (i=1，2，\cdots，n-1) \end{aligned}$$

于是有

$$\begin{aligned} &\gamma_i = a_i \quad (i=2，3，\cdots，n) \\ &\alpha_1 = b_1 \\ &\alpha_i = b_i - \gamma_i\beta_{i-1} \quad (i=2，3，\cdots，n) \\ &\beta_i = \frac{c_i}{\alpha_i} \quad (i=1，2，\cdots，n-1) \end{aligned}$$

由此可见，将 $\boldsymbol{A}$ 分解为 $\boldsymbol{L}$ 和 $\boldsymbol{U}$，只需要计算 $\{\gamma_i\}$ 和 $\{\alpha_i\}$ 两组数，然后解 $\boldsymbol{Ly} = \boldsymbol{d}$，即

$$\begin{bmatrix} \alpha_1 & & & \\ \gamma_2 & \alpha_2 & & \\ & \ddots & \ddots & \\ & & \gamma_n & \alpha_n \end{bmatrix} \begin{bmatrix} y_1 \\ y_2 \\ \vdots \\ y_n \end{bmatrix} = \begin{bmatrix} d_1 \\ d_2 \\ \vdots \\ d_n \end{bmatrix}$$

可得 $y_1 = \dfrac{d_1}{\alpha_1}$，$y_i = \dfrac{(d_i - \gamma_i y_{i-1})}{\alpha_i}(i=2，3，\cdots，n)$。

这个过程又称为追过程。

再解 $\boldsymbol{Ux} = \boldsymbol{y}$，即

$$\begin{bmatrix} 1 & \beta_1 & & & \\ & 1 & \beta_2 & & \\ & & \ddots & \ddots & \\ & & & 1 & \beta_{n-1} \\ & & & & 1 \end{bmatrix} \begin{bmatrix} x_1 \\ x_2 \\ \vdots \\ x_n \end{bmatrix} = \begin{bmatrix} y_1 \\ y_2 \\ \vdots \\ y_n \end{bmatrix}$$

可得 $x_n = y_n$，$x_i = y_i - \beta_i x_{i+1}(i=n-1，n-2，\cdots，1)$，这个过程又称为赶过程。

所以，将以上求解线性方程组的方法称为追赶法。

在上述计算过程中，如果 $\alpha_i = 0$，整个计算过程将会中断。所以，并不是任何的三对角

矩阵都可以用此方法求解。

定理 3.4 若 $\boldsymbol{A}$ 为三对角矩阵并且满足条件:

$$\begin{cases}|b_1|>|c_1|>0 \\ |b_i|\geqslant|a_i|+|c_i|>0 \quad (a_ic_i\neq 0,\ i=2,\ 3,\ \cdots,\ n-1) \\ |b_n|>|a_n|>0\end{cases}$$

其行列式 $\Delta\boldsymbol{A}\neq 0$，即 $\boldsymbol{A}$ 是非奇异的，则利用追赶法可解以 $\boldsymbol{A}$ 为系数矩阵的方程组。

此定理是充分性定理，条件并非完全必要。对三对角线上不能有零元素的要求比较苛刻，在现实应用中不太容易，于是要求如果 $\boldsymbol{A}$ 是严格对角优势的三对角矩阵，则不要求三对角矩阵上的所有元素非零。

另外，由 $|\beta_i|<1$ 和 $\gamma_i=a_i$，以及 $|b_i|-|a_i|<|b_i-\gamma_i\beta_{i-1}|<|b_i|+|a_i|$ 可知，计算过程中，矩阵元素不会过分增大，算法的稳定性得到保证。

追赶法的算法如下。

(1) 输入：系数矩阵 $\boldsymbol{A}$ 和常数向量 $\boldsymbol{d}$,输出:线性方程组的解 $\boldsymbol{x}$ 。

(2) 计算：$\beta_i(i=2,\ 3,\ \cdots,\ n-1)$。

$$c_1=\frac{c_1}{b_1}$$

$$c_i=\frac{c_i}{(b_i-a_ic_{i-1})}$$

(3) 计算方程组 $\boldsymbol{Ly}=\boldsymbol{d}$ 。

$$x_1=\frac{x_1}{b_1}$$

for $i=2$ to n

$$x_i=\frac{(x_i-a_ix_{i-1})}{(b_i-a_ic_{i-1})}$$

(4) 计算方程组 $\boldsymbol{Ux}=\boldsymbol{y}$ 。

for $i=n-1$ to 1

$$x_i=x_i-c_ix_{i+1}$$

在算法的实现过程中，为节省内存，只需要四组单元，其中 a_i 和 γ_i 共用 $(n-1)$ 个单元，b_i 和 α_i 共用 n 个单元，c_i 和 β_i 共用 $(n-1)$ 个单元，常向量 $\boldsymbol{d}$，中间向量 $\boldsymbol{y}$ 以及解向量 $\boldsymbol{x}$ 共用 n 个单元，整个存储单元是 $4n-2$ 个，相较于高斯消元法的内存单元 $n(n+1)$，追赶法需要的内存单元更少。

例题 3.9 用追赶法求解三对角方程组

$$\begin{bmatrix}4 & -1 & 0 \\ -1 & 4 & -1 \\ 0 & -1 & 4\end{bmatrix}\begin{bmatrix}x_1 \\ x_2 \\ x_3\end{bmatrix}=\begin{bmatrix}2 \\ 4 \\ 10\end{bmatrix}$$

解 若 $n=3$，$a_2=a_3=c_1=c_2=-1$，$a_1=c_3=0$，则

$$b_1=b_2=b_3=4,\ d_1=2,\ d_2=4,\ d_3=10$$

（追） $d_1 \Leftarrow \frac{d_1}{b_1} = 2/4 = 1/2$，$c_1 \Leftarrow c_1/b_1 = -1/4$

$$b_2 \Leftarrow b_2 - c_1 a_2 = 4 - \frac{1}{4} = \frac{15}{4}$$

$$d_2 \Leftarrow \frac{(d_2 - d_1 a_2)}{b_2} = (4 + \frac{1}{2}) \times \frac{4}{15} = \frac{6}{5}$$

$$c_2 \Leftarrow \frac{c_2}{b_2} = -1 \times \frac{4}{15} = \frac{-4}{15}$$

$$b_3 \Leftarrow b_3 - c_2 a_3 = 4 - \frac{4}{15} = \frac{56}{15}$$

$$d_3 \Leftarrow \frac{(d_3 - d_2 a_3)}{b_3} = (10 + \frac{6}{5}) \times \frac{15}{16} = 3$$

（赶） $x_3 = d_3 = 3$，$x_2 = d_2 - c_2 x_3 = \frac{6}{5} + \frac{4}{15} \times 3 = 2$

$$x_1 = d_1 - c_1 x_2 = \frac{1}{2} + \frac{1}{4} \times 2 = 1$$

小结

本章介绍了适合解系数矩阵稠密、低阶线性方程组的直接法：高斯消元法和三角分解法，这两种方法本质上是一样的。直接法的优点是计算量小、精度高，是一种精确地解线性方程组的方法，前提条件是每步计算没有舍入误差；缺点是程序较复杂，占用内存大，所以它适用于解中小型（$n < 1\,000$）线性方程组。由于高斯消元法不能处理绝对值相对很小的主元，所以提出了全主元消元法、列主元消元法和标度化列主元消元法。在实际应用中，列主元消元法是一种较稳定的算法。高斯－若尔当消元法可与主元素选取方法相结合，求系数矩阵的逆矩阵。因为系数矩阵是对称正定矩阵，所以可以用平方根法进行分解。若方程组的系数矩阵是三对角矩阵，特别是严格对角占优阵，则追赶法是一种既稳定又快速的方法。

上机实验参考程序

1. 实验目的

（1）了解求线性方程组的直接法的有关理论和方法。

（2）熟练掌握高斯消元法的基本原理及选主元的思想。

（3）会编制高斯顺序消元法和高斯列主元消元法、***LU*** 分解法、追赶法的程序。

（4）通过实际计算，进一步了解各种方法的优缺点，选择合适的数值方法。

2. 高斯顺序消元法参考程序

根据图 3－1 的高斯顺序消元法的计算框图编制程序，求解下列方程组。

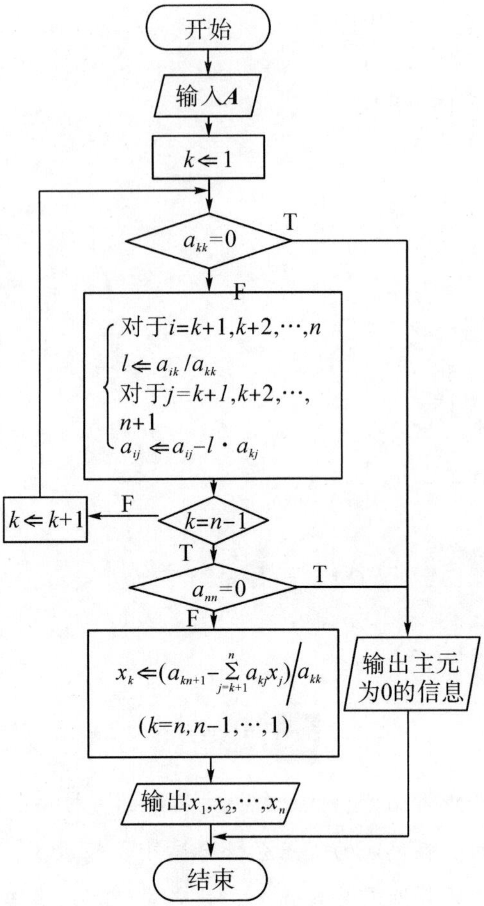

图 3-1　高斯顺序消元法的计算框图

$$(1)\quad\begin{bmatrix}1&-1&1&-4\\5&-4&3&12\\2&1&1&11\\2&-1&7&1\end{bmatrix}\cdot\begin{bmatrix}x_1\\x_2\\x_3\\x_4\end{bmatrix}=\begin{bmatrix}-2\\-6\\3\\-7\end{bmatrix}$$

$$(2)\quad\begin{bmatrix}0.3\times10^{-15}&59.14&3&1\\5.291&-6.130&-1&2\\11.9&9&5&2\\1&2&1&1\end{bmatrix}\cdot\begin{bmatrix}x_1\\x_2\\x_3\\x_4\end{bmatrix}=\begin{bmatrix}59.17\\46.78\\1\\2\end{bmatrix}$$

并对运行结果进行分析。

程序结构：

方程组的增广矩阵在程序初始化时存入二维数组 aa，并保留不变；主函数 main( ) 调用函数 gauss 进行高斯顺序消元法计算，并根据 gauss 返回的函数值（1 或 0）而输出计算结果或失败信息。

定义数据：

程序中的主要常量、变量及函数：

N——全局常量，指定方程组的阶数。

aa [N] [N+1] ——存放方程组增广矩阵的原始数据并保留不变。

a [N+1] [N+2] ——用 a [1] [1] -a [N] [N+1] 计算增广矩阵，以便与数学公式对照。

x [N+1] ——用 x [1] -x [N] 计算和存放方程组的解。

int gauss(a,x)——自定义函数，用高斯顺序消元法求解 n 阶线性方程组，增广矩阵存放于 a [1] [1] ~a [N] [N+1]，当系数矩阵的主元素等于 0，使求解失败时，输出信息“pivot element is 0. fail”并返回函数值 0；否则求解成功，返回函数值 1，方程组的解存放于 x [1] ~x [N]。

void putout(a)——自定义函数，输出数组。

int, det——在主函数里接受 gauss 的返回值，当 det 不为 0 时主函数打印出方程组的解。

程序清单：

```
#include <stdio.h>
#include <math.h>
#define N 4          /*方程组的阶数*/
/*增广矩阵的初始数据*/
static double aa [N][N+1] = {{1, -1, 1, -4, -2}, {5, -4, 3, 12, -6},
                             {2, 1, 1, 11, 3}, {2, -1, 7, -1, -7}};
int gauss (double a [] [N+2], double x []);    /*高斯消元法*/
void putout (double a [] [N+2]); /*输出增广矩阵*/
void main()
{   int i, j, det;
    double a [N+1] [N+2], x [N+1];
    for (i=1; i<=N; i++)
          for (j=1; j<=N+1; j++)    /*用 a [1] [1] a [N] [N+1] 存放增广矩
阵*/
                   a [i] [j] =aa [i-1] [j-1];
    det=gauss (a, x);          /*调用函数 gauss 求解方程组，并获取返回标志值*/
    printf ("solutions of equations are: \n");
    if (det!=0)
          for (i=1; i<=N; i++) printf (" x [%d] =%g", i, x [i]);
    printf ("\n");
}
/*函数 gauss 用高斯消元法求解线性方程组*/
int gauss (double a [] [N+2], double x [])
{   int i, j, k;
    putout (a);
    for (k=1; k<=N-1; k++)                 /*消元过程*/
    {   if (fabs (a [k] [k]) <1e-17)
          {printf ("\n pivot element is 0. fail! \n"); return (0);}
     for (i=k+1; i<=N; i++)                /*进行消元计算*/
```

```
            {   c = a [i] [k] /a [k] [k];
                for (j = k; j <= N + 1; j + + )
                {a [i] [j]  = a [i] [j]  - c * a [k] [j];}
            }
        putout (a);
    }
    if (fabs (a [N] [N]) <1e - 17)
      {printf ("\n pivot element is 0. fail!  \ n"); return (0);}
    for (k = N; k <= 1; k - - )                    /* 回代过程 */
      {     x [k]  = a [k] [N + 1];
            for (j = k + 1; j <= N; j + + )
            {x [k]  = x [k]  - a [k] [j]  * x [j];}
            x [k]  = x [k] /a [k] [k];
      }
    return (1);
  }
  void putout (double a [] [N + 2]) /* 输出数组 */
  {   for (int i = 1; i <= N; i + + )
      {     for (int j = 1; j <= N + 1; j + + )
                    printf ("%15g", a [i] [j]);
                 printf ("\n");
      }
    for (i = 1; i <= 60; i + + ) printf (" - ");
    printf ("\n");
  }
}
```

输出结果：

```
"D:\project\Debug\project.exe"
              1             -1              1             -4             -2
              5             -4              3             12             -6
              2              1              1             11              3
              2             -1              7             -1             -7
------------------------------------------------------------
              1             -1              1             -4             -2
              0              1             -2             32              4
              0              3             -1             19              7
              0              1              5              7             -3
------------------------------------------------------------
              1             -1              1             -4             -2
              0              1             -2             32              4
              0              0              5            -77             -5
              0              0              7            -25             -7
------------------------------------------------------------
              1             -1              1             -4             -2
              0              1             -2             32              4
              0              0              5            -77             -5
              0              0              0           82.8              0
------------------------------------------------------------
solutions of equations are:
   x[1]=1   x[2]=2   x[3]=-1   x[4]=0
```

将高斯顺序消元法程序中的增广矩阵的初始数据改成

```
static double aa[N][N+1] = {{0.3E-15,59.17,3,1,59.17},{5.291,-6.130,-1,2,
                    46.78},{11.2,9,5,2,1},{1,2,1,1,2}};
```

输出结果：

```
"D:\project\Debug\project.exe"
     3e-016        59.2           3           1        59.2
       5.29       -6.13          -1           2        46.8
       11.2           9           5           2           1
          1           2           1           1           2
-------------------------------------------------------------
     3e-016        59.2           3           1        59.2
          0  -1.04e+018  -5.29e+016  -1.76e+016  -1.04e+018
  1.78e-015  -2.21e+018  -1.12e+017  -3.73e+016  -2.21e+018
          0  -1.97e+017     -1e+016  -3.33e+015  -1.97e+017
-------------------------------------------------------------
     3e-016        59.2           3           1        59.2
          0  -1.04e+018  -5.29e+016  -1.76e+016  -1.04e+018
  1.78e-015           0         -16          -8           0
          0           0           0         0.5           0
-------------------------------------------------------------
     3e-016        59.2           3           1        59.2
          0  -1.04e+018  -5.29e+016  -1.76e+016  -1.04e+018
  1.78e-015           0         -16          -8           0
          0           0           0         0.5           0
-------------------------------------------------------------
solutions of equations are:
   x[1]=0    x[2]=1    x[3]=0    x[4]=0
```

结果分析：

将用高斯顺序消元法求得的线性方程组（1）的解代入方程组（1）中验证，可知该解是正确的。但将用高斯顺序消元法求得的线性方程组（2）的解代入方程组（2）中验证，第3个方程的左边=9，右边=1，因此用高斯顺序消元法求得的线性方程组（2）的解是不正确的。造成这种现象的原因是，在方程组的求解过程中出现了小主元，即小主元是导致高斯顺序消元法计算失败的原因。

3. 高斯列主元消元法参考程序

根据图3-2的高斯列主元消元法的计算框图编制程序，求解下列方程组的线性方程组。

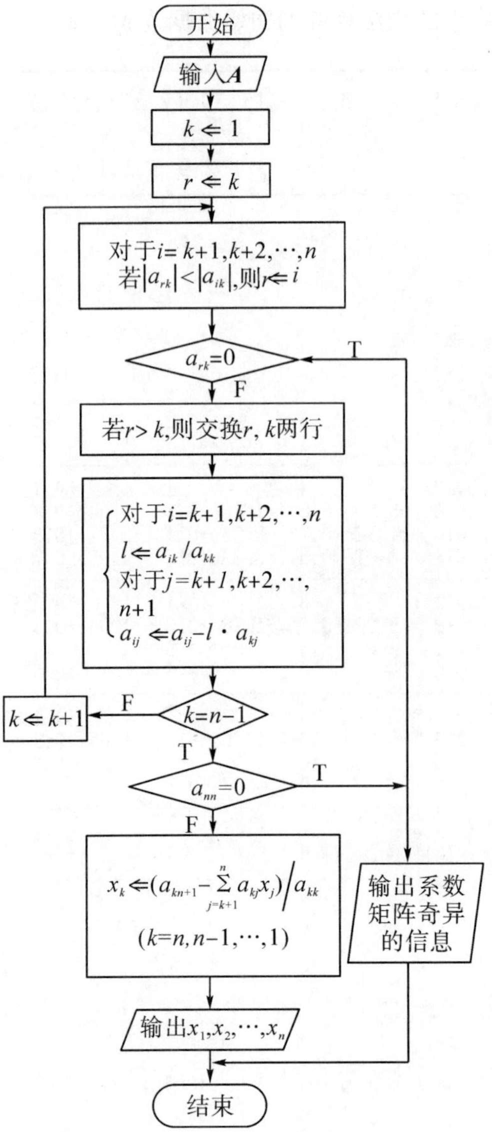

图 3-2　高斯列主元消元法的计算框图

(1) $$\begin{bmatrix} 1 & -1 & 1 & -4 \\ 5 & -4 & 3 & 12 \\ 2 & 1 & 1 & 11 \\ 2 & -1 & 7 & 1 \end{bmatrix} \cdot \begin{bmatrix} x_1 \\ x_2 \\ x_3 \\ x_4 \end{bmatrix} = \begin{bmatrix} -2 \\ -6 \\ 3 \\ -7 \end{bmatrix}$$

(2) $$\begin{bmatrix} 0.3\times 10^{-15} & 59.14 & 3 & 1 \\ 5.291 & -6.130 & -1 & 2 \\ 11.9 & 9 & 5 & 2 \\ 1 & 2 & 1 & 1 \end{bmatrix} \cdot \begin{bmatrix} x_1 \\ x_2 \\ x_3 \\ x_4 \end{bmatrix} = \begin{bmatrix} 59.17 \\ 46.78 \\ 1 \\ 2 \end{bmatrix}$$

程序结构：

方程组的增广矩阵在程序初始化时存入二维数组 aa，并保留不变；主函数 main( ) 调用函数 PartialPivot 进行列主元高斯消元法计算，并根据 PartialPivot 返回的函数值（1 或0）而输出计算结果或失败信息。

定义数据：

程序中的主要常量、变量及函数（程序中的大部分常量、变量及函数与高斯顺序消元法程序中定义的相同，下面只给出新增的函数 PartialPivot）：

int PartialPivot（a，x）——自定义函数，用高斯列主元消元法求解 n 阶线性方程组，增广矩阵存放于 a [1] [1] ~a [N] [N+1]，当系数矩阵的主元素等于0，使求解失败时，输出信息“det =0. fail!”并返回函数值0；否则求解成功，返回函数值1，方程组的解存放于 x [1] ~x [N]。

程序清单：

```
#include < stdio. h >
#include < math. h >
#define N4          /＊方程组的阶数＊/
/＊增广矩阵的初始数据＊/
static double aa [N] [N+1] = { {1, -1, 1, -4, -2}, {5, -4, 3, 12, -6},
{2, 1, 1, 11, 3}, {2, -1, 7, -1, -7} };
int PartialPivot (double a [] [N+2], double x []); /＊用列主元高斯消元法求解＊/
void putout (double a [] [N+2]); /＊输出增广矩阵＊/
void main( )
{  int i, j, det;
   double a [N+1] [N+2], x [N+1];
   for (i=1; i<=N; i++)
      for (j=1; j<=N+1; j++)   /＊用a [1] [1] a [N] [N+1] 存放增广矩
阵＊/
            a [i] [j] =aa [i-1] [j-1];
   det =PartialPivot (a, x);   /＊调用函数 PartialPivot 求解方程组，并获取返回标志值＊/
  if (det!=0)
        for (i=1; i<=N; i++) printf ("\x [%d] =%f", i, x [i]);
  printf (" \ n");
}
/＊函数 PartialPivot 用列主元高斯消元法求解线性方程组＊/
int PartialPivot (double a [] [N+2], double x [])
{  int i, j, k, r;    double c;
   putout (a);
   for (k=1; k<=N-1; k++)              /＊消元过程＊/
```

```
    { r=k;
      for (i=k; i<=N; i++)                          /*选列主元*/
        if (fabs (a[i][k]) >fabs (a[r][k])) {r=i;}
      if (fabs (a[r][k]) <1e-17) {printf ("\n det=0. fail! \n"); return (0);}
      if (r!=k) for (j=k; j<=N+1; j++)              /*交换k、r两行*/
        {c=a[k][j]; a[k][j] =a[r][j]; a[r][j] =c;}
      for (i=k+1; i<=N; i++)                        /*进行消元计算*/
      {c=a[i][k] /a[k][k];
         for (j=k; j<=N+1; j++)
         {     a[i][j] =a[i][j] -c*a[k][j];}
      }
      putout (a);
    }
    if (fabs (a[N][N]) <1e-17) {printf ("\ndet=0. fail! \n"); return (0);}
    for (k=N; k>=1; k--)                            /*回代过程*/
    {  x[k] =a[k][N+1];
       for (j=k+1; j<=N; j++) {x[k] =x[k] -a[k][j] *x[j];}
       x[k] =x[k] /a[k][k];
    }
    return (1);
}
void putout (doublea[][N+2]) /*输出增广矩阵，与前面程序相同，下略*/
{…}
```

输出结果：

```
"D:\project\Debug\project.exe"
          1          -1           1          -4          -2
          5          -4           3          12          -6
          2           1           1          11           3
          2          -1           7          -1          -7
---------------------------------------------------------------
          5          -4           3          12          -6
          0        -0.2         0.4        -6.4        -0.8
          0         2.6        -0.2         6.2         5.4
          0         0.6         5.8        -5.8        -4.6
---------------------------------------------------------------
          5          -4           3          12          -6
          0         2.6        -0.2         6.2         5.4
          0           0       0.385       -5.92      -0.385
          0           0        5.85       -7.23       -5.85
---------------------------------------------------------------
          5          -4           3          12          -6
          0         2.6        -0.2         6.2         5.4
          0           0        5.85       -7.23       -5.85
          0           0   5.55e-017       -5.45  -5.55e-017
---------------------------------------------------------------
solutions of equations are:
   x[1]=1.0000    x[2]=2.0000    x[3]=-1.0000    x[4]=0.0000
```

将高斯列主元消元法程序中的增广矩阵的初始数据改成：

```
static double aa[N][N+1] = {{0.3E-15,59.17,3,1,59.17},{5.291,-6.130,-1,2,
                    46.78},{11.2,9,5,2,1},{1,2,1,1,2}};
```

输出结果：

```
"D:\project\Debug\project.exe"
     3e-016        59.2           3           1        59.2
       5.29       -6.13          -1           2        46.8
       11.2           9           5           2           1
          1           2           1           1           2
--------------------------------------------------------------
       11.2           9           5           2           1
          0       -10.4       -3.36        1.06        46.3
          0        59.2           3           1        59.2
          0         1.2       0.554       0.821        1.91
--------------------------------------------------------------
       11.2           9           5           2           1
          0        59.2           3           1        59.2
          0           0       -2.84        1.23        56.7
          0           0       0.493       0.801       0.714
--------------------------------------------------------------
       11.2           9           5           2           1
          0        59.2           3           1        59.2
          0           0       -2.84        1.23        56.7
          0           0           0        1.02        10.6
--------------------------------------------------------------
solutions of equations are:
   x[1]=3.8453    x[2]=1.6086    x[3]=-15.4733    x[4]=10.4108
```

结果分析：

将用高斯列主元消元法求得的线性方程组（2）的解代入方程组（2）中验证，第1个方程的左边 = 右边 = 59.17，第2个方程的左边 = 右边 = 46.78，第3个方程的左边 = 右边 = 1，第4个方程的左边 = 右边 = 2。从上述验证结果可以看出，高斯列主元消元法的稳定性要高于高斯顺序消元法。

4. 追赶法参考程序

根据图3-3追赶法的图计算框编写程序，用追赶法求解三对角方程组：

$$\begin{bmatrix} 4 & -1 & \\ -1 & 4 & -1 \\ & -1 & 4 \end{bmatrix} \begin{bmatrix} x_1 \\ x_2 \\ x_3 \end{bmatrix} = \begin{bmatrix} 2 \\ 4 \\ 10 \end{bmatrix}$$

定义数据：

程序中的主要常量及变量：

N——方程组的阶数。

a，b，c，d——四个一维数组变量，最大下标为 N，分别

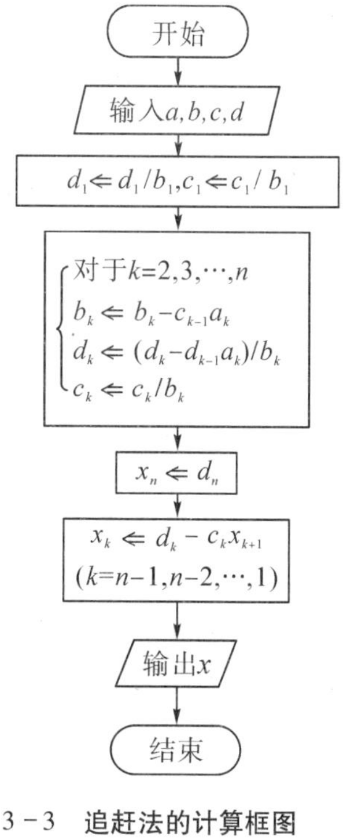

图3-3 追赶法的计算框图

对应存放并计算方程组的三对角线系数及常数项，其中 a [1] =c [N] =0，并取 a [0] = b [0] =c [0] =d [0] =0，以便与数学公式对照。

x [N+1] ——用于存放方程组的解。

程序清单：

```
#include <stdio.h>
#include <math.h>
#define N3          /*方程组的阶数*/
static double a [N+1] = {0, 0, -1, -1};
static double b [N+1] = {0, 4, 4, 4};
static double c [N+1] = {0, -1, -1, 0};
static double d [N+1] = {0, 2, 4, 10};
void main()
{
  int k;    double x [N+1];
  d [1] =d [1] /b [1];    c [1] =c [1] /b [1];    /*追*/
  for (k=2; k<=N; k++)
   {
        b [k] =b [k] -c [k-1] *a [k];
        d [k] = (d [k] -d [k-1] *a [k]) /b [k];
        c [k] =c [k] /b [k];
  }
  x [N] =d [N];                             /*赶*/
  for (k=N-1; k>=1; k--)    x [k] =d [k] -c [k] *x [k+1];
  for (k=1; k<=N; k++)    printf ("x [%d] =%f  ", k, x [k]);
  printf ("\n", k, x [k]);
}
```

输出结果：

```
x [1] =1.000000  x [2] =2.000000  x [3] =3.000000
```

5. Doolittle 分解参考程序

用紧凑存储的杜利特尔分解法求解下列方程组，按 Doolittle 的计算框图 3-4 编程。

$$\begin{cases}2x_1+x_2-x_3=-1\\4x_1-x_2+3x_3=7\\6x_1+9x_2-x_3=-3\end{cases}$$

程序结构：

程序开始时，将数组 aa [N] [N]，bb [N] 分别初始化，存放方程组的系数矩阵和右端的常数向量。主函数 main( ) 调用函数 Lu 进行三角分解，若分解成功且判断系数矩阵非奇异，则再调用函数 solve 求解两个三角形方程组，输出方程组的解。

定义数据：

程序中的主要常量、变量及函数：

N——方程组的阶数。

aa [N] [N]，b [N] ——分别存放系数矩阵及右端的向量，并保留不变。

a [N+1] [N+1]，b [N+1] ——用 a [1] [1] -a [N] [N] 存放并计算系数矩阵及其三角分解式；用 b [1] -b [N] 存放及计算原方程组右端常数项和三角形方程组的解。

int Lu (double a [ ] [N+1]) ——自定义函数，实现矩阵的三角分解。

void solve (A, b) ——自定义函数，实现三角形方程组 Ly = b 和 Ux = y 的求解。

void putout (a) ——自定义函数，实现输出系数矩阵 A，以及分解后的 L 和 U。

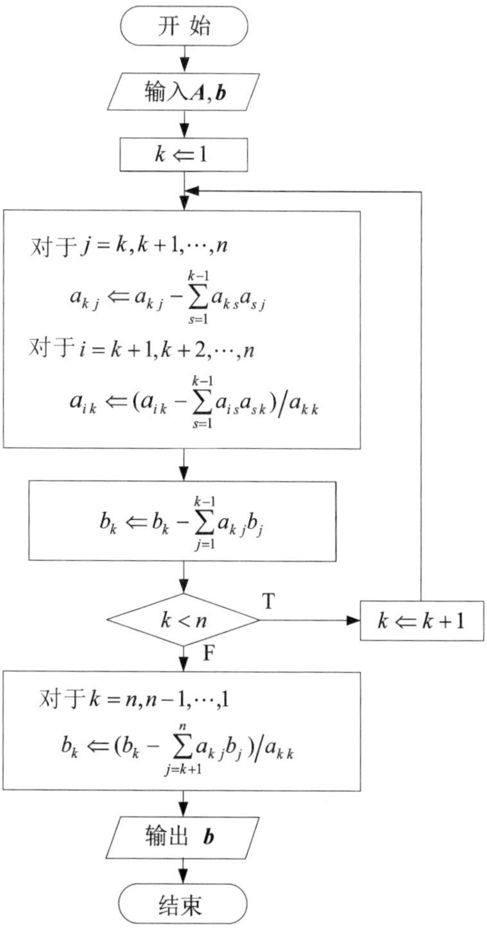

图 3-4 Doolittle 分解法的计算框图

程序清单：

```
#include <stdio.h>
#include <math.h>
#define N 3          /* 方程组的阶数 */
static double aa[N][N] = {{1, 2, -1}, {1, -1, 5}, {4, 1, -2}};     /* 系数矩阵的初始数据 */
static double bb[N] = {3, 0, 2};                                  /* 方程组右端常数项 */
void Solve (double a[ ][N+1], double b[ ]);
int Lu (double a[ ][N+1]);
void putout (double a[ ][N+1]);
void main( )
{
  int i, j, det;
  double a[N+1][N+1], b[N+1];
```

```
    for (i=1; i<=N; i++)
     {
        for (j=1; j<=N; j++)
               a[i][j] =aa[i-1][j-1];
        b[i] =bb[i-1];
    }
    det=Lu(a);        /* 调用函数Lu进行三角分解，并获取返回标志值 */
    if ((det!=0) && (fabs(a[N][N]) >1e-12))    /* 当分解成功且U非奇异时进行求解 */
     {
        putout(a);
        Solve(a, b);              /* 调用函数solve解两个三角形方程组 */
        printf("solutions of equations are: \n");
        for (i=1; i<=N; i++)
               printf(" x[%d] =%g", i, b[i]);
               printf("\n");
    }
    else
        printf("\n det=0. fail! \n");
}
/* 函数Lu实现N阶矩阵A的杜利特尔分解，结果L和U仍存放在A的相应位置。若分解成功且A非奇异，则返回值1；否则返回值0。 */
int Lu(double a[][N+1])
{
    int i, j, k, s;
    for (k=1; k<=N; k++)
    {
        for (j=k; j<=N; j++)    /* 计算U的第k行元素并存放在A的相应位置 */
               for (s=1; s<=k-1; s++)
                      a[k][j] =a[k][j] -a[k][s] *a[s][j];
    if (fabs(a[k][k]) <1e-12&& (k<N))
     {printf("\n LU fail! \n"); return (0);}        /* 当k<N，akk=0时分解失败。 */
    for (i=k+1; i<=N; i++)    /* 计算L的第k列元素并存放在A的相应位置 */
    {
               for (s=1; s<=k-1; s++)
                      a[i][k] =a[i][k] -a[i][s] *a[s][k];
```

```
                a [i] [k] =a [i] [k] /a [k] [k];
            }
        }
        return (1);       /* 分解成功，返回值1 */
    }
    /* 函数 solve 实现三角形方程组 Ly = b 和 Ux = y 的求解，其中 L 和 U 存放在同一个
二维数组 a 的相应位置，求解结果存放在 b [1] ~b [N] 中 */
    void Solve (double a [] [N+1], double b [])
    {
      int k, j;
      for (k=1; k<=N; k++)
        for (j=1; j<=k-1; j++)
            b [k] =b [k] -a [k] [j] *b [j];
        for (k=N; k>=1; k--)
        {
        for (j=k+1; j<=N; j++)
            b [k] =b [k] -a [k] [j] *b [j];
        b [k] =b [k] /a [k] [k];
      }
    }
    /* 输出系数矩阵 A，以及分解后的 L 和 U */
    void putout (double a [] [N+1])
    {
      int i, j;
      for (i=1; i<=N; i++)
        { /* 输出系数矩阵 A 的第 i 行 */
            printf (" | ");
            for (j=1; j<=N; j++) printf ("%6.3g", aa [i-1] [j-1]);
            if (i== (N+1) /2) printf (" |   =   | ");
            else  printf (" |         | ");
            /* 输出单位下三角矩阵 L 的第 i 行 */
            for (j=1; j<=i-1; j++) printf ("%6.3g", a [i] [j]);
            printf ("      1");
            for (j=i+1; j<=N; j++) printf ("%6.3g", 0);
            if (i== (N+1) /2) printf (" |   X   | ");
            else  printf (" |         | ");
            /* 输出上三角矩阵 U 的第 i 行 */
            for (j=1; j<=i-1; j++)   printf ("%6.3g", 0);
            for (j=i; j<=N; j++) printf ("%6.3g", a [i] [j]);
```

```
            printf ("  | \ n");
    }
    printf ("\n");
}
```

输出结果：

```
"D:\project\Debug\project.exe"
|    1    2   -1 |   =   |   1     0    0 |   X   |   1    2   -1 |
|    1   -1    5 |       |   1     1    0 |       |   0   -3    6 |
|    4    1   -2 |       |   4  2.33    1 |       |   0    0  -12 |

solutions of equations are:
   x[1]=0.25    x[2]=1.5    x[3]=0.25
```

工程应用实例

化学吸收过程

化学吸收过程一般是由一系列的一种物质渗入另一种相互接触的物质而组成，如蒸馏、浓缩和吸收过程。化学吸收在工业生产中发挥着重要的作用，可以实现混合气体的分离。例如，在石油和化工行业中，利用化学吸收可以去除有害气体如硫化氢、二氧化碳等，从而提高产品质量和安全性。化学吸收还可以用于溶剂回收、废水处理、酸碱中和、气体液化以及溶液制备等。液体的吸收过程可以用来从燃烧气体中除去二氧化硫 SO_2。图 3－5 显示了 5 步吸收过程。液体从顶端以流速 L 注入，气体由底部以流速 G 导入。设 x_k 和 y_k 分别表示在第 k 步液体和气体中吸收的某成分的量，且有

$$y_k = ax_k + b$$

设 x_f 表示在液体中吸收的某成分的量，y_f 表示在气体中吸收的某成分的量，H 表示液体的量。经简化假设，利用每一步中的分子平衡式，得到下列化学吸收过程的方程组：

$$\tau = \frac{dx_1}{dt} = K(y_f - b) - (1+\delta)x_1 + x_2$$

$$\tau = \frac{dx_2}{dt} = \delta x_1 - (1+\delta)x_2 + x_3$$

$$\tau = \frac{dx_3}{dt} = \delta x_2 - (1+\delta)x_3 + x_4$$

$$\tau = \frac{dx_4}{dt} = \delta x_3 - (1+\delta)x_4 + x_5$$

$$\tau = \frac{dx_5}{dt} = \delta x_4 - (1+\delta)x_5 + x_f$$

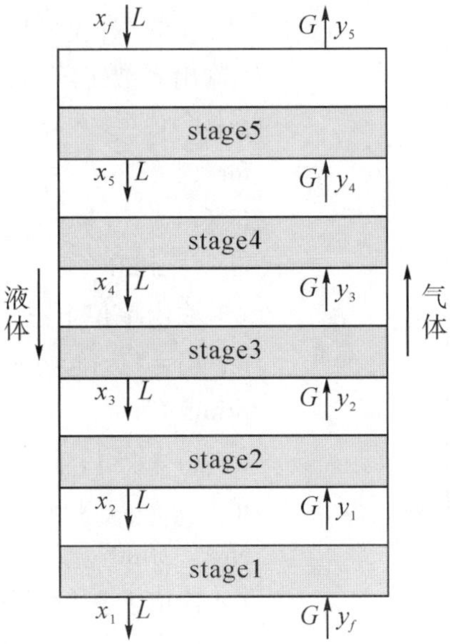

图 3－5　5 步吸收过程图

其中，$\tau=H/L$ 是在每一步液体的滞留时间；$\delta=aG/L$ 是除去因子；$K=G/L$ 是气体与液体之比。为分析稳定态时的情况（即常数解），设$\frac{\mathrm{d}x_k}{\mathrm{d}t}=0(1\leqslant k\leqslant 5$，$x$ 表示液体总量），上述方程组可表示为线性方程组：

$$\begin{bmatrix} -(1+\delta) & 1 & & & \\ \delta & -(1+\delta) & 1 & & \\ & \delta & -(1+\delta) & 1 & \\ & & \delta & -(1+\delta) & 1 \\ & & & \delta & -(1+\delta) \end{bmatrix} \cdot \begin{bmatrix} x_1 \\ x_2 \\ x_3 \\ x_4 \\ x_5 \end{bmatrix} = \begin{bmatrix} K(b-y_f) \\ 0 \\ 0 \\ 0 \\ -x_f \end{bmatrix}$$

其中，系数矩阵 $\boldsymbol{A}$ 是一个三对角矩阵，可以用追赶法计算求解。不失一般性，设吸收过程的参数为 $a=0.72$，$b=0$，$K=1.63$，$x_f=0.01$，$y_f=0.06$，得到线性方程组

$$\begin{bmatrix} -2.1736 & 1 & & & \\ 1.1736 & -2.1736 & 1 & & \\ & 1.1736 & -2.1736 & 1 & \\ & & 1.1736 & -2.1736 & 1 \\ & & & 1.1736 & -2.1736 \end{bmatrix} \cdot \begin{bmatrix} x_1 \\ x_2 \\ x_3 \\ x_4 \\ x_5 \end{bmatrix} = \begin{bmatrix} -0.0978 \\ 0 \\ 0 \\ 0 \\ -0.01 \end{bmatrix}$$

用追赶法求得各个阶段吸收液体中某成分的量：

$$X=(0.07544,\ 0.06618,\ 0.05531,\ 0.04255,\ 0.02757)$$

各个阶段吸收气体中某成分的量：

$$Y=(0.05432,\ 0.04765,\ 0.03982,\ 0.03063,\ 0.01985)$$

算法背后的历史

《九章算术》

《九章算术》简介

《九章算术》是一本算学书。作者不详。西汉早期丞相张苍、耿寿昌等增补删订，三国曹魏时期刘徽注释，唐初李淳风注，作为通行本。《九章算术》在汉朝时期著成，但是它所记载的内容可以追溯到公元前7世纪。该书涉及农业、商业、工程、测量、方程解法以及直角三角形的性质等内容。它是中国古代数学知识的缩影，全书包含246道应用问题，共9个章节。每一章又按解题法则分为若干类解题法，则称为“术”。

第一章（方田）的内容是求长方形、正方形、圆形等图形的面积计算公式。

第二章（粟米）的内容是谷物粮食的按比例折换；提出比例算法，称为今有术。

第三章（衰分）的内容是比例分配问题，并介绍了开平方、开立方的方法，其程序与现今程序基本一致。这是世界上最早的多位数和分数开方法则。它奠定了中国在高次方程数值解法方面长期领先世界的基础。

第四章（少广）内容是已知面积、体积，反求其一边长和径长等。

第五章（商功）的内容是土石工程、体积计算，除给出了各种立体体积公式外，还给工程分配方法。

第六章（均输）的内容是合理摊派赋税，用衰分术解决赋役的合理负担问题。今有术、衰分术及其应用方法，构成了包括今天的正反比例、比例分配、复比例、连锁比例在内的整套比例理论。西方直到15世纪末以后才形成类似的全套方法。

第七章（盈不足）专讲盈亏问题及其解法。

第八章（方程）的内容可以说是为了研究粮食产量引出的线性方程组及其解法。它所提出的通过系数的矩阵消去法，直到今天还在使用。这种解法是最早提出最完整的解决线性方程组的方法。

第九章（勾股）包含两部分：一部分是勾股定理，也称毕达哥拉斯定理；另一部分是根据相似直角三角形的性质，进行高、深、宽、远的测量方法。

可以看出，《九章算术》首先是以实际生活为研究对象，得到的结论是通过实践中观察、实验、分析归纳的结果；其次，它在内容上按照问题来编排，同时有专题讲解和基本的理论；最后，在专题讲解中，着重逻辑的叙述，更便于研究和应用。

线性方程组与“方程术”

《九章算术》第八章“方程术”，是专讲线性方程组的解法。刘徽关于“方程”的注释不仅使线性方程组的解法得到阐明和增补，而且奠定了这一理论的基础。

刘徽对“方程”的注释：程，课程也。群物总杂，各列有数总言其实，令每行为率。二物者再程，三物者三程，皆如物数程之，并列为行，故谓之方程。行之左右无所同存？且为有所据而耳。这段文字是刘徽对“方程”概念的精辟解说。

例如，《九章算术》第八章第［一］问：“今有上禾三秉，中禾二秉，下禾一秉，实三十九斗；上禾二秉，中禾三秉，下禾一秉，实三十四斗；上禾一秉，中禾二秉，下禾三秉，实二十六斗；问上、中、下禾一秉各几何?”

按照刘徽关于“方程”的解说列“方程”，实际上就是在算板上用筹码布列“方阵”，为简单起见，用数字代替筹码表示所列“方阵”：

$$\begin{matrix}\text{第1列}\\\text{第2列}\\\text{第2列}\\ \\ \end{matrix}\begin{bmatrix}1 & 2 & 3\\2 & 3 & 2\\3 & 1 & 1\\26 & 34 & 39\end{bmatrix}\begin{matrix}\text{上禾}\\\text{中禾}\\\text{下禾}\\\text{实}\end{matrix}$$

$$\begin{matrix}\text{第1行} & \text{第2行} & \text{第3行}\end{matrix}$$

这相当于线性方程组的增广矩阵。“方程术”中的关键算法叫“遍乘直除”，实际上就是对线性方程组的增广矩阵施行初等变换，其本质上就是我们今天所使用的解线性方程组的“高斯消元法”。

“方程术”以及由此所进一步发展的演算程序化，使我国古代解方程组的方法达到相当完善和世界领先水平。随着逐步传入日本、朝鲜、越南、印度及阿拉伯一些国家，可以说《九章算术》推动了世界东方数学的发展。

《九章算术》的影响

《九章算术》流传的繁荣时期是三国到唐代初期，特别是隋唐时期，不仅把它列为主要的教科书并在国内大量流传，还传到了朝鲜、日本等国家，而且早已有人认为印度的几何学来源于中国和希腊。《九章算术》成书后直至公元16世纪，中国数学家所编写的数学方面的著作都是与它同体系的。其中，大多数算法典籍都仿效《九章算术》的编写体例，并且以其中的算法理论作为进一步研究的起点。著名数学家刘徽和祖冲之都给《九章算术》作过注释，刘徽为《九章算术》作注时说：“周公制礼而有九数，九数之流则《九章》是矣。”并在注释的过程中展开了自己的研究。另有一些数学家给自己的著作冠以“九章”之名，以表达追随《九章算术》的意向。

《九章算术》是世界上最早系统叙述了分数运算的著作。其中，盈不足的算法更是一项令人惊奇的创造，“方程”还在世界数学史上首次阐述了负数及其加减运算法则。在代数方面，《九章算术》在世界数学史上最早提出负数概念及正负数加减法法则。

《九章算术》对古代中国数学发展的贡献包括：(1) 多元一次方程的解法，相当于高斯消元法；(2) 开方的计算方法，也反映了古代中国算术的发展；(3) 负数的引入，特别是正负数的加减法则的定义等。《九章算术》是先秦至汉代数学的系统总结，对中国数学的发展有着极为深远的影响，并且在中国和世界数学史上都占有重要的地位。《九章算术》是以社会经济因素中所反映出的问题来选题的，因此中国传统数学与实际生活是紧密相连的。并且，以后的数学著作也是延续这一思想编著，注重在实际生活中提炼出数学问题，并给出相应的解决方法。

《九章算术》的精髓就是机械化思想，以构造性与机械化为其特色的算法体系。其实，算法就是所谓的“术”，就是方法的意思。我国古代数学以解决实际问题为最终目标，一切从实际问题出发，形成算法，寓理于算，并进一步应用于解决各种实际问题；同时，数学的内容、思想和方法的发展不受理论框架的限制，注重实际效果（如负数、无理数的创立），并且在内容的表达形式上以归纳体系为主。

我国古代数学以《九章算术》为核心，并日渐完备，逐渐形成我国古代初等数学体系，不仅影响世界数学的创造与发展，也为日后我国数学知识体系的不断完善与发展打下了坚实的基础。

习题 3

1. 分别用高斯消元法和列主元消元法求解下列方程组。

(1) $\begin{cases} 0.010\,0x_1 + 20.0x_2 = 20.1 \\ 0.500x_1 - 0.400x_2 = 4.60 \end{cases}$ （取三位有效数字计算）；

(2) $\begin{cases} x_1 - x_2 + x_3 = -4, \\ 5x_1 - 4x_2 + 3x_3 = -12, \\ 2x_1 + x_2 + x_3 = 11; \end{cases}$ (3) $\begin{cases} 2x_1 + 3x_2 + 5x_3 = 5, \\ 3x_1 + 4x_2 + 7x_3 = 6, \\ x_1 + 3x_2 + 3x_3 = 5。 \end{cases}$

2. 用全主元消元法计算行列式：

$$\begin{vmatrix} 1 & 2 & 6 \\ 3 & 2 & 4 \\ 9 & 5 & 1 \end{vmatrix}$$

3. 用高斯－若尔当全主元消元法求矩阵的逆矩阵：

$$\boldsymbol{A} = \begin{bmatrix} 2 & 1 & -3 & -1 \\ 3 & 1 & 0 & 7 \\ -1 & 2 & 4 & -2 \\ 1 & 0 & -1 & 5 \end{bmatrix}$$

4. 用三角分解法解线性方程组：

$$\begin{bmatrix} -2 & 4 & 8 \\ -4 & 18 & -16 \\ -6 & 2 & -20 \end{bmatrix} \begin{bmatrix} x_1 \\ x_2 \\ x_3 \end{bmatrix} = \begin{bmatrix} 5 \\ 8 \\ 7 \end{bmatrix}$$

5. 推导矩阵 $\boldsymbol{A}$ 的克劳特分解的 $\boldsymbol{A} = \boldsymbol{LU}$ 的计算公式，其中 $\boldsymbol{L}$ 为下三角阵，$\boldsymbol{U}$ 为单位上三角阵。

6. 用追赶法解下列严格对角占优方程组：

$$\begin{bmatrix} 4 & -1 & & & \\ -1 & 4 & -1 & & \\ & -1 & 4 & -1 & \\ & & -1 & 4 & -1 \\ & & & -1 & 4 \end{bmatrix} \begin{bmatrix} x_1 \\ x_2 \\ x_3 \\ x_4 \\ x_5 \end{bmatrix} = \begin{bmatrix} 10 \\ 20 \\ 20 \\ 20 \\ 10 \end{bmatrix}$$

7. 用平方根法解方程组：

$$\begin{bmatrix} 4 & -1 & 1 \\ -1 & 4.25 & 2.75 \\ 1 & 2.75 & 3.5 \end{bmatrix} \begin{bmatrix} x_1 \\ x_2 \\ x_3 \end{bmatrix} = \begin{bmatrix} 2 \\ 1.5 \\ 3 \end{bmatrix}$$

第4章 线性方程组的迭代法

本章将介绍解线性方程组的另一类方法——迭代法，通过构造适当的迭代公式，使其逐步逼近所求问题的精确解。迭代法的计算量无法以公式本身来确定，计算量通常大于第 3 章的直接法，但可以人为地控制精度，特别适用于大型稀疏矩阵。但是，不是所有线性方程组都适用迭代法，需要解决收敛性问题。本章着重介绍求解线性方程组常用的迭代方法及其收敛条件。

4.1 线性方程组的迭代原理

与非线性方程的迭代法类似，线性方程组的迭代思想是，通过构造适当的迭代公式，任选一个初始向量 $\boldsymbol{x}^{(0)}$ 进行迭代计算，使生成的向量序列 $\boldsymbol{x}^{(0)}$，$\boldsymbol{x}^{(1)}$，…，$\boldsymbol{x}^{(k)}$，…收敛于方程组的精确解。线性方程组的迭代法是将 $\boldsymbol{Ax}=\boldsymbol{b}$ 等价改写为 $\boldsymbol{x}=\boldsymbol{Bx}+\boldsymbol{f}$ 形式，建立迭代 $\boldsymbol{x}^{(k+1)}=\boldsymbol{Bx}^{(k)}+\boldsymbol{f}$，从初值向量 $\boldsymbol{x}^{(0)}$ 出发，得到向量序列 $\{\boldsymbol{x}^{(k)}\}$，使其逐渐逼近精确解，满足收敛要求。下面通过一个例子来说明迭代法的基本思想。

例题 4.1 用迭代法解方程组：

$$\begin{cases} 8x_1 - 3x_2 + 2x_3 = 20 \\ 4x_1 + 11x_2 - x_3 = 33 \\ 6x_1 + 3x_2 + 12x_3 = 36 \end{cases} \quad [\text{其精确解是}: \boldsymbol{x}^* = (3,2,1)^{\mathrm{T}}]$$

解 把 $\boldsymbol{Ax}=\boldsymbol{b}$ 改写成 $\boldsymbol{x}=\boldsymbol{Bx}+\boldsymbol{f}$ 的形式：

$$\begin{cases} x_1 = \dfrac{1}{8}(3x_2 - 2x_3 + 20) \\ x_2 = \dfrac{1}{11}(-4x_1 + x_3 + 33) \\ x_3 = \dfrac{1}{12}(-6x_1 - 3x_2 + 36) \end{cases}$$

其中，$B=\begin{bmatrix}0 & \frac{3}{8} & -\frac{1}{4}\\ -\frac{4}{11} & 0 & \frac{1}{11}\\ -\frac{1}{2} & -\frac{1}{4} & 0\end{bmatrix}$，$f=\begin{bmatrix}\frac{5}{2}\\ 3\\ 3\end{bmatrix}$。

以 $x^{(k+1)}=Bx^{(k)}+f$ 公式迭代，得

$$\begin{cases}x_1^{(k+1)}=\frac{1}{8}(3x_2^{(k)}-2x_3^{(k)}+20)\\ x_2^{(k+1)}=\frac{1}{11}(-4x_1^{(k)}+x_3^{(k)}+33)\\ x_3^{(k+1)}=\frac{1}{12}(-6x_1^{(k)}-3x_2^{(k)}+36)\end{cases}$$

初始向量取 $(0,0,0)^T$，得表4-1的结果。

表4-1 利用迭代公式迭代七次的结果

$x^{(k)}$	x_1	x_2	x_3
$x^{(0)}$	0	0	0
$x^{(1)}$	2.5	3	3
$x^{(2)}$	2.875	2.364	1
$x^{(3)}$	3.136 5	2.045 5	0.971 5
$x^{(4)}$	3.024 18	1.947 77	0.920 38
$x^{(5)}$	3.000 318	1.983 965	1.000 963
$x^{(6)}$	2.993 746	1.999 971	1.003 849
$x^{(7)}$	2.999 026	2.002 624	1.003 134

第七次迭代所生成的误差：

$$e^{(7)}=x^{(7)}-x^{*}=(-0.000\,974,\ 0.002\,624,\ 0.003\,134)^T$$

可见，用此迭代式进行迭代，得到的向量序列是逐步逼近方程组精确解的。

然而，同一方程组用不同等价变换可能得到不同的结果，若例4.1采用以下迭代形式：

$$\begin{cases}x_1=9x_1-3x_2+2x_3-20\\ x_2=4x_1+12x_2-x_3-33\\ x_3=6x_1+3x_2+13x_3-36\end{cases}\quad [\text{取 } x^{(0)}=(0,0,0)^T]$$

则可得 $x^{(1)}=(-20,33,-36)^T$，$x^{(2)}=(-173,\ -473,\ -723)^T$，显然，这个迭代序列是发散的。

可见，线性方程组的迭代法的计算精度是可以控制的，该方法特别适用于求解系数矩阵为大型稀疏矩阵的方程组。所以，接下来的内容将重点研究如何建立线性方程组迭代式，以及如何判断迭代式的收敛速度。从例4.1可知，线性方程组在迭代求解过程中得到的是向量序列，所以判断向量序列的收敛条件是重点内容。

4.2 向量和矩阵范数

4.2.1 向量范数

在例 4.1 的迭代过程中，解的精度用第 7 次迭代后的结果与精确解之间的差值来衡量，即 $\boldsymbol{e}^{(7)}=\boldsymbol{x}^{(7)}-\boldsymbol{x}^{*}$。对于线性方程组而言，解的形式都是向量，那么衡量这个差值需要给出一种度量的方法。为了度量误差以及研究迭代法收敛性问题，引进范数的概念，以此作为 n 维线性空间的度量标准。

二维（$\mathbf{R}^2$）长度计算公式是 $\forall \boldsymbol{x}\in\mathbf{R}^2$，$|\boldsymbol{x}|=\sqrt{x_1^2+x_2^2}$，其中 $\boldsymbol{x}=(x_1, x_2)^{\mathrm{T}}$；三维（$\mathbf{R}^3$）长度计算公式是 $\forall \boldsymbol{x}\in\mathbf{R}^3$，$|\boldsymbol{x}|=\sqrt{x_1^2+x_2^2+x_3^2}$，其中 $\boldsymbol{x}=(x_1, x_2, x_3)^{\mathrm{T}}$；以此类推，$n$ 维（$\mathbf{R}^n$）长度计算公式是 $\forall \boldsymbol{x}\in\mathbf{R}^n$，$|\boldsymbol{x}|=\sqrt{x_1^2+x_2^2+\cdots+x_n^2}$，其中 $\boldsymbol{x}=(x_1, x_2, \cdots, x_n)^{\mathrm{T}}$。上面这些公式是欧式长度的概念，称为 2 范数，或 2 模，记为 $\|\cdot\|_2$，即

$$\forall \boldsymbol{x}\in\mathbf{R}^n,\quad \|\boldsymbol{x}\|_2=(x_1^2+x_2^2+\cdots+x_n^2)^{\frac{1}{2}}=\left(\sum_{i=1}^{n}x_i^2\right)^{\frac{1}{2}}$$

定义 4.1 向量 $\boldsymbol{x},\boldsymbol{y}$ 之间的距离是 $\forall \boldsymbol{x},\boldsymbol{y}\in\mathbf{R}^n$，$\rho(\boldsymbol{x}, \boldsymbol{y})=\|\boldsymbol{x}-\boldsymbol{y}\|_2$。

实际应用中，勾股弦定理使用了向量距离公式，其中，

$$\rho(\boldsymbol{x}, \boldsymbol{y})=\|\boldsymbol{x}-\boldsymbol{y}\|_2=\sqrt{(x_1-x_2)^2+(y_1-y_2)^2}$$

该式子是通过直角三角形的直角边求出斜边长的计算公式。其实也可以直接用直角边来衡量距离。例如，可以以直角边之和作为向量的距离，即 $\rho(\boldsymbol{x}, \boldsymbol{y})=|x_1-x_2|+|y_1-y_2|$；也可以以直角边中长的一边来表示向量之间的距离，即 $\rho(\boldsymbol{x}, \boldsymbol{y})=\max\{|x_1-x_2|, |y_1-y_2|\}$。

这三种方法的共同特征是长度距离不会为负数，向量在同一方向上拉伸或压缩，度量向量的测度按相同比例体现，三角形两边之和大于第三边。因此，在 n 维线性空间中，向量范数的概念如下。

定义 4.2 $\mathbf{R}^n$ 空间的向量范数 $\|\cdot\|$ 指的是对于任意 $\boldsymbol{x}$，$\boldsymbol{y}\in\mathbf{R}^n$，满足下列条件：

（1）正定性：$\|\boldsymbol{x}\|\geqslant 0$；$\|\boldsymbol{x}\|=0\Leftrightarrow\boldsymbol{x}=0$；

（2）齐次性：$\|a\boldsymbol{x}\|=|a|\cdot\|\boldsymbol{x}\|$，对于任意 $a\in C$；

（3）三角不等式：$\|\boldsymbol{x}+\boldsymbol{y}\|\leqslant\|\boldsymbol{x}\|+\|\boldsymbol{y}\|$。

将向量 $\boldsymbol{x}=(x_1, x_2, \cdots, x_n)^{\mathrm{T}}$ 的 L_p 范数（p 范数）记为 $\|\boldsymbol{x}\|_p=\left(\sum_{i=1}^{n}|x_i|^p\right)^{\frac{1}{p}}$。

常用的向量范数有 $\forall \boldsymbol{x}\in\mathbf{R}^n$，$x=(x_1, x_2, \cdots, x_n)^{\mathrm{T}}$。

（1）1 范数：$\|\boldsymbol{x}\|_1=\sum_{i=1}^{n}|x_i|$；

（2）2 范数：$\|\boldsymbol{x}\|_2=\sqrt{\sum_{i=1}^{n}|x_i|^2}$；

（3）∞ 范数：$\|x\|_\infty = \max\limits_{1\leqslant i\leqslant n}|x_i|$。

显然，1 范数和 2 范数是当 $p=1$ 和 $p=2$ 时的范数，而∞范数就是 p 范数的极限状态，可以表示为 $\lim\limits_{p\to\infty}\|x\|_p = \|x\|_\infty$。

例题 4.2 计算 $x=(1,3,-5)^T$，$p=1$，2，∞ 的三种范数。

解 $\|x\|_1 = 1+3+5=9$；

$\|x\|_2 = (1^2+3^2+5^2)^{\frac{1}{2}} = \sqrt{35}$；

$\|x\|_\infty = \max\{1, 3, |-5|\} = 5$。

定义 4.3 向量序列 $\{x^{(k)}\}$ 收敛于向量 x^* 是指对于每一个 $1\leqslant i\leqslant n$ 都有 $\lim\limits_{k\to\infty} x_i^{(k)} = x_i^*$，也可以理解为 $\|x^{(k)}-x^*\|_\infty \to 0$。

定义 4.4 若存在常数 $C>0$，使得对 $\forall x\in \mathbf{R}^n$ 有 $\|x\|_A \leqslant C\|x\|_B$，则称范数 $\|\cdot\|_A$ 比范数 $\|\cdot\|_B$ 强。

定义 4.5 若范数 $\|\cdot\|_A$ 比范数 $\|\cdot\|_B$ 强，同时范数 $\|\cdot\|_B$ 比范数 $\|\cdot\|_A$ 强，即存在常数 $C_1>0$，$C_2>0$，使得 $C_1\|x\|_B \leqslant \|x\|_A \leqslant C_2\|x\|_B$，则称范数 $\|\cdot\|_A$ 和范数 $\|\cdot\|_B$ 等价。

定理 4.1 $\mathbf{R}^n$ 上一切范数都等价。

在实际应用中，在特定情形下，最容易计算的范数和理论范式可能并不相同，因此，需要指导不同范数之间的关系。研究证明，在有限维空间内，所有范数在某种意义下都是等价的。

综上所述，向量范数刻画了向量的“大小”，向量的一些性质可以通过其范数的估计式进行描述。结合上述定理，在使用向量范数进行估计时，无论使用哪种范数，得到的结论本质上是一致的。换而言之，如果向量的某个范数难以计算，就可以转换成相对更容易计算的等价范数。

4.2.2 矩阵范数

将向量范数的概念推广到矩阵上去。例如，将向量的 2 范数推广到 $\mathbf{R}^{m\times n}$ 空间上，把 $m\times n$ 阶矩阵分成 m 个分量，其中每个分量都是一个 n 维向量，通过欧氏距离可定义矩阵范数：$\forall A\in\mathbf{R}^{m\times n}$，$A=(a_{ij})_{m\times n}$，有

$$\|A\|_F = \left(\sum_{i=1}^{m}\sum_{j=1}^{n} a_{ij}^2\right)^{\frac{1}{2}}$$

该矩阵范数称为弗罗贝尼乌斯（Frobenius）范数，或舒尔（Schur）范数。

定义 4.6 $\mathbf{R}^{m\times n}$ 空间的矩阵范数 $\|\cdot\|$ 指的是对于任意 A，$B\in\mathbf{R}^{m\times n}$，满足下列条件：

（1）正定性：$\|A\|\geqslant 0$；$\|A\|=0 \Leftrightarrow A=\mathbf{0}$；

（2）齐次性：$\|aA\| = |a|\cdot\|A\|$，对任意 $a\in C$；

（3）三角不等式：$\|A+B\| \leqslant \|A\| + \|B\|$。

常用的矩阵范数有

（1）行范数：$\|A\|_{\infty}=\max\limits_{1\leqslant i\leqslant n}\sum\limits_{j=1}^{n}|a_{ij}|$

（2）列范数：$\|A\|_{1}=\max\limits_{1\leqslant j\leqslant n}\sum\limits_{i=1}^{n}|a_{ij}|$

（3）谱范数：$\|A\|_{2}=\sqrt{\lambda_{\max}(A^{T}A)}$

在线性方程组的迭代法中，需要分析向量范数与矩阵范数之间的关系。因此，下面引入相容性的定义。

定义 4.7 （相容性条件）设 $\mathbf{R}^{m\times n}$，$\mathbf{R}^{n\times p}$，$\mathbf{R}^{m\times p}$ 中分别规定矩阵范数 $\|\cdot\|_{\alpha}$，$\|\cdot\|_{\beta}$，$\|\cdot\|_{\gamma}$，若对于任意 $A\in\mathbf{R}^{m\times n}$，$B\in\mathbf{R}^{n\times p}$，$\|AB\|_{\gamma}\leqslant\|A\|_{\alpha}\|B\|_{\beta}$，称范数 $\|\cdot\|_{\alpha}$，$\|\cdot\|_{\beta}$，$\|\cdot\|_{\gamma}$ 是相容的。

定义 4.7 也存在如下特殊情况：

①当 A,B 为方阵，$\|\cdot\|_{\alpha}$，$\|\cdot\|_{\beta}$，$\|\cdot\|_{\gamma}$ 是同种范数时，$\|AB\|\leqslant\|A\|\|B\|$，称 $\|\cdot\|$ 满足相容性条件；

②若 $p=1$，B 是 $n\times1$ 阶矩阵，即 B 为向量，记为向量 x，则 $\|Ax\|_{\gamma}\leqslant\|A\|_{\alpha}\|x\|_{\beta}$，称为矩阵范数与向量范数之间的相容性。

例题 4.3 计算 $A=\begin{bmatrix}-1&2\\3&7\end{bmatrix}$ 的三种范数 $\|A\|_{1}$，$\|A\|_{2}$，$\|A\|_{\infty}$。

解 $\|A\|_{1}=\max\{|-1|+3,\ 2+7\}=9$，

$A_{\infty}=\max\{|-1|+2,\ 3+7\}=10$，

$A^{T}A=\begin{bmatrix}-1&3\\2&7\end{bmatrix}\begin{bmatrix}-1&2\\3&7\end{bmatrix}=\begin{bmatrix}10&19\\19&53\end{bmatrix}$。

$A^{T}A$ 的特征值通过 $|\lambda I-A^{T}A|=0$ 求得，即 $\lambda_{1}=60.19$，$\lambda_{2}=2.81$，所以

$$\|A\|_{2}=\sqrt{\lambda_{\max}(A^{T}A)}=\sqrt{60.19}$$

定理 4.2 方阵 $A\in\mathbf{R}^{n\times n}$ 的弗罗贝尼乌斯范数 $\|A\|_{F}=(\sum\limits_{i=1}^{n}\sum\limits_{j=1}^{n}a_{ij}^{2})^{\frac{1}{2}}$ 与向量 $x\in\mathbf{R}^{n}$ 的 2 范数 $\|\cdot\|_{2}$ 之间的相容关系有 $\|Ax\|_{2}\leqslant\|A\|_{F}\|x\|_{2}$。

要证明该定理，可设 $\forall A\in\mathbf{R}^{n\times n}$，$x\in\mathbf{R}^{n}$，其中

$$A=\begin{bmatrix}a_{11}&a_{12}&\cdots&a_{1n}\\a_{21}&a_{22}&\cdots&a_{2n}\\\vdots&\vdots&&\vdots\\a_{n1}&a_{n2}&\cdots&a_{nn}\end{bmatrix},\ x=\begin{bmatrix}x_{1}\\x_{2}\\\vdots\\x_{n}\end{bmatrix},\ 则有\ Ax=\begin{bmatrix}\sum\limits_{j=1}^{n}a_{1j}x_{j}\\\vdots\\\sum\limits_{j=1}^{n}a_{ij}x_{j}\\\vdots\\\sum\limits_{j=1}^{n}a_{nj}x_{j}\end{bmatrix}$$

为了证明命题，只需要证明 $\sum_{i=1}^{n}\left(\sum_{j=1}^{n}a_{ij}x_j\right)^2\leqslant\sum_{i=1}^{n}\sum_{j=1}^{n}a_{ij}^2\cdot\sum_{j=1}^{n}x_j^2$。若记 $u_i=(a_{i1},a_{i2},\cdots,a_{in})$，由柯西不等式 $|\boldsymbol{u}_i\cdot\boldsymbol{x}|\leqslant\|\boldsymbol{u}_i\|_2\|\boldsymbol{x}\|_2$ 可知，$\left(\sum_{j=1}^{n}a_{ij}x_j\right)^2\leqslant\sum_{j=1}^{n}a_{ij}^2\cdot\sum_{j=1}^{n}x_j^2$，两边同时对 i 进行求和，可得 $\sum_{i=1}^{n}\left(\sum_{j=1}^{n}a_{ij}x_j\right)^2\leqslant\sum_{i=1}^{n}\sum_{j=1}^{n}a_{ij}^2\cdot\sum_{j=1}^{n}x_j^2$，两边开方即得 $\|\boldsymbol{Ax}\|_2\leqslant\|\boldsymbol{A}\|_F\|\boldsymbol{x}\|_2$。

定义 4.8 设 $\boldsymbol{A}\in\mathbf{R}^{m\times n}$，$\boldsymbol{x}\in\mathbf{R}^n$，给出一种向量范数 $\|\boldsymbol{x}\|_p(p=1,2,\cdots,\infty)$，相应地定义一个矩阵函数

$$\|\boldsymbol{A}\|_p=\max_{\boldsymbol{x}\neq 0}\frac{\|\boldsymbol{Ax}\|_p}{\|\boldsymbol{x}\|_p}$$

则该矩阵函数称为矩阵关于向量范数 $\|\cdot\|_p$ 的诱导范数，或算子范数。

定理 4.3 设 $\|\cdot\|_p$ 是向量范数，$\|\boldsymbol{A}\|_p$ 是矩阵函数，若 $\|\boldsymbol{A}\|_p=\max\limits_{\boldsymbol{x}\neq 0}\frac{\|\boldsymbol{Ax}\|_p}{\|\boldsymbol{x}\|_p}$ 对于任意的 $\boldsymbol{A}\in\mathbf{R}^{m\times n}$，$\boldsymbol{x}\in\mathbf{R}^n$ 都成立，则 $\|\boldsymbol{A}\|_p$ 是一个矩阵范数，且满足相容性条件 $\|\boldsymbol{AB}\|_p\leqslant\|\boldsymbol{A}\|_p\|\boldsymbol{B}\|_p$。

从范数的三个条件以及相容性性质出发证明该定理。

（1）正定性。对于 $\forall\boldsymbol{x}\neq 0$，$\|\boldsymbol{Ax}\|_p\geqslant 0$，$\|\boldsymbol{x}\|_p>0$，所以 $\frac{\|\boldsymbol{Ax}\|_p}{\|\boldsymbol{x}\|_p}\geqslant 0$，可以推导出 $\|\boldsymbol{A}\|_p=\max\limits_{\boldsymbol{x}\neq 0}\frac{\|\boldsymbol{Ax}\|_p}{\|\boldsymbol{x}\|_p}\geqslant 0$，且对于 $\forall\boldsymbol{x}\neq 0$，$\boldsymbol{A}=0$ 都有 $\boldsymbol{Ax}=0$，即 $\|\boldsymbol{Ax}\|_p=0$ 必定可以推出 $\|\boldsymbol{A}\|_p=0$。

（2）齐次性。对于 $\forall\boldsymbol{\alpha}\in\mathbf{R}$，有

$$\|\boldsymbol{\alpha A}\|_p=\max_{\boldsymbol{x}\neq 0}\frac{\|\boldsymbol{\alpha Ax}\|_p}{\|\boldsymbol{x}\|_p}=\max_{\boldsymbol{x}\neq 0}\frac{|\boldsymbol{\alpha}|\,\|\boldsymbol{Ax}\|_p}{\|\boldsymbol{x}\|_p}=|\boldsymbol{\alpha}|\,\|\boldsymbol{A}\|_p$$

（3）三角不等式。对于 $\forall A,B\in\mathbf{R}^n$，有

$$\|\boldsymbol{A}+\boldsymbol{B}\|_p=\max_{\boldsymbol{x}\neq 0}\frac{\|(\boldsymbol{A}+\boldsymbol{B})\boldsymbol{x}\|_p}{\|\boldsymbol{x}\|_p}\leqslant\max_{\boldsymbol{x}\neq 0}\frac{\|\boldsymbol{Ax}\|_p+\|\boldsymbol{Bx}\|_p}{\|\boldsymbol{x}\|_p}=\|\boldsymbol{A}\|_p+\|\boldsymbol{B}\|_p$$

（4）相容性。根据 $\|\boldsymbol{A}\|_p=\max\limits_{\boldsymbol{x}\neq 0}\frac{\|\boldsymbol{Ax}\|_p}{\|\boldsymbol{x}\|_p}$，且 $\|\boldsymbol{A}\|_p\geqslant\frac{\|\boldsymbol{Ax}\|_p}{\|\boldsymbol{x}\|_p}$，可得 $\|\boldsymbol{Ax}\|_p\leqslant\|\boldsymbol{A}\|_p\|\boldsymbol{x}\|_p$，所以 $\|\boldsymbol{ABx}\|_p=\|\boldsymbol{A}(\boldsymbol{Bx})\|_p\leqslant\|\boldsymbol{A}\|_p\|\boldsymbol{Bx}\|_p\leqslant\|\boldsymbol{A}\|_p\|\boldsymbol{B}\|_p\|\boldsymbol{x}\|_p$，可推导出 $\frac{\|\boldsymbol{A}(\boldsymbol{Bx})\|_p}{\|\boldsymbol{x}\|_p}\leqslant\|\boldsymbol{A}\|_p\|\boldsymbol{B}\|_p$ 对于任意的 $\boldsymbol{x}\neq\boldsymbol{0}$ 都成立。所以，根据 $\boldsymbol{x}$ 的任意性可推导出 $\|\boldsymbol{AB}\|_p=\max\limits_{\boldsymbol{x}\neq 0}\frac{\|\boldsymbol{A}(\boldsymbol{Bx})\|_p}{\|\boldsymbol{x}\|_p}\leqslant\|\boldsymbol{A}\|_p\|\boldsymbol{B}\|_p$。

定义 4.9 矩阵 $\boldsymbol{A}$ 的谱半径记为 $\rho(\boldsymbol{A})=\max\limits_{1\leqslant i\leqslant n}|\lambda_i|$，其中 λ_i 为 $\boldsymbol{A}$ 的特征值。

定理 4.4 对于任意诱导范数 $\|\cdot\|$，有 $\rho(\boldsymbol{A})\leqslant\|\boldsymbol{A}\|$。

证明 该定理可利用诱导范数的相容性得到 $\|\boldsymbol{Ax}\|\leqslant\|\boldsymbol{A}\|\cdot\|\boldsymbol{x}\|$，将任意一个特征值

λ 所对应的特征向量 $\boldsymbol{u}$ 代入，可得 $\|\boldsymbol{Au}\| \leqslant \|\boldsymbol{A}\| \cdot \|\boldsymbol{u}\|$，而 $\|\boldsymbol{Au}\| = \|\lambda\boldsymbol{u}\| = |\lambda| \cdot \|\boldsymbol{u}\|$，可得 $\lambda \leqslant \|\boldsymbol{A}\|$，即证。

定理 4.5 设 $\boldsymbol{A}$ 为对称矩阵，则 $\|\boldsymbol{A}\|_2 = \rho(\boldsymbol{A})$。

证明 对于任意矩阵 $\boldsymbol{A}$，若 λ 是 $\boldsymbol{A}$ 的特征值，则 λ^2 是 $\boldsymbol{A}^2$ 的特征值。若 $\boldsymbol{A}$ 对称，则 $\boldsymbol{A}^{\mathrm{T}}\boldsymbol{A} = \boldsymbol{A}^2$，且 $\boldsymbol{A}^{\mathrm{T}}\boldsymbol{A}$ 总是对称的。设 $\rho(\boldsymbol{A}) = |\lambda_0|$，由于 $\boldsymbol{A}$ 对称，λ_0 是实数，λ_0^2 必是 $\boldsymbol{A}^2$ 的最大特征值。所以，可得 $\|\boldsymbol{A}\|_2 = \sqrt{\lambda_{\max}(\boldsymbol{A}^{\mathrm{T}}\boldsymbol{A})} = \sqrt{\lambda_{\max}(\boldsymbol{A}^2)} = \sqrt{\lambda_0^2} = |\lambda_0| = \rho(\boldsymbol{A})$，即证。根据矩阵的 2 范数与谱半径的关系，又称 2 范数为谱模。

定理 4.6 如果 $\|\boldsymbol{B}\| < 1$，则 $\boldsymbol{I} \pm \boldsymbol{B}$ 为非奇异矩阵，且 $\|(\boldsymbol{I} \pm \boldsymbol{B})^{-1}\| \leqslant \dfrac{1}{1 - \|\boldsymbol{B}\|}$，其中 $\|\cdot\|$ 为诱导范数。

证明 用反证法证明该定理。若 $\boldsymbol{I} \pm \boldsymbol{B}$ 为奇异矩阵，$(\boldsymbol{I} \pm \boldsymbol{B})\boldsymbol{x} = 0$ 有非零解 $\boldsymbol{x}_0$，代入其中可得 $\boldsymbol{x}_0 = \mp\boldsymbol{B}\boldsymbol{x}_0$，由于 $\|\mp\boldsymbol{B}\boldsymbol{x}_0\| = \|\boldsymbol{B}\boldsymbol{x}_0\|$，则 $\dfrac{\|\boldsymbol{B}\boldsymbol{x}_0\|}{\|\boldsymbol{x}_0\|} = \dfrac{\|\boldsymbol{x}_0\|}{\|\boldsymbol{x}_0\|} = 1$，即得 $\max\limits_{x \neq 0}\dfrac{\|\boldsymbol{B}\boldsymbol{x}\|}{\|\boldsymbol{x}\|} \geqslant 1$，与 $\|\boldsymbol{B}\| < 1$ 矛盾，即证 $\boldsymbol{I} \pm \boldsymbol{B}$ 为非奇异矩阵。

根据 $\boldsymbol{I} = (\boldsymbol{I} - \boldsymbol{B})(\boldsymbol{I} - \boldsymbol{B})^{-1} = (\boldsymbol{I} - \boldsymbol{B})^{-1} - \boldsymbol{B}(\boldsymbol{I} - \boldsymbol{B})^{-1}$，可得 $(\boldsymbol{I} - \boldsymbol{B})^{-1} = \boldsymbol{I} + \boldsymbol{B}(\boldsymbol{I} - \boldsymbol{B})^{-1}$，且有 $\|(\boldsymbol{I} - \boldsymbol{B})^{-1}\| = \|\boldsymbol{I} + \boldsymbol{B}(\boldsymbol{I} - \boldsymbol{B})^{-1}\|$，而 $\|\boldsymbol{I} + \boldsymbol{B}(\boldsymbol{I} - \boldsymbol{B})^{-1}\| \leqslant \|\boldsymbol{I}\| + \|\boldsymbol{B}\| \|(\boldsymbol{I} - \boldsymbol{B})^{-1}\|$，由于 $\|\boldsymbol{I}\| = 1$，整理上述关系式可得 $\|(\boldsymbol{I} - \boldsymbol{B})^{-1}\| \leqslant \dfrac{1}{1 - \|\boldsymbol{B}\|}$。由于 $\|-\boldsymbol{x}\| = \|\boldsymbol{x}\|$，同理可证 $\|(\boldsymbol{I} + \boldsymbol{B})^{-1}\| \leqslant \dfrac{1}{1 - \|\boldsymbol{B}\|}$。

4.3 线性方程组的误差分析

在分析线性方程组的误差时，只考虑原始数据的误差对解的影响。例如，方程组

$$\begin{cases} 12x_1 + 35x_2 = 59 \\ 12x_1 + 35.000\,001x_2 = 59.000\,001 \end{cases}$$

的解为 $x_1 = 2$，$x_2 = 1$。

由于某种原因，第二个方程的系数有了一个小小的误差，变为

$$\begin{cases} 12x_1 + 35x_2 = 59 \\ 12x_1 + 34.999\,999x_2 = 59.000\,002 \end{cases}$$

此时方程的解为 $x_1 = 10.75$，$x_2 = -2$。可见，原始数据一些微小的误差会对整个方程的解有很大影响。为了分析误差造成的影响，需要在求解 $\boldsymbol{Ax} = \boldsymbol{b}$ 的过程中，分析 $\boldsymbol{A}$ 和 $\boldsymbol{b}$ 的误差对解 $\boldsymbol{x}$ 的影响。

假设 $\boldsymbol{A}$ 是精确的，但是 $\boldsymbol{b}$ 存在误差，记为 $\delta\boldsymbol{b}$，得到的解为 $\boldsymbol{x} + \delta\boldsymbol{x}$，代入 $\boldsymbol{Ax} = \boldsymbol{b}$ 有等式 $\boldsymbol{A}(\boldsymbol{x} + \delta\boldsymbol{x}) = \boldsymbol{b} + \delta\boldsymbol{b}$，由此推导出 $\delta\boldsymbol{x} = \boldsymbol{A}^{-1}\delta\boldsymbol{b}$，计算范数后有 $\|\delta\boldsymbol{x}\| \leqslant \|\boldsymbol{A}^{-1}\| \cdot \|\delta\boldsymbol{b}\|$，这

时 $\|A^{-1}\|$ 称为绝对误差放大因子。结合 $\|b\| = \|Ax\| \leqslant \|A\| \cdot \|x\|$，可知 $\frac{1}{\|x\|} \leqslant \frac{\|A\|}{\|b\|}$，推导出 $\frac{\|\delta x\|}{\|x\|} \leqslant \|A\| \cdot \|A^{-1}\| \cdot \frac{\|\delta b\|}{\|b\|}$，式子中的 $\|A\| \cdot \|A^{-1}\|$ 称为相对误差放大因子。

类似地，假设 b 精确，A 有误差 δA，得到的解为 $x+\delta x$，即 $(A+\delta A)(x+\delta x)=b$。该方程的一种解法是 $A(x+\delta x)+\delta A(x+\delta x)=b$，计算范数后可得

$$\frac{\|\delta x\|}{\|x+\delta x\|} \leqslant \|A^{-1}\| \cdot \|\delta A\| = \|A\| \cdot \|A^{-1}\| \cdot \frac{\|\delta A\|}{\|A\|}$$

还可以按照 $(A+\delta A)x+(A+\delta A)\delta x=b$ 来求解，得到 $\delta x = -(I+A^{-1}\delta A)^{-1}A^{-1}\delta Ax$，其中只要 δA 充分小，就可得 $\|A^{-1}\delta A\| \leqslant \|A^{-1}\| \cdot \|\delta A\| < 1$，利用定理4.6可得

$$\|(I+A^{-1}\delta A)^{-1}\| \leqslant \frac{1}{1-\|A^{-1}\delta A\|} \leqslant \frac{1}{1-\|A^{-1}\| \cdot \|\delta A\|}$$

结合 δx 的值可推导出

$$\frac{\|\delta x\|}{\|x\|} \leqslant \frac{\|A^{-1}\| \cdot \|\delta A\|}{1-\|A^{-1}\| \cdot \|\delta A\|} = \frac{\|A\| \cdot \|A^{-1}\| \cdot \frac{\|\delta A\|}{\|A\|}}{1-\|A\| \cdot \|A^{-1}\| \cdot \frac{\|\delta A\|}{\|A\|}}$$

由此可见，$\|A\| \cdot \|A^{-1}\|$ 是关键的误差放大因子，称为 A 条件数，记为 $\mathrm{cond}(A)$。一般情况下，$\mathrm{cond}(A)$ 越大，A 越病态，越难得到准确解。需要注意的是，$\mathrm{cond}(A)$ 的具体大小与 $\|\cdot\|$ 的取法有关，但从数量级来说，条件数之间差异不大。另外，$\mathrm{cond}(A)$ 取决于 A，与解题方法无关。常用的条件数有

（1）$\mathrm{cond}(A)_1 = \|A\|_1 \cdot \|A^{-1}\|_1$；

（2）$\mathrm{cond}(A)_\infty = \|A\|_\infty \cdot \|A^{-1}\|_\infty$；

（3）$\mathrm{cond}(A)_2 = \sqrt{\frac{\lambda_{\max}(A^{\mathrm{T}}A)}{\lambda_{\min}(A^{\mathrm{T}}A)}}$。

其中，条件数（1）和条件数（2）完全可以根据矩阵范数的概念可得，这里主要说明 $\mathrm{cond}(A)_2$ 的由来。设 λ 为 A 的特征值，则 $\frac{1}{\lambda}$ 是 A^{-1} 的特征值。若 A 为非奇异矩阵，则 AA^{T} 与 $A^{\mathrm{T}}A$ 相似。根据相似矩阵有相同特征值可得

$$\mathrm{cond}(A)_2 = \|A\|_2\|A^{-1}\|_2 = \sqrt{\lambda_{\max}(A^{\mathrm{T}}A)}\sqrt{\lambda_{\max}[(A^{-1})^{\mathrm{T}}A^{-1}]}$$

由于 $\sqrt{\lambda_{\max}[(A^{-1})^{\mathrm{T}}A^{-1}]} = \sqrt{\lambda_{\max}(AA^{\mathrm{T}})^{-1}} = \frac{1}{\sqrt{\lambda_{\min}(AA^{\mathrm{T}})}} = \frac{1}{\sqrt{\lambda_{\min}(A^{\mathrm{T}}A)}}$，由此得到 $\mathrm{cond}(A)_2$。

特别需要注意的是，若 A 是对称矩阵，则 $\|A\|_2 = \max|\lambda|$，$\|A^{-1}\|_2 = \frac{1}{\min|\lambda|}$，此时的 $\mathrm{cond}(A)_2 = \frac{\max|\lambda|}{\min|\lambda|}$。

条件数的性质：

(1) 若 $\boldsymbol{A}$ 可逆，则 $\mathrm{cond}(\boldsymbol{A})_p \geq 1$；

(2) 若 $\boldsymbol{A}$ 可逆，$\alpha \in \mathbf{R}$，则 $\mathrm{cond}(\alpha\boldsymbol{A}) = \mathrm{cond}(\boldsymbol{A})$；

(3) 若 $\boldsymbol{A}$ 正交，则 $\mathrm{cond}(\boldsymbol{A})_2 = 1$；

(4) 若 $\boldsymbol{A}$ 可逆，$\boldsymbol{R}$ 正交，则 $\mathrm{cond}(\boldsymbol{RA})_2 = \mathrm{cond}(\boldsymbol{AR})_2 = \mathrm{cond}(\boldsymbol{A})_2$。

现在分别证明这些性质：

(1) 若 $\boldsymbol{A}$ 可逆，则 $\|\boldsymbol{A}^{-1}\| \neq 0$，且 $\mathrm{cond}(\boldsymbol{A})_p = \|\boldsymbol{A}\|_p \|\boldsymbol{A}^{-1}\|_p \geq \|\boldsymbol{AA}^{-1}\|_p = 1$。

(2) 基于 (1) 的条件，有 $\mathrm{cond}(\alpha\boldsymbol{A}) = \|\alpha\boldsymbol{A}\| \|(\alpha\boldsymbol{A})^{-1}\| = |\alpha| \cdot \|\boldsymbol{A}\| \cdot \left|\frac{1}{\alpha}\right| \cdot \|\boldsymbol{A}^{-1}\| = \mathrm{cond}(\boldsymbol{A})$。

(3) 若 $\boldsymbol{A}$ 正交，则 $\boldsymbol{A}^{\mathrm{T}} = \boldsymbol{A}^{-1}$，且 $\mathrm{cond}(\boldsymbol{A})_2 = \sqrt{\dfrac{\lambda_{\max}(\boldsymbol{A}^{\mathrm{T}}\boldsymbol{A})}{\lambda_{\min}(\boldsymbol{A}^{\mathrm{T}}\boldsymbol{A})}} = \sqrt{\dfrac{\lambda_{\max}(\boldsymbol{A}^{-1}\boldsymbol{A})}{\lambda_{\min}(\boldsymbol{A}^{-1}\boldsymbol{A})}} = 1$。

(4) 若 $\boldsymbol{A}$ 可逆，则 $\|\boldsymbol{A}^{-1}\| \neq 0$；若 $\boldsymbol{R}$ 正交，则 $\boldsymbol{R}^{\mathrm{T}} = \boldsymbol{R}^{-1}$，则

$$\mathrm{cond}(\boldsymbol{RA})_2 = \|\boldsymbol{RA}\|_2 \|(\boldsymbol{RA})^{-1}\|_2 = \sqrt{\frac{\lambda_{\max}[(\boldsymbol{RA})^{\mathrm{T}}(\boldsymbol{RA})]}{\lambda_{\min}[(\boldsymbol{RA})^{\mathrm{T}}(\boldsymbol{RA})]}}$$

$$= \sqrt{\frac{\lambda_{\max}(\boldsymbol{A}^{\mathrm{T}}\boldsymbol{R}^{\mathrm{T}}\boldsymbol{RA})}{\lambda_{\min}(\boldsymbol{A}^{\mathrm{T}}\boldsymbol{R}^{\mathrm{T}}\boldsymbol{RA})}} \xrightarrow{\boldsymbol{R}^{\mathrm{T}} = \boldsymbol{R}^{-1}} \sqrt{\frac{\lambda_{\max}(\boldsymbol{A}^{\mathrm{T}}\boldsymbol{R}^{-1}\boldsymbol{RA})}{\lambda_{\min}(\boldsymbol{A}^{\mathrm{T}}\boldsymbol{R}^{-1}\boldsymbol{RA})}} = \mathrm{cond}(\boldsymbol{A})_2$$

同理，$\mathrm{cond}(\boldsymbol{AR})_2 = \|\boldsymbol{AR}\|_2 \|(\boldsymbol{AR})^{-1}\|_2 = \sqrt{\dfrac{\lambda_{\max}[(\boldsymbol{AR})^{\mathrm{T}}(\boldsymbol{AR})]}{\lambda_{\min}[(\boldsymbol{AR})^{\mathrm{T}}(\boldsymbol{AR})]}}$

$$= \sqrt{\frac{\lambda_{\max}(\boldsymbol{R}^{\mathrm{T}}\boldsymbol{A}^{\mathrm{T}}\boldsymbol{AR})}{\lambda_{\min}(\boldsymbol{R}^{\mathrm{T}}\boldsymbol{A}^{\mathrm{T}}\boldsymbol{AR})}} \xrightarrow{\boldsymbol{R}^{\mathrm{T}} = \boldsymbol{R}^{-1}} \sqrt{\frac{\lambda_{\max}(\boldsymbol{R}^{-1}\boldsymbol{A}^{\mathrm{T}}\boldsymbol{AR})}{\lambda_{\min}(\boldsymbol{R}^{-1}\boldsymbol{A}^{\mathrm{T}}\boldsymbol{AR})}}$$

根据相似矩阵性质可知，$\boldsymbol{R}^{-1}\boldsymbol{A}^{\mathrm{T}}\boldsymbol{AR} \sim \boldsymbol{A}^{\mathrm{T}}\boldsymbol{A}$，有

$$\sqrt{\frac{\lambda_{\max}(\boldsymbol{R}^{-1}\boldsymbol{A}^{\mathrm{T}}\boldsymbol{AR})}{\lambda_{\min}(\boldsymbol{R}^{-1}\boldsymbol{A}^{\mathrm{T}}\boldsymbol{AR})}} = \sqrt{\frac{\lambda_{\max}(\boldsymbol{A}^{\mathrm{T}}\boldsymbol{A})}{\lambda_{\min}(\boldsymbol{A}^{\mathrm{T}}\boldsymbol{A})}} = \mathrm{cond}(\boldsymbol{A})_2$$

定义 4.10 设 $\boldsymbol{Ax} = \boldsymbol{b}$，$\boldsymbol{A}$ 为非奇异矩阵，如果 $\mathrm{cond}(\boldsymbol{A}) \gg 1$，则称 $\boldsymbol{A}$ 为坏条件，或称 $\boldsymbol{A}$ 是病态的；反之，如果 $\mathrm{cond}(\boldsymbol{A})$ 相对小，则称 $\boldsymbol{A}$ 为好条件。若 $\boldsymbol{A}$ 为病态，称 $\boldsymbol{Ax} = \boldsymbol{b}$ 为病态方程组。

需要注意的是，病态性质是系数矩阵 $\boldsymbol{A}$ 本身的形式，与解 $\boldsymbol{Ax} = \boldsymbol{b}$ 的方法无关，但若方法不好，"病态"现象会更加严重。

例如，对于 Hilbert 矩阵，$\boldsymbol{H}_n = \begin{bmatrix} 1 & \frac{1}{2} & \cdots & \frac{1}{n} \\ \frac{1}{2} & \frac{1}{3} & \cdots & \frac{1}{n+1} \\ \vdots & \vdots & & \vdots \\ \frac{1}{n} & \frac{1}{n+1} & \cdots & \frac{1}{2n-1} \end{bmatrix}$，计算结果见表 4-2 所列。

表 4-2 Hilbert $\boldsymbol{H}_n$ 的计算结果

n	$\mathrm{cond}(\boldsymbol{H}_n)_2$	n	$\mathrm{cond}(\boldsymbol{H}_n)_2$
3	5.24×10^{2}	7	4.75×10^{8}
4	1.55×10^{4}	8	1.53×10^{10}
5	4.77×10^{5}	9	4.93×10^{11}
6	1.50×10^{7}	10	1.60×10^{13}

可见随着 $n\to\infty$，$\mathrm{cond}(\boldsymbol{H}_n)_2$ 将无限逼近无穷大。

所以，判断矩阵是否病态，大部分情况下并不是计算 $\boldsymbol{A}^{-1}$，而是根据经验判断。当出现以下情况时，可以判断矩阵是病态矩阵：①行列式很大或很小；②元素之间相差大数量级，且无规则；③主元在消元过程中出现小主元或特征值相差大数量级的矩阵。

例题 4.4 已知 $\boldsymbol{A}=\begin{bmatrix}1 & 0.99\\0.99 & 0.98\end{bmatrix}$，$\boldsymbol{b}=\begin{bmatrix}1.99\\1.97\end{bmatrix}$，计算 $\mathrm{cond}(\boldsymbol{A})_2$。

解 计算 $\boldsymbol{A}$ 的特征值，由 $\boldsymbol{\Delta}(\lambda\boldsymbol{I}-\boldsymbol{A})=0$，得 $\lambda_1=1.980\,050\,504$，$\lambda_2=-0.000\,050\,504$，进一步得到 $\mathrm{cond}(\boldsymbol{A})_2=\left|\dfrac{\lambda_1}{\lambda_2}\right|\approx39\,206\gg1$。所以，$\boldsymbol{A}$ 是坏条件，即 $\boldsymbol{A}$ 是一个病态矩阵。

现在来测试系数矩阵 $\boldsymbol{A}$ 的病态程度。如果给 $\boldsymbol{b}$ 一个误差 $\delta\boldsymbol{b}=\begin{bmatrix}-0.97\times10^{-4}\\0.106\times10^{-3}\end{bmatrix}$，其相对误差为 $\dfrac{\|\delta\boldsymbol{b}\|_2}{\|\boldsymbol{b}\|_2}\approx0.513\times10^{-4}<0.01\%$，基于该误差可求出近似解 $\boldsymbol{x}^*=\begin{bmatrix}3\\-1.020\,3\end{bmatrix}$，与实际方程组 $\boldsymbol{Ax}=\boldsymbol{b}$ 的精确解 $\boldsymbol{x}=\begin{bmatrix}1\\1\end{bmatrix}$之间的误差是 $\delta\boldsymbol{x}=\boldsymbol{x}^*-\boldsymbol{x}=\begin{bmatrix}2\\-2.020\,3\end{bmatrix}$，则其相对误差是 $\dfrac{\|\delta\boldsymbol{x}\|_2}{\|\boldsymbol{x}\|_2}\approx2.010\,2>200\%$，可见误差是非常大的。

定理 4.7 设 $\boldsymbol{Ax}=\boldsymbol{b}$，$\boldsymbol{A}$ 是非奇异矩阵，$\boldsymbol{x}$ 是精确解，$\boldsymbol{x}^*$是方程组的近似解，其剩余向量 $\boldsymbol{r}=\boldsymbol{b}-\boldsymbol{Ax}^*$，则有误差估计

$$\frac{\|\boldsymbol{x}-\boldsymbol{x}^*\|}{\|\boldsymbol{x}\|}\leqslant\mathrm{cond}(\boldsymbol{A})\frac{\|\boldsymbol{r}\|}{\|\boldsymbol{b}\|}$$

证明 由 $\boldsymbol{Ax}=\boldsymbol{b}$ 可得 $\|\boldsymbol{b}\|\leqslant\|\boldsymbol{A}\|\ \|\boldsymbol{x}\|$，即 $\dfrac{1}{\|\boldsymbol{x}\|}\leqslant\dfrac{\|\boldsymbol{A}\|}{\|\boldsymbol{b}\|}$，由于 $\boldsymbol{A}(\boldsymbol{x}-\boldsymbol{x}^*)=\boldsymbol{Ax}-\boldsymbol{Ax}^*$，即有 $\boldsymbol{b}-\boldsymbol{Ax}^*=\boldsymbol{r}$，所以 $\boldsymbol{x}-\boldsymbol{x}^*=\boldsymbol{A}^{-1}\boldsymbol{r}$，其范数有 $\|\boldsymbol{x}-\boldsymbol{x}^*\|\leqslant\|\boldsymbol{A}^{-1}\|\ \|\boldsymbol{r}\|$，所以

$$\frac{\|\boldsymbol{x}-\boldsymbol{x}^*\|}{\|\boldsymbol{x}\|}\leqslant\|\boldsymbol{A}\|\ \|\boldsymbol{A}^{-1}\|\frac{\|\boldsymbol{r}\|}{\|\boldsymbol{b}\|}=\mathrm{cond}(\boldsymbol{A})\frac{\|\boldsymbol{r}\|}{\|\boldsymbol{b}\|}$$

结论：当 $\boldsymbol{r}=0$ 时，表明已得到方程组的精确解。否则，可根据定理 4.7 计算出解的相对误差限。假设方程组是好条件，或者是没有初始误差的病态方程组，可以改进近似解，目的是得到精确度较高的解。改善的方法如下：

（1）给出方程组 $\boldsymbol{Ax}=\boldsymbol{b}$，求出近似解 $\boldsymbol{x}_1$；

（2）$\boldsymbol{r}_1=\boldsymbol{b}-\boldsymbol{A}\boldsymbol{x}_1$，计算出 $\boldsymbol{r}_1$；

（3）设 $\boldsymbol{A}\boldsymbol{d}_1=\boldsymbol{r}_1$ 可计算出 $\boldsymbol{d}_1$；

（4）设 $\boldsymbol{x}_2=\boldsymbol{x}_1+\boldsymbol{d}_1$，并把这个 $\boldsymbol{x}_2$ 代入（2）的 $\boldsymbol{r}=\boldsymbol{b}-\boldsymbol{A}\boldsymbol{x}$ 中，求出新的 $\boldsymbol{r}$ 值。

若 $\boldsymbol{d}_1$ 可被精确解出，则有 $x_2=x_1+\boldsymbol{A}^{-1}(\boldsymbol{b}-\boldsymbol{A}\boldsymbol{x}_1)=\boldsymbol{A}^{-1}\boldsymbol{b}$，$x_2$ 即为精确解。

经验表明，若 $\boldsymbol{A}$ 不是非常病态矩阵［如 $\varepsilon\cdot\mathrm{cond}(\boldsymbol{A})_\infty<1$］，则如此迭代可达到机器精度；但若 $\boldsymbol{A}$ 是病态矩阵，则该方法也不能改进解的精确度。

4.4 线性方程组的迭代法

4.4.1 雅可比迭代法

设方程组 $\boldsymbol{A}\boldsymbol{x}=\boldsymbol{b}$ 的系数矩阵 $\boldsymbol{A}$ 非奇异，其主对角元素 $a_{ii}\neq 0(i=1,2,\cdots,n)$，并且绝对值相对来说比较大，从方程组的第 i 个方程

$$a_{i1}x_1+a_{i2}x_2+\cdots+a_{ii}x_i+\cdots+a_{in}x_n=b_i\quad(i=1,2,\cdots,n)$$

中解出 x_i，得到等价的方程组

$$x_i=-\sum_{\substack{j=1\\j\neq i}}^{n}\frac{a_{ij}}{a_{ii}}x_j+\frac{b_i}{a_{ii}}\quad(i=1,2,\cdots,n)$$

即方程组 $\boldsymbol{A}\boldsymbol{x}=\boldsymbol{b}$ 可以表示成 $\boldsymbol{x}=\boldsymbol{B}\boldsymbol{x}+\boldsymbol{f}$，其中

$$\boldsymbol{B}=\begin{bmatrix}0 & -\dfrac{a_{12}}{a_{11}} & -\dfrac{a_{13}}{a_{11}} & \cdots & -\dfrac{a_{1n}}{a_{11}}\\ -\dfrac{a_{21}}{a_{22}} & 0 & -\dfrac{a_{23}}{a_{22}} & \cdots & -\dfrac{a_{2n}}{a_{22}}\\ \vdots & \vdots & \vdots & & \vdots\\ -\dfrac{a_{n1}}{a_{nn}} & -\dfrac{a_{n2}}{a_{nn}} & -\dfrac{a_{n3}}{a_{nn}} & \cdots & 0\end{bmatrix},\ \boldsymbol{f}=\begin{bmatrix}\dfrac{b_1}{a_{11}}\\ \dfrac{b_2}{a_{22}}\\ \vdots\\ \dfrac{b_n}{a_{nn}}\end{bmatrix}$$

由此构造迭代公式为

$$x_i^{(k+1)}=-\sum_{\substack{j=1\\j\neq i}}^{n}\frac{a_{ij}}{a_{ii}}x_j^{(k)}+\frac{b_i}{a_{ii}}\quad(i=1,2,\cdots,n;\ k=0,1,2,\cdots)$$

其矩阵形式为

$$\boldsymbol{x}^{(k+1)}=\boldsymbol{B}\boldsymbol{x}^{(k)}+\boldsymbol{f}\quad(k=0,1,2,\cdots)$$

称上述迭代公式为雅可比（Jacobi）迭代公式，$\boldsymbol{B}$ 为雅可比迭代矩阵。任取初始向量 $\boldsymbol{x}^{(0)}=[x_1^{(0)},x_2^{(0)},\cdots,x_n^{(0)}]^{\mathrm{T}}$，按上述迭代公式逐次计算 $\boldsymbol{x}^{(1)}$，$\boldsymbol{x}^{(2)}$，…，这就是雅可比迭代法。

例题 4.5 用雅可比迭代法求解方程组。

$$\begin{cases}2x_1-x_2-x_3=-5\\ x_1+5x_2-x_3=8\\ x_1+x_2+10x_3=11\end{cases}$$

解 将方程组写成等价的方程组

$$\begin{cases} x_1 = \quad\quad\quad\quad 0.5x_2 + 0.5x_3 - 2.5 \\ x_2 = -0.2x_1 \quad\quad\quad + 0.2x_3 + 1.6 \\ x_3 = -0.1x_1 - 0.1x_2 \quad\quad\quad + 1.1 \end{cases}$$

构造雅可比迭代公式

$$\begin{cases} x_1^{(k+1)} = \quad\quad\quad\quad 0.5x_2^{(k)} + 0.5x_3^{(k)} - 2.5 \\ x_2^{(k+1)} = -0.2x_1^{(k)} \quad\quad\quad + 0.2x_3^{(k)} + 1.6 \\ x_3^{(k+1)} = -0.1x_1^{(k)} - 0.1x_2^{(k)} \quad\quad\quad + 1.1 \end{cases}$$

取初始向量 $\boldsymbol{x}^{(0)} = [1,\ 1,\ 1]^T$ 进行迭代，计算结果见表4－3所列。

表4－3 雅可比迭代计算结果

k	$x_1^{(k)}$	$x_2^{(k)}$	$x_3^{(k)}$	$\Vert \boldsymbol{x}^{(k)} - \boldsymbol{x}^{(k-1)} \Vert_\infty$
0	1	1	1	
1	−1.5	1.6	0.9	2.5
2	−1.25	2.08	1.09	0.48
3	−0.915	2.068	1.017	0.335
4	−0.957 5	1.986 4	0.984 7	0.081 6
5	−1.014 45	1.988 44	0.997 11	0.056 95
6	−1.007 22	2.002 31	1.002 6	0.013 87
7	−0.997 543	2.001 97	1.000 49	0.009 687

当 $\Vert \boldsymbol{x}^{(7)} - \boldsymbol{x}^{(6)} \Vert_\infty = 0.009\ 687$ 时，$x_1 = -0.997\ 543$，$x_2 = 2.001\ 97$，$x_3 = 1.000\ 49$ 与精确解 $x_1^* = -1$，$x_2^* = 2$，$x_3^* = 1$ 比较接近，且精度合适，即结束迭代，得到方程的近似解。

用雅可比迭代计算 $\boldsymbol{x}^{(k)}$ 时只用到 $\boldsymbol{x}^{(k-1)}$，无须保存 $\boldsymbol{x}^{(k-2)}$ 及以前的计算结果，故一般只将两个一维数组 x 和 y 分别存放在相继迭代两次的向量 $\boldsymbol{x}^{(k-1)}$ 和 $\boldsymbol{x}^{(k)}$ 下。当进行下一步迭代时，将 y 的值存入 x，以取代旧的结果，将新的计算值存入 y，依次循环计算。为了防止迭代发散时陷入死循环，可设置一个最大迭代次数 N，若迭代 N 次后仍达不到精度要求，则输出表示迭代失败的标志，并停止计算。

雅可比迭代法的算法如下。

（1）输入：系数矩阵 $\boldsymbol{A}$，常向量 $\boldsymbol{b}$，计算精度 ε，迭代上限 N；输出：方程组的近似解或迭代失败信息。

（2）迭代计算：$k=1$。

```
while  k≤N
  for  i=1  to  n
```

$$y_i = \frac{\left(-\sum_{\substack{j=1\\ j\neq i}}^{n} a_{ij}x_j + b_i\right)}{a_{ii}}$$

if $\max\limits_{1\leqslant i\leqslant n}|y_i - x_i| < \varepsilon$

then 输出 y_i

else $k = k+1$，$x_i = y_i$

（3）输出失败信息。

雅可比迭代法的优点是迭代程序简单，每迭代一次只需计算一次矩阵和向量的乘法，且在内存方面，占用 $n(n+1)$ 个单位存放矩阵和常向量，占用两组工作单元存放中间结果。

4.4.2 高斯 - 赛德尔迭代法

在雅可比迭代公式中，计算 $\boldsymbol{x}^{(k+1)}$ 的第 $i(i>1)$ 个分量 $x_i^{(k+1)}$ 时，所用的值均是 $\boldsymbol{x}^{(k)}$ 的各个分量 $x_1^{(k)}$，$x_2^{(k)}$，…，$x_n^{(k)}$，对新算出的分量 $x_1^{(k+1)}$，$x_2^{(k+1)}$，…，$x_{i-1}^{(k+1)}$ 并没有利用。若迭代收敛，设想把第 $k+1$ 次迭代计算出的分量代替对应第 k 次的分量，用于第 $k+1$ 次迭代中剩余分量的计算。例如，$x_1^{(k+1)}$ 代替 $x_1^{(k)}$，$x_2^{(k+1)}$ 代替 $x_2^{(k)}$，并将 $x_1^{(k+1)}$ 和 $x_2^{(k+1)}$ 用在 $x_3^{(k+1)}$ 的计算中，期望提高迭代过程的收敛速度。根据这种思想得到高斯 - 赛德尔（Gauss - Seidel）迭代公式，即

$$x_i^{(k+1)} = \frac{1}{a_{ii}}\left(b_i - \sum_{j=1}^{i-1} a_{ij}x_j^{(k+1)} - \sum_{j=i+1}^{n} a_{ij}x_j^{(k)}\right) \quad (i=1, 2, \cdots, n)$$

若令 $b_{ij} = -\frac{a_{ij}}{a_{ii}}$ $[i, j=1, 2, \cdots, n\ (i\neq j)]$，$f_i = \frac{b_i}{a_{ii}}(i=1, 2, \cdots, n)$，则有

$$\begin{cases} x_1^{(k+1)} = & b_{12}x_2^{(k)} + \cdots + b_{1n}x_n^{(k)} + f_1 \\ x_2^{(k+1)} = b_{21}x_1^{(k+1)} & + \cdots + b_{2n}x_n^{(k)} + f_2 \\ \cdots\cdots & \\ x_n^{(k+1)} = b_{n1}x_1^{(k+1)} + b_{n2}x_2^{(k+1)} + \cdots & + f_n \end{cases}$$

其矩阵形式是 $\boldsymbol{x}^{(k+1)} = \boldsymbol{Lx}^{(k+1)} + \boldsymbol{Ux}^{(k)} + \boldsymbol{f}$，其中，

$$\boldsymbol{L} = \begin{bmatrix} 0 & & & \\ b_{21} & 0 & & \\ \vdots & \vdots & \ddots & \\ b_{n1} & b_{n2} & \cdots & 0 \end{bmatrix}, \quad \boldsymbol{U} = \begin{bmatrix} 0 & b_{12} & \cdots & b_{1n} \\ & 0 & \cdots & b_{2n} \\ & & \ddots & \vdots \\ & & & 0 \end{bmatrix}$$

写成迭代形式是 $\boldsymbol{x}^{(k+1)} = (\boldsymbol{I}-\boldsymbol{L})^{-1}\boldsymbol{Ux}^{(k)} + (\boldsymbol{I}-\boldsymbol{L})^{-1}\boldsymbol{f}$，其中 $(\boldsymbol{I}-\boldsymbol{L})^{-1}\boldsymbol{U}$ 为迭代阵 $\boldsymbol{B}$，称为高斯 - 赛德尔迭代阵（简称 GS 迭代阵）。

例题 4.6 用高斯 - 赛德尔迭代法求解例题 4.5 的方程组。

解 按例题 4.5 的方式将方程组转化为等价的方程组，构造高斯 - 赛德尔迭代公式：

$$\begin{cases} x_1^{(k+1)} = \quad\quad 0.5x_2^{(k)} + 0.5x_3^{(k)} - 2.5 \\ x_2^{(k+1)} = -0.2x_1^{(k+1)} \quad\quad + 0.2x_3^{(k)} + 1.6 \\ x_3^{(k+1)} = -0.1x_1^{(k+1)} - 0.1x_2^{(k+1)} \quad\quad + 1.1 \end{cases}$$

取初始向量 $\boldsymbol{x}^{(0)} = [1, 1, 1]^{\mathrm{T}}$，迭代结果见表 4-4 所列。

表 4-4 高斯-赛德尔迭代 $\boldsymbol{x}^{(0)} = [1, 1, 1]^{\mathrm{T}}$ 的计算结果

k	$x_1^{(k)}$	$x_2^{(k)}$	$x_3^{(k)}$	$\Vert \boldsymbol{x}^{(k)} - \boldsymbol{x}^{(k-1)} \Vert_\infty$
0	1	1	1	
1	-1.5	2.1	1.04	2.5
2	-0.93	1.994	0.993 6	0.57
3	-1.006 2	1.999 96	1.000 624	0.076 2
4	-0.999 708	2.000 066 4	0.999 964 16	0.006 492

取初始向量 $\boldsymbol{x}^{(0)} = [0, 0, 0]^{\mathrm{T}}$，迭代结果见表 4-5 所列。

表 4-5 高斯-赛德尔迭代 $\boldsymbol{x}^{(0)} = [0, 0, 0]^{\mathrm{T}}$ 的计算结果

k	$x_1^{(k)}$	$x_2^{(k)}$	$x_3^{(k)}$	$\Vert \boldsymbol{x}^{(k)} - \boldsymbol{x}^{(k-1)} \Vert_\infty$
0	0	0	0	
1	-2.5	2.1	1.14	2.5
2	-0.88	2.004	0.987 4	1.62
3	-1.004 2	1.998 4	1.000 6	1.124 2
4	-1.000 5	2.000 2	1.000 0	0.003 7

对比不同初值的计算结果，执行相同迭代次数，发现初值向量取 $\boldsymbol{x}^{(0)} = [0, 0, 0]^{\mathrm{T}}$ 比 $\boldsymbol{x}^{(0)} = [1, 1, 1]^{\mathrm{T}}$ 的收敛速度更快些，可见，初值向量的选定对收敛速度有一定的影响。

例题 4.1 采用雅可比迭代法求解方程组，现在采用高斯-赛德尔迭代法求解，原来的雅可比迭代式为

$$\begin{cases} x_1^{(k+1)} = \dfrac{1}{8}(\quad\quad 3x_2^{(k)} - 2x_3^{(k)} + 20) \\ x_2^{(k+1)} = \dfrac{1}{11}(-4x_1^{(k)} \quad\quad + x_3^{(k)} + 33) \\ x_3^{(k+1)} = \dfrac{1}{12}(-6x_1^{(k)} - 3x_2^{(k)} \quad\quad + 36) \end{cases}$$

转化成高斯-赛德尔形式是 $\begin{cases} x_1^{(k+1)} = \dfrac{1}{8}(\quad\quad 3x_2^{(k)} - 2x_3^{(k)} + 20), \\ x_2^{(k+1)} = \dfrac{1}{11}(-4x_1^{(k+1)} \quad\quad + x_3^{(k)} + 33), \\ x_3^{(k+1)} = \dfrac{1}{12}(-6x_1^{(k+1)} - 3x_2^{(k+1)} \quad\quad + 36), \end{cases}$ 可以得到表 4-6的结果。

表 4-6 利用高斯-赛德尔迭代公式的计算结果

$\boldsymbol{x}^{(k)}$	x_1	x_2	x_3
$\boldsymbol{x}^{(0)}$	0	0	0
$\boldsymbol{x}^{(1)}$	2.5	2.090 909 09	1.227 272 75
$\boldsymbol{x}^{(2)}$	2.977 272 72	2.028 925 62	1.004 132 23
$\boldsymbol{x}^{(3)}$	3.009 814 05	1.996 806 91	0.995 891 25
$\boldsymbol{x}^{(4)}$	2.999 829 78	1.999 688 38	1.000 163 02
$\boldsymbol{x}^{(5)}$	2.999 842 39	2.000 072 13	1.000 060 77

第5次迭代的误差是 $\|\boldsymbol{e}^{(5)}\|_\infty=\|\boldsymbol{x}^{(5)}-\boldsymbol{x}^*\|_\infty=0.000\,157\,61$，对比雅可比方法第7次迭代的误差 $\|\boldsymbol{e}^{(7)}\|_\infty=\|\boldsymbol{x}^{(7)}-\boldsymbol{x}^*\|_\infty=0.003\,134$，可见用高斯-赛德尔方法比雅可比方法的迭代结果要好得多。所以，在两种方法都能收敛的情况下，高斯-赛德尔的收敛速度比雅可比的收敛速度要快。在算法实现方面，用高斯-赛德尔方法算出的一个新的分量会取代前一次的分量，所以在内存方面，只需要一组工作单元来存放 x 的值，算法实现更简单。

高斯-赛德尔迭代法的算法如下。

（1）输入：系数矩阵 $\boldsymbol{A}$，常向量 $\boldsymbol{b}$，计算精度 ε，迭代上限 N；输出：方程组的近似解或迭代失败信息。

（2）迭代计算：$k=1$。

while　k≤N

　for　i=1　to　n

　　$x_i'=x_i$;

$$x_i=\frac{\left(-\sum_{\substack{j=1\\j\neq i}}^{n}a_{ij}x_j+b_i\right)}{a_{ii}};$$

　if $\max\limits_{1\leq i\leq n}|x_i'-x_i|<\varepsilon$　then　输出 x_i

else　k=k+1

（3）输出失败信息。

需要注意的是，尽管在上例中用GS迭代法比用雅可比迭代法收敛得快一些，但是并非所有的方程组的求解过程都能如此理想。任意给定一个方程组，在两种方法都收敛的情况下，可能高斯赛德尔迭代法收敛得快，也可能雅可比迭代法收敛得快。在某些情况下，可能一种方法收敛而另一种方法不收敛，或者两者都不收敛。例如，对方程组

$$\begin{cases}x_1+2x_2=5\\3x_1+x_2=5\end{cases}$$

直接构造雅可比迭代公式或高斯赛德尔迭代公式，都是发散的；但如果交换两个方程的次序后再构造相应的迭代公式，则两种方法都收敛。因此，下面将分析迭代法的收敛条件。

4.5 迭代法的收敛性

线性方程组的迭代法都可以写成 $x^{(k+1)}=Bx^{(k)}+f$ 迭代形式，只不过 B 和 f 的取值不同而已。所以，只要研究 $x^{(k+1)}=Bx^{(k)}+f$ 的收敛条件就可以知道迭代法的收敛性。

按照 $x^{(k+1)}=Bx^{(k)}+f$ 迭代形式，第 $k+1$ 次迭代的误差为

$$e^{(k+1)}=x^{(k+1)}-x^*=[Bx^{(k)}+f]-(Bx^*+f)=Bx^{(k)}-Bx^*=Be^{(k)}$$

以此类推得到

$$e^{(k)}=B^k e^{(0)}$$

所以，收敛的充分条件是 $\|B\|<1$，有 $k\to\infty$，$\|B^k\|\to 0$，则 $\|e^{(k)}\|\to 0$。而收敛的必要条件是，如果当 $k\to\infty$ 时，要使 $e^{(k)}\to 0$，则必须研究 B^k 的极限问题。所以，引入了矩阵序列极限的概念。

定义 4.11 设 $A=(a_{ij})_{n\times n}$，$A_k=[a_{ij}^{(k)}]_{n\times n}\in R^{n\times n}$，如果极限 $\lim\limits_{k\to\infty}A_k=A$ 成立，则指 $\lim\limits_{k\to\infty}a_{ij}^{(k)}=a_{ij}$ 对所有的 $1\leqslant i,\ j\leqslant n$ 成立。

定义 4.11 等价于对任何的诱导范数都有极限 $\lim\limits_{k\to\infty}\|A_k-A\|=0$ 成立。

定理 4.8 设 $x=Bx+f$ 存在唯一解，则从任意 $x^{(0)}$ 出发，迭代式 $x^{(k+1)}=Bx^{(k)}+f$ 收敛的充要条件是 B^k 趋向于 $\mathbf{0}$，即 $B^k\to\mathbf{0}$.

证明 $B^k\to\mathbf{0}\Leftrightarrow\|B^k\|\to 0\Leftrightarrow\max\limits_{x\neq 0}\dfrac{\|B^k x\|}{\|x\|}\to 0$，其中 $\max\limits_{x\neq 0}\dfrac{\|B^k x\|}{\|x\|}$ 是诱导范数，可知 $\|B^k x\|\to 0\Leftrightarrow B^k x\to\mathbf{0}$ 对于任意的非零向量 x 都成立。所以，从任意的 $x^{(0)}$ 出发，记 $e^{(0)}=x^{(0)}-x^{(*)}$，则 $e^k=B^k e^{(0)}$ 在 $k\to\infty$ 时，存在 $e^k=B^k e^{(0)}\to\mathbf{0}$，即 $\{x^{(k)}\}$ 收敛。

定理 4.9 $B^k\to\mathbf{0}\Leftrightarrow\rho(B)<1$。

证明 定理 4.9 是一个充要条件，先从充分性进行证明。若 λ 是 B 的特征值，则 λ^k 是 B^k 的特征值，即 $[\rho(B)]^k=(\max|\lambda|)^k=|\lambda_m|^k\leqslant\rho(B^k)\leqslant\|B^k\|$，而 $\|B^k\|\to 0$，所以 $\rho(B)<1$。

再证明必要性。对于任意 $\varepsilon>0$，存在诱导范数 $\|\cdot\|$，使得 $\|B\|<1$，所以当 $k\to\infty$ 时，$\|B^k\|\leqslant\|B\|^k\to 0$，即证 $B^k\to\mathbf{0}$。

从定理 4.8 和 4.9 可知，迭代法从任意向量出发的收敛等价于 $B^k\to\mathbf{0}$，同时也等价于 $\rho(B)<1$，这三种说法是一致的。

定理 4.10 设方程 $x=Bx+f$，取 $x^{(0)}$ 为任意向量，若 $\|B\|=q<1$，且 $x^{(k+1)}=Bx^{(k)}+f$ 迭代收敛，且有下列误差估计：

(1) $\|x^*-x^{(k)}\|\leqslant\dfrac{q}{1-q}\|x^{(k)}-x^{(k-1)}\|$；

(2) $\|x^*-x^{(k)}\|\leqslant\dfrac{q^k}{1-q}\|x^{(1)}-x^{(0)}\|$。

证明 因为$x^{(k+1)}=Bx^{(k)}+f$，$x^{(k)}=Bx^{(k-1)}+f$，$x^*=Bx^*+f$，所以$x^*-x^{(k)}=B[x^*-x^{(k-1)}]=B[x^*-x^{(k)}+x^{(k)}-x^{(k-1)}]$，应用范数的定义和定理，可得

$$\|x^*-x^{(k)}\|\leqslant q[\|x^*-x^{(k)}\|+\|x^{(k)}-x^{(k-1)}\|]$$

即结论（1）得证。

类似地，$x^{(k)}-x^{(k-1)}=B[x^{(k-1)}-x^{(k-2)}]=\cdots=B^{k-1}[x^{(1)}-x^{(0)}]$，所以

$$\|x^{(k)}-x^{(k-1)}\|\leqslant q^{k-1}\|x^{(1)}-x^{(0)}\|$$

即结论（2）得证。

结合定理4.10，给定误差控制精度ε，通过误差估计公式可以估计出迭代次数，即$\|x^*-x^{(k)}\|\leqslant\frac{q^k}{1-q}\|x^{(1)}-x^{(0)}\|\leqslant\varepsilon$，可得迭代次数$k$的估计：

$$k>\frac{\ln\frac{\varepsilon(1-\|B\|)}{\|x^{(1)}-x^{(0)}\|}}{\ln\|B\|}$$

例题 4.7 用雅可比方法解下列方程组：

$$\begin{cases}20x_1+2x_2+3x_3=24\\ x_1+8x_2+x_3=12\\ 2x_1-3x_2+15x_3=30\end{cases}$$

取$x^{(0)}=[0,0,0]^{\mathrm{T}}$，问：雅可比迭代法是否收敛？若收敛，需要迭代多少次，才能保证各分量的误差绝对值小于10^{-6}？

解 方程组的雅可比迭代公式为

$$\begin{bmatrix}x_1^{k+1}\\x_2^{k+1}\\x_3^{k+1}\end{bmatrix}=\begin{bmatrix}0&-\frac{2}{20}&-\frac{3}{20}\\-\frac{1}{8}&0&-\frac{1}{8}\\-\frac{2}{15}&\frac{3}{15}&0\end{bmatrix}\begin{bmatrix}x_1^k\\x_2^k\\x_3^k\end{bmatrix}+\begin{bmatrix}\frac{24}{20}\\\frac{12}{8}\\\frac{30}{15}\end{bmatrix}$$

迭代阵
$$B=\begin{bmatrix}0&-\frac{2}{20}&-\frac{3}{20}\\-\frac{1}{8}&0&-\frac{1}{8}\\-\frac{2}{15}&\frac{3}{15}&0\end{bmatrix}$$

因为$\|B\|_\infty=\frac{1}{3}<1$，所以迭代法收敛。经过第一次迭代，得到$x_1^{(1)}=\frac{6}{5}$，$x_2^{(1)}=\frac{3}{2}$，$x_3^{(1)}=2$，$\|x^{(1)}-x^{(0)}\|_\infty=2$，则要保证各分量的误差绝对值小于$10^{-6}$，根据$k>\frac{\ln\frac{10^{-6}\left(1-\frac{1}{2}\right)}{2}}{\ln\frac{1}{3}}\approx13$，需要迭代14次。

值得注意的是，当收敛充分条件 $\|\boldsymbol{B}\|<1$ 对任何范数都不成立时，迭代序列仍可能收敛。

例题 4.8 设 $\boldsymbol{x}^{(k+1)}=\boldsymbol{B}\boldsymbol{x}^{(k)}+\boldsymbol{f}$，其中 $\boldsymbol{B}=\begin{bmatrix}0.9 & 0\\ 0.3 & 0.8\end{bmatrix}$，$\boldsymbol{f}=\begin{bmatrix}1\\2\end{bmatrix}$，讨论迭代序列$\{\boldsymbol{x}^{(k)}\}$的收敛性。

解 显然 $\|\boldsymbol{B}\|_\infty=1.1$，$\|\boldsymbol{B}\|_1=1.2$，$\|\boldsymbol{B}\|_2=1.043$，$\|\boldsymbol{B}\|_F=\sqrt{1.54}$，表明 $\boldsymbol{B}$ 的范数均大于1，但由于$\rho(\boldsymbol{B})=0.9<1$，此迭代序列$\{\boldsymbol{x}^{(k)}\}$是收敛的。

定义 4.12 如果 $\boldsymbol{A}\in\boldsymbol{R}^{n\times n}$，满足 $|a_{ii}|>\sum\limits_{j=1,j\neq i}^{n}|a_{ij}|(i=1,2,\cdots,n)$，则称 $\boldsymbol{A}$ 为严格对角优势阵。如果 $|a_{ii}|\geqslant\sum\limits_{j=1,j\neq i}^{n}|a_{ij}|(i=1,2,\cdots,n)$，且其中至少有一个等号严格成立，则称 $\boldsymbol{A}$ 为弱对角优势阵。

定理 4.11 若 $\boldsymbol{A}$ 为严格对角优势阵，则 $\boldsymbol{A}$ 为非奇异矩阵，且对角元非零。

证明 用反证法。若 $\boldsymbol{A}$ 为奇异矩阵，则 $\boldsymbol{\Delta A}=0$，且存在非零向量 $\boldsymbol{x}_0=(x_1,x_2,\cdots,x_n)^{\mathrm{T}}$ 使得 $\boldsymbol{Ax}=\boldsymbol{0}$。记 $|x_m|=\max\limits_{1\leqslant i\leqslant n}|x_i|$，则有 $\sum\limits_{i=1}^{n}a_{mi}x_i=0$，所以 $|a_{mm}x_m|=\left|\sum\limits_{i\neq m}a_{mi}x_i\right|\leqslant|x_m|\left|\sum\limits_{i\neq m}a_{mi}\right|$，与严格对角占优阵的特点不符合。即证。

定理 4.12 若 $\boldsymbol{A}$ 为严格对角占优阵，则解 $\boldsymbol{Ax}=\boldsymbol{b}$ 的雅可比方法和高斯－赛德尔迭代法均收敛。

证明 若 $\boldsymbol{A}$ 为严格对角占优阵，则 $\boldsymbol{\Delta A}\neq0$，显然所有的 $a_{ii}\neq0$。需要用雅可比迭代法和高斯－赛德尔迭代法分别证明，迭代阵 $\boldsymbol{B}$ 的 $\rho(\boldsymbol{B})<1$，即任何一个 $|\lambda|\geqslant1$ 都不可能是对应迭代阵的特征根，即 $|\lambda\boldsymbol{I}-\boldsymbol{B}|\neq0$。

对于雅可比迭代法，迭代阵 $\boldsymbol{B}=\begin{bmatrix}0 & -\dfrac{a_{12}}{a_{11}} & -\dfrac{a_{13}}{a_{11}} & \cdots & -\dfrac{a_{1n}}{a_{11}}\\ -\dfrac{a_{21}}{a_{22}} & 0 & -\dfrac{a_{23}}{a_{22}} & \cdots & -\dfrac{a_{2n}}{a_{22}}\\ \vdots & \vdots & \vdots & & \vdots\\ -\dfrac{a_{n1}}{a_{nn}} & -\dfrac{a_{n2}}{a_{nn}} & -\dfrac{a_{n3}}{a_{nn}} & \cdots & 0\end{bmatrix}$，$\lambda\boldsymbol{I}-\boldsymbol{B}=\boldsymbol{D}^{-1}\boldsymbol{E}$。

其中，$\boldsymbol{D}^{-1}=\begin{bmatrix}\dfrac{1}{a_{11}} & & & \\ & \dfrac{1}{a_{22}} & & \\ & & \ddots & \\ & & & \dfrac{1}{a_{nn}}\end{bmatrix}$，$\boldsymbol{E}=\begin{bmatrix}\lambda a_{11} & a_{12} & \cdots & a_{1n}\\ a_{21} & \lambda a_{22} & \cdots & a_{2n}\\ \vdots & \vdots & & \vdots\\ a_{n1} & a_{n2} & \cdots & \lambda a_{nn}\end{bmatrix}$，且 $|E_{ii}|=|\lambda a_{ii}|$，如果

$|\lambda|\geqslant 1$，则 $|\lambda a_{ii}|\geqslant|a_{ii}|>\sum_{j=1,j\neq i}^{n}|a_{ij}|$，所以

$$|E_{ii}|=|\lambda a_{ii}|>\sum_{j=1,j\neq i}^{n}|a_{ij}|=\sum_{j=1,j\neq i}^{n}|E_{ij}|$$

即 $\boldsymbol{E}$ 也是严格对角占优阵，且 $|\boldsymbol{E}|\neq 0$，即 $|\lambda\boldsymbol{I}-\boldsymbol{B}|=|\boldsymbol{D}^{-1}||\boldsymbol{E}|\neq 0$，即证对于雅可比迭代法，$|\lambda\boldsymbol{I}-\boldsymbol{B}|\neq 0$。

同理，高斯－赛德尔迭代法的迭代阵 $\boldsymbol{B}=(\boldsymbol{I}-\boldsymbol{L})^{-1}\boldsymbol{U}$，其中，

$$\boldsymbol{L}=\begin{bmatrix}0 & & & \\ b_{21} & 0 & & \\ \vdots & \vdots & \ddots & \\ b_{n1} & b_{n2} & \cdots & 0\end{bmatrix},\quad \boldsymbol{U}=\begin{bmatrix}0 & b_{12} & \cdots & b_{1n}\\ & 0 & \cdots & b_{2n}\\ & & \ddots & \vdots\\ & & & 0\end{bmatrix}$$

$$b_{ij}=-\frac{a_{ij}}{a_{ii}}\quad [i,\ j=1,\ 2,\ \cdots,\ n\ (i\neq j)]$$

所以 $\lambda\boldsymbol{I}-\boldsymbol{B}=\boldsymbol{F}^{-1}\boldsymbol{G}$，其中，

$$\boldsymbol{F}=\begin{bmatrix}1 & & & \\ -b_{21} & 1 & & \\ \vdots & \vdots & \ddots & \\ -b_{n1} & -b_{n2} & \cdots & 1\end{bmatrix},\quad \boldsymbol{G}=\begin{bmatrix}\lambda & -b_{12} & \cdots & -b_{1n}\\ -\lambda b_{21} & \lambda & \cdots & -b_{2n}\\ \vdots & \vdots & & \vdots\\ -\lambda b_{n1} & -\lambda b_{n2} & \cdots & \lambda\end{bmatrix}$$

当 $a_{ii}\neq 0$ 时，$|\boldsymbol{F}^{-1}|=\frac{1}{|\boldsymbol{F}|}\neq 0$，若 $|\lambda|\geqslant 1$，且 $\boldsymbol{A}$ 是严格对角占优阵，$|G_{ii}|=|\lambda a_{ii}|=|\lambda||a_{ii}|>|\lambda|\sum_{j=1,j\neq i}^{n}|a_{ij}|>|\lambda|\sum_{j=1}^{i-1}|a_{ij}|+\sum_{j=i+1}^{n}|a_{ij}|=\sum_{j=1,j\neq i}^{n}|G_{ij}|$，即推导出 $\boldsymbol{G}$ 也是严格对角占优阵，且 $|\boldsymbol{G}|\neq 0$，即 $|\lambda\boldsymbol{I}-\boldsymbol{B}|=|\boldsymbol{F}^{-1}||\boldsymbol{G}|\neq 0$，即证对于高斯－赛德尔迭代法，$|\lambda\boldsymbol{I}-\boldsymbol{B}|\neq 0$。

4.6 松弛法

高斯－赛德尔方法的迭代公式 $x_i^{(k+1)}=\frac{1}{a_{ii}}(b_i-\sum_{j=1}^{i-1}a_{ij}x_j^{(k+1)}-\sum_{j=i+1}^{n}a_{ij}x_j^{(k)})$ 可以看成是 $x_i^{(k+1)}=x_i^{(k)}+\frac{r_i^{(k+1)}}{a_{ii}}$，其中 $r_i^{(k+1)}=b_i-\sum_{j=1}^{i-1}a_{ij}x_j^{(k+1)}-\sum_{j=i}^{n}a_{ij}x_j^{(k)}$，相当于在 $x_i^{(k)}$ 的基础上加个余项 $r_i^{(k+1)}$ 而生成 $x_i^{(k+1)}$。

松弛法是假设 $x_i^{(k+1)}=x_i^{(k)}+\omega\frac{r_i^{(k+1)}}{a_{ii}}$，并且希望通过选取合适的松弛参数 ω 来调整余项，加速收敛。当 $0<\omega<1$ 时，松弛法是低松弛法；当 $\omega=1$ 时，松弛法是高斯－赛德尔迭代法；当 $\omega>1$ 时，松弛法是（渐次）超松弛法。松弛法的一般形式为

$$x_i^{(k+1)}=x_i^{(k)}+\omega\frac{r_i^{(k+1)}}{a_{ii}}=(1-\omega)x_i^{(k)}+\frac{\omega}{a_{ii}}(b_i-\sum_{j=1}^{i-1}a_{ij}x_j^{(k+1)}-\sum_{j=i+1}^{n}a_{ij}x_j^{(k)})$$

$$\boldsymbol{x}^{(k+1)}=(1-\omega)\boldsymbol{x}^{(k)}+\omega\boldsymbol{D}^{-1}(b-\boldsymbol{L}\boldsymbol{x}^{(k+1)}-\boldsymbol{U}\boldsymbol{x}^{(k)})$$

其中，$\boldsymbol{L}=\begin{bmatrix}0&&&\\a_{21}&0&&\\\vdots&&\ddots&\\a_{n1}&\cdots&a_{n,n-1}&0\end{bmatrix}$ $\boldsymbol{D}=\begin{bmatrix}a_{11}&&&\\&a_{22}&&\\&&\ddots&\\&&&a_{nn}\end{bmatrix}$，$\boldsymbol{U}=\begin{bmatrix}0&a_{12}&\cdots&a_{1n}\\&0&&\vdots\\&&\ddots&a_{n-1,n}\\&&&0\end{bmatrix}$。

该表达式可以看作是将高斯－赛德尔迭代法中的第 $k+1$ 步近似解与第 k 步近似解做了加权平均，进一步整理可得

$$\boldsymbol{x}^{(k+1)}=(\boldsymbol{D}+\omega\boldsymbol{L})^{-1}[(1-\omega)\boldsymbol{D}-\omega\boldsymbol{U}]x^{(k)}+(\boldsymbol{D}+\omega\boldsymbol{L})^{-1}\omega b$$

其中，$(\boldsymbol{D}+\omega\boldsymbol{L})^{-1}[(1-\omega)\boldsymbol{D}-\omega\boldsymbol{U}]$ 为松弛迭代阵，记为 $\boldsymbol{H}_\omega$。

定理 4.13 设 $\boldsymbol{A}$ 可逆，且 $a_{ii}\neq0$，松弛法从任意初始向量 $\boldsymbol{x}^{(0)}$ 开始对某个 ω 收敛，等价于 $\rho(\boldsymbol{H}_\omega)<1$。

然而，直接计算 $\rho(\boldsymbol{H}_\omega)$ 比较困难，需要寻找不计算 $\rho(\boldsymbol{H}_\omega)$ 就能判断收敛性的方法。

定理 4.14 设 $\boldsymbol{A}$ 可逆，且 $a_{ii}\neq0$，松弛法从任意初始向量 $\boldsymbol{x}^{(0)}$ 开始收敛，则 $0<\omega<2$。

证明 从 $\boldsymbol{H}_\omega=(\boldsymbol{D}+\omega\boldsymbol{L})^{-1}[(1-\omega)\boldsymbol{D}-\omega\boldsymbol{U}]$ 出发，利用 $\Delta(\boldsymbol{H}_\omega)=\prod_{i=1}^{n}\lambda_i$，且松弛法收敛，等价于 $|\lambda_i|<1$ 总成立，且松弛法收敛，则 $|\Delta(\boldsymbol{H}_\omega)|<1$。

$$\Delta[(\boldsymbol{D}+\omega\boldsymbol{L})^{-1}]=\frac{1}{\Delta(\boldsymbol{D}+\omega\boldsymbol{L})}=\prod_{i=1}^{n}\frac{1}{a_{ii}}$$

$$\Delta[(1-\omega)\boldsymbol{D}-\omega\boldsymbol{U}]=(1-\omega)^n\prod_{i=1}^{n}a_{ii}$$

所以 $\Delta(\boldsymbol{H}_\omega)=(1-\omega)^n$，即 $|\Delta(\boldsymbol{H}_\omega)|=|1-\omega|^n<1\Rightarrow0<\omega<2$。

定理 4.15 若 $\boldsymbol{A}$ 对称正定，且有 $0<\omega<2$，则松弛法从任意初始向量 $\boldsymbol{x}^{(0)}$ 开始都收敛。

什么因素决定了收敛的速度呢？考察一下迭代公式 $\boldsymbol{x}^{(k+1)}=\boldsymbol{B}\boldsymbol{x}^{(k)}+\boldsymbol{f}$，设 $\boldsymbol{B}$ 有特征值是 λ_1，λ_2，…，λ_n，对应的 n 个线性无关的特征向量是 $\boldsymbol{\nu}_1$，$\boldsymbol{\nu}_2$，…，$\boldsymbol{\nu}_n$，则从任意的初始向量 $\boldsymbol{x}^{(0)}$ 出发，$\boldsymbol{e}^{(0)}=\boldsymbol{x}^{(0)}-\boldsymbol{x}^*$ 可表示为 $\boldsymbol{\nu}_1$，$\boldsymbol{\nu}_2$，…，$\boldsymbol{\nu}_n$ 的线性组合，即

$$\boldsymbol{e}^{(0)}=\sum_{i=1}^{n}a_i\boldsymbol{\nu}_i\Rightarrow\boldsymbol{e}^{(k)}=\boldsymbol{B}^k\boldsymbol{e}^{(0)}=\sum_{i=1}^{n}a_i\lambda^k\boldsymbol{\nu}_i$$

所以，当 $\rho(\boldsymbol{B})$ 越小时，收敛的速度就会越快。对于松弛法，希望找出 ω，使得 $\rho(\boldsymbol{H}_\omega)$ 最小。

例题 4.9 设 $\boldsymbol{A}=\begin{bmatrix}2&1\\1&2\end{bmatrix}$，$\boldsymbol{b}=\begin{bmatrix}1\\2\end{bmatrix}$，考虑迭代公式 $\boldsymbol{x}^{k+1}=\boldsymbol{x}^k+\omega(\boldsymbol{A}\boldsymbol{x}^{(k)}-\boldsymbol{b})$，求：

①ω 取何值可使迭代收敛？

②ω 取何值可使迭代收敛最快？

解 考察 $B=I+\omega A$ 的特征值，通过 $|\lambda I-B|=0$ 得出 $(\lambda-1-2\omega)^2-\omega^2=0$，解出 $\lambda_1=1+\omega$，$\lambda_2=1+3\omega$。

第一，收敛条件是 $\rho(B)<1$，则 $\rho(B)=\max\{|\lambda_1|,|\lambda_2|\}$，所以 $|1+\omega|<1$，$|1+3\omega|<1$，可得 $-\frac{2}{3}<\omega<0$；

第二，$\rho(B)=\max\{|\lambda_1|,|\lambda_2|\}$，根据 $|\lambda_1|=|1+\omega|$，$|\lambda_2|=|1+3\omega|$ 在 $-\frac{2}{3}<\omega<0$ 区间的图像，当 $\omega=-\frac{1}{2}$ 时，$\rho(B)$ 最小。

综上所述，松弛法的优点是通过选取合适的松弛参数 ω 来提高迭代法的收敛速度，但是该方法的难点也在于如何选取最优的参数。

小结

线性方程组的迭代法是一种通过迭代公式 $x^{(k+1)}=Bx^{(k)}+f$ 来逐步逼近方程组解的方法。迭代法的计算精度是可以控制的，特别适用于求解系数矩阵为大型稀疏矩阵的方程组。本章介绍了两种线性方程组迭代形式，雅可比迭代法和高斯－赛德尔迭代法，它们有不同的迭代阵 B。为了正确地衡量迭代法的误差，引入了范数的概念，并且通过向量和矩阵的范数来描述误差，采用条件数 cond（A）来判断一个系数矩阵是否病态，并给出了近似解的误差估计和改善的方法。除了迭代方法的误差，还分析了迭代形式的收敛速度，结论是迭代要从任意向量出发都收敛等价于 $B^k\to 0$，也等价于 $\rho(B)<1$。此外，如果 A 是严格对角占优阵，那么用雅可比迭代法和高斯－赛德尔迭代法解 $Ax=b$ 都能收敛。最后讨论了迭代法的“松弛”问题，并给出了松弛迭代法的概念，以及与迭代法收敛速度的关系。

上机实验参考程序

1. 实验目的

（1）熟悉迭代法的有关理论和方法。

（2）熟练掌握 Jacobi 法和 Gauss－Seidel 法，会编写雅可比迭代法、高斯－塞德尔迭代法的程序。

（3）认识迭代法收敛的含义以及迭代法初值和方程组系数矩阵性质对收敛速度的影响。

2. 雅可比迭代法参考程序

根据图 4－1 的雅可比迭代法的计算框图编写程序，求解方程组：

$$\begin{cases}10x_1-x_2-2x_3=7.2\\-x_1+10x_2-2x_3=8.3\\-x_1-x_2+5x_3=4.2\end{cases}$$

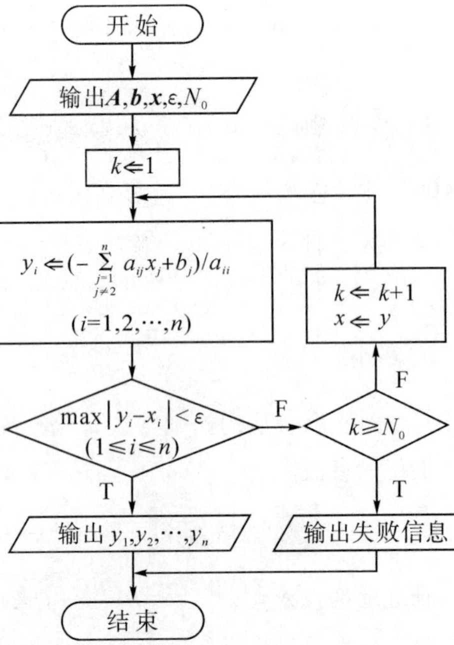

图 4-1 雅可比迭代法的计算框图

其中，$\max\limits_{1\leqslant i\leqslant n}|y_i-x_i|$的计算流程为

（1）max⇐0.0；

（2）对 $i=1$，2，…，n 作：①$d\Leftarrow|y_i-x_i|$；②若 max $<d$ 则 max⇐d。

程序结构：

在程序的说明部分将方程组的系数矩阵及常数项分别存入数组 aa 和 bb。并指定迭代的精度。在主函数 main 中提示人工键入最大迭代次数 N0，根据框图 4.1 进行迭代计算。最后输出方程组的解或者迭代失败信息。

定义数据：

程序中的主要常量及变量：

N，EPS——全局常量，分别为方程组的阶数及指定的精度。

aa [N] [N]，bb [N] ——分别存放方程组的系数矩阵及常数项，并保持不变。

a [N+1] [N+1]，b [N+1] ——程序中用 a [1] [1] ~a [N] [N]，b [1] ~b [N] 存放系数矩阵及常数项。

intN0——最大迭代次数，人工键入。当迭代达到 N0 次以上时程序输出失败信息，并结束。

x [N+1]，y [N+1] ——分别用 x [1] ~x [N]，y [1] ~y [N] 存放相继两次的迭代向量。

sum，max——用 sum 计算连加和。max 计算 $\max\limits_{1\leqslant i\leqslant n}|y_i-x_i|$。

程序清单：

```
#include <math.h>
#include <stdio.h>
#define N 3                    /* 方程组的阶数 */
#define EPS 0.5e-6             /* 给定精度要求 */
static double aa[N][N] = {{10, -1, -2}, {-1, 10, -2}, {-1, -1, 5}};
static double bb[N] = {7.2, 8.3, 4.2};
void main()
{
  int i, j, k, N0;
  double a[N+1][N+1], b[N+1], x[N+1], y[N+1];
  double d, sum, max;
  for (i=1; i<=N; i++)
   {
      for (j=1; j<=N; j++)
      a[i][j] =aa[i-1][j-1];
      b[i] =bb[i-1];
   }
  printf ("Please enter N0:");
  scanf ("%d", &N0); /* 键入最大迭代次数 N0 */
  for (i=1; i<=N; i++)   x[i] =0;
  k=0;
  printf ("      k", '');
  for (i=1; i<=N; i++) printf ("%16cx[%d]", '', i);
  printf ("\n     0");
  for (i=1; i<=N; i++) printf ("%20.8g", x[i]);
  printf ("\n");
  do
   {
      for (i=1; i<=N; i++)
     {
         sum=0.0;
         for (j=1; j<=N; j++)
                if (j!=i) sum=sum+a[i][j] *x[j];
         y[i] = (-sum+b[i]) /a[i][i];
```

```
            }
            max = 0.0;
            for (i = 1; i <= N; i++)
              {
            d = fabs (y[i] - x[i]);
            if (max < d) max = d;
            x[i] = y[i];
        }
        printf ("%6d", k+1);
        for (i = 1; i <= N; i++) printf ("%20.8g", x[i]);
        printf ("\n");
        k++;
        } while ((max >= EPS) && (k < N0)); /* 当 max < EPS 或 k >= N0 时结束迭
代 */
        if (k >= N0)    printf ("\nfail! \n");
        else
        {     printf ("solutions of equations are: \n");
               for (i = 1; i <= N; i++) printf ("    x[%d] =%g", i, x[i]);
               printf ("\n");
        }
    }
```

输出结果:

```
"D:\project\Debug\project.exe"
Please enter N0:20
     k                x[1]                x[2]                x[3]
     0                   0                   0                   0
     1                0.72                0.83                0.84
     2               0.971                1.07                1.15
     3               1.057              1.1571              1.2482
     4             1.08535             1.18534             1.28282
     5            1.095098            1.195099            1.294138
     6           1.0983375           1.1983374           1.2980394
     7           1.0994416           1.1994416            1.299335
     8           1.0998112           1.1998112           1.2997767
     9           1.0999364           1.1999364           1.2999245
    10           1.0999785           1.1999785           1.2999746
    11           1.0999928           1.1999928           1.2999914
    12           1.0999976           1.1999976           1.2999971
    13           1.0999992           1.1999992            1.299999
    14           1.0999997           1.1999997           1.2999997
    15           1.0999999           1.1999999           1.2999999
solutions of equations are:
  x[1]=1.1    x[2]=1.2    x[3]=1.3
```

3. 高斯－赛德尔迭代法参考程序

根据图 4－2 的高斯－赛德尔迭代法的计算框图编写程序，求解下列方程组。

$$\begin{cases} 10x_1 - x_2 - 2x_3 = 7.2 \\ -x_1 + 10x_2 - 2x_3 = 8.3 \\ -x_1 - x_2 + 5x_3 = 4.2 \end{cases}$$

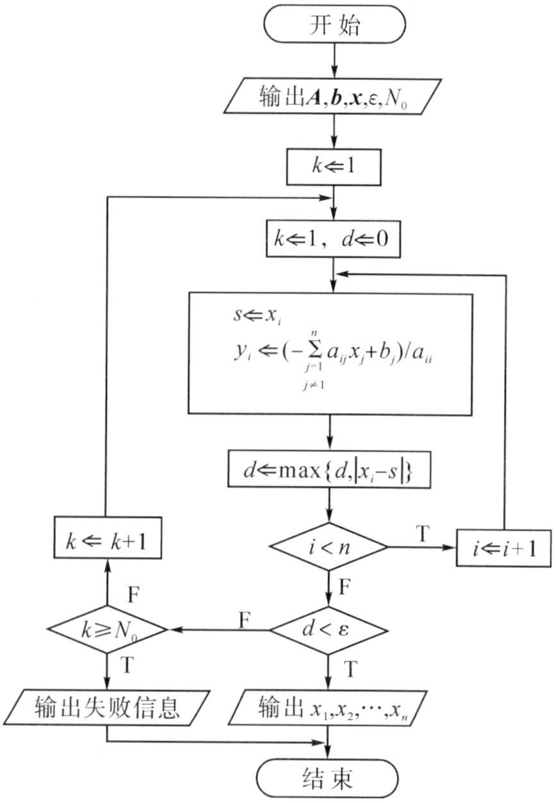

图 4－2 高斯－赛德尔迭代法的计算框图

定义数据：

程序中的主要常量及变量：

n，eps，aa [ ] [ ]，bb [ ]，a [ ] [ ]，b [ ]，x [ ]，N0，sum 均同上例。每次迭代计算时，用变量 s 临时存放 x_i 的旧值。用 d 计算 x [i] 与其旧值之差的最大绝对值。

程序清单：

```
#include <math.h>
#include <stdio.h>
#define N 3                    /* 方程组的阶数 */
#define EPS 0.5e-6             /* 给定精度要求 */
```

```
static double aa [N] [N] = {{10, -1, -2}, {-1, 10, -2}, {-1, -1, 5}};
static double bb [N] = {7.2, 8.3, 4.2};
void main( )
{
    int i, j, k, N0;
    double a [N+1] [N+1], b [N+1], x [N+1];
    double d, s, sum;
    for (i=1; i<=N; i++)
    {
        for (j=1; j<=N; j++)
            a [i] [j] =aa [i-1] [j-1];
        b [i] =bb [i-1];
    }
    printf ("\nPlease enter N0:");
    scanf ("%d", &N0); printf ("\n");
    for (i=1; i≤N; i++)    x [i] =0;
    k=0;
    printf ("      k", '');
    for (i=1; i≤N; i++) printf ("%8cx [%d]", '', i);
    printf ("\n     0");
    for (i=1; i≤N; i++) printf ("%12.8g", x [i]);
    printf ("\n");
    do
    {
        d=0.0;
        for (i=1; i≤N; i++)
        {
            s=x [i];      /*s临时存放x [i] 的旧值.*/
            sum=0.0;
            for (j=1; j<=N; j++)
                if (j!=i) sum=sum+a [i] [j] *x [j];
            x [i] = (-sum+b [i]) /a [i] [i];   /*计算x [i] 的新值
.*/
            if (d<fabs (x [i] -s)) d=fabs (x [i] -s);
```

```
            }
            printf ("%6d", k+1);
            for (i=1; i<=N; i++) printf ("%12.8g", x[i]);
            printf ("\n");
            k++;
        }
        while ((d<=EPS) && (k<N0));
        printf ("\nk=%d\n", k);
        if (k<=N0)    printf ("\nfail!\n");
        else
        {   printf ("solutions of equations are: \n");
            for (i=1; i<=N; i++) printf ("   x[%d] =%g", i, x[i]);
            printf ("\n");
        }
    }
```

输出结果：

```
"D:\project\Debug\project.exe"
Please enter N0:20

     k          x[1]          x[2]          x[3]
     0             0             0             0
     1          0.72         0.902        1.1644
     2       1.04308      1.167188     1.2820536
     3     1.0931295     1.1957237     1.2977706
     4     1.0991265     1.1994668     1.2997187
     5     1.0998904     1.1999328     1.2999646
     6     1.0999862     1.1999915     1.2999956
     7     1.0999983     1.1999989     1.2999994
     8     1.0999998     1.1999999     1.2999999
     9           1.1           1.2           1.3
solutions of equations are:
  x[1]=1.1   x[2]=1.2   x[3]=1.3
```

结果分析：

通过分析比较雅可比迭代程序和高斯－赛德尔迭代程序的运行结果，高斯－赛德尔迭代的收敛速度比雅可比迭代程序的收敛速度要快。

4. 迭代法收敛性验证参考程序

用迭代法编写程序求解线性方程组 $\boldsymbol{A}\boldsymbol{x}=\boldsymbol{b}$，将 $\boldsymbol{A}$ 的主对角线元素成倍放大，其他不变，用雅可比迭代法计算多次，比较收敛速度，分析计算结果并给出结论。

$$\boldsymbol{A}=\begin{bmatrix}1 & 3\\ -7 & 1\end{bmatrix},\quad \boldsymbol{b}=\begin{bmatrix}4\\ -6\end{bmatrix},\quad \boldsymbol{x}_0=\begin{bmatrix}0\\ 0\end{bmatrix}$$

程序中所有的常量和变量的定义均同雅可比迭代示例（例题4.5）。

（1）将雅可比迭代法程序中的 N，EPS，aa［N］［N］，bb［N］分别改成如下值：

```
#define N 2
#define EPS 0.5e-3
static double aa[N][N] = {{1, 3}, {-7, 1}};
static double bb[N] = {4, -6};
```

运行结果如下：

```
"D:\project\Debug\project.exe"
Please enter N0:20
  k              x[1]                  x[2]
  0                 0                     0
  1                 4                    -6
  2                22                    22
  3               -62                   148
  4              -440                  -440
  5              1324                 -3086
  6              9262                  9262
  7            -27782                 64828
  8           -194480               -194480
  9            583444              -1361366
 10           4084102               4084102
 11         -12252302              28588708
 12         -85766120             -85766120
 13     2.5729836e+008       -6.0036285e+008
 14     1.8010885e+009        1.8010885e+009
 15    -5.4032656e+009         1.260762e+010
 16    -3.7822859e+010       -3.7822859e+010
 17     1.1346858e+011       -2.6476002e+011
 18     7.9428005e+011        7.9428005e+011
 19    -2.3828401e+012        5.5599603e+012
 20    -1.6679881e+013       -1.6679881e+013
fail!
```

（2）修改上例中的 aa［N］［N］：

```
static double aa[N][N] = {{8, 3}, {-7, 8}};
```

运行结果如下：

```
"D:\project\Debug\project.exe"
Please enter N0:20
  k              x[1]                  x[2]
  0                 0                     0
  1               0.5                 -0.75
  2           0.78125               -0.3125
  3         0.6171875           -0.06640625
  4        0.52490234           -0.20996094
  5        0.57873535           -0.29071045
  6        0.60901642           -0.24360657
  7        0.59135246           -0.21711063
  8        0.58141649            -0.2325666
  9        0.58721247           -0.24126057
 10        0.59047271           -0.23618909
 11        0.58857091           -0.23333637
 12        0.58750114           -0.23500046
 13        0.58812517            -0.2359365
 14        0.58847619           -0.23539048
 15        0.58827143           -0.23508334
solutions of equations are:
  x[1]=0.588271    x[2]=-0.235083
```

（3）修改上例中的 aa［N］［N］：

```
static double aa [N] [N] = { {16, 3}, { -7, 16}};
```

运行结果如下：

```
"D:\project\Debug\project.exe"
Please enter N0:20
     k              x[1]                 x[2]
     0                 0                    0
     1              0.25               -0.375
     2         0.3203125            -0.265625
     3        0.29980469          -0.23486328
     4        0.29403687          -0.24383545
     5        0.29571915          -0.24635887
     6        0.29619229          -0.24562287
     7        0.29605429          -0.24541587
solutions of equations are:
  x[1]=0.296054    x[2]=-0.245416
```

结果分析：

从上述实验结果可以看出，如果 **A** 为严格对角占优矩阵，则雅可比迭代法收敛。同样也可以验证如果 **A** 为严格对角占优矩阵，则高斯－赛德尔迭代法收敛。并且，对角线上元素的绝对值相当越大，收敛速度越快。

工程应用实例

平面桁架结构

桁架是由一些用直杆组成的三角形框构成的几何形状不变的结构物（刚性元件）。杆件间的结合点称为节点（或结点）。根据组成桁架杆件的轴线和所受外力的分布情况，桁架可分为平面桁架和空间桁架。屋架或桥梁等空间结构由一系列互相平行的平面桁架所组成。图 4－3 是一个简单的静力桁架结构图，其中刚性元件（$m=5$）通过结点 A，B，C，D 相连。

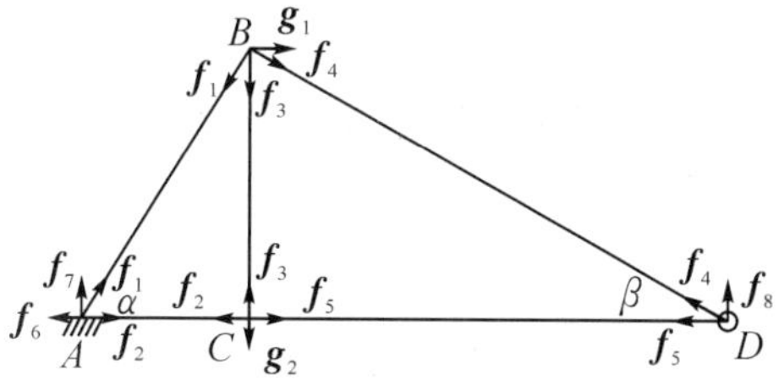

图 4－3　简单的静力桁架结构图

5 个刚性元件的内力为 f_1，f_2，f_3，f_4，f_5，它们都处理为压力，如果解是负的，表示该力为张力。桁架的左边由固定结点 A 支撑，右边由滑轮 D 支撑，f_6，f_7，f_8 是外部支撑力，

$\boldsymbol{g}_1$，$\boldsymbol{g}_2$ 是外部负荷。给定负荷时，如何确定图 4－3 静力平衡时的 5 个内力及三个外部支撑力？由于在静力平衡时，每个结点处的水平方向合力与垂直方向的合力为零，那么有

$$\text{结点 }A\begin{cases} f_1\cos\alpha+f_2-f_6=0 \\ f_1\sin\alpha+f_7=0 \end{cases}$$

$$\text{结点 }B\begin{cases} -f_1\cos\alpha+f_4\cos\beta+g_1=0 \\ -f_1\sin\alpha-f_3-f_4\sin\beta=0 \end{cases}$$

$$\text{结点 }C\begin{cases} -f_2+f_5=0 \\ f_3-g_2=0 \end{cases}$$

$$\text{结点 }D\begin{cases} -f_4\cos\beta-f_5=0 \\ f_4\sin\beta+f_8=0 \end{cases}$$

设 $\boldsymbol{F}=[\boldsymbol{f}_1,\boldsymbol{f}_2,\boldsymbol{f}_3,\boldsymbol{f}_4,\boldsymbol{f}_5,\boldsymbol{f}_6,\boldsymbol{f}_7,\boldsymbol{f}_8]^{\mathrm{T}}$ 表示未知力向量，上述方程组可用矩阵表示：

$$\begin{bmatrix} \cos\alpha & 1 & 0 & 0 & 0 & -1 & 0 & 0 \\ \sin\alpha & 0 & 0 & 0 & 0 & 0 & 1 & 0 \\ -\cos\alpha & 0 & 0 & \cos\beta & 0 & 0 & 0 & 0 \\ -\sin\alpha & 0 & -1 & -\sin\beta & 0 & 0 & 0 & 0 \\ 0 & -1 & 0 & 0 & 1 & 0 & 0 & 0 \\ 0 & 0 & 1 & 0 & 0 & 0 & 0 & 0 \\ 0 & 0 & 0 & -\cos\beta & -1 & 0 & 0 & 0 \\ 0 & 0 & 0 & \sin\beta & 0 & 0 & 0 & 1 \end{bmatrix}\cdot\boldsymbol{F}=\begin{bmatrix} 0 \\ 0 \\ -g_1 \\ 0 \\ 0 \\ g_2 \\ 0 \\ 0 \end{bmatrix}$$

若取 $\alpha=\dfrac{\pi}{3}$，$\beta=\dfrac{\pi}{6}$，外部负荷 $g_1=250$ N，$g_2=1\ 500$ N。上述方程组的系数矩阵是稀疏矩阵，可以采用雅可比迭代法和高斯－赛德尔迭代法求解，得到各节点的内力。

算法背后的历史

数学家吴文俊

吴文俊简介

吴文俊（1919—2017），出生于上海，籍贯浙江省嘉兴市，数学家，中国科学院院士，中国科学院数学与系统科学研究院研究员，系统科学研究所名誉所长。吴文俊是我国最具国

际影响的数学家之一，他对数学的核心领域拓扑学做出了重大贡献并开创了数学机械化新领域，对数学与计算机科学研究影响深远。吴文俊1919年出生于上海，1940年本科毕业于交通大学数学系，1946年在中央研究院数学所工作，在陈省身先生指导下开始从事拓扑学研究，1947年赴法留学，师从埃里斯曼与嘉当，1949年毕业于法国斯特拉斯堡大学，获得法国国家博士学位，随后在法国国家科学中心任研究员[23]。

在法国求学期间，年轻的吴文俊引发拓扑地震。他放弃了最有可能获得的菲尔兹奖，载誉归来报效祖国，誓言：做研究要让外国人跟着我们中国跑！1956年，吴文俊与华罗庚、钱学森一起获得了首届国家自然科学一等奖金。当时年仅37岁的吴文俊惊艳了国内的科学界！

他毕生践行数学是笨人学的信仰，花甲之年开始攀登数学机械化高峰，他敢为人先的创新精神堪称科学典范。他开创了近代数学史上第一个由中国人原创的研究领域。他提出的数学机械化已成为我国和世界人工智能领域的重要研究方向，他的数学机械化思想和方法已广泛应用于计算机图形学等诸多科学与工程领域。

“吴公式”“吴示性”“吴示嵌类”“吴方法”，成为国际数学界公认的经典成果。因他对拓扑学的卓越贡献和开创出数学机械化崭新领域，82岁高龄的吴文俊站上了首届国家最高科技奖的领奖台上。

吴文俊去世后，国务院前总理温家宝在《中国科学报》撰文追忆吴先生：“吴先生走了。他把自己的一切都献给了他深深热爱的祖国和数学，做到了鞠躬尽瘁，死而后已。他思考和工作直至生命的最后一刻，还有许多事情没有做完。我想，如果生命再给他一些时间，他还会为自己的国家在数学领域做出更大贡献。从这点上说，他同样做到了鞠躬尽瘁，死而不已。”

吴文俊院士在线性方程组及相关领域做出的贡献

吴消元法（吴特征列方法）：吴文俊院士创立的“吴消元法”，也称为“吴特征列方法”，是一种将多元多项式方程组简化然后求解的机械化算法。这种方法可以用计算机实现，是数学机械化的基础。

几何定理自动证明：吴文俊的工作“不仅限于几何，他还给出了由开普勒定律推导牛顿定律，化学平衡问题与机器人问题的自动证明。他将几何定理证明从一个不太成功的领域变为最成功的领域之一”。在非线性方程组求解的方向上，他建立的吴消元法是求解代数方程组最完整的方法之一，是数学机械化研究的核心。

多元多项式组的零点结构定理：吴文俊给出了多元多项式组的零点结构定理，这是构造性代数几何的重要标志。

数学机械化：吴文俊的“数学机械化”思想试图以构造性与算法化的方式来研究数学，使数学推理机械化以至于自动化，由此减轻烦琐的脑力劳动。他的工作在几何定理证明、代数方程求解等方面均有很重要的应用。

中国古代数学的启示：吴文俊院士在解多元高次方程组方面取得了重要突破。他创造的“三角化整序法”是目前唯一完整的非线性多项式方程组消元解法，在国际数学界被称为“吴方法”。而“吴方法”的思想恰恰来自中国古代数学的启示，特别是受到元代数学家朱世杰的“四元术”的启示。

几何定理机器证明的新方法：1978 年，吴文俊正式发表了他关于几何定理及其证明的第一篇论文，提出了几何定理机器证明的新方法。该方法是将要证明的几何问题代数化，并有一套高度机械化的、能够直接在计算机上有效运行的代数关系整理程序。这一方法是笛卡尔方案的继承，作为这一方法的关键算法——多元非线性代数方程组的消元程序，现在国际上就称为“吴方法”。

吴文俊院士的这些工作不仅推动了线性方程组求解方法的发展，也为数学机械化和自动推理领域做出了重要贡献。

习题 4

1. 计算下列矩阵的 $\|\cdot\|_\infty$，$\|\cdot\|_1$，$\|\cdot\|_2$：

（1）$\boldsymbol{A}=\begin{bmatrix}1 & -1\\ 2 & 1\end{bmatrix}$；（2）$\boldsymbol{B}=\begin{bmatrix}10 & 15\\ 0 & 1\end{bmatrix}$；（3）$\boldsymbol{C}=\begin{bmatrix}0.6 & -0.5\\ -0.1 & 0.3\end{bmatrix}$。

2. 设 $\boldsymbol{A}$ 是 n 阶对称正定矩阵，定义 $\|\boldsymbol{x}\|_A=(\boldsymbol{Ax},\boldsymbol{x})^{\frac{1}{2}}$，证明 $\|\boldsymbol{x}\|_A$ 为 $\boldsymbol{R}^n$ 上向量的一种范数。

3. 设 $\boldsymbol{A}=\begin{bmatrix}100 & 99\\ 99 & 98\end{bmatrix}$，计算 $\boldsymbol{A}$ 的条件数 $\mathrm{cond}(\boldsymbol{A})_\infty$ 和 $\mathrm{cond}(\boldsymbol{A})_2$。

4. 用雅可比迭代法解方程组 $\{\boldsymbol{x}^{(0)}=[0,0,0]^{\mathrm{T}}\}$：

$$\begin{cases}-3x_1+8x_2+5x_3=6\\ 2x_1-7x_2+4x_3=9\\ x_1+9x_2-6x_3=1\end{cases}$$

5. 用高斯－赛德尔迭代法解第四题的方程组 $\{\boldsymbol{x}^{(0)}=[0,0,0]^{\mathrm{T}}\}$。

6. 设有线性方程组 $\boldsymbol{Ax}=\boldsymbol{b}$，其中，

$$\boldsymbol{A}=\begin{bmatrix}1 & -\mu & \mu\\ \mu & 1 & -\mu\\ -\mu & \mu & 1\end{bmatrix}$$

证明：

（1）当 $\mu=1/2$ 时雅可比迭代法收敛，而高斯－赛德尔迭代法不收敛；

（2）当$\mu = -0.6$时高斯－赛德尔迭代法收敛，而雅可比迭代法不收敛。

7. 给定方程组

$$\begin{bmatrix} 2 & 1 & 1 \\ 1 & 1 & 1 \\ 1 & 1 & 2 \end{bmatrix} \begin{bmatrix} x_1 \\ x_2 \\ x_3 \end{bmatrix} = \begin{bmatrix} 0 \\ 3 \\ 1 \end{bmatrix}$$

（1）写出雅可比和高斯－赛德尔迭代形式；

（2）证明雅可比迭代发散，高斯－赛德尔迭代收敛；

（3）给定$\boldsymbol{x}^{(0)} = [0, 0, 0]^{\mathrm{T}}$，用迭代法求出该方程组的解，精确到$\| \boldsymbol{x}^{(k+1)} - \boldsymbol{x}^{(k)} \|_{\infty} \leqslant 0.0005$。

第5章 插 值 法

在科学研究与工程技术中，常常遇到这样的问题：由实验或测量得到一批离散样点，要求作出一条通过这些点的光滑曲线，以便满足设计要求或进行加工。反映在数学上，即已知函数在一些点上的值$(x_i, y_i)(i=0, 1, 2, \cdots, n)$，寻求它的分析表达式$f(x)$。例如，已经测得在某处海洋不同深度处的水温，见表5-1所列。

表5-1 某处海洋不同深处的水温

深度	466	700	940	1 410	1 612
水温	7.01	4.20	3.36	2.51	2.08

要求根据这些数据，合理地估计出其他深度（如500米，600米，1 000米，……）处的水温。

此外，一些函数虽有表达式$f(x)$，但因式子复杂，不易计算其值和进行理论分析，也需要构造一个简单函数$p(x)$来近似$f(x)$。为了解决这些问题，需要构造一个简单函数$p(x)$，如多项式、分式线性函数及三角多项式等，要求它满足这些数据对$(x_i, y_i)(i=0, 1, 2, \cdots, n)$，由此确定$p(x)$作为$f(x)$的近似，这就是插值法。

设已知区间$[a, b]$上的实值函数$f(x)$在$n+1$个相异点$x_i \in [a, b]$处的函数值$y_i = f(x_i)(i=0, 1, 2, \cdots, n)$，要求构造一个简单函数$p(x)$并作为函数$f(x)$的近似表达式

$$f(x) \approx p(x)$$

使得

$$p(x_i)=f(x_i)=y_i \quad (i=0, 1, \cdots, n) \tag{5-1}$$

这类问题称为插值问题。称$f(x)$为被插值函数；$p(x)$为插值函数；$x_0, x_1, \cdots, x_n$为插值节点；式（5-1）为插值条件。求插值函数$p(x)$的方法称为插值法。

插值函数类中的取法不同，所求得的插值函数$p(x)$逼近$f(x)$的效果就不同。它的选择取决于使用上的需要，常用的有代数多项式、三角多项式和有理函数等。当选用代数多项式作为插值函数时，相应的插值问题就称为多项式插值。本章讨论的就是这类插值问题，其他插值问题不讨论。

从几何上看，插值问题就是求过$n+1$个点$(x_i, y_i)(i=0, 1, 2, \cdots, n)$的曲线$y=p(x)$，使它近似于已给函数$y=f(x)$，如图5-1所示。

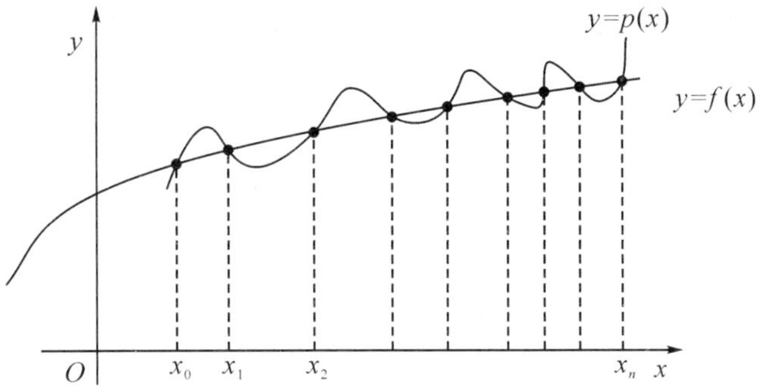

图 5-1 插值几何图

本章主要讨论插值多项式、分段插值函数、三次样条插值等。

5.1 插值多项式

5.1.1 插值多项式的存在性和唯一性

定理 5.1 满足插值条件 $p(x_i)=y_i(i=0, 1, 2, \cdots, n)$的插值多项式 $p(x)=a_0+a_1x+a_2x^2+\cdots+a_nx^n$ 是存在且唯一的。

证明 插值多项式就是根据给定 $n+1$ 个点$(x_i, y_i)(i=0, 1, 2, \cdots, n)$，求一个 n 次多项式 $p(x)=a_0+a_1x+a_2x^2+\cdots+a_nx^n$ 使 $p(x_i)=y_i(i=0, 1, 2, \cdots, n)$。由条件知，$p(x)$的系数 a_i 满足以下方程组：

$$\begin{cases} a_0+a_1x_0+\cdots+a_nx_0^n=y_0 \\ a_0+a_1x_1+\cdots+a_nx_1^n=y_1 \\ \cdots\cdots \\ a_0+a_1x_n+\cdots+a_nx_n^n=y_n \end{cases} \tag{5-2}$$

这是一个关于 a_0，a_1，…，a_n 的 $n+1$ 元线性方程组，根据 $n+1$ 个条件得到的方程组是关于参数 a_0，a_1，…，a_n 的线性方程组，记此方程组的系数矩阵为 $\boldsymbol{A}$。则 $\boldsymbol{A}$ 的行列式为

$$\begin{vmatrix} 1 & x_0 & \cdots & x_0^n \\ 1 & x_1 & \cdots & x_1^n \\ \vdots & \vdots & & \vdots \\ 1 & x_n & \cdots & x_n^n \end{vmatrix}$$

注意到上式为一个范德蒙行列式。当 x_0，x_1，…，x_n 互不相同时，此行列式值不为零。因此，方程组（5-2）有唯一解。这表明，只要 $n+1$ 个节点互不相同，满足插值要求的插值多项式就是存在唯一的。

5.1.2 线性插值

前面，我们不仅指出了插值多项式的存在唯一性，而且提供了它的一种求法。即通过解

线性方程组（5-2）来确定其系数 a_0，a_1，…，a_n，但是这种做法的计算工作量大，不便于实际应用。这一节和以下小节将介绍几种简便的求法。

为了得到便于使用的简单的插值多项式 $p(x)$，我们先从特殊情况开始。先讨论只有 2 个节点 x_0，x_1 的插值多项式。由前所述，插值多项式应设为 $L_1(x)=a_0+a_1x$ 且满足插值条件：

$$L_1(x_0)=a_0+a_1x_0=f(x_0)=y_0$$

$$L_1(x_1)=a_0+a_1x_1=f(x_1)=y_1$$

解此方程组，得出两个节点的一次插值多项式：

$$L_1(x)=y_0+\frac{y_1-y_0}{x_1-x_0}(x-x_0) \tag{5-3}$$

如图 5-2 所示，这是用过两点 $(x_0,\ y_0)$ 和 $(x_1,\ y_1)$ 的一条直线 $y=L_1(x)$ 求近似曲线 $y=f(x)$，故这种插值又称为线性插值。

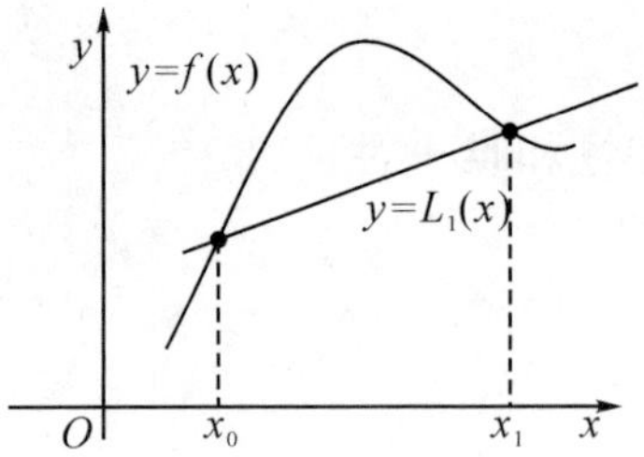

图 5-2　线性插值

为了将来能推广到一般情况下，我们将式（5-3）改写成以下形式：

$$L_1(x)=\frac{x-x_1}{x_0-x_1}y_0+\frac{x-x_0}{x_1-x_0}y_1 \tag{5-4}$$

由式（5-4）知，$L_1(x)$ 是两个线性函数的线性组合。记

$$l_0(x)=\frac{x-x_1}{x_0-x_1},\quad l_1(x)=\frac{x-x_0}{x_1-x_0}$$

则

$$L_1(x)=l_0(x)y_0+l_1(x)y_1 \tag{5-5}$$

显然 $l_0(x)$，$l_1(x)$ 也是一次多项式，且满足

$$l_0(x_0)=1, l_0(x_1)=0$$

$$l_1(x_0)=0, l_1(x_1)=1$$

即 $l_i(x)(i=0,\ 1)$ 在对应的插值点 x_i 处取值为 1，在其他点处取值为 0。即

$$l_i(x_j)=\begin{cases}1, i=j\\0, i\neq j\end{cases}\quad (i,\ j=0,\ 1) \tag{5-6}$$

称 $l_0(x)$，$l_1(x)$ 为一次插值基函数或线性插值基函数。

5.1.3　抛物插值

设已知 $y=f(x)$ 在三个不同点 x_0，x_1，x_2 上的值分别为 y_0，y_1，y_2，今求一个二次插值

多项式 $L_2(x)$，使其满足

$$L_2(x_i)=y_i \quad (i=0,\ 1,\ 2)$$

由于通过在一直线上不同的三点 (x_0, y_0)，(x_1, y_1)，(x_2, y_2) 可以作一条抛物线，故称二次插值多项式 $L_2(x)$ 为 $f(x)$ 的抛物线插值函数。下面采用类似线性插值基函数的求法去求 $L_2(x)$。设二次插值多项式为

$$L_2(x)=l_0(x)y_0+l_1(x)y_1+l_2(x)y_2$$

这里的基函数 $l_0(x)$，$l_1(x)$，$l_2(x)$ 为二次多项式，它们满足形如式（5-6）的条件，即满足：

$$l_i(x_j)=\begin{cases}1, i=j\\0, i\neq j\end{cases} \quad (i,\ j=0,\ 1,\ 2) \tag{5-7}$$

显然，求出 $l_0(x)$，$l_1(x)$，$l_2(x)$ 后，二次插值多项式 $L_2(x)$ 即可求出。余下的问题就是如何求 $l_i(x)(i=0,\ 1,\ 2)$。以 $l_1(x)$ 为例，由式（5-7）知，$l_1(x)$ 满足 $l_1(x_0)=0$，$l_1(x_1)=1$，$l_1(x_2)=0$，即 x_0，x_2 为其两个零点，又知 $l_1(x)$ 为二次函数，所以可设

$$l_1(x)=k(x-x_0)(x-x_2)$$

其中，k 为待定系数。由 $l_1(x_1)=1$ 知，$1=k(x_1-x_0)(x_1-x_2)$，所以得

$$k=\frac{1}{(x_1-x_0)(x_1-x_2)}$$

从而得

$$l_1(x)=\frac{(x-x_0)(x-x_2)}{(x_1-x_0)(x_1-x_2)}$$

同理有

$$l_0(x)=\frac{(x-x_1)(x-x_2)}{(x_0-x_1)(x_0-x_2)},\quad l_2(x)=\frac{(x-x_0)(x-x_1)}{(x_2-x_0)(x_2-x_1)}$$

所以二次插值多项式为

$$\begin{aligned}L_2(x)&=l_0(x)y_0+l_1(x)y_1+l_2(x)y_2\\&=\sum_{k=0}^{2}l_k(x)y_k\end{aligned} \tag{5-8}$$

例题 5.1 已知函数 $f(x)$ 的三个点（10，1），（15，1.176 1），（20，1.301 0），写出二次插值基函数，并求出二次插值多项式 $L_2(x)$ 及 $L_2(12)$。

解 设 $x_0=10$，$x_1=15$，$x_2=20$，则 $y_0=1$，$y_1=1.176\,1$，$y_2=1.301\,0$。

由式（5-8）知二次插值多项式 $L_2(x)=l_0(x)y_0+l_1(x)y_1+l_2(x)y_2$，因此先求二次插值基函数 $l_i(x)$，其中，

$$l_0(x)=\frac{(x-x_1)(x-x_2)}{(x_0-x_1)(x_0-x_2)}=\frac{(x-15)(x-20)}{(10-15)(10-20)}=\frac{1}{50}(x-15)(x-20)$$

$$l_1(x)=\frac{(x-x_0)(x-x_2)}{(x_1-x_0)(x_1-x_2)}=\frac{(x-10)(x-20)}{(15-10)(15-20)}=-\frac{1}{25}(x-10)(x-20)$$

$$l_2(x)=\frac{(x-x_0)(x-x_1)}{(x_2-x_0)(x_2-x_1)}=\frac{(x-10)(x-15)}{(20-10)(20-15)}=\frac{1}{50}(x-10)(x-15)$$

则

$$\begin{aligned}L_2(x)&=l_0(x)y_0+l_1(x)y_1+l_2(x)y_2\\&=\frac{1}{50}(x-15)(x-20)-\frac{1.176\ 1}{25}(x-10)(x-20)+\frac{1.301\ 0}{50}(x-10)(x-15)\end{aligned}$$

所以

$$\begin{aligned}L_2(12)=&\frac{1}{50}(12-15)(12-20)-\frac{1.176\ 1}{25}(12-10)(12-20)\\&+\frac{1.301\ 0}{50}(12-10)(12-15)=1.076\ 6\end{aligned}$$

5.1.4 拉格朗日插值多项式

下面进一步研究 n 次多项式的问题。

以上我们就 $n=1$，$n=2$ 的特殊情况进行了讨论，得到了一次及二次插值多项式 $L_1(x)$ 和 $L_2(x)$。现把这种用插值基函数求解插值多项式的方法推广到具有 $n+1$ 个节点的情况中去。

假设给定 $n+1$ 个插值节点 $x_0<x_1<\cdots<x_n$，及节点上的函数值 y_0，y_1，…，y_n，求一个 n 次多项式 $L_n(x)$ 满足

$$L_n(x_j)=y_j\quad(j=0,\ 1,\ 2,\ \cdots,\ n)\tag{5-9}$$

我们仍用构造 n 次插值基函数的方法去求 $L_n(x)$。下面先给出 n 次插值基函数的定义。

定义 5.1 若 n 次多项式 $l_i(x)(i=0,\ 1,\ 2,\ \cdots,\ n)$ 在 $n+1$ 个节点 $x_0<x_1<\cdots<x_n$ 上满足

$$l_i(x_j)=\begin{cases}1, i=j\\0, i\neq j\end{cases}\quad(i,\ j=0,\ 1,\ 2,\ \cdots,\ n)\tag{5-10}$$

则称这 $n+1$ 个 n 次多项式 $l_0(x)$，$l_1(x)$，…，$l_n(x)$ 为节点 x_0，x_1，…，x_n 上的 n 次插值基函数。

用前面二次插值的类似推导方法，不难推得 n 次插值基函数

$$\begin{aligned}l_k(x)&=\frac{(x-x_0)\cdots(x-x_{k-1})(x-x_{k+1})\cdots(x-x_n)}{(x_k-x_0)\cdots(x_k-x_{k-1})(x_k-x_{k+1})\cdots(x_k-x_n)}\\&=\prod_{\substack{j=0\\j\neq k}}^{n}\frac{x-x_j}{x_k-x_j}\quad(k=0,\ 1,\ 2,\ \cdots,\ n)\end{aligned}\tag{5-11}$$

显然满足式（5-10），于是得到满足插值条件（5-9）的插值多项式 $L_n(x)$：

$$L_n(x)=\sum_{k=0}^{n}l_k(x)y_k\tag{5-12}$$

插值多项式（5-12）就称为 n 次拉格朗日（Lagrange）插值多项式。当 $n=1$ 和 $n=2$ 时，$L_1(x)$ 和 $L_2(x)$ 分别称为线性插值多项式和二次插值多项式。

例题 5.2 求过点（2，1），（4，3），（6，5），（8，4），（10，1）的拉格朗日插值多项式。

解 设

$$x_0=2,\ x_1=4,\ x_2=6,\ x_3=8,\ x_4=10$$
$$y_0=1,\ y_1=3,\ y_2=5,\ y_3=4,\ y_4=1$$

则已知 5 个插值节点可构造一个 4 次插值多项式 $L_4(x)$，由拉格朗日插值多项式（5－12）知 $L_4(x)=\sum_{i=0}^{4} l_i(x)y_i$。其中，

$$l_0(x)=\frac{(x-4)(x-6)(x-8)(x-10)}{(2-4)(2-6)(2-8)(2-10)}=\frac{1}{384}(x-4)(x-6)(x-8)(x-10)$$

$$l_1(x)=\frac{(x-2)(x-6)(x-8)(x-10)}{(4-2)(4-6)(4-8)(4-10)}=\frac{-1}{96}(x-2)(x-6)(x-8)(x-10)$$

$$l_2(x)=\frac{(x-2)(x-4)(x-8)(x-10)}{(6-2)(6-4)(6-8)(6-10)}=\frac{1}{64}(x-2)(x-4)(x-8)(x-10)$$

$$l_3(x)=\frac{(x-2)(x-4)(x-6)(x-10)}{(8-2)(8-4)(8-6)(8-10)}=\frac{-1}{96}(x-2)(x-4)(x-6)(x-10)$$

$$l_4(x)=\frac{(x-2)(x-4)(x-6)(x-8)}{(10-2)(10-4)(10-6)(10-8)}=\frac{1}{384}(x-2)(x-4)(x-6)(x-8)$$

则拉格朗日插值多项式

$$\begin{aligned}L_4(x)&=l_0(x)y_0+l_1(x)y_1+l_2(x)y_2+l_3(x)y_3+l_4(x)y_4\\&=\frac{1}{384}(x-4)(x-6)(x-8)(x-10)-\frac{3}{96}(x-2)(x-6)(x-8)(x-10)\\&\quad+\frac{5}{64}(x-2)(x-4)(x-8)(x-10)-\frac{4}{96}(x-2)(x-4)(x-6)(x-10)\\&\quad+\frac{1}{384}(x-2)(x-4)(x-6)(x-8)\end{aligned}$$

5.1.5 插值余项及估计

下面我们讨论 Lagrange 插值的误差估计，称 $R(x)=f(x)-L_n(x)$ 为 Lagrange 插值多项式 $L_n(x)$ 的余项。

定理 5.2 设 $f\in C^n[a,b]$ 即 $f^{(n)}(x)$ 在 $[a,b]$ 上连续，且 $f^{(n+1)}$ 在 (a,b) 内存在，$L_n(x)$ 是以 $x_0,x_1,\cdots,x_n$ 为插值节点函数 f 的 Lagrange 插值多项式，则对 $[a,b]$ 内的任意点 x，插值余项为

$$R_n(x)=f(x)-L_n(x)=\frac{f^{(n+1)}(\xi)}{(n+1)!}\omega_{n+1}(x) \tag{5-13}$$

其中，$\xi\in[a,b]$，且与 x 有关，$\omega_{n+1}(x)=(x-x_0)(x-x_1)\cdots(x-x_n)$。

证明 根据插值条件可知 $L_n(x_j)=y_j=f(x_j)$，所以 $R_n(x_j)=0(j=0,1,2,\cdots,n)$。

则 $R_n(x)$ 具有下列形式：

$$R_n(x)=K(x)(x-x_0)(x-x_1)\cdots(x-x_n)$$

其中，$K(x)$ 是与 x 有关的待定函数。

对于 $[a, b]$ 上任意的点 x，且 $x\neq x_i(i=0, 1, \cdots, n)$，构造辅助函数

$$\varphi(t)=f(t)-L_n(t)-K(x)(t-x_0)(t-x_1)\cdots(t-x_n)$$

则 $\varphi(t)$ 满足 $\varphi(x_j)=0(j=0, 1, 2, \cdots, n)$。并且有

$$\varphi(x)=f(x)-L_n(x)-K(x)(x-x_0)(x-x_1)\cdots(x-x_n)=0$$

这就是说，$\varphi(t)$ 在 $[a, b]$ 区间内有 $n+2$ 个零点 x，x_0，x_1，$\cdots$，x_n。由罗尔定理知，函数 $\varphi'(t)$ 在 (a, b) 内至少有 $n+1$ 个零点，对 $\varphi'(t)$ 再用一次罗尔定理，可知 $\varphi''(t)$ 在 (a, b) 内至少有 n 个零点，……，以此类推知，$\varphi^{(n+1)}(t)$ 在内至少有一个零点，设为 ξ，即 $\varphi^{(n+1)}(\xi)=0$，由 $\varphi(t)$ 得

$$\varphi^{(n+1)}(\xi)=f^{(n+1)}(\xi)-(n+1)!\,K(x)=0$$

所以，$K(x)=\dfrac{f^{(n+1)}(\xi)}{(n+1)!}$ $[\xi\in(a, b)$ 与 x 有关$]$。

注意：

(1) 当 $f(x)$ 为任一个次数小于等于 n 的多项式时，$f^{(n+1)}(x)=0$，此时有 $R_n(x)=0$，则 $f(x)=L_n(x)$，即插值多项式对于次数 n 的多项式是精确的。

(2) 由于 $\xi\in(a, b)$ 一般不可能具体求出，不过这并不影响我们对 $|R_n(x)|$ 的估计。因此可设

$$M_{n+1}=\max_{a\leqslant x\leqslant b}|f^{(n+1)}(x)|$$

则得

$$|R_n(x)|\leqslant\frac{M_{n+1}}{(n+1)!}\prod_{i=0}^{n}|x-x_i| \tag{5-14}$$

即将 $\dfrac{M_{n+1}}{(n+1)!}\prod\limits_{i=0}^{n}|x-x_i|$ 作为误差估计上限。由式 (5-14) 知，$|R_n(x)|$ 的大小与 M_{n+1} 以及节点有关。

例题 5.3 已给 $\sin\dfrac{\pi}{6}=\dfrac{1}{2}$，$\sin\dfrac{\pi}{4}=\dfrac{\sqrt{2}}{2}$，$\sin\dfrac{\pi}{3}=\dfrac{\sqrt{3}}{2}$，用线性插值及抛物线插值计算 $\sin 50°$ 的值，并估计截断误差。

解 由题意设

$$x_0=\frac{\pi}{6},\ y_0=\frac{1}{2}$$

$$x_1=\frac{\pi}{4},\ y_1=\frac{\sqrt{2}}{2}$$

$$x_2=\frac{\pi}{3},\ y_2=\frac{\sqrt{3}}{2}$$

(1) 用线性插值计算，分别利用 x_0，x_1 以及 x_1，x_2 计算。

①利用 $x_0=\frac{\pi}{6}$，$x_1=\frac{\pi}{4}$计算，因 $50°=\frac{5\pi}{18}\notin\left[\frac{\pi}{6},\ \frac{\pi}{4}\right]$，则此计算称为外推。得出

$$L_1(x)=l_0(x)y_0+l_1(x)y_1=\frac{x-\pi/4}{\pi/6-\pi/4}\times\frac{1}{2}+\frac{x-\pi/6}{\pi/4-\pi/6}\times\frac{\sqrt{2}}{2}$$

则$\sin 50°\approx L_1\left(\frac{5\pi}{18}\right)\approx 0.776\ 14$。

其截断误差由式（5－14）得

$$|R_1(x)|\leqslant\frac{M_1}{2}|(x-x_0)(x-x_1)|$$

其中，$M_1=\max\limits_{x_0\leqslant x\leqslant x_1}|f''(x)|$。因$f''(t)=-\sin x$，可取

$$M_1=\max_{x_0\leqslant x\leqslant x_1}|\sin x|=\sin x_1\leqslant\frac{\sqrt{2}}{2}$$

则外推的误差为

$$\begin{aligned}|R_1(50°)|=|\sin 50°-L_1(50°)|&\leqslant\frac{\sqrt{2}/2}{2}\left|\left(\frac{5\pi}{18}-\frac{\pi}{6}\right)\left(\frac{5\pi}{18}-\frac{\pi}{4}\right)\right|\\&\leqslant 0.010\ 1\end{aligned}$$

②利用 $x_1=\frac{\pi}{4}$，$x_2=\frac{\pi}{3}$计算，因 $50°=\frac{5\pi}{18}\in\left[\frac{\pi}{4},\ \frac{\pi}{3}\right]$，则此计算称为内插。得出

$$L_1(x)=l_0(x)y_0+l_1(x)y_1=\frac{x-\pi/3}{\pi/4-\pi/3}\times\frac{\sqrt{2}}{2}+\frac{x-\pi/4}{\pi/3-\pi/4}\times\frac{\sqrt{3}}{2}$$

则 $\sin 50°\approx L_1\left(\frac{5\pi}{18}\right)\approx 0.760\ 08$。

其截断误差由式（5－14）得

$$|R_1(x)|\leqslant\frac{M_2}{2}|(x-x_0)(x-x_1)|$$

其中，$M_2=\max\limits_{x_0\leqslant x\leqslant x_1}|f''(x)|$。因$f''(x)=-\sin x$，可取

$$M_2=\max_{x_0\leqslant x\leqslant x_1}|\sin x|=\sin x_2\leqslant\frac{\sqrt{3}}{2}$$

则内插的误差为

$$\begin{aligned}|R_1\ (50°)|=|\sin 50°-L_1\ (50°)|&\leqslant\frac{\sqrt{3}/2}{2}\left|\left(\frac{5\pi}{18}-\frac{\pi}{6}\right)\left(\frac{5\pi}{18}-\frac{\pi}{4}\right)\right|\\&\leqslant 0.005\ 96\end{aligned}$$

则内插多项式的误差小于外推多项式的误差，由此得出内插多项式通常优于外推多项式的结论。选择要计算的 x 所在的区间端点，插值效果较好。

（2）用二次（抛物）插值计算 sin 50°。由二次插值多项式（5－8）得

$$\begin{aligned}L_2(x)&=l_0(x)y_0+l_1(x)y_1+l_2(x)y_2\\&=\frac{\left(x-\frac{\pi}{4}\right)\left(x-\frac{\pi}{3}\right)}{\left(\frac{\pi}{6}-\frac{\pi}{4}\right)\left(\frac{\pi}{6}-\frac{\pi}{3}\right)}\times\frac{1}{2}+\frac{\left(x-\frac{\pi}{6}\right)\left(x-\frac{\pi}{3}\right)}{\left(\frac{\pi}{4}-\frac{\pi}{6}\right)\left(\frac{\pi}{4}-\frac{\pi}{3}\right)}\times\frac{\sqrt{2}}{2}+\frac{\left(x-\frac{\pi}{6}\right)\left(x-\frac{\pi}{4}\right)}{\left(\frac{\pi}{3}-\frac{\pi}{6}\right)\left(\frac{\pi}{3}-\frac{\pi}{4}\right)}\times\frac{\sqrt{3}}{2}\end{aligned}$$

则有

$$\sin 50° \approx L_2(\frac{5\pi}{18}) \approx 0.765\ 43$$

这个结果与6位有效数字的正弦函数表完全一样，这说明用二次插值精度已相当高了。其截断误差由式（5-14）得

$$|R_2(x)| \leqslant \frac{M_3}{6}|(x-x_0)(x-x_1)(x-x_2)|$$

其中，$M_3 = \max\limits_{x_0 \leqslant x \leqslant x_2} |f'''(x)| = \cos x_0 \leqslant \frac{\sqrt{3}}{2}$，于是二次插值的误差

$$|R_2(50°)| = |\sin 50° - L_2(50°)| \leqslant \frac{\sqrt{3}/2}{6}\left|\left(\frac{5\pi}{18}-\frac{\pi}{6}\right)\left(\frac{5\pi}{18}-\frac{\pi}{4}\right)\left(\frac{5\pi}{18}-\frac{\pi}{3}\right)\right|$$

$$\leqslant 0.000\ 61$$

由此得出，高次插值通常优于低次插值，但绝对不是次数越高就越好。

5.2 均差与牛顿插值多项式

5.2.1 均差及其性质

Lagrange 插值多项式结构紧凑和形式简单，在理论分析中甚为方便。但 Lagrange 插值多项式也有其缺点，当插值节点增加、减少或其位置变化时，全部插值基函数均要随之变化，从而整个插值多项式的结构将发生变化，这在实际计算中是非常不利的。为了克服这一缺点，本节将介绍另一种形式的插值多项式——牛顿（Newton）插值多项式 $N_n(x)$。Newton 插值多项式的使用比较灵活，当增加插值节点时，只要在原来的基础上增加部分计算工作量而使原来的计算结果仍可得到利用，这就节约了计算时间。牛顿插值多项式 $N_n(x)$ 的表达式为

$$N_n(x) = a_0 + a_1(x-x_0) + a_2(x-x_0)(x-x_1) + \cdots + a_n(x-x_0)(x-x_1)\cdots(x-x_{n-1}) \tag{5-15}$$

其中，$a_i(i=0, 1, 2, \cdots, n)$为待定常数。显然，它可根据插值条件

$$N_n(x_i) = f(x_i) \quad (i=0, 1, 2, \cdots, n) \tag{5-16}$$

直接得到。例如：

当 $x=x_0$ 时，得 $N_n(x_0) = a_0 = f(x_0)$；

当 $x=x_1$ 时，由 $N_n(x_1) = a_0 + a_1(x_1-x_0) = f(x_1)$得

$$a_1 = \frac{f(x_1)-f(x_0)}{x_1-x_0}$$

当 $x=x_2$ 时，由 $N_n(x_2) = a_0 + a_1(x_2-x_0) + a_2(x_2-x_0)(x_2-x_1) = f(x_2)$得

$$a_2 = \frac{\frac{f(x_2)-f(x_0)}{x_2-x_0} - \frac{f(x_1)-f(x_0)}{x_1-x_0}}{x_2-x_1}$$

以此类推，可得其他待定常数 $a_i(i=3, 4, \cdots, n)$。为了给出牛顿插值多项式 $N_n(x)$ 的系数 a_i 的一般表达式，先引进均差的定义。

定义 5.2 称 $f[x_0, x_k]=\dfrac{f(x_k)-f(x_0)}{x_k-x_0}(k\neq 0)$ 为 $f(x)$ 关于点 x_0，x_k 的一阶均差（差商）。则

$$f[x_0,x_1,x_k]=\frac{f[x_0,x_k]-f[x_0,x_1]}{x_k-x_1}$$

为 $f(x)$ 关于点 x_0，x_1，x_k 的二阶均差（差商）。一般来说，有了 $k-1$ 阶均差之后，称

$$f[x_0,\cdots,x_k]=\frac{f[x_0,\cdots,x_{k-2},x_k]-f[x_0,x_1,\cdots,x_{k-1}]}{x_k-x_{k-1}} \tag{5-17}$$

为 $f(x)$ 关于点 x_0，x_1，$\cdots$，x_k 的 k 阶均差（差商）。

均差（差商）有以下重要性质。

（1）均差（差商）与函数值的关系。k 阶均差可表示为函数值 $f(x_0)$，$f(x_1)$，$\cdots$，$f(x_k)$ 的线性组合，即

$$f[x_0, x_1, \cdots, x_k]=\sum_{i=0}^{k}\frac{f(x_i)}{(x_i-x_0)\cdots(x_i-x_{i-1})(x_i-x_{i+1})\cdots(x_i-x_k)} \tag{5-18}$$

（2）均差（差商）具有对称性。差商值与节点排列次序无关，即改变节点的位置，差商值不变。例如：

$$f[x_i, x_j]=f[x_j, x_i]$$

$$f[x_i, x_j, x_k]=f[x_j, x_i, x_k]=f[x_i, x_k, x_j]$$

均差（差商）可列均差（差商）表，见表 5-2 所列。

表 5-2 均差（差商）表

x_k	$f(x_k)$	一阶均差	二阶均差	三阶均差	四阶均差
x_0	$f(x_0)$				
x_1	$f(x_1)$	$\underline{f[x_0, x_1]}$			
x_2	$f(x_2)$	$f[x_1, x_2]$	$\underline{f[x_0, x_1, x_2]}$		
x_3	$f(x_3)$	$f[x_2, x_3]$	$f[x_1, x_2, x_3]$	$\underline{f[x_0, x_1, x_2, x_3]}$	
x_4	$f(x_4)$	$f[x_3, x_4]$	$f[x_2, x_3, x_4]$	$f[x_1, x_2, x_3, x_4]$	$\underline{f[x_0, x_1, x_2, x_3, x_4]}$
$\vdots$	$\vdots$	$\vdots$	$\vdots$	$\vdots$	$\vdots$

5.2.2 Newton 插值

一般来说，根据差商定义，把 x 看成 $[a, b]$ 上的一点，依次可得

$$f(x)=f(x_0)+(x-x_0)f[x, x_0]$$

$$f[x, x_0]=f[x_0, x_1]+(x-x_1)f[x, x_0, x_1]$$

$$f[x, x_0, x_1]=f[x_0, x_1, x_2]+(x-x_2)f[x, x_0, x_1, x_2]$$

……

$$f[x, x_0, \cdots, x_{n-1}]=f[x_0, x_1, \cdots, x_n]+(x-x_n)f[x, x_0, \cdots, x_n]$$

将以上各式依次分别乘以 1，$(x-x_0)$，$(x-x_0)(x-x_1)$，…，$(x-x_0)(x-x_1)\cdots(x-x_{n-1})$，然后相加并消去两边相等的部分，就得到

$$\begin{aligned} f(x)=&f(x_0)+f[x_0,x_1](x-x_0)+f[x_0,x_1,x_2](x-x_0)(x-x_1)+\cdots \\ &+f[x_0, x_1, \cdots, x_n](x-x_0)(x-x_1)\cdots(x-x_{n-1}) \\ &+f[x, x_0, x_1, \cdots, x_n](x-x_0)(x-x_1)\cdots(x-x_n) \end{aligned}$$

其中，

$$\begin{aligned} N_n(x)=&f(x_0)+f[x_0, x_1](x-x_0)+f[x_0, x_1, x_2](x-x_0)(x-x_1)+\cdots \\ &+f[x_0, x_1, \cdots, x_n](x-x_0)(x-x_1)\cdots(x-x_{n-1}) \end{aligned} \tag{5-19}$$

$$\begin{aligned} R_n(x)=&f(x)-N_n(x)=f[x, x_0, x_1, \cdots, x_n](x-x_0)(x-x_1)\cdots(x-x_n) \\ =&f[x, x_0, x_1, \cdots, x_n]\omega_{n+1}(x) \end{aligned} \tag{5-20}$$

其中，$\omega_{n+1}(x)=(x-x_0)(x-x_1)\cdots(x-x_n)$。

由式（5－19）确定的多项式 $N_n(x)$ 显然满足插值条件，且次数不超过 n，它就是形如式（5－15）的多项式，其系数为

$$a_k=f[x_0, x_1, \cdots, x_k] \quad (k=0, 1, \cdots, n)$$

称式（5－19）为 Newton 均差插值多项式。系数 a_k 就是均差表 5－2 中加横线的各阶均差，它比 Lagrange 插值的计算量少，且便于程序设计。式（5－20）即为 Newton 插值多项式的余项。

注意： 由于满足插值条件的插值多项式是唯一的，所以必有 $L_n(x)=N_n(x)$，从而其余项也相同，即

$$\frac{f^{(n+1)}(\xi)}{(n+1)!}\omega_{n+1}(x)=f[x, x_0, \cdots, x_n]\omega_{n+1}(x)$$

所以，由此可得到差商与导数的关系：

$$\frac{f^{(n+1)}(\xi)}{(n+1)!}=f[x, x_0, \cdots, x_n] \tag{5-21}$$

例题 5.4 设当 $x_i=1, 2, 3, 4, 5$ 时，$f(x_i)=1, 4, 7, 8, 6$，求四次牛顿插值多项式。

解 首先根据给定的节点及函数值，构造出差商表，见表 5－3 所列。

表 5-3 差商表（一）

x_k	$f(x_k)$	一阶均差	二阶均差	三阶均差	四阶均差
1	1				
2	4	(4-1)/(2-1)=3			
3	7	(7-4)/(3-2)=3	(3-3)/(3-1)=0		
4	8	(8-7)/(4-3)=1	(1-3)/(4-2)=-1	(-1-0)/(4-1)=-1/3	
5	6	(6-8)/(5-4)=-2	(-2-1)/(5-3)=-3/2	[-3/2-(-1)]/(5-2)=-1/6	1/24

则四次牛顿插值多项式

$$N_4(x)=1+(x-1)*3+(x-1)(x-2)*0+(x-1)(x-2)(x-3)*\left(-\frac{1}{3}\right)$$

$$+(x-1)(x-2)(x-3)(x-4)*\left(\frac{1}{24}\right)$$

$$=\frac{1}{24}x^4-\frac{9}{12}x^3+\frac{83}{24}x^2-\frac{33}{12}x+1$$

例题 5.5 已知 $x=1$，4，9 的平方根为 1，2，3，利用牛顿基本差商公式求$\sqrt{7}$的近似值。

解 先根据给定的节点及函数值构造出差商表，见表 5-4 所列。

表 5-4 差商表（二）

x_k	$f(x_k)$	一阶均差	二阶均差
1	1		
4	2	(2-1)/(4-1)=1/3	
9	3	(3-2)/(9-4)=0.2	(0.2-1/3)/(9-1)=-1/60

则二次牛顿插值多项式为 $N_2(x)=1+(x-1)*\frac{1}{3}+(x-1)(x-4)*\left(-\frac{1}{60}\right)$。

因此，通过计算得到$\sqrt{7}$的近似值 $N_2(7)=1+(7-1)*\frac{1}{3}+(7-1)(7-4)*\left(-\frac{1}{60}\right)=2.699\ 92$。

5.3 差分与 Newton 前后插值多项式

5.3.1 差分及其性质

以上讨论的插值多项式，所指的插值节点并非要求节点是等距的。当插值节点是等距 $x_k=x_0+kh(k=0, 1, \cdots, n)$时，称 h 为步长，此时 Newton 均差插值多项式更为简单。这一节就讨论此情况下的插值多项式。下面先介绍差分的概念。

定义 5.3 设函数 $y=f(x)$ 在节点 $x_k=x_0+kh(k=0,1,\cdots,n)$ 上的函数值 $f_k=f(x_k)$ 为已知。其中 h 为常数，称为步长。则

$$\Delta f_k=f_{k+1}-f_k$$

$$\nabla f_k=f_k-f_{k-1}$$

分别称为 $f(x)$ 在 x_k 处以 h 为步长的一阶向前差分及一阶向后差分。符号 Δ 及 ∇ 分别称为向前差分算子及向后差分算子。同理，称 $\delta f_k=f_{k+1/2}-f_{k-1/2}$ 为 $f(x)$ 在 x_k 上以 h 为步长的一阶中心差分。

利用一阶差分可定义二阶差分为

$$\Delta^2 f_k=\Delta f_{k+1}-\Delta f_k=f_{k+2}-2f_{k+1}+f_k \qquad \text{（二阶向前差分）}$$

$$\nabla^2 f_k=\nabla f_k-\nabla f_{k-1}=f_k-2f_{k-1}+f_{k-2} \qquad \text{（二阶向后差分）}$$

一般来说，可定义 m 阶向前差分和 m 阶向后差分：

$$\Delta^m f_k=\Delta^{m-1}f_{k+1}-\Delta^{m-1}f_k$$

$$\nabla^m f_k=\nabla^{m-1}f_k-\nabla^{m-1}f_{k-1}$$

由差分定义和应用可得下列基本性质。

性质 1 各阶差分均可表示成函数值的线性组合。例如，

$$\Delta^2 f_k=\Delta f_{k+1}-\Delta f_k=f_{k+2}-2f_{k+1}+f_k$$

$$\Delta^3 f_k=\Delta^2 f_{k+1}-\Delta^2 f_k=f_{k+3}-3f_{k+2}+3f_{k+1}-f_k$$

$$\nabla^2 f_k=\nabla f_k-\nabla f_{k-1}=f_k-2f_{k-1}+f_{k-2}$$

一般来说

$$\Delta^n f_k=\sum_{j=0}^{n}(-1)^j\binom{n}{j}f_{k+n-j} \tag{5-22}$$

$$\nabla^n f_k=\sum_{j=0}^{n}(-1)^{n-j}\binom{n}{j}f_{k+j-n} \tag{5-23}$$

其中，$\binom{n}{j}=\dfrac{n(n-1)\cdots(n-j+1)}{j!}$ 为二项式展开系数。

性质 2 差商与差分的关系。由定义可知，向前差分：

$$f[x_k,x_{k+1}]=\frac{f(x_{k+1})-f(x_k)}{x_{k+1}-x_k}=\frac{\Delta f_k}{h}=\frac{\nabla f_{k+1}}{h}$$

$$f[x_k,x_{k+1},x_{k+2}]=\frac{f[x_k,x_{k+1}]-f[x_{k+1},x_{k+2}]}{x_k-x_{k+2}}=\frac{\Delta^2 f_k}{2h^2}=\frac{\nabla^2 f_{k+2}}{2h^2}$$

一般来说，有

$$f[x_k,x_{k+1},\cdots,x_{k+m}]=\frac{\Delta^m f_k}{m!\,h^m}\quad(m=1,2,\cdots,n) \tag{5-24}$$

同理，向后差分：

$$f[x_k, x_{k-1}, \cdots, x_{k-m}] = \frac{\nabla^m f_k}{m!\ h^m} \quad (m=1,\ 2,\ \cdots,\ n) \tag{5-25}$$

性质 3 差分与导数的关系：

利用式（5－21）和式（5－24）又可得到

$$\Delta^n f_k = h^n f^{(n)}(\xi) \tag{5-26}$$

其中，$\xi \in (x_k, x_{k+n})$，这就是差分与导数的关系。

利用列差分表的方法计算差分。表 5－5 是向前差分表。

表 5－5 向前差分表

$f(x_k)$	Δ	Δ^2	Δ^3	Δ^4	$\cdots$
f_0					
f_1	Δf_0				
f_2	Δf_1	$\Delta^2 f_0$			$\cdots$
f_3	Δf_2	$\Delta^2 f_1$	$\Delta^3 f_0$		
f_4	Δf_3	$\Delta^2 f_2$	$\Delta^3 f_1$	$\Delta^4 f_0$	
$\vdots$	$\vdots$	$\vdots$	$\vdots$	$\vdots$	

5.3.2 等距节点插值公式

如果插值节点是等距的，则 Newton 插值多项式可用差分形式表示，就可得到各种形式的等距节点插值多项式。这里只推导常用的前插与后插多项式。而 Newton 插值多项式（5－19）为

$$\begin{aligned} N_n(x) =& f(x_0) + f[x_0,\ x_1](x-x_0) + f[x_0,\ x_1,\ x_2](x-x_0)(x-x_1) + \cdots \\ & + f[x_0,\ x_1,\ \cdots,\ x_n](x-x_0)(x-x_1)\cdots(x-x_{n-1}) \end{aligned}$$

如果节点 $x_k = x_0 + kh (k=0,\ 1,\ \cdots,\ n)$ 为等距节点，则假设要计算 x_0 点附近某点的函数值，若令 $x = x_0 + th$ $(0<t<1)$，则得

$$\omega_{k+1}(x) = (x-x_0)(x-x_1)\cdots(x-x_k) = t(t-1)\cdots(t-k)h^{k+1}$$

由均差与差分的关系式（5－24）所得的等距节点插值多项式

$$N_n(x_0+th) = f_0 + t\Delta f_0 + \frac{t(t-1)}{2!}\Delta^2 f_0 + \cdots + \frac{t(t-1)\cdots(t-n+1)}{n!}\Delta^n f_0 \tag{5-27}$$

称为 Newton 向前插值多项式。其余项为

$$\begin{aligned} R_n(x) &= \frac{f^{(n+1)}(\xi)}{(n+1)!}(x-x_0)(x-x_1)\cdots(x-x_n) \\ &= \frac{f^{(n+1)}(\xi)}{(n+1)!}t(t-1)\cdots(t-n)h^{n+1} \quad [\xi \in (x_0, x_n)] \end{aligned} \tag{5-28}$$

如果要表示函数 x_n 附近的函数值 $f(x)$，此时应用牛顿插值多项式（5－19），插值点应按 x_n，x_{n-1}，$\cdots$，x_0 的次序排列，有

$$N_n(x)=f(x_n)+f[x_n,\ x_{n-1}](x-x_n)+f[x_n,\ x_{n-1},\ x_{n-2}](x-x_n)(x-x_{n-1})+\cdots$$
$$+f[x_n,\ x_{n-1},\ \cdots,\ x_0](x-x_n)(x-x_{n-1})\cdots(x-x_1)$$

若令 $x=x_n+th(-1<t<0)$，则由均差与差分的关系所得的公式

$$N_n(x_n+th)=f_n+t\nabla f_n+\frac{t(t+1)}{2!}\nabla^2 f_n+\cdots+\frac{t(t+1)\cdots(t+n+1)}{n!}\nabla^n f_n \quad (5-29)$$

称为 Newton 向后插值多项式。其余项为

$$R_n(x)=\frac{f^{(n+1)}(\xi)}{(n+1)!}t(t+1)\cdots(t+n)h^{n+1} \quad [\xi\in(x_0,x_n)] \quad (5-30)$$

若所求的点 x 既不在 x_0 附近又不在 x_n 附近，而是在某一点 x_k 附近，那么只需根据具体的点，取 x_k 为 x_0 或为 x_n，再选择 Newton 向前或向后插值公式即可计算。

Newton 向前或向后插值多项式均是 Newton 插值多项式在等距节点时的变形。实际计算时，也可列表进行。将表 5－6 中对角线上的差分值与对应行右端因子乘积求和即得 Newton 向前插值多项式，而 Newton 向后插值多项式则为最后的节点所在行的各阶差分值与对应列下端因子乘积之和。

表 5－6　Newton 向前或向后插值多项式差分表

x_i	f_i	一阶差分	二阶差分	三阶差分	……	n 阶差分	
x_0	f_0						1
x_1	f_1	$\Delta f_0(\nabla f_1)$					t
x_2	f_2	$\Delta f_1(\nabla f_2)$	$\Delta^2 f_0(\nabla^2 f_2)$				$\frac{t(t-1)}{2}$
x_3	f_3	$\Delta f_2(\nabla f_3)$	$\Delta^2 f_1(\nabla^2 f_3)$	$\Delta^3 f_0(\nabla^3 f_3)$			$\frac{1}{3!}\prod_{j=0}^{2}(t-j)$
$\vdots$	$\vdots$	$\vdots$	$\vdots$	$\vdots$	$\ddots$	$\vdots$	$\vdots$
x_n	f_n	$\Delta f_{n-1}(\nabla f_n)$	$\Delta^2 f_{n-2}(\nabla^2 f_n)$	$\Delta^3 f_{n-3}(\nabla^3 f_n)$		$\Delta^n f_0(\nabla^n f_n)$	$\frac{1}{n!}\prod_{j=0}^{n-1}(t-j)$
	1	t	$\frac{t(t+1)}{2}$	$\frac{1}{3!}\prod_{j=0}^{2}(t+j)$		$\frac{1}{n!}\prod_{j=0}^{n-1}(t+j)$	

例题 5.6　给定 $f(x)$ 在等距节点上的函数值表，见表 5－7 所列：用 Newton 向前差分多项式求 $f(0.5)$ 的近似值。

表 5－7　函数值表（一）

x_i	0.4	0.6	0.8	1.0
f_i	1.5	1.8	2.2	2.8

解　取 $x_0=0.4$，$x_1=0.6$，$x_2=0.8$，$x_3=1.0$，按表 5－6 计算，得到的结果见表 5－8 所列。

表 5-8 计算结果（一）

x_i	f_i	一阶差分	二阶差分	三阶差分	
0.4	1.5				1
0.6	1.8	0.3			t
0.8	2.2	0.4	0.1		$\frac{t(t-1)}{2}$
1.0	2.8	0.6	0.2	0.1	$\frac{t}{3!}(t-1)(t-2)$
	1	t	$\frac{t(t+1)}{2}$	$\frac{t}{3!}(t+1)(t+2)$	

由 Newton 向前插值多项式（5-27）得

$$N_3(x_0+th)=1.5+0.3t+\frac{t(t-1)}{2}\times 0.1+\frac{t(t-1)(t-2)}{3!}\times 0.1$$

当 $x=0.5$ 时，将 $t=\frac{x-x_0}{h}=\frac{0.5-0.4}{0.2}=0.5$ 代入上式，得

$$f(0.5)\approx N_3(0.5)=1.5+0.3\times 0.5+\frac{0.5(0.5-1)}{2}\times 0.1+\frac{0.5(0.5-1)(t-2)}{3!}\times 0.1$$

$$=1.643\ 75$$

例题 5.7 已知 $y=\sin x$ 的函数值表见表 5-9 所列，分别用牛顿向前、向后插值多项式求 sin 0.578 91 的近似值。

表 5-9 函数值表（二）

x	0.4	0.5	0.6	0.7
$\sin x$	0.389 42	0.479 43	0.564 64	0.644 22

解 取 $x_0=0.4$，$x_1=0.5$，$x_2=0.6$，$x_3=0.7$，有 $h=0.1$。按表 5-9 计算，得到的结果见表 5-10 所列。

表 5-10 计算结果（二）

x_i	y_i	一阶差分	二阶差分	三阶差分	
0.4	0.389 42				1
0.5	0.479 43	0.090 01			t
0.6	0.564 64	0.085 21	-0.004 80		$\frac{1}{2}t(t-1)$
0.7	0.644 22	0.079 58	-0.005 63	-0.000 83	$\frac{t}{3!}(t-1)(t-2)$
	1	t	$\frac{t(t+1)}{2}$	$\frac{t}{3!}(t+1)(t+2)$	

（1）由 Newton 向前插值多项式（5-27）得

$$N_3(x_0+th)=0.389\,42+0.090\,01t-0.004\,80\times\frac{1}{2}t(t-1)$$
$$-0.000\,83\times\frac{1}{3\times2\times1}t(t-1)(t-2)$$

将 $t=\dfrac{x-x_0}{h}=\dfrac{0.578\,91-0.4}{0.1}=1.789\,1$ 代入上式，得

$$\begin{aligned}\sin 0.578\,91\approx N_3(0.578\,91)&=0.389\,42+0.090\,01\times1.789\,1\\&-0.004\,80\times\frac{1}{2}\times1.789\,1\times0.789\,1\\&+0.000\,83\times\frac{1}{6}\times1.789\,1\times0.789\,1\times0.210\,9\\&=0.547\,11\end{aligned}$$

由 Newton 向前插值多项式的误差式（5－28）得

$$\begin{aligned}|R_n(0.578\,91)|&=\left|\frac{f^{(n+1)}(\xi)}{(n+1)!}t(t-1)\cdots(t-n)h^{n+1}\right|\\&=\left|\frac{\sin\xi}{4!}\times1.789\,1\times0.789\,1\times(-0.210\,9)\times(-1.210\,9)\times10^{-4}\right|\\&<2\times10^{-6}\end{aligned}$$

（2）由 Newton 向后插值多项式（5－29）得

$$N_3(x_3+th)=0.644\,22+0.079\,58t-0.005\,63\times\frac{1}{2}t(t+1)$$
$$-0.000\,83\times\frac{1}{3!}t(t+1)(t+2)$$

将 $t=\dfrac{x-x_3}{h}=\dfrac{0.578\,91-0.7}{0.1}=-1.210\,9$ 代入上式，得

$$\begin{aligned}\sin 0.578\,91\approx N_3(0.578\,91)&=0.644\,22-0.079\,58\times1.210\,9\\&-0.005\,63\times\frac{1}{2}\times(-1.210\,9)\times(-0.210\,9)\\&-0.000\,83\times\frac{1}{6}\times(-1.210\,9)\times(-0.210\,9)\times0.789\,1\\&=0.547\,11\end{aligned}$$

5.4 埃尔米特插值

在应用中，不少实际的插值问题不但要求在插值节点上的函数值相等，而且还要求对应的导数值或高阶导数值均相等，满足这种要求的插值多项式称为埃尔米特（Hermite）插值多项式。若给出的插值条件有（$m+1$）个，则可造出 m 次插值多项式。可采用插值基函数和均差插值的方法建立 Hermite 插值多项式。本节主要讨论在节点处插值函数与函数的值及一阶导数值均相等的 Hermite 插值。

问题的一般提法是，设已知函数$f(x)$在区间［a，b］上有$n+1$个互异节点$x_0<x_1<\cdots<x_n$，在节点处的函数值与导数值为$y_j=f(x_j)$，$y_j'=f'(x_j)(j=0,1,\cdots,n)$，要求一个次数不超过$2n+1$次的插值多项式$H_{2n+1}(x)$满足

$$\begin{cases}H(x_j)=y_j\\H'(x_j)=y_j'\end{cases}\quad(j=0,1,\cdots,n)\tag{5-31}$$

这共有$2n+2$个条件，所以可以确定$2n+2$个待定参数，从而可以确定一个不超过$2n+1$次的多项式$H_{2n+1}(x)=a_0+a_1x+a_2x^2+\cdots+a_{2n+1}x^{2n+1}$。其几何意义是求一条曲线$y=H_{2n+1}(x)$使其与曲线$y=f(x)$不但在节点处重合（函数值相等），并且在节点处有公切线（斜率相等）。如果直接由条件（5－31）来确定$2n+2$个系数a_0，a_1，…，a_{2n+1}，那么显然非常复杂。所以，我们仍想采用插值基函数的方法满足$H_{2n+1}(x)$，设$\alpha_i(x)$与$\beta_i(x)(i=0,1,\cdots,n)$为插值基函数，共有$2n+2$个，且每一个基函数都是次数不超过$2n+1$次的多项式，由插值条件（5－31）可知$\alpha_i(x)$与$\beta_i(x)$应满足

$$\begin{cases}\alpha_i(x_j)=\begin{cases}0,j\neq i\\1,j=i\end{cases}\quad(j=0,1,\cdots,n)\\\alpha_i'(x_j)=0\end{cases}$$
$$\begin{cases}\beta_i(x_j)=0\\\beta_i'(x_j)=\begin{cases}0,j\neq i\\1,j=i\end{cases}\quad(j=0,1,\cdots,n)\end{cases}\tag{5-32}$$

则满足插值条件（5－31）的埃尔米特插值多项式$H_{2n+1}(x)$可写成用插值基函数表示的形式：

$$H_{2n+1}(x)=\sum_{i=0}^{n}[y_i\alpha_i(x)+y_i'\beta_i(x)]$$

下面的问题就是求满足条件（5－32）的插值基函数$\alpha_i(x)$与$\beta_i(x)$。为此，仍借用构造拉格朗日插值多项式的基函数$l_i(x)$的方式进行。按条件（5－32），$\alpha_i(x)$在$x_j(j\neq i)$处的函数值与导数值均为0，故它们应含因子$(x-x_j)^2(j\neq i)$，因此可以设为

$$\alpha_i(x)=(A_ix+B_i)l_i^2(x)$$

其中，$l_1(x)$为拉格朗日插值多项式的基函数。由条件（5－32）知在$x=x_i$处有$\alpha_i(x_i)=1$和$\alpha_i'(x_i)=0$，可解A_i和B_i，得

$$\begin{cases}\alpha_i(x_i)=A_ix_i+B_i=1\\\alpha_i'(x_i)=A_i+2(A_ix_i+B_i)l_i'(x_i)=0\end{cases}$$

解之，得

$$\begin{cases}A_i=-2l_i'(x_i)\\B_i=1+2x_il_i'(x_i)\end{cases}$$

于是

$$\alpha_i(x)=[1-2l_i'(x_i)(x-x_i)]l_i^2(x)\quad(i=0,1,\cdots,n)\tag{5-33}$$

同理，由于$\beta_i(x)$在$x_j(j\neq i)$处的函数值与导数值均为0，而$\beta_i(x_i)=0$，因此可以设

$$\beta_i(x)=C_i(x-x_i)l_i^2(x)$$

其中，$l_i(x)$为拉格朗日插值多项式的基函数。由条件（5－32）知在$x=x_i$处有$\beta_i'(x_i)=1$，得

$$\beta_i'(x_i)=C_il_i^2(x_i)=C_i=1$$

于是

$$\beta_i(x)=(x-x_i)l_i^2(x)\quad(i=0,1,\cdots,n)\tag{5-34}$$

所以 Hermite 插值多项式为

$$\begin{aligned}H_{2n+1}(x)&=\sum_{i=0}^{n}[y_i\alpha_i(x)+y_i'\beta_i(x)]\\&=\sum_{i=0}^{n}\{[1-2(x-x_i)l_i'(x_i)]l_i^2(x)y_i+(x-x_i)l_i^2(x)y_i'\}\end{aligned}\tag{5-35}$$

定理 5.3 若$f(x)$满足$f^{(2n+1)}(x)$在$[a,b]$上连续，$f^{(2n+2)}(x)$在(a,b)上存在，又$x_0,x_1,\cdots,x_n$是$n+1$个互异节点，则满足插值条件（5－31）的 Hermite 插值多项式的插值余项为

$$R(x)=f(x)-H_{2n+1}(x)=\frac{f^{(2n+2)}(\xi)}{(2n+2)!}\omega_{n+1}^2(x)\quad[\xi\in(a,b)]\tag{5-36}$$

其中，$\omega_{n+1}(x)$的意义同前。

例题 5.8 按函数值表及一阶导数值表（表5－11）求 Hermite 插值多项式。

表5－11 函数值及一阶导数值表

x_i	0	1
y_i	0	1
y_i'	3	9

解 由 Hermite 插值多项式（5－35）得

$$H_3(x)=\sum_{i=0}^{1}\{[1-2(x-x_i)l_i'(x_i)]l_i^2(x)y_i+(x-x_i)l_i^2(x)y_i'\}$$

由插值基函数式（5－11）得基函数$l_0(x)=1-x$，$l_1(x)=x$，则

$$\begin{aligned}H_3(x)&=[1-2(x-1)]x^2+3x(1-x)^2+9(x-1)x^2\\&=10x^3-12x^2+3x\end{aligned}$$

5.5 分段低次插值

5.5.1 高次插值的病态性质

在代数插值中，为了提高插值多项式对函数的逼近程度，自然希望增加节点个数，即提高插值多项式的次数。特别当 $n\to\infty$ 时，期望插值多项式 $P_n(x)$ 收敛于被插值函数 $f(x)$。但是，令人遗憾的是事实并非如此。

例如，对于函数 $f(x)=\frac{1}{1+x^2}(-5\leqslant x\leqslant 5)$，在区间［-5，5］上取节点：

$$x_i=-5+\frac{10}{h}i\quad(i=0,1,\cdots,n)$$

所作 Lagrange 插值多项式为

$$L_n(x)=\sum_{j=0}^{n}\frac{1}{1+x_j^2}l_j(x)$$

其中，$l_j(x)$ 是 Lagrange 插值基函数。记 $x_{n-1/2}=\frac{1}{2}(x_{n-1}+x_n)=5-\frac{5}{n}$，表 5-12 列出部分的 $L_n(x_{n-1/2})$ 的计算结果及在 $x_{n-1/2}$ 处的误差 $R(x_{n-1/2})=f(x_{n-1/2})-L_n(x_{n-1/2})$。

表 5-12 插值计算结果及误差

n	$f(x_{n-1/2})$	$L(x_{n-1/2})$	$R(x_{n-1/2})$
2	0. 137 931	0. 759 615	-0. 621 648
4	0. 066 390	-0. 356 826	0. 423 216
6	0. 054 463	0. 607 879	-0. 553 416
8	0. 049 651	-0. 831 017	0. 880 668
10	0. 047 059	1. 578 721	-1. 531 662
12	0. 045 440	-2. 755 000	2. 800 440
14	0. 044 334	5. 332 743	-5. 288 409
16	0. 043 530	-10. 173 867	10. 217 397
18	0. 042 920	20. 123 671	-20. 080 751
20	0. 042 440	-39. 952 449	39. 994 889

可以看出随 n 的增加 $|R(x_{n-1/2})|$ 几乎成倍增加，这说明 $\{L_n(x)\}$ 在［-5，5］上并不收敛。当 $n=10$ 时，从 $y=L_{10}(x)$ 的图形（图 5-3）也可看出它不收敛。从图 5-3 中看到，$y=L_{10}(x)$ 仅在区间中部能较好地逼近函数 $f(x)$，在其他部位差异较大，并且越接近端点，逼近程度越差。例如，在 $x=\pm5$ 附近 $L_{10}(x)$ 与 $f(x)=\frac{1}{1+x^2}$ 偏离很远，即当 $x=4.8$ 时，$L_{10}(4.8)=1.80438$，$f(4.8)=0.04160$。这说明用高次插值多项式 $L_n(x)$ 近似 $f(x)$ 的效果并

不好，它表明通过增加节点来提高逼近程度是不宜的，一般插值多项式的次数在 $n \leq 7$ 范围内。

这个例子是 Runge 于 1901 年首先给出的，故把插值多项式不收敛的现象称为 Runge 现象。Runge 还证明了此例中 $|x| \leq 3.36$ 内 $L_n(x)$ 收敛到 $f(x)$，即 $\lim\limits_{n\to\infty} L_n(x) = f(x)$，但在这区间之外发散。

由于高次插值的收敛性没有保证，实际的计算稳定性也没保证。因此当插值节点 n 较大时通常不采用高次多项式插值，而改用低次分段插值。为提高精度，在加密节点时，可以把节点间分成若干段，分段用低次多项式近似函数，这就是分段插值的思想。

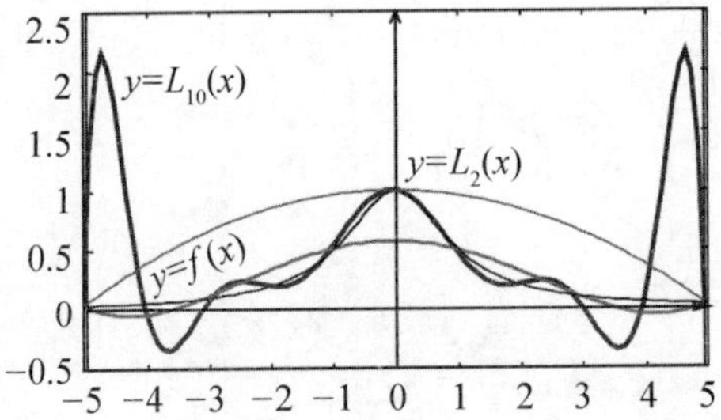

图 5-3 插值图形

5.5.2 分段线性插值

设已知节点为 $a = x_0 < x_1 < \cdots < x_n = b$，相应的函数值为 $y_i = f(x_i) = f_i (i = 0, 1, \cdots, n)$。记 $h_k = x_{k+1} - x_k$，$h = \max\limits_k (h_k)$，求一插值函数 $I_h(x)$，使其满足：

(1) $I_h(x) \in C[a, b]$；

(2) $I_h(x_k) = f_k (k = 0, 1, \cdots, n)$；

(3) $I_h(x)$ 在每个小区间 $[x_k, x_{k+1}]$ $(k = 0, 1, \cdots, n-1)$ 上是一个线性函数。

则称 $I_h(x)$ 为分段线性插值函数。

由 Lagrange 线性插值公式容易写出 $I_h(x)$ 在区间 $[x_k, x_{k+1}]$ 上的分段表达式：

$$I_h(x) = \frac{x - x_{k+1}}{x_k - x_{k+1}} f_k + \frac{x - x_k}{x_{k+1} - x_k} f_{k+1} \quad \{x \in [x_k, x_{k+1}], (k = 0, 1, \cdots, n)\} \tag{5-37}$$

因此 $I_h(x)$ 在整个区间 $[a, b]$ 上可表示为

$$I_h(x) = \sum_{i=0}^{n} l_i(x) f_i \tag{5-38}$$

其中，$l_i(x)$ 是分段线性插值的基函数。$l_i(x)$ 的定义是

$$l_i(x) = \begin{cases} \dfrac{x - x_{i-1}}{x_i - x_{i-1}}, x \in [x_{i-1}, x_i] (i = 0 \text{ 时略去}) \\ \dfrac{x - x_{i+1}}{x_i - x_{i+1}}, x \in [x_i, x_{i+1}] (i = n \text{ 时略去}) \\ 0, \quad x \in [a, b], x \notin [x_{i-1}, x_{i+1}] \end{cases}$$

定理 5.4 假设 $I_h(x)$ 是 $f(x)$ 的分段线性插值函数，$h=\max\limits_{1\leqslant j\leqslant n}(x_{j+1}-x_j)$，则当 $h\to 0$ 时，$I_h(x)$ 一致收敛于 $f(x)$。

定理 5.5 若 $f(x)\in C^2[a,b]$，即 $f(x)$ 在 $[a,b]$ 上二阶导数连续，$I_h(x)$ 是 $f(x)$ 的分段线性插值函数，则其截断误差（余项）$R(x)=f(x)-I_h(x)$ 有估计式

$$|R(x)|=|I_h(x)-f(x)|\leqslant\frac{M}{8}h^2 \tag{5-39}$$

其中，$M=\max\limits_{a\leqslant x\leqslant b}|f''(x)|$，$h=\max\limits_{k}\{x_{k+1}-x_k\}$。

证明 在每个小区间 $[x_k,x_{k+1}]$ $(k=0,1,\cdots,n-1)$ 上，$I_h(x)$ 是 $f(x)$ 的线性插值，故对任意的 $[x_k,x_{k+1}]$，有

$$R_k(x)=f(x)-I_h(x)=\frac{f''(\xi)}{2}(x-x_k)(x-x_{k+1})$$

因为

$$|R(x)|=|I_h(x)-f(x)|\leqslant\max|R_k(x)|=\max\left|\frac{f''(\xi)}{2}(x-x_k)(x-x_{k+1})\right|$$

$$\leqslant\frac{M}{2}\max_{x_k\leqslant x\leqslant x_{k+1}}|(x-x_k)(x-x_{k+1})|$$

$$\leqslant\frac{M}{2}\left|\left(\frac{x_k+x_{k+1}}{2}-x_k\right)\left(\frac{x_k+x_{k+1}}{2}-x_{k+1}\right)\right|$$

$$\leqslant\frac{M}{2}\frac{(x_k-x_{k+1})^2}{4}$$

所以 $|R(x)|=|I_h(x)-f(x)|\leqslant\frac{M}{8}h^2$。

一方面，定理表明，当节点加密时，分段线性插值的误差变小，收敛性有保证。另一方面，在分段线性插值中，每个小区间上的插值函数只依赖于本段的节点值，因而每个节点只影响到节点邻近的 1~2 个区间，计算过程中数据误差基本上不扩大，从而保证了节点数增加时插值过程的稳定性。但分段线性插值函数仅在区间 $[a,b]$ 上连续，一般来说，在节点处插值函数不可微，这就不能满足有些工程技术问题的光滑要求。

例题 5.9 在 $\left[0,\frac{\pi}{2}\right]$ 上给出 $f(x)=\sin x$ 的等距节点函数表，为保证用分段线性插值，求非节点处的正弦值时，其截断误差不超过 10^{-6}，应至少将区间几等分？

解 设将区间 $\left[0,\frac{\pi}{2}\right]$ n 等分，则两节点间的步长（距离）为

$$h=\frac{\frac{\pi}{2}-0}{n}=\frac{\pi}{2n}$$

由分段线性插值的误差公式（5-39）知

$$|R(x)|\leqslant\frac{h^2}{8}\left|\max_{0\leqslant x\leqslant\frac{\pi}{2}}f^{(2)}(x)\right|$$

而

$$\left|\max_{0\leqslant x\leqslant\frac{\pi}{2}}f^{(2)}(x)\right|=\left|\max_{0\leqslant x\leqslant\frac{\pi}{2}}\sin x\right|=1$$

为使余项不超过 10^{-6}，只需 $|R(x)|\leqslant\frac{h^2}{8}\leqslant10^{-6}$，整理得 $n\geqslant555.36$，因此至少需将区间等分为 556 份。

5.5.3 分段三次 Hermite 插值

由于上面的分段线性插值是用一条折线逼近函数 $f(x)$，所以在节点上的导数往往是不存在的。如果除要求在节点上的函数值相等外还要求导数值也相等，这样就可以构造出一个导数连续的分段函数 $I_h(x)$。它要求满足

(1) $I_h(x)\in C^1[a,b]$；

(2) $I_h(x_k)=f_k$，$I'_h(x_k)=f'_k(k=0,1,\cdots,n)$；

(3) $I_h(x)$ 在每个小区间 $[x_k,x_{k+1}](k=0,1,\cdots,n-1)$ 上是一个三次多项式。

则称 $I_h(x)$ 为分段三次 Hermite 插值多项式。在每个子区间 $[x_k,x_{k+1}]$ 上的表达式为

$$\begin{aligned}I_h(x)=&\left(\frac{x-x_{k+1}}{x_k-x_{k+1}}\right)^2\left(1+2\frac{x-x_k}{x_{k+1}-x_k}\right)f_k\\&+\left(\frac{x-x_k}{x_{k+1}-x_k}\right)^2\left(1+2\frac{x-x_{k+1}}{x_k-x_{k+1}}\right)f_{k+1}\\&+\left(\frac{x-x_{k+1}}{x_k-x_{k+1}}\right)^2(x-x_k)f'_k\\&+\left(\frac{x-x_k}{x_{k+1}-x_k}\right)^2(x-x_{k+1})f'_{k+1}\end{aligned}\tag{5-40}$$

因此 $I_h(x)$ 在整个区间 $[a,b]$ 上可表示为

$$I_h(x)=\sum_{k=0}^{n}\left[\alpha_k(x)f_k+\beta_k(x)f'_k\right]\tag{5-41}$$

其中，

$$\alpha_k(x)=\begin{cases}\left(1+2\dfrac{x-x_k}{x_{k-1}-x_k}\right)\left(\dfrac{x-x_{k-1}}{x_k-x_{k-1}}\right)^2, & x_{k-1}\leqslant x\leqslant x_k\\\left(1+2\dfrac{x-x_k}{x_{k+1}-x_k}\right)\left(\dfrac{x-x_{k+1}}{x_k-x_{k+1}}\right)^2, & x_k\leqslant x\leqslant x_{k+1}\\0, & x\notin[x_{k-1},x_{k+1}]\end{cases}$$

$$\beta_k(x)=\begin{cases}(x-x_k)\left(\dfrac{x-x_{k-1}}{x_k-x_{k-1}}\right)^2, & x_{k-1}\leqslant x\leqslant x_k\\(x-x_k)\left(\dfrac{x-x_{k+1}}{x_k-x_{k+1}}\right)^2, & x_k\leqslant x\leqslant x_{k+1}\\0, & x\notin[x_{k-1},x_{k+1}]\end{cases}$$

定理 5.6 假设 $I_h(x)$ 是 $f(x)$ 的分段三次 Hermite 插值函数，$h=\max\limits_{0\leqslant k\leqslant n-1}(x_{k+1}-x_k)$，则当 $h\to0$ 时，$I_h(x)$ 一致收敛于 $f(x)$。

定理 5.7 若$f(x)\in C^3[a,b]$，$f^{(4)}(x)$在$[a,b]$上存在，$I_h(x)$是$f(x)$的分段三次 Hermite 插值函数，则其余项$R(x)=f(x)-I_h(x)$有估计式

$$|R(x)|=|f(x)-I_h(x)|\leqslant\frac{M_4}{384}h^4 \tag{5-42}$$

其中，$M_4=\max\limits_{a\leqslant x\leqslant b}|f^{(4)}(x)|$，$h=\max\limits_{k}\{x_{k+1}-x_k\}$。

证明 在每个小区间$[x_k,x_{k+1}]$($k=0,1,\cdots,n-1$)上，$I_h(x)$是$f(x)$一个三次 Hermite 插值多项式，故对于任意的$x\in[x_k,x_{k+1}]$，其误差余项为

$$R(x)=\frac{f^{(4)}(\xi_k)}{4!}(x-x_k)^2(x-x_{k+1})^2 \quad [\xi_k\in(x_k,x_{k+1})]$$

由于$\max\limits_{x_k\leqslant x\leqslant x_{k+1}}(x-x_k)^2(x-x_{k+1})^2=\frac{h_k^4}{16}$，从而有

$$\max_{x_k\leqslant x\leqslant x_{k+1}}|R(x)|\leqslant\frac{h_k^4}{384}\max_{x_k\leqslant x\leqslant x_{k+1}}|f^{(4)}(x)|$$

所以，当$x\in[a,b]$时，有$|R(x)|=|f(x)-I_h(x)|\leqslant\frac{M_4}{384}h^4$。

5.6 三次样条插值

前面讨论的高次 Lagrange（Newton）多项式插值虽然光滑，但是不具有收敛性，会产生 Runge 现象。分段线性插值与分段三次 Hermite 插值都具有一致收敛性，但光滑性较差。分段线性插值在节点处一阶导数不连续；若采用带一阶和二阶导数的 Hermite 分段插值，实践中由于事先无法给出（测量）节点处的导数值，也有本质上的困难，这就要求寻找新的方法，而它无须事先给定节点上的导数值，且插值函数二阶导数连续。例如，高速飞机的机翼形线、船体放样形值线、精密机械加工等都要求有二阶光滑度，即二阶导数连续，通常三次样条（Spline）函数即可满足要求。

5.6.1 三次样条函数

定义 5.4 设给定节点$a=x_0<x_1<\cdots<x_n=b$及相应的函数值y_0，y_1，$\cdots$，y_n。构造一个函数$S(x)$，满足

(1) $S(x)\in C^2[a,b]$；

(2) $S(x)$在每个小区间$[x_k,x_{k+1}]$上是一个三次多项式；

(3) $S(x_k)=f(x_k)$($k=0,1,\cdots,n$)。 (5-43)

则称满足条件（1）与（2）的函数为节点x_0，x_1，$\cdots$，x_n上的三次 Spline 函数，若三次 Spline 函数又满足（3），则称$S(x)$为三次 Spline 插值函数。

从定义知要求出$S(x)$，$S(x)$在每个区间$[x_j,x_{j+1}]$上是三次多项式，它有 4 个待定系数，要确定 4 个待定系数，$[a,b]$中共有n个小区间，故待定的系数为$4n$个。而由定义给出的条件$S(x)\in C^2[a,b]$，在x_1，x_2，$\cdots$，x_{n-1}这$n-1$个内点上应满足

$$\begin{cases} S(x_j-0)=S(x_j+0) \\ S'(x_j-0)=S'(x_j+0) \\ S''(x_j-0)=S''(x_j+0) \end{cases} \quad (j=1,2,\cdots,n-1) \tag{5-44}$$

它给出了 $3(n-1)$ 个条件，此外插值条件 $S(x_j)=f(x_j)=y_j$ ($j=0$, 1, …, n) 给出了 $n+1$ 个条件，共有 $4n-2$ 个条件，因此还需要补充 2 个边界条件才能确定 $S(x)$。常见的边界条件如下。

（1）已知两端的一阶导数值，即

$$S'(x_0)=y'_0, S'(x_n)=y'_n \tag{5-45}$$

（2）两端的二阶导数已知，即

$$S''(x_0)=y''_0, S''(x_n)=y''_n \tag{5-46}$$

其特殊情况为

$$S''(x_0)=S''(x_n)=0$$

并被称为自然边界条件。

（3）当 $f(x)$ 是以 x_n-x_0 为周期的周期函数时，则要求 $S(x)$ 也是周期函数，这时边界条件应满足

$$S(x_0+0)=S(x_n-0), S'(x_0+0)=S'(x_n-0), S''(x_0+0)=S''(x_n-0) \tag{5-47}$$

这样确定的样条函数 $S(x)$ 称为周期样条函数。

由此看到针对不同类型问题，补充相应边界条件后完全可以求得三次样条插值函数 $S(x)$。

三次样条插值函数 $S(x)$ 的建立方法主要有两种：

（1）利用节点 x_k 处的二阶导数值来表示三次 Spline 插值函数。因节点处的二阶导数值在力学上表示细梁在 x_k 处的弯矩，所以此建立方法又称为三弯矩方法。

（2）利用节点 x_k 处的一阶导数值来表示三次 Spline 插值函数。因节点处的一阶导数值在力学上表示细梁在 x_k 处的转角，所以此建立方法又称为三转角方法。

下面我们主要介绍三弯矩方法。

5.6.2 三次样条插值函数的建立方法——三弯矩法

设 $S(x)$ 在节点 $a=x_0<x_1<\cdots<x_n=b$ 上的二阶导数值 $S''(x_j)=M_j$ ($j=0$, 1, …, n)。而 $S(x)$ 在 $[x_j, x_{j+1}]$ 上是三次多项式，故 $S''(x)$ 在 $[x_j, x_{j+1}]$ 上是一次函数，可表示为

$$S''(x)=M_j\frac{x_{j+1}-x}{h_j}+M_{j+1}\frac{x-x_j}{h_j},$$

其中，$h_j=x_{j+1}-x_j$。对 $S''(x)$ 积分两次，并利用 $S(x_j)=f(x_j)$ 与 $S(x_{j+1})=f(x_{j+1})$ 可确定积分常数，从而得到三次样条表达式：

$$S(x)=M_j\frac{(x_{j+1}-x)^3}{6h_j}+M_{j+1}\frac{(x-x_j)^3}{6h_j}+\left(y_j-\frac{M_jh_j^2}{6}\right)\frac{x_{j+1}-x}{h_j} \tag{5-48}$$

$$+\left(y_{j+1}-\frac{M_{j+1}h_j^2}{6}\right)\frac{x-x_j}{h_j} \quad (j=0, 1, \cdots, n-1)$$

这里 $M_j(j=0, 1, \cdots, n)$是未知量，但它可利用 $S'(x)$在内节点 $x_j(j=1, 2, \cdots, n-1)$处连续的条件得到关于 $M_j(j=0, 1, \cdots, n)$的方程组。

由式（5－58）对 $S(x)$求导，得到 $S'(x)$在区间$[x_j, x_{j+1}]$上的表达式，即

$$S'(x) = -M_j\frac{(x_{j+1}-x)^2}{2h_j}+M_{j+1}\frac{(x-x_j)^2}{2h_j}+\frac{y_{j+1}-y_j}{h_j}-\frac{M_{j+1}-M_j}{6}h_j \quad \{x\in[x_j, x_{j+1}]\} \tag{5-49}$$

由此可得

$$S'(x_j+0) = -\frac{h_j}{3}M_j-\frac{h_j}{6}M_{j+1}+\frac{y_{j+1}-y_j}{h_j} \tag{5-50}$$

类似地，可求出 $S'(x)$在区间$[x_{j-1}, x_j]$上的表达式，得

$$S'(x) = -M_{j-1}\frac{(x_j-x)^2}{2h_{j-1}}+M_j\frac{(x-x_{j-1})^2}{2h_{j-1}}+\frac{y_j-y_{j-1}}{h_{j-1}}-\frac{M_j-M_{j-1}}{6}h_{j-1} \quad \{x\in[x_{j-1},x_j]\} \tag{5-51}$$

于是

$$S'(x_j-0) = +\frac{h_{j-1}}{6}M_{j-1}+\frac{h_{j-1}}{3}M_j-\frac{y_j-y_{j-1}}{h_{j-1}} \tag{5-52}$$

由 $S'(x_j-0)=S'(x_j+0)$可得到

$$\mu_jM_{j-1}+2M_j+\lambda_jM_{j+1}=d_j \quad (j=1, 2, \cdots, n-1) \tag{5-53}$$

其中，

$$\begin{cases}\mu_j=\dfrac{h_{j-1}}{h_{j-1}+h_j}, \ \lambda_j=\dfrac{h_j}{h_{j-1}+h_j}\\ d_j=6\dfrac{f[x_j, x_{j+1}]-f[x_{j-1}, x_j]}{h_{j-1}+h_j}=6f[x_{j-1}, x_j, x_{j+1}]\end{cases} \quad (j=1, 2, \cdots, n-1) \tag{5-54}$$

式（5－53）是一个关于 M_0，M_1，…，M_n 的 $n+1$ 个未知数 $n-1$ 个方程的线性方程组。要解此方程还需要两个方程，这由边界条件给出。

（1）第一种边界条件，由条件 $S'(x_0)=y_0', S'(x_n)=y_n'$，可得

$$\begin{cases}2M_0+M_1=\dfrac{6}{h_0}\{f[x_0, x_1]-y_0'\}=d_0\\ M_{n-1}+2M_n=\dfrac{6}{h_{n-1}}\{y_n'-f[x_{n-1}, x_n]\}=d_n\end{cases} \tag{5-55}$$

将式（5－53）与式（5－54）合并，则得到关于 M_0，M_1，…，M_n 的线性方程组，用矩阵形式表示为

$$\begin{bmatrix}2 & 1 & & & & \\ \mu_1 & 2 & \lambda_1 & & & \\ & \mu_2 & 2 & \lambda_2 & & \\ & & \ddots & \ddots & \ddots & \\ & & & \mu_{n-1} & 2 & \lambda_{n-1}\\ & & & & 1 & 2\end{bmatrix}\begin{bmatrix}M_0\\ M_1\\ M_2\\ \vdots\\ M_{n-1}\\ M_n\end{bmatrix}=\begin{bmatrix}d_0\\ d_1\\ d_2\\ \vdots\\ d_{n-1}\\ d_n\end{bmatrix} \tag{5-56}$$

这是关于 M_0，M_1，…，M_n 的三对角方程组，可用追赶法求解，得到 M_0，M_1，…，M_n 后，代入式（5-48），则得到 $[a, b]$ 上的三次样条插值函数 $S(x)$。

（2）第二种边界条件，已知两端的二阶导数值为

$$S''(x_0)=y_0''=M_0,\quad S''(x_n)=y_n''=M_n$$

将它与方程组（5-53）联立，得到 $n+1$ 阶方程组，其矩阵形式表示为

$$\begin{bmatrix} 1 & 0 & & & & \\ \mu_1 & 2 & \lambda_1 & & & \\ & \mu_2 & 2 & \lambda_2 & & \\ & & \ddots & \ddots & \ddots & \\ & & & \mu_{n-1} & 2 & \lambda_{n-1} \\ & & & & 0 & 1 \end{bmatrix}\begin{bmatrix} M_0 \\ M_1 \\ M_2 \\ \vdots \\ M_{n-1} \\ M_n \end{bmatrix}=\begin{bmatrix} y_0'' \\ d_1 \\ d_2 \\ \vdots \\ d_{n-1} \\ y_n'' \end{bmatrix} \tag{5-57}$$

这仍然是关于 M_0，M_1，…，M_n 的三对角方程组，可用追赶法求解，得到 M_0，M_1，…，M_n 后，代入式（5-48），则得到 $[a, b]$ 上的三次样条插值函数 $S(x)$。

（3）第三种边界条件，$S(x)$ 满足周期边界条件。由边界条件 $S'(x_0+0)=S'(x_n-0)$，$S''(x_0+0)=S''(x_n-0)$ 可得

$$\begin{cases} M_0=M_n \\ \lambda_n M_1+\mu_n M_{n-1}+2M_n=6\dfrac{f[x_0, x_1]-f[x_{n-1}, x_n]}{h_{n-1}+h_n}=d_n \end{cases}$$

将它与方程组（5-53）联立，得到 n 阶方程组，其矩阵形式表示为

$$\begin{bmatrix} 2 & \lambda_1 & & & & \mu_1 \\ \mu_2 & 2 & \lambda_2 & & & \\ & \mu_3 & 2 & \lambda_3 & & \\ & & \ddots & \ddots & \ddots & \\ & & & \mu_{n-1} & 2 & \lambda_{n-1} \\ \lambda_n & & & & \mu_n & 2 \end{bmatrix}\begin{bmatrix} M_1 \\ M_2 \\ M_3 \\ \vdots \\ M_{n-1} \\ M_n \end{bmatrix}=\begin{bmatrix} d_1 \\ d_2 \\ d_3 \\ \vdots \\ d_{n-1} \\ d_n \end{bmatrix}$$

求解上述方程组，得到 M_0，M_1，…，M_n 后，代入式（5-48），则得到 $[a, b]$ 上的三次样条插值函数 $S(x)$。

例题 5.10 设 $f(x)$ 为定义在 $[0, 3]$ 上的函数，插值节点及函数值表见表 5-13 所列。

表 5-13 插值节点及函数值表

x_i	0	1	2	3
$f(x_i)$	0	0.5	2.0	1.5

试求三次 Spline 插值函数 $S(x)$，使它满足第一边界条件并且 $f'(x_0)=0.2$，$f'(x_3)=-1$。

解 采用三弯矩方程求解。

由 $h_j=x_{j+1}-x_j$ 得到 $h_j=1(j=0, 1, 2)$；

由 $\lambda_j=\dfrac{h_j}{h_{j-1}+h_j}$ 和 $\mu_j=\dfrac{h_{j-1}}{h_{j-1}+h_j}$ 得到 $\mu_1=\mu_2=\lambda_1=\lambda_2=\dfrac{1}{2}$；

又由 $d_j = 6\dfrac{f[x_j, x_{j+1}] - f[x_{j-1}, x_j]}{h_{j-1} + h_j} = 6f[x_{j-1}, x_j, x_{j+1}]$得

$$d_1 = 6f[x_0, x_1, x_2] = 3,\ d_2 = 6f[x_1, x_2, x_3] = -6$$

再由$\begin{cases} d_0 = \dfrac{6}{h_0}(f[x_0, x_1] - y_0') \\ d_n = \dfrac{6}{h_{n-1}}(y_n' - f[x_{n-1}, x_n]) \end{cases}$得

$$\begin{cases} d_0 = 1.8 \\ d_n = -3 \end{cases}$$

将以上数据代入第一边界条件所构成的方程组（5－56），得到的三弯矩方程为

$$\begin{bmatrix} 2 & 1 & & \\ 0.5 & 2 & 0.5 & \\ & 0.5 & 2 & 0.5 \\ & & 1 & 2 \end{bmatrix}\begin{bmatrix} M_0 \\ M_1 \\ M_2 \\ M_3 \end{bmatrix} = \begin{bmatrix} 1.8 \\ 3 \\ -6 \\ -3 \end{bmatrix}$$

解此方程，得 $M_0 = -0.36$，$M_1 = 2.52$，$M_2 = -3.72$，$M_3 = 0.36$。

将 M_0，M_1，M_2，M_3 的值代入式（5－48），可得三次样条函数 $S(x)$：

$$S(x) = \begin{cases} 0.48x^3 - 0.18x^2 + 0.2x, & x \in [0, 1] \\ -1.04(x-1)^3 + 1.25(x-1)^2 + 1.28(x-1) + 0.5, & x \in [1, 2] \\ 0.68(x-2)^3 - 1.86(x-2)^2 + 0.68(x-2) + 2.0, & x \in [2, 3] \end{cases}$$

小结

插值法是计算数学中的一类重要方法，有广泛的应用。本章介绍了多项式插值的存在性和唯一性、拉格朗日插值、牛顿插值、埃尔米特插值、分段插值和三次样条插值多项式的基本方法。

拉格朗日插值多项式结构简单，是数值积分与常微分方程数值解的重要工具，理论上较为重要。但随着插值节点变化整个插值多项式的结构也会改变，这就增加了算法复杂度。

牛顿插值多项式是拉格朗日插值多项式的变形，计算量相对较小，特别是等距节点的牛顿插值多项式。

由于高次插值的 Runge 现象，实际计算中很少采用高次插值，而分段低次插值却受到重视。分段低次多项式插值具有良好的稳定性和收敛性。特别是样条插值，不但具有良好的稳定性和收敛性，且具有较好的光滑性，从而满足了许多实际问题的要求。

上机实验参考程序

1. 实验目的

（1）了解插值的基本原理，掌握多项式插值的概念及存在性和唯一性。

(2) 能熟练地构造几种常用方法，如 Lagrange 插值、Newton 插值、分段插值等，注意其不同特点。

(3) 了解龙格现象的发生、防止。

2. Lagrange 插值参考程序

将区间 [−5, 5] 10 等分，计算函数 $y=\frac{5}{1+x^2}$ 各节点上的函数值，做拉格朗日插值，比较计算结果与函数的准确值并对结果进行分析。Lagrange 插值框图如图 5－4 所示。

程序结构：

在程序的说明部分定义了原函数 f(x)，插值次数 N，节点(x [N+1], y [N+1])。在主函数 main 中给定自变量 x 的值，调用 L(x)计算 Lagrange 插值函数的值（近似值），通过f(x)求原函数的值（精确值），最后输出精确值和近似值。

定义数据：

程序中的主要常量、变量及函数：

N——全局常量，为插值函数的次数。

x [N+1], y [N+1] ——分别存放各节点信息。

a, b, h——分别表示函数的区间 [a, b]，以及区间长度。

x——表示自变量 x，在本程序中它取计算最后 2 个节点的中点。

f(x)——用于计算各节点的函数值，以及求 x 点的精确值。

L(x)——实现求 Lagrange 插值函数。

lagBasis(x)——实现求 Lagrange 基函数。

putdata(x)——用于给各节点赋值。

output()——用于输出各节点的信息。

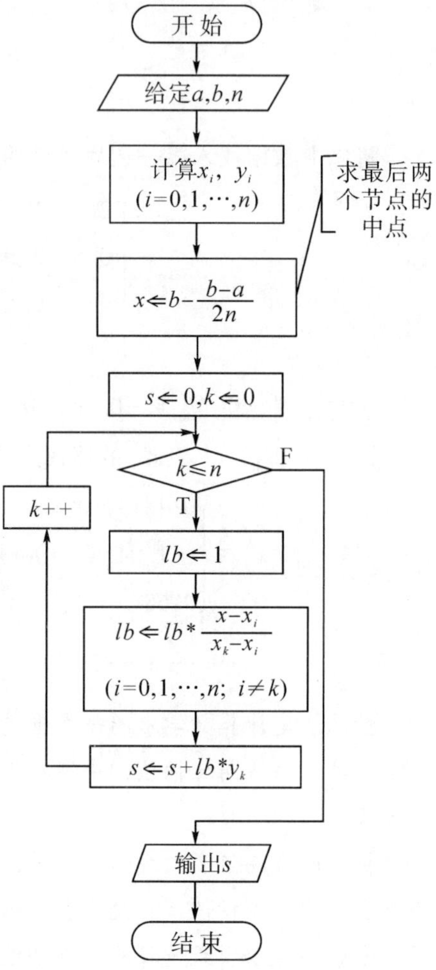

图 5－4 Lagrange 插值框图

程序清单：

```
#include <math. h>
#include <stdio. h>
#define f(x)(5.0/ (1+x*x)) /*原函数*/
#define N 10                /*插值次数*/
double x[N+1], y [N+1];    /*定义 N+1 个节点*/
double L (double xx);
```

```
double lagBasis (int k, double xx);
void main()
{
  double a = -5, b =5;
//      double x =4.5;
    double x =b - (b -a) / (2 * N);      //计算最后2个节点的中点
  void putdata(double a, double b, int n);
  void output ();
  putdata (a, b, N);
  output ();
    printf ("\n精确值f (%g) =%g", x, f(x));
    printf ("\n近似值L (%g) =%g\ n", x, L(x));
  }

double L (double xx)        /* Lagrange 插值函数 */
{
  double s =0;
  int i;
  for (i =0; i<=N; i++)
          s+ =lagBasis (i, xx) *y [i];
  returns;
}
double lagBasis (int k, double xx) /* Lagrange 基函数 */
{
  double lb =1;
     int i;
     for (i =0; i<=N; i++)
          if (i!=k)    lb *= (xx -x [i]) / (x [k] -x [i]);
     return lb;
}
void putdata (double a, double b, int n) /* 求各节点信息 */
{
  double h;   int i;
  h= (b -a) /n;
  for (i =0; i<=n; i++)
```

```
    {
        x [i] =a+i*h;
        y [i] =f (x [i]);
    }

}
void output () /*输出各节点信息*/
{
    int i;
    printf ("\n各节点信息: \ nxi:");
    for (i=0; i<=N; i++)
        printf ("%7.4g", x [i]);
    printf ("\nyi:");
    for (i=0; i<=N; i++)
        printf ("%7.4g", y [i]);
}
```

输出结果:

```
选择 "D:\project\Debug\project.exe"
各节点信息:
xi:     -5      -4      -3      -2      -1       0       1       2       3       4       5
yi: 0.1923 0.2941     0.5       1     2.5       5     2.5       1     0.5 0.2941 0.1923
精确值f(4.5)=0.235294
近似值L(4.5)=7.8936
```

结果分析:

拉格朗日插值多项式的优点是表达式简单明确，形式对称，便于编程实现。插值区间内，随着节点的增多，插值区间两端的插值函数值的误差也会增加。n 越大，端点附近抖动越大的现象，称为 Runge 现象。这种现象也表明，$n\to\infty$，$L_n(x)\to f(x)$不成立。

3. Newton 插值参考程序

将区间 [-5，5] 10 等分，计算函数 $y=\dfrac{5}{1+x^2}$各节点上的函数值，做 Newton 插值，比较计算结果与函数的准确值并对结果进行分析。Newton 插值框图如图 5-5 所示。

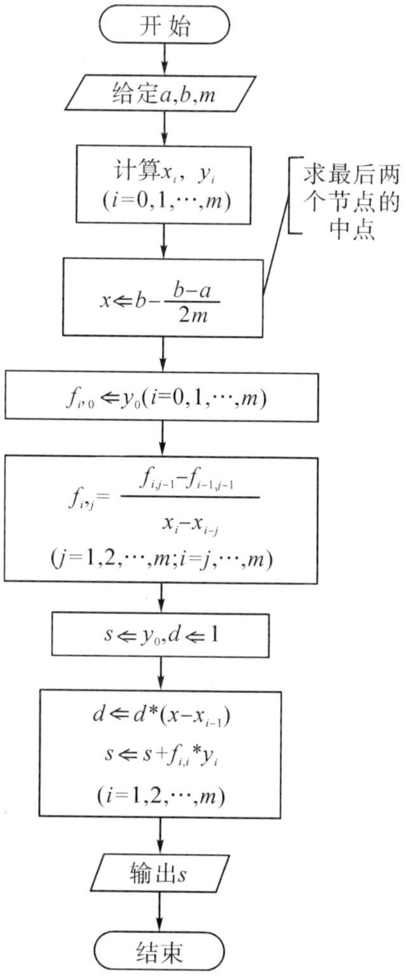

图 5-5　Newton 插值框图

程序结构：

在程序的说明部分定义了原函数 f(x)，插值次数 N，节点（x [N+1]，y [N+1]）。在主函数 main 中给定自变量 x 的值，调用 N(x)计算 Newton 插值函数的值（近似值），通过 f(x)求原函数的值（精确值），最后输出精确值和近似值。

定义数据：

程序中的主要常量、变量及函数：

M——全局常量，为插值函数的次数。

x [M+1]，y [M+1] ——分别存放各节点信息。

a，b，h——分别表示函数的区间 [a，b]，以及区间长度。

f(x)——用于计算各节点的函数值，以及求 x 点的精确值。

N(x)——实现求 Newton 插值函数，并输出差商表。

putdata(x)——用于给各节点赋值。

output()——用于输出各节点的信息。

程序清单：

```
#include <math.h>
#include <stdio.h>
#define f(x)(5.0/ (1 +x * x)) /* 原函数 */
#define M 10                    /* 插值次数 */
double x [M+1], y [M+1];    /* 定义 M+1 个节点 */
//函数声明
void main( )
{
  double a = -5, b =5;
//     double x =4.5;
    double x =b - (b - a) / (2 * M);    //计算最后 2 个节点的中点
  double N (double xx);
  void putdata (double a, double b, int n);
  void output ();
  putdata (a, b, M);
  output ();
    printf ("\n 近似值 N (%g)  =%g", x, N (x));
    printf ("\n 精确值 f (%g)  =%g\ n", x, f(x));
}
double N (double xx)    /* Newton 插值函数 */
{
  double s =y [0], d =1;
  int i, j;
  double df [M+1] [M+1];
  for (i =0; i <= M; i + +)
        df [i] [0]  =y [i];          /* 计算 0 阶差商，即函数值 */
  for (j =1; j <= M; j + +)
        for (i =j; i <= M; i + +)       /* 计算 1 ~ M 阶差商 */
              df [i] [j]  =  (df [i] [j -1]  - df [i -1] [j -1]) / (x [i]  - x [i
-j]);
  /* 输出表头 */
  printf ("\n  x  f(x)");
  for (j =1; j <= M; j + +) printf ("%8d 阶", j);
```

```
    for (i=0; i<=M; i++)        /*输出差商表*/
     {
          /*输出x, f(x), 以及各阶差商*/
         printf ("\n%4.2g%8.4g", x[i], y[i]);
         for (j=1; j<=i; j++)
               printf ("%10.3g", df[i][j]);
    }
    for (i=1; i<=M; i++)        /*求Newton插值*/
     {
         d*= (xx-x[i-1]);
         s+=df[i][i] *d;
    }
      return s;
    }

void putdata (double a, double b, int n) /*求各节点信息*/
{
   double h;   int i;
         h= (b-a) /n;
         for (i=0; i<=n; i++)
         {
              x[i] =a+i*h;
              y[i] =f (x[i]);
         }

}
void output () /*输出各节点信息*/
{
   int i;
   printf ("\n各节点信息: \nxi:");
   for (i=0; i<=M; i++)
        printf ("%9.4g", x[i]);
   printf ("\nyi:");
   for (i=0; i<=M; i++)
        printf ("%9.4g", y[i]);
}
```

输出结果：

```
"D:\project\Debug\project.exe"

各节点信息:
xi:      -5       -4        -3        -2        -1        0         1         2         3         4         5
yi:   0.1923   0.2941     0.5        1        2.5        5        2.5        1        0.5    0.2941    0.1923
  x    f(x)      1阶       2阶       3阶       4阶       5阶       6阶       7阶       8阶       9阶       10阶
 -5  0.1923
 -4  0.2941    0.102
 -3     0.5    0.206     0.052
 -2       1      0.5     0.147    0.0317
 -1     2.5      1.5       0.5     0.118    0.0215
  0       5      2.5       0.5         0   -0.0294   -0.0102
  1     2.5     -2.5      -2.5        -1     -0.25   -0.0441  -0.00566
  2       1     -1.5       0.5         1       0.5      0.15    0.0324   0.00543
  3     0.5     -0.5       0.5         0     -0.25     -0.15     -0.05   -0.0118  -0.00215
  4  0.2941   -0.206     0.147    -0.118   -0.0294    0.0441    0.0324    0.0118   0.00294  0.000566
  5  0.1923   -0.102     0.052   -0.0317    0.0215    0.0102  -0.00566  -0.00543  -0.00215 -0.000566 -0.000113
近似值N(4.5)=7.8936
精确值f(4.5)=0.235294
```

结果分析：

对上述程序分别取不同的 N，测试 Newton 插值程序，也得到了与 Lagrange 插值相同的结果，即插值区间内，随着节点的增多，插值区间两端的插值函数值的误差也会增加。

分别取不同的 x，测试 Newton 插值和 Lagrange 插值程序，2 个插值函数的值都是相同。这个结果表明，只要给定 $n+1$ 个节点（节点互不相同）以及节点上的函数值，不论用哪种方法构造的 n 次插值多项式是唯一存在的。

4. 分段线性插值参考程序

将区间 $[-5, 5]$ 10 等分，计算函数 $y=\dfrac{5}{1+x^2}$ 各节点上的函数值，做分段线性插值，比较计算结果与函数的准确值并对结果进行分析。

程序结构：

在程序的说明部分定义了原函数 f(x)，插值次数 N，节点（x [N+1]，y [N+1]）。在主函数 main 中给定自变量 x 的值，先判断 x 是否在区间 [x [i]，x [i+1]] 上，如果在，则求 x 在这段区间上的线性插值，通过 f(x) 求原函数的值（精确值），最后输出精确值和近似值。

定义数据：

程序中的主要常量、变量及函数：

N——全局常量，为插值函数的次数。

x [N+1]，y [N+1] ——分别存放各节点信息。

a，b，h——分别表示函数的区间 [a，b]，以及区间长度。

f(x)——用于计算各节点的函数值，以及求 x 点的精确值。

linear（x0，x1，y0，y1，x）——实现求区间 $[x_0, x_1]$ 上插值函数。

putdata（x）——用于给各节点赋值。

output（）——用于输出各节点的信息。

程序清单：

```
#include < math. h >
#include < stdio. h >
#definef(x)    (5.0/ (1 +x * x))    /* 原函数 */
#define M 10                     /* 插值次数 */
doublex [M+1], y [M+1];    /* 定义 M+1 个节点 */
//函数声明
voidmain( )
{
  double a = -5, b =5, result =0;
  inti;
  double xx =b - (b -a) / (2 * M);    //计算最后 2 个节点的中点
  double linear (double x0, double x1, double y0, double y1, double xx);
  void putdata (double a, double b, int n);
  void output ();
  putdata (a, b, M);
  output ();
/* 先判断 xx 是否在区间 [x [i], x [i+1]] 上，如果在，则求 xx 在这段区间上的
线性插值 */
  for (i =0; i<M; i+ +)
     if (xx >=x [i] && xx <=x [i+1])
          result = linear (x [i], x [i+1], y [i], y [i+1], xx);
  printf (" \ n 近似值 L1 (%g) =%g", xx, result);
  printf (" \ n 精确值 f (%g) =%g\ n", xx, f(xx));
}
  /* 线性插值函数 */
double linear (double x0, double x1, double y0, double y1, double xx)
{
  double l0, l1;
  l0 = (xx -x1) / (x0 -x1);
  l1 = (xx -x0) / (x1 -x0);
  return l0 * y0 +l1 * y1;
}
void putdata (double a, double b, int n) /* 求各节点信息 */
```

```
    {
    double h;    int i;
    h = (b - a) /n;
    for (i =0; i <= n; i + +)
  {
    x [i] =a +i * h;
    y [i] =f (x [i]);
  }
void output () / * 输出各节点信息 * /
  {
    int i;
    printf ("\n 各节点信息: \ nxi:");
    for (i =0; i <= M; i + +)
         printf ("%8.4g", x [i]);
    printf ("\nyi:");
    for (i =0; i <= M; i + +)
         printf ("%8.4g", y [i]);
  }
```

输出结果：

```
"D:\project\Debug\project.exe"

各节点信息:
xi:      -5       -4       -3      -2      -1       0       1       2       3       4       5
yi:  0.1923  0.2941      0.5       1     2.5       5     2.5       1     0.5  0.2941  0.1923
近似值L1(4.5)=0.243213
精确值f(4.5)=0.235294
```

结果分析：

从实验结果可以看出，采用分段低次插值可以防止龙格现象的发生。并且，当 $h\to 0$（同时 $n\to\infty$）时，分段线性插值函数$L_1(x)$一致逼近原函数$f(x)$。

工程应用实例

实用堰的泄流能力计算

在水利工程设计中，设计规范或技术手册在给出计算公式的计算参数中，常使用经验性、总结性或简化了的参数查值表，需要设计人员自行人工插值取用。例如，溢洪道设计规范规定的开敞式 WES 型实用堰的泄流能力计算公式如下：

$$Q = cm\varepsilon\sigma_s B\sqrt{2g}h_0^{3/2} \tag{1}$$

式中，Q 为泄流量；c 为上游堰坡影响修正系数；ε 为闸墩侧收缩系数；σ_s 淹没系数；B 为溢流堰总净宽；g 为重力加速度；h_0 为计入行近流速水头的堰上总水头；m 为二维水流 WES 实用堰流量系数，可查见表 5－14 所列的规范表，再插值取用[18－19]。

在分析不同堰上水头下实用堰的泄流能力时，需根据堰上水头与定型设计水头的比值 h_0/H_d 查表，再插值计算不同堰上水头相应的流量系数 m，进而计算堰上不同水头相应的下泄流量。

表 5－14　实用堰流量系数值（适用于二圆弧、三圆弧及椭圆堰头曲线）

i	堰上水头与定型设计水头的比值 $x_i = h_0/H_d$	实用堰流量系数 m_i				
		水库工程堰高与定型设计水头比值 P_1/H_d				
		0.2	0.4	0.6	0.8	≥1.33
1	0.4	0.425	0.430	0.431	0.433	0.436
2	0.5	0.438	0.442	0.445	0.448	0.451
3	0.6	0.450	0.445	0.458	0.460	0.464
4	0.7	0.458	0.463	0.468	0.472	0.476
5	0.8	0.467	0.474	0.477	0.482	0.486
6	0.9	0.473	0.480	0.485	0.491	0.494
7	1.0	0.479	0.486	0.491	0.496	0.501
8	1.1	0.482	0.491	0.496	0.502	0.507
9	1.2	0.485	0.495	0.499	0.506	0.510
10	1.3	0.496	0.498	0.500	0.508	0.513

实际工程中，较为典型的水库工程堰高与定型设计水头比值 P_1/H_d 多大于 1.33，这里分析 $P_1/H_d \geqslant 1.33$ 的情况。根据表 5－14 的第 2 列和最后一列求所对应的拉格朗日插值多项式插值实用堰流量系数。

$$m(x) \approx L_n(x) = \sum_{k=1}^{10} l_k(x) m_k$$

其中

$$l_k(x) = \prod_{\substack{j=1 \\ j\neq k}}^{10} \frac{x - x_j}{x_k - x_j} \quad (k = 1, 2, \cdots, 10)$$

式中，$m(x)$ 为实用堰流量系数拉格朗日插值多项式函数；x 为堰上水头与定型设计水头的比值 h_0/H_d。通过插值计算得到 m，代入公式（1）便可计算实用堰泄流量。实际工程中，拉格朗日插值多项式只需一次计算即可得到关系曲线函数多项式，便于在水利自动化应用中实现快速连续计算。

算法背后的历史

中国古代历法中内插法

内插法是计算数学中最常用的工具之一，也是函数逼近的重要方法，在天文学、统计学、应用工程学及数学本身都有广泛的应用。中国古代数学和天文历法关系密切，许多数学的新发明因历法的需要而产生，或者先应用到历法上。从西汉到元代，由于历法推算的需要，使内插法不断得到应用和发展，其中许多成果处于世界领先地位。

一次等间距内插法

成书于西汉时期的天文历算著作《周髀算经》的下卷给出二十四节气日八尺标杆长的数据，只有冬至和夏至是实测的，其余数据都是计算而来的。原文是："凡为八节二十四气，气损益九寸九分六分分之一。冬至晷长一丈三尺五寸。夏至晷长一尺六寸，问次节损益寸数长短各几何?"其法为："置冬至晷，以夏至晷减之，余为实，以十二为法，实如法得一寸，不满法者十之，以法除之得一分。"若记冬至和夏至的晷长分别为$f(12)$和$f(0)$，$f(n)$代表夏至后（前）到冬至的第n个节气的日影长，按以上术文则有

$$\text{气损益数}=\frac{1}{12}[f(12)-f(0)]=\frac{1}{12}(1\,350-160)=\frac{1\,190}{12}=99\frac{1}{6}$$

这显然是一个一次内插法公式。因而张惠民[11]指出："《周髀算经》所载的二十四节气日的中午八尺标杆的影长都是利用等间距一次内插法公式算出来的。后来的内插法公式都起源于历法研究，实际是一次内插法的推广。"

公元206年，东汉天文学家刘洪（约140—206）在《乾象历》中首次提出用一次内插的方法来确定合朔的时刻。由于人们已经发现月球绕地球运行的变速运动，要根据月球运行的速度来计算合朔（月球和太阳的黄经相等的时候叫朔，又叫合朔。这时的月球叫作新月，实际是看不见的，朔日这天的日、月几乎是同时出没的），不仅需要知道每日月球的运行度数，而且还必须知道小于一日的月球运行度数。刘洪测出月球在一个近点月（月球从近地点出发绕地球运行一周后又回到近地点的时间间隔）里每日运行的度数，利用一次内插公式计算在近地点指定天数后，月球共行度数。

刘洪以后，三国时期的杨伟，南北朝时期的何承天、祖冲之等各家历法都用这个公式计算月行度数。因为在一整日内，月球运行速度的变化很大，一次内插公式只能得出不很精确的近似值。

等间距二次内插法

随着天文观测技术的发展，天文学家认识到太阳运行速度的变化也影响合朔时刻，因此提出测量日、月、五星视行度数的更加精密的内插公式。公元 600 年，隋代天文学家刘焯（544—610）创造性地提出一个推算日、月、五星视行度数的等间距二次内插法，其术见《皇极历》“推每日迟速数术”。这是由已知某些节气迟速数、陟降率和后一节气陟降率，利用等间距二次内插法公式求该节气内指定日的迟速数。

刘焯的算法对后来的历法研究有很大影响，唐代傅仁均制《戊寅历》（619）和李淳风造《麟德历》（664）都用到类似公式。刘焯的这一计算方法虽然比以前精密许多，但是由于一年中节气的长度不等，不是按等间距变化的，日、月、五星也不是等加速运动，因此刘焯内插公式仍存在一定的缺陷。

不等间距二次内插法

张遂（683—727），唐代著名天文学家。他根据大量的观测资料，在刘焯等前人的基础上首先提出定气的概念。经过仔细观察和计算，他发现太阳在冬至时运行最快，以后渐慢，到春分速度平，夏至最慢，夏至后则相反。把一年中的二十四个节气分成 4 段，每段都各分成 6 个节气。公元 727 年，张遂在他的《大衍历》中按不同的时间间隔安排二十四节气，把刘焯的公式推广到不等间距的情形，建立了不等间距二次内插公式。张遂计算太阳视运行速度的方法步骤，其术见“步日躔术”。

唐代后期的徐昂，在所编制的《宣明历》（821）中计算太阳、月亮视运行速度时“皆因《大衍历》旧术”，就是用张遂的不等间距二次内插法计算的。到唐代末年，边冈制定的《崇玄历》（892）更简化了计算公式，称相减相乘法。

三次内插法

唐代在天文计算中所使用的内插法，不论是等间距，还是不等间距，三级差分以上均不考虑，这样可以认为 $f(x)$ 为 x 的二次式近似值，不使用复杂的内插式，就可以直接使用二次内插法来计算。至元代，著名天文学家郭守敬（1231—1316）等人编制《授时历》（1280），凡日、月、五星运行计算都运用了三次内插法，即“平立定三差术”，比以前各家的算法更加精密。

郭守敬因日、月以及五星行天，有盈有缩，其盈缩之差，或由多而渐少，或由少而渐多。如果在某两段间求某日太阳的盈缩积差，则要用内插法来计算。

《授时历》对三次内插法的广泛应用，使中国历算方法获得了突破性的推进，在数学史和天文学史上均占有突出地位。日本著名科学史家薮内清指出："宋元时期是中国数学史上产生划时代飞跃的时期，成就之一就是招差法，为应用于插值公式而研究了级数求和问题。《授时历》中的平立定三差法，正是由中国数学的这一发展而必然导出的一个成果，其间的外来影响是不存在的。这一插值法的进步，堪称是中国天文学家的重要成果，与欧洲相比是遥遥领先的。"

内插法是中国数学史和天文学史上的伟大成就，作为中国古代数理天文的核心工具，从西汉到元代1000多年间，内插法得到广泛的应用。内插法在宋元以前没有专名，至元代郭守敬才引入了"平立定三差法""招差法"等术语。

《授时历》之所以能够成功地沿用刘焯的算法思想构造出三次插值算法，主要归因于郭守敬将$f(x)$降为$f'(x)$，把问题转化为低一阶插值公式的构造，这标志着中国古代数学家从二次到高次插值方法的演变，使中国历算方法获得了突破性的进展。郭守敬的三次内插法比牛顿内插法早近400年，刘焯的二次内插法更是早于牛顿内插法1000多年。所以，著名科学史专家、英国李约瑟博士认为："中国的这种方法似乎是显著地领先的，因为欧洲直到十七八世纪才采用并充分掌握这种方法。"

习题5

1. 已知函数见表5－15所列：

表5－15 第1题表

x_i	1	3	4	6
$f(x_i)$	−7	5	8	14

试用三次Lagrange插值多项式计算$f(5)$的近似值。

2. 已知单调连续函数$y=f(x)$的数据见表5－16所列：

表5－16 第2题表

x_i	−1	0	1	2
$f(x_i)$	−2	−1	1	2

用插值法计算，当x为多少时，$f(x)\approx 0$。（保留5位有效数字）

3. 已知函数见表5－17所列：

表5－17 第3题表

x_i	0.32	0.34	0.36
$\sin(x_i)$	0.314 6	0.333 5	0.352 3

试用线性插值和抛物插值计算sin 0.35的近似值并估计误差限。

4. 给定数据见表5－18所列：

表 5-18 第 4 题表

x_i	1	2	4	6	7
$f(x_i)$	4	1	0	1	1

求 4 次牛顿插值多项式，并计算 $f(5)$ 的近似值及其截断误差。

5. 有见表 5-19 所列的函数：

表 5-19 第 5 题表

x_i	0	1	2	3	4
$f(x_i)$	3	6	11	18	27

试计算出此列表函数的差分表，并利用牛顿向前插值公式给出它的插值多项式。

6. 若 $f(x)=\omega_{n+1}(x)=(x-x_0)(x-x_1)\cdots(x-x_n)$，$x_i(i=0, 1, \cdots, n)$ 互异，求 $f[x_0, x_1, \cdots, x_p]$ 之值，这里 $p\leqslant n+1$。

7. 用拉格朗日插值和牛顿插值找经过点的 $(-3, -1)$，$(0, 2)$，$(3, -2)$，$(6, 10)$ 三次插值多项式，并验证插值多项式的唯一性。

8. 设 $f(x)$ 在 $[a, b]$ 上具有二阶连续导数，且 $f(a)=f(b)=0$，求证：$\max\limits_{a\leqslant x\leqslant b}|f(x)|\leqslant\frac{1}{8}(b-a)^2\max\limits_{a\leqslant x\leqslant b}|f''(x)|$。

9. 若 $f(x)=x^6+x^3+1$，求 $f[2^0, 2^1, \cdots, 2^6]$ 和 $f[2^0, 2^1, \cdots, 2^7]$。

10. 在 $[0, 4]$ 上给出 $f(x)=e^x$ 的等距节点函数表，为保证用分段线性插值求非节点处的函数值，其截断误差不超过 10^{-6}，函数表的步长至少应取多大？若改用分段二次插值求非节点处的函数值，步长应取多大？

11. 求满足条件见表 5-20 所列：

表 5-20 第 11 题表

x_i	1	2
$f(x_i)$	2	3
$f'(x_i)$	1	-1

的埃尔米特插值多项式。

12. 给定插值条件见表 5-21 所列：

表 5-21 第 12 题表

x_i	0	1	2	3
$f(x_i)$	0	2	1	3

试求三次样条插值函数 $S(x)$，使它满足第二边界条件并 $f''(x_0)=1$，$f''(x_3)=0$。

13. 已知 $f(x)=e^{-x}$，取节点 $x_0=0$，$x_1=0.2$，$x_2=0.6$，$x_3=1.0$。

（1）求 $f(x)$ 在自然边界条件下的三次样条插值函数；

（2）利用样条插值函数计算 $f(0.5)$ 的近似值。

第6章 拟合与逼近

在科学实验和生产实践中，人们常常需要从一组由实验或观测得到的数据表(x_i, y_i) $(i=0, 1, \cdots, m)$，去求得自变量x和因变量y的一个近似解析表达式$y=f(x)$。例如，通过某种物质的化学反应，能够测得生成物的浓度与时间关系的一组数据表，而它们的解析表达式$y=f(t)$是不知道的。但是为了要知道化学反应速度，必须要利用已知数据给出它们的近似表达式。有了近似表达式，通过求导数便可知道化学反应速度。可见，已知一组数据求它的近似表达式是非常有意义的，问题是如何求它们的近似表达式呢?

前一章介绍的插值方法是一种有效的方法。但是由于数据(x_i, y_i) $(i=0, 1, \cdots, m)$是由测量或观测得到的，首先它本身就有误差，作插值时一定要通过数值点(x_i, y_i)似乎没有必要；其次当m很大时，采用多项式插值很不理想，会出现龙格现象，非多项式插值计算又很复杂。

因此，本章介绍一种“整体”近似的方法，即对于给定的数据(x_i, y_i) $(i=0, 1, \cdots, m)$，选一个线性无关函数系$\varphi_0(x)$，$\varphi_1(x)$，$\cdots$，$\varphi_n(x)$，以它们为基底构成的线性空间为

$$\Phi=\mathrm{span}\{\varphi_0(x), \varphi_1(x), \cdots, \varphi_n(x)\}$$

在此空间内选择函数

$$\varphi(x)=\sum_{j=0}^{n}\alpha_j\varphi_j(x)$$

其中，$\alpha_j(j=0, 1, \cdots, n)$为待定常数。要求它逼近真实函数$y=f(x)$的误差尽可能小，这就是数据拟合问题。

6.1 最小二乘拟合

6.1.1 问题描述

数据拟合法不要求曲线通过所有的点(x_i, y_i) $(i=0, 1, \cdots, m)$，而是根据这些数据之间的相关关系，用其他办法给出合适的数学公式，并画出一条近似曲线，以反映给定数据的一般趋势。为了说明问题，先看下面的例子。

例题 6.1 某种合成纤维的强度与其拉伸倍数有直接关系，表 6-1 是实际测定的 24 个纤维样品的强度与相应拉伸倍数的记录。试计算拉伸倍数达 12 时，其纤维强度是多少？

表 6-1 某种合成纤维的强度与其拉伸倍数关系表

编号	1	2	3	4	5	6	7	8	9	10	11	12
拉伸倍数	1.9	2.0	2.1	2.5	2.7	2.9	3.5	3.7	4.0	4.2	4.5	4.6
强度（kg/mm^2）	1.4	1.3	1.8	2.5	2.6	2.8	2.7	3.0	3.5	4.0	4.2	3.5
编号	13	14	15	16	17	18	19	20	21	22	23	24
拉伸倍数	5.0	5.2	6.0	6.3	6.5	7.1	8.0	8.2	8.9	9.0	9.5	10.0
（强度 kg/mm^2）	5.5	5.0	5.5	6.4	6.0	6.3	6.5	7.0	7.8	8.0	8.1	8.1

为了研究拉伸倍数与强度之间的关系，把拉伸倍数作为自变量 x，强度作为因变量 y，作成散点图 6-1。从图 6-1 中可以看出，纤维强度与拉伸倍数大致成线性关系，并且 24 个点大致分布在一条直线附近，可用一条直线来表示两者之间的关系。设直线为 $y=a_0+a_1x$。

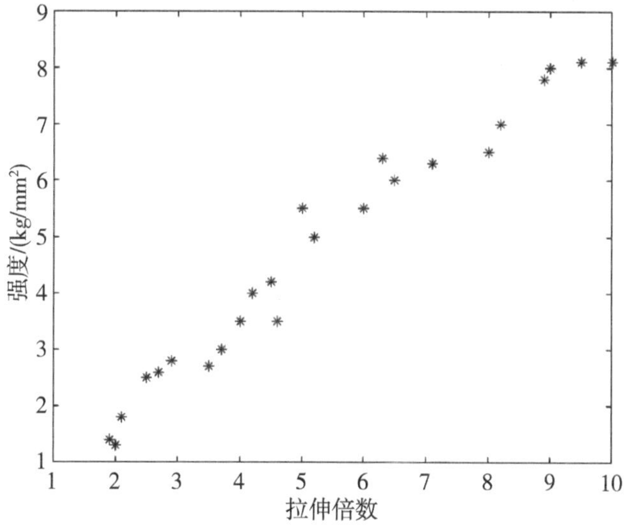

图 6-1 某种合成纤维的强度与其拉伸倍数关系散点图

问题是应该如何选择 a_0，a_1，使得到的方程与实际情况比较符合。显然 24 个点不可能同时通过同一条直线，必须找到一种度量标准来衡量什么直线最接近所有的数据点。

6.1.2 最小二乘拟合概述

设有数据$(x_i, y_i)(i=0, 1, \cdots, m)$，令

$$r_i = y_i - \varphi(x_i) = y_i - \sum_{j=0}^{n} \alpha_j \varphi_j(x_i) \quad (i=0, 1, \cdots, m)$$

并称 $\boldsymbol{r}=(r_0, r_1, \cdots, r_m)^{\mathrm{T}}$ 为残向量，用 $\varphi(x)$ 去拟合 $y=f(x)$ 的好坏问题变成残量的大小问题。判断残量大小的标准，常用的有下面几种：

(1) 确定参数 $\alpha_j(j=0, 1, \cdots, n)$，使残量绝对值中最大的一个达到最小，即 $\max\limits_{0\leqslant i\leqslant m}|r_i|$ 为最小。

(2) 确定参数 $\alpha_j(j=0,1,\cdots,n)$，使残量绝对值之和达到最小，即 $\sum\limits_{i=0}^{m}|r_i|$ 为最小。

(3) 确定参数 $\alpha_j(j=0,1,\cdots,n)$，使残量的平方和达到最小，即 $\sum\limits_{i=0}^{m}r_i^2=\boldsymbol{r}^{\mathrm{T}}\boldsymbol{r}$ 最小。

(1)和 (2) 两个标准很直观，但因为有绝对值，所以实际应用很不方便；而标准 (3) 既直观，使用又很方便。按标准 (3) 确定待定参数，得到近似函数的方法，通常称为最小二乘法。

在实际问题中如何选择基函数 $\varphi_j(x)(j=0,1,\cdots,n)$ 是一个复杂的问题，一般要根据问题本身的性质来决定。如果从问题本身得不到这方面的信息，那么通常可取的基函数有多项式、三角函数、指数函数等。下面重点介绍多项式的情况。

设基函数取为 $\varphi_j(x)=x^j(j=0,1,\cdots,n)$，已知列表函数 $y_i=f(x_i)(i=0,1,\cdots,m)$，且 $n\ll m$。用多项式

$$p_n(x)=a_0+a_1x+\cdots+a_nx^n \tag{6-1}$$

去近似 $f(x)$，问题是应该如何选择 $a_0, a_1, \cdots, a_n$，使 $p_n(x)$ 能较好地近似列表函数 $f(x)$，按最小二乘法，应选择 $a_0, a_1, \cdots, a_n$，使得

$$s(a_0,a_1,\cdots,a_n)=\sum_{i=0}^{m}[f(x_i)-p_n(x_i)]^2 \tag{6-2}$$

取最小。

注意： s 是非负的，且是 $a_0, a_1, \cdots, a_n$ 的二次多项式，它必有最小值。求 s 对 $a_0, a_1, \cdots, a_n$ 的偏导数，并令其等于零，得到

$$\sum_{i=0}^{m}[y_i-(a_0+a_1x_i+\cdots+a_nx_i^n)]x_i^k=0 \quad (k=0,1,\cdots,n)$$

进一步将上式写成如下方程组：

$$\begin{cases}(m+1)a_0+\left(\sum\limits_{i=0}^{m}x_i\right)a_1+\cdots+\left(\sum\limits_{i=0}^{m}x_i^n\right)a_n=\sum\limits_{i=0}^{m}y_i\\ \left(\sum\limits_{i=0}^{m}x_i\right)a_0+\left(\sum\limits_{i=0}^{m}x_i^2\right)a_1+\cdots+\left(\sum\limits_{i=0}^{m}x_i^{n+1}\right)a_n=\sum\limits_{i=0}^{m}x_iy_i\\ \cdots\cdots\\ \left(\sum\limits_{i=0}^{m}x_i^n\right)a_0+\left(\sum\limits_{i=0}^{m}x_i^{n+1}\right)a_1+\cdots+\left(\sum\limits_{i=0}^{m}x_i^{2n}\right)a_n=\sum\limits_{i=0}^{m}x_i^ny_i\end{cases}$$

再将方程组写成如下矩阵形式：

$$\begin{bmatrix} m+1 & \sum\limits_{i=0}^{m}x_i & \sum\limits_{i=0}^{m}x_i^2 & \cdots & \sum\limits_{i=0}^{m}x_i^n \\ \sum\limits_{i=0}^{m}x_i & \sum\limits_{i=0}^{m}x_i^2 & \sum\limits_{i=0}^{m}x_i^3 & \cdots & \sum\limits_{i=0}^{m}x_i^{n+1} \\ \vdots & \vdots & \vdots & & \vdots \\ \sum\limits_{i=0}^{m}\mathrm{x}_i^n & \sum\limits_{i=0}^{m}x_i^{n+1} & \sum\limits_{i=0}^{m}x_i^{n+2} & \cdots & \sum\limits_{i=0}^{m}x_i^{2n} \end{bmatrix}\begin{bmatrix}a_0\\a_1\\\vdots\\a_n\end{bmatrix}=\begin{bmatrix}\sum\limits_{i=0}^{m}y_i\\ \sum\limits_{i=0}^{m}x_iy_i\\ \vdots\\ \sum\limits_{i=0}^{m}x_i^ny_i\end{bmatrix} \tag{6-3}$$

若令

$$A=\begin{bmatrix}1 & x_0 & x_0^2 & \cdots & x_0^n\\ 1 & x_1 & x_1^2 & \cdots & x_1^n\\ \vdots & \vdots & \vdots & & \vdots\\ 1 & x_m & x_m^2 & \cdots & x_m^n\end{bmatrix},\quad \boldsymbol{\alpha}=\begin{bmatrix}a_0\\ a_1\\ \vdots\\ a_n\end{bmatrix},\quad Y=\begin{bmatrix}y_0\\ y_1\\ \vdots\\ y_m\end{bmatrix}$$

则式（6-3）可简单地表示为

$$A^{\mathrm{T}}A\boldsymbol{\alpha}=A^{\mathrm{T}}Y \tag{6-4}$$

定义 6.1 方程组（6-4）称为法方程组（也叫作正规方程组或正则方程组），而

$$A\boldsymbol{\alpha}=Y \quad (n+1\text{ 个未知量，}m+1\text{ 个方程式}) \tag{6-5}$$

称为超定方程组（也叫作矛盾方程组）。

可以证明 α 为超定方程组（6-5）的最小二乘解的充分必要条件是 α 满足（6-4）。

定理 6.1 法方程组（6-4）有唯一一组解。

定理 6.2 设 a_0，a_1，…，a_n 是法方程组（6-4）的解，则多项式 $p_n(x)=\sum\limits_{i=0}^{n}a_ix^i$ 是问题的解。

正规方程组按表 6-2 来构造。

表 6-2 多项式拟合方程组的构造

x_i	y_i	x_iy_i	x_i^2	$x_i^2y_i$	x_i^3	$x_i^3y_i$	…	x_i^{2n}
x_0	y_0	x_0y_0	x_0^2	$x_0^2y_0$	x_0^3	$x_0^3y_0$	…	x_0^{2n}
x_1	y_1	x_1y_1	x_1^2	$x_1^2y_1$	x_1^3	$x_1^3y_1$	…	x_1^{2n}
⋮	⋮	⋮	⋮	⋮	⋮	⋮		⋮
x_m	y_m	x_my_m	x_m^2	$x_m^2y_m$	x_m^3	$x_m^3y_m$	…	x_m^{2n}
$\sum\limits_{i=0}^{m}x_i$	$\sum\limits_{i=0}^{m}y_i$	$\sum\limits_{i=0}^{m}x_iy_i$	$\sum\limits_{i=0}^{m}x_i^2$	$\sum\limits_{i=0}^{m}x_i^2y_i$	$\sum\limits_{i=0}^{m}x_i^3$	$\sum\limits_{i=0}^{m}x_i^3y_i$	…	$\sum\limits_{i=0}^{m}x_i^{2n}$

例题 6.2 已知数据见表 6-3 所列。

表 6-3 已知数据

x_i	-0.5	-0.1	0.3	0.5	0.8	1
y_i	2.384 3	1.604 1	1.493 4	1.694 6	2.308 2	2.930 1

试按最小二乘法求 $f(x)$ 的二次近似多项式 $p_2(x)=a_0+a_1x+a_2x^2$。

解 按已知数据列表，见表 6-4 所列。

表 6-4 按已知数据列表

i	x_i	y_i	x_iy_i	x_i^2	$x_i^2y_i$	x_i^3	x_i^4
0	-0.5	2.384 3	-1.192 2	0.25	0.596 1	-0.125	0.062 5
1	-0.1	1.604 1	-0.160 4	0.01	0.016 0	-0.001	0.000 1
2	0.3	1.493 4	0.448 0	0.09	0.134 4	0.027	0.008 1
3	0.5	1.694 6	0.847 3	0.25	0.423 7	0.125	0.062 5
4	0.8	2.308 2	1.846 6	0.64	1.477 2	0.512	0.409 6
5	1.0	2.930 1	2.930 1	1.00	2.930 1	1.000	1.000 0
$\sum$	2.0	12.414 7	4.719 4	2.24	5.577 5	1.538	1.542 8

法方程组为

$$\begin{bmatrix} 6.0 & 2.0 & 2.24 \\ 2.0 & 2.24 & 1.538 \\ 2.24 & 1.538 & 1.542\ 8 \end{bmatrix}\begin{bmatrix} a_0 \\ a_1 \\ a_2 \end{bmatrix} = \begin{bmatrix} 12.414\ 7 \\ 4.719\ 4 \\ 5.577\ 5 \end{bmatrix}$$

解得

$$a_0 = 1.512\ 4, \quad a_1 = -0.690\ 9, \quad a_2 = 2.108\ 0$$

故

$$p_2(x) = 1.512\ 4 - 0.690\ 9x + 2.108\ 0x^2$$

表 6-5 给出了 $p_2(x)$ 在节点处的误差。

表 6-5 $P_2(x)$ 在节点处的误差

x_i	-0.5	-0.1	0.3	0.5	0.8	1.0
y_i	2.384 3	1.604 1	1.493 4	1.694 6	2.308 2	2.930 1
$p_2(x_i)$	2.384 9	1.602 6	1.494 9	1.694 0	2.308 8	2.929 6
$y_i - p_2(x_i)$	-0.000 564	0.001 520	-0.001 468	0.000 623	-0.000 647	0.000 536

在利用最小二乘法建立式（6-2）时，所有点 x_i 都起到了同样的作用，但是有时依据某种理由认为 $\sum$ 中某些项的作用大些，而另外一些作用小些（例如，一些 y_i 是由精度高的仪器或由操作上比较熟练的人员获得的，自然应该予比较大的信任），在数学上常表现为用

$$\sum_{i=0}^{m} \rho_i \left[f(x_i) - p_n(x_i)\right]^2 \tag{6-6}$$

替代式（6-2）取最小值，此处诸 $\rho_i > 0$，且 $\sum\limits_{i=0}^{m} \rho_i = 1$，并称 ρ_i 为权，而式（6-6）称为加权和，并称 $p_n(x)$ 为 $y = f(x)$ 在点集 $\{x_0, \cdots, x_m\}$ 上关于权函数 $\{\rho_i\}$ 的最小二乘逼近多项式。

6.2 正交多项式拟合

6.2.1 正交多项式的定义

定义 6.2 如果函数系 $\{\varphi_i(x)\}$ 中每个函数 $\varphi_i(x)$ 在区间 $[a, b]$ 上连续，不恒等于零，且满足条件

$$\begin{cases}(\varphi_i,\varphi_j)=\int_a^b\rho(x)\varphi_i(x)\varphi_j(x)\mathrm{d}x=0 & (i\neq j)\\(\varphi_i,\varphi_j)=\int_a^b\rho(x)[\varphi_i^2(x)]\mathrm{d}x>0\end{cases}\tag{6-7}$$

那么称函数系 $\{\varphi_i(x)\}$ 在 $[a, b]$ 上关于权函数 $\rho(x)$ 为正交函数系。当 $\varphi_i(x)$ 是 i 次多项式时，称 $\varphi(x)=\sum\limits_{i=0}^{n}\alpha_i\varphi_i(x)$ 为正交多项式。

例如，三角函数系 1，$\cos x$，$\sin x$，$\cos 2x$，$\sin 2x$，…在 $[-\pi, \pi]$ 上关于权函数 $\rho(x)\equiv1$ 是正交函数系。

式（6-7）中的 $(\varphi_i,\varphi_j)=\int_a^b\rho(x)\varphi_i(x)\varphi_j(x)\mathrm{d}x$ 称为 $\varphi_i(x)$ 与 $\varphi_j(x)$ 的内积。对于离散情形，$\varphi_i(x)$ 与 $\varphi_j(x)$ 的内积为

$$(\varphi_i,\ \varphi_j)=\sum_{k=0}^{m}p\ (x_k)\ \varphi_i(x_k)\varphi_j(x_k)$$

显然，如果内积 $(f,\ g)=0$，则称 f 与 g 正交。

6.2.2 内积表示与拟合

作 $f(x)$，$g(x)$ 关于权函数 $\rho(x)$ 及 x_0，x_1，…，x_m 的内积

$$(f,\ g)=\sum_{i=0}^{m}\rho(x_i)f(x_i)g(x_i)\tag{6-8}$$

其中，权函数 $\rho(x)$ 满足 $\rho(x_i)>0$（$i=0, 1, 2, \cdots, m$），以 $m=4$，$n=2$ 为例，方程组(6-4)化为

$$\begin{cases}a_0(\varphi_0,\ \varphi_0)+a_1(\varphi_1,\ \varphi_0)+a_2(\varphi_2,\ \varphi_0)=(f,\ \varphi_0)\\a_0(\varphi_0,\ \varphi_1)+a_1(\varphi_1,\ \varphi_1)+a_2(\varphi_2,\ \varphi_1)=(f,\ \varphi_1)\\a_0(\varphi_0,\ \varphi_2)+a_1(\varphi_1,\ \varphi_2)+a_2(\varphi_2,\ \varphi_2)=(f,\ \varphi_2)\end{cases}\tag{6-9}$$

其中，$(\varphi_j,\ \varphi_k)=\sum\limits_{i=0}^{4}x_i^jx_i^k(j,\ k=0,\ 1,\ 2)$，$(f,\ \varphi_k)=\sum\limits_{i=0}^{4}y_ix_i^k(k=0,\ 1,\ 2)$。

$n=2$，$m=4$，$\rho(x)\equiv1$，$\varphi_0(x)=1$，$\varphi_1(x)=x$，$\varphi_2(x)=x^2$，$y_i=f(x_i)(i=0,\ 1,\ 2,\ 3,\ 4)$用矩阵表示为

$$\begin{bmatrix}(\varphi_0,\varphi_0) & (\varphi_1,\varphi_0) & (\varphi_2,\varphi_0)\\(\varphi_0,\varphi_1) & (\varphi_1,\varphi_1) & (\varphi_2,\varphi_1)\\(\varphi_0,\varphi_2) & (\varphi_1,\varphi_2) & (\varphi_2,\varphi_2)\end{bmatrix}\begin{bmatrix}a_0\\a_1\\a_2\end{bmatrix}=\begin{bmatrix}(f,\varphi_0)\\(f,\varphi_1)\\(f,\varphi_2)\end{bmatrix} \tag{6-10}$$

例题 6.3 已知函数 $y=f(x)$ 的数据，见表 6-6 所列。

表 6-6 已知数据

x_i	-2	-1	0	2	3
y_i	1.12	1.55	1.98	2.83	3.45

试用最小二乘法求 $f(x)$ 的近似直线。

解 根据题意，得 $n=1$，$m=4$，$\rho(x)=1$，$\varphi_0(x)=1$，$\varphi_1(x)=x$，$y_i=f(x_i)(i=1,2,3,4,5)$，则

$$x_0=-2,\ x_1=-1,\ x_2=0,\ x_3=2,\ x_4=3$$

$$y_0=1.12,\ y_1=1.55,\ y_2=1.98,\ y_3=2.83,\ y_4=3.45$$

$$(\varphi_0,\varphi_0)=\sum_{i=0}^{4}1\times1=5,\ (\varphi_0,\varphi_1)=\sum_{i=0}^{4}1\times x_i=2$$

$$(\varphi_1,\varphi_0)=\sum_{i=0}^{4}x_i\times1=2,\ (\varphi_1,\varphi_1)=\sum_{i=0}^{4}x_i\times x_i=18$$

$$(f,\varphi_0)=\sum_{i=0}^{4}y_i\times1=10.93,\ (f,\varphi_1)=\sum_{i=0}^{4}y_i\times x_i=12.22$$

得法方程组

$$\begin{bmatrix}5 & 2\\2 & 18\end{bmatrix}\cdot\begin{bmatrix}a_0\\a_1\end{bmatrix}=\begin{bmatrix}10.93\\12.22\end{bmatrix}$$

解得 $a_0=2.0035$，$a_1=0.4563$。于是，所求多项式为

$$p_0(x)=2.0035+0.4563x$$

注意： 实际计算表明当 m 较大时，法方程组（6-8）往往是病态的。因此，提高拟合多项式的次数不一定能改善逼近效果。实际计算中常采用不同的低次多项式去拟合不同的分段，这种方法称为分段拟合。

6.2.3 非线性曲线的数据拟合

在许多实际问题中，变量之间的内在关系并不一定呈现线性关系，为了找到更符合实际情况的数据拟合，一方面要根据专业知识和经验来确定经验曲线的近似公式；另一方面要根据散点图的分布形状及特点来选择适当的曲线取拟合这些数据。

用最小二乘法解决实际问题的过程包含三个步骤：

(1) 由观测数据表中的数值，点画出未知函数的粗略图形——散点图；

(2) 从散点图中确定拟合函数类型 Φ；

(3) 通过最小二乘原理，确定拟合函数 $\varphi(x)\in\Phi$ 中的未知参数。

例题 6.4 设经实验取得的一组数据见表 6－7 所列。

表 6－7 经实验取得的一组数据

x_i	1	2	3	4	5	6	7	8	9	10
y_i	9.5	4.5	3.2	2.3	1.8	1.5	1.1	0.9	0.8	0.7

试求它的最小二乘拟合曲线［取 $\rho(x)\equiv 1$］。

解 显然 $m=9$，且

$$x_0=1,\ x_1=2,\ x_2=3,\ x_3=4,\ x_4=5$$

$$x_5=6,\ x_6=7,\ x_7=8,\ x_8=9,\ x_9=10$$

$$y_0=9.5,\ y_1=4.5,\ y_2=3.2,\ y_3=2.3,\ y_4=1.8$$

$$y_5=1.5,\ y_6=1.1,\ y_7=0.9,\ y_8=0.8,\ y_9=0.7$$

在坐标系中画出散点图，如图 6－2 所示。可见这些点基本位于一条双曲线附近，于是可取拟合函数类

$$\Phi=\text{span}\{\varphi_0(x),\ \varphi_1(x)\}=\text{span}\left\{1,\ \frac{1}{x}\right\}$$

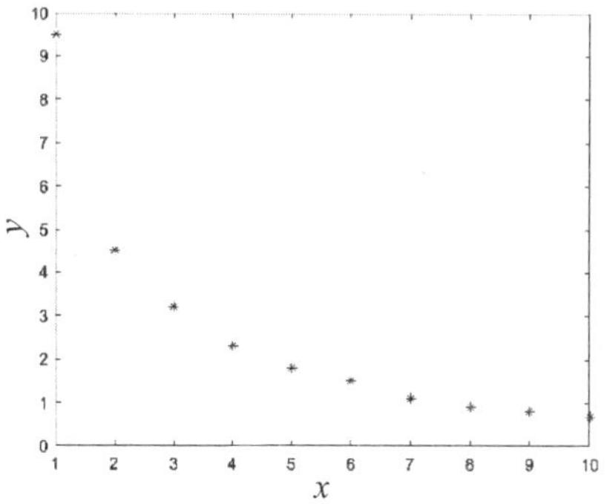

图 6－2 例题 6.4 的散点图

在其中选

$$\varphi(x)=a_0\varphi_0(x)+a_1\varphi_1(x)=a_0+\frac{a_1}{x}$$

去拟合上述数据。

$$(\varphi_0,\ \varphi_0)=\sum_{i=0}^{9}1\times 1=10,\ (\varphi_0,\ \varphi_1)=\sum_{i=0}^{9}1\times\frac{1}{x_i}=2.929\ 0$$

$$(\varphi_1,\ \varphi_0)=\sum_{i=0}^{9}\frac{1}{x_i}\times 1=2.929\ 0,\ (\varphi_1,\ \varphi_1)=\sum_{i=0}^{9}\frac{1}{x_i}\times\frac{1}{x_i}=1.549\ 8$$

$$(f,\ \varphi_0)=\sum_{i=0}^{9}y_i\times 1=26.3,\ (f,\ \varphi_1)=\sum_{i=0}^{9}y_i\times\frac{1}{x_i}=14.430\ 2$$

得法方程组

$$\begin{bmatrix}(\varphi_0,\ \varphi_0) & (\varphi_1,\ \varphi_0)\\(\varphi_0,\ \varphi_1) & (\varphi_1,\ \varphi_1)\end{bmatrix}\begin{bmatrix}a_0\\a_1\end{bmatrix}=\begin{bmatrix}(f,\ \varphi_0)\\(f,\ \varphi_1)\end{bmatrix}$$

即

$$\begin{bmatrix} 10 & 2.9290 \\ 2.9290 & 1.5498 \end{bmatrix} \begin{bmatrix} a_0 \\ a_1 \end{bmatrix} = \begin{bmatrix} 26.3 \\ 14.4302 \end{bmatrix}$$

解得 $a_0 = -0.2178$，$a_1 = 9.7228$，于是所求拟合函数为

$$\varphi^*(x) = -0.2178 + \frac{9.7228}{x}$$

表 6-8 给出了 $\varphi^*(x)$ 在节点处的误差。

表 6-8　$\varphi^*(x)$ 在节点处的误差

x_i	1	2	3	4	5	6	7	8	9	10
y_i	9.5	4.5	3.2	2.3	1.8	1.5	1.1	0.9	0.8	0.7
$\varphi^*(x)$	9.505 0	4.643 6	3.023 2	2.212 9	1.726 8	1.402 7	1.171 2	0.997 6	0.862 5	0.754 5
$y_i-\varphi^*(x_i)$	-0.005 0	-0.143 6	0.176 8	0.087 1	0.073 2	0.097 3	-0.071 2	-0.097 6	-0.062 5	-0.054 5

前面所讨论的最小二乘问题都是线性的，即 $\varphi(x)$ 关于待定系数 a_0，a_1，…，a_n 是线性的。若 $\varphi(x)$ 关于待定系数 a_0，a_1，…，a_n 是非线性的，则往往先用适当的变换把非线性问题线性化后，再求解。

例如，对于 $y = \varphi(x) = a_0 e^{a_1 x}$，取对数得 $\ln y = \ln a_0 + a_1 x$。

记 $A_0 = \ln a_0$，$A_1 = a_1$，$u = \ln y$，$x = x$，则有 $u = A_0 + A_1 x$，它关于待定系数 A_0，A_1 是线性的，于是 A_0，A_1 所满足的法方程组是

$$\begin{bmatrix} (\varphi_0, \varphi_0) & (\varphi_1, \varphi_0) \\ (\varphi_0, \varphi_1) & (\varphi_1, \varphi_1) \end{bmatrix} \begin{bmatrix} A_0 \\ A_1 \end{bmatrix} = \begin{bmatrix} (u, \varphi_0) \\ (u, \varphi_1) \end{bmatrix}$$

其中，$\varphi_0(x) = 1$，$\varphi_1(x) = x$，由上述方程组解得 A_0，A_1 后，再由 $a_0 = e^{A_0}$，$a_1 = A_1$，求得

$$\varphi^*(x) = a_0 e^{a_1 x}$$

例题 6.5　由实验得到的一组数据见表 6-9 所列。

表 6-9　一组实验数据

x_i	0.2	0.4	0.6	0.8	1.0	1.2	1.4	1.6	1.8	2.0
y_i	1.45	1.67	2.13	2.56	3.12	3.75	4.51	5.34	6.5	7.81

试求它的最小二乘拟合曲线 [取 $\rho(x) \equiv 1$]。

解　显然 $m = 9$，且在坐标系中画出散点图，如图 6-3 所示可见这些点近似于一条指数曲线 $y = a_0 e^{a_1 x}$，记为

$$A_0 = \ln a_0,\ A_1 = a_1,\ u = \ln y,\ x = x$$

则有

$$u = A_0 + A_1 x$$

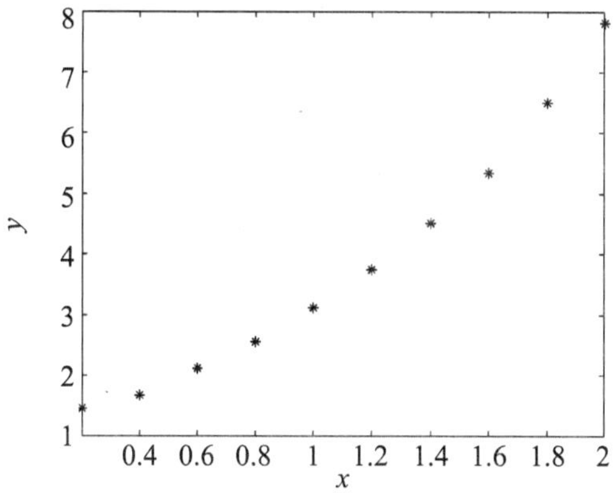

图 6-3 例题 6.5 的散点图

计算结果见表 6-10 所列。

表 6-10 计算结果

x_i	0.2	0.4	0.6	0.8	1.0	1.2	1.4	1.6	1.8	2.0
u_i	0.371 6	0.512 8	0.756 1	0.940 0	1.137 8	1.321 8	1.506 3	1.675 2	1.871 8	2.055 4
x_i^2	0.04	0.16	0.36	0.64	1.00	1.44	1.96	2.56	3.24	4.00
$u_i * x_i$	0.074 3	0.205 1	0.453 7	0.752 0	1.137 8	1.586 1	2.108 8	2.680 4	3.369 2	4.110 8

记 $\varphi_0(x)=1$，$\varphi_1(x)=x$，则

$$(\varphi_0,\ \varphi_0)=\sum_{i=0}^{9}1\times1=10,\ (\varphi_0,\ \varphi_1)=\sum_{i=0}^{9}1\times x_i=11$$

$$(\varphi_1,\ \varphi_0)=\sum_{i=0}^{9}x_i\times1=11,\ (\varphi_1,\ \varphi_1)=\sum_{i=0}^{9}x_i\times x_i=15.4$$

$$(u,\ \varphi_0)=\sum_{i=0}^{9}u_i\times1=12.148\ 8,\ (u,\ \varphi_1)=\sum_{i=0}^{9}u_i*x_i=16.478\ 3$$

得法方程组

$$\begin{bmatrix}(\varphi_0,\ \varphi_0) & (\varphi_1,\ \varphi_0)\\(\varphi_0,\ \varphi_1) & (\varphi_1,\ \varphi_1)\end{bmatrix}\begin{bmatrix}A_0\\A_1\end{bmatrix}=\begin{bmatrix}(u,\ \varphi_0)\\(u,\ \varphi_1)\end{bmatrix}$$

即

$$\begin{bmatrix}10 & 11\\11 & 15.4\end{bmatrix}\begin{bmatrix}A_0\\A_1\end{bmatrix}=\begin{bmatrix}12.148\ 8\\16.478\ 3\end{bmatrix}$$

解得 $A_0=0.176\ 7$，$A_1=0.943\ 8$，于是 $a_0=e^{A_0}=1.193\ 3$，$a_1=A_1=0.943\ 8$，故所求拟合函数为

$$\varphi^*(x)=1.193\ 3e^{0.943\ 8x}$$

6.3 常见正交多项式

下面介绍几个最常用的正交多项式。

6.3.1 勒让德多项式

1. Legendre 多项式的意义

定义 6.3 在区间 $[-1,1]$ 上关于权函数 $\rho(x)\equiv 1$ 构成正交系的多项式

$$p_n(x)=\frac{1}{2^n n!}\left(\frac{\mathrm{d}}{\mathrm{d}x}\right)^n\left[(x^2-1)^n\right]\quad (n=0,1,2,\cdots)\tag{6-11}$$

称为勒让德（Legendre）多项式。

具体表示为

$$\begin{aligned}
&P_0(x)=1\\
&P_1(x)=x\\
&P_2(x)=\frac{1}{2}(3x^2-1)\\
&P_3(x)=\frac{1}{2}(5x^3-3x)\\
&P_4(x)=\frac{1}{8}(35x^4-30x^2+3)\\
&\quad\cdots\cdots\\
&P_n(x)=\sum_{k=0}^{\lfloor\frac{n}{2}\rfloor}\frac{(-1)^k(2n-2k)!}{2^n k!\,(n-k)!\,(n-2k)!}x^{n-2k}\quad (n=0,1,2,\cdots)
\end{aligned}\tag{6-12}$$

注意：表达式（6-11）是一个 n 次多项式，且 x^n 项的系数是

$$\frac{1}{2^n n!}(2n)(2n-1)\cdots(n+1)=\frac{(2n)!}{2^n(n!)^2}$$

2. Legendre 多项式的基本性质

（1）$\{p_n(x)\}$ 多项式系是关于权函数 $\rho(x)\equiv 1$ 的正交系。

事实上，记 $\varphi(x)=(x^2-1)^n$，则 $\varphi^{(k)}(\pm 1)=0(0\leqslant k\leqslant n-1)$，且

$$p_n(x)=\frac{1}{2^n n!}\varphi^{(n)}(x)$$

设 $Q(x)$ 为次数不高于 n 的任意多项式，则由分部积分法易算出

$$\begin{aligned}
\int_{-1}^{1}p_n(x)Q(x)\mathrm{d}x &= \int_{-1}^{1}\frac{1}{2^n n!}\varphi^{(n)}(x)Q(x)\mathrm{d}x\\
&=\frac{1}{2^n n!}\left\{\left[Q(x)\varphi^{(n-1)}(x)\right]\Big|_{-1}^{1}-\int_{-1}^{1}Q'(x)\varphi^{(n-1)}(x)\mathrm{d}x\right\}\\
&=-\frac{1}{2^n n!}\int_{-1}^{1}Q'(x)\varphi^{(n-1)}(x)\mathrm{d}x=\cdots=\frac{(-1)^n}{2^n n!}\int_{-1}^{1}Q^{(n)}(x)\varphi(x)\mathrm{d}x
\end{aligned}$$

假若 $Q(x)$ 的次数低于 n，则 $Q^{(n)}(x)\equiv 0$，从而 $Q(x)$ 便和 $p_n(x)$ 正交，这说明 $p_n(x)$ 与

$p_{n-1}(x)$，…，$p_1(x)$，$p_0(x)$都正交，因而 $\{p_n(x)\}$ 确定是 $[-1,1]$ 上关于权 $\rho(x)\equiv 1$ 的正交系。

若 $Q(x)$是 n 次多项式，取 $Q(x)=p_n(x)$，则

$$\begin{aligned}\int_{-1}^{1} p_n^2(x)\mathrm{d}x &= \frac{(-1)^n}{2^n n!}\int_{-1}^{1} p_n^{(n)}(x)\ (x^2-1)^n\mathrm{d}x \\ &= \frac{(2n)!}{2^n\ (n!)^2}\int_{-1}^{1}(1-x^2)^n\mathrm{d}x \\ &= \frac{(2n)!}{2^n\ (n!)^2}\int_{-\frac{\pi}{2}}^{\frac{\pi}{2}}\cos^{2n+1}\theta\mathrm{d}\theta \\ &= \frac{(2n)!}{2^n\ (n!)^2}\frac{2^{n+1}\ (n!)^2}{(2n+1)!} = \frac{2}{2n+1}\end{aligned}$$

（2）Legendre 多项式满足递推关系式：

$$np_n(x)-(2n-1)xp_{n-1}(x)+(n-1)p_{n-2}(x)=0 \tag{6-13}$$

利用变量替换，Legendre 多项式（6－11）可以变为任意区间 $[a,b]$ 上关于权函数 $\rho(x)\equiv 1$ 的正交多项式。

6.3.2 切比雪夫多项式

1. Chebyshev 多项式的定义

定义 6.4 称

$$T_n(x)=\cos(n\arccos x)\quad(-1\leqslant x\leqslant 1) \tag{6-14}$$

为 n 次切比雪夫（Chebyshev）多项式，它是在 $[-1,1]$ 上关于权函数 $\rho(x)=\dfrac{1}{\sqrt{1-x^2}}$的正交多项式。

前几个 Chebyshev 多项式

$$T_0(x)=1,\ T_1(x)=x,\ T_2(x)=2x^2-1,\ T_3(x)=4x^3-3x$$
$$T_4(x)=8x^4-8x^2+1,\ T_5(x)=16x^5-20x^3+5x$$
$$T_6(x)=32x^6-48x^4+18x^2-1$$

2. Chebyshev 多项式的基本性质

（1）$T_{n+1}(x)=2xT_n(x)-T_{n-1}(x)(n=1,2,\cdots)$。（6－15）

事实上，注意到如下的三角恒等式：

$$\cos(n+1)\theta+\cos(n-1)\theta=2\cos n\theta\cos\theta$$

从而有

$$T_{n+1}(x)=2xT_n(x)-T_{n-1}(x)\quad(n=1,2,\cdots)$$

进而知 $T_n(x)$是 x 的 n 次多项式。

（2）$\{T_n(x)\}$ 是在 $[-1,1]$ 上关于权 $\rho(x)=\dfrac{1}{\sqrt{1-x^2}}$的正交多项式。

事实上，

$$(T_n,\ T_m)=\int_{-1}^{1}\frac{1}{\sqrt{1-x^2}}T_n(x)T_m(x)\mathrm{d}x$$

$$= \int_0^{\pi} \cos n\theta \cos m\theta \mathrm{d}\theta = \begin{cases} 0, & n \neq m \\ \pi, & n = m = 0 \\ \dfrac{\pi}{2}, & n = m \neq 0 \end{cases}$$

故 $\{T_n(x)\}$ 是在 $[-1, 1]$ 上关于权 $\rho(x) = \dfrac{1}{\sqrt{1-x^2}}$ 的正交多项式。

(3) $T_n(x)$ 的 x^n 的系数为 2^{n-1}。

事实上，令 $x = \cos\theta$，$\sqrt{1-x^2} = \sin\theta$，$T_n(x) = \cos n\theta$，而

$$\cos n\theta = \frac{1}{2}(\mathrm{e}^{in\theta} + \mathrm{e}^{-in\theta}) = \frac{1}{2}[(\cos\theta + i\sin\theta)^n + (\cos\theta - i\sin\theta)^n]$$

所以

$$T_n(x) = \frac{1}{2}[(x + i\sqrt{1-x^2})^n + (x - i\sqrt{1-x^2})^2]$$

$$= \frac{1}{2}[(x + \sqrt{x^2-1})^n + (x - \sqrt{x^2-1})^n]$$

$$\lim_{x\to\infty} \frac{T_n(x)}{x_n} = \lim_{x\to\infty} \frac{1}{2}\left[\left(1 + \sqrt{1 - \frac{1}{x^2}}\right)^n + \left(1 - \sqrt{1 - \frac{1}{x^2}}\right)^n\right]$$

$$= \frac{1}{2} \cdot 2^n = 2^{n-1}$$

如果要求 x^n 的系数为 1,那么多项式可以表示为

$$\tilde{T}_n(x) = 2^{1-n} T_n(x)$$

(4) $T_n(x)$ 零点是全部落在 $(-1, 1)$ 内部的实单根。

$$x_k = \cos\frac{2k-1}{2n}\pi \quad (k = 1, 2, \cdots) \tag{6-16}$$

6.3.3 拉盖尔多项式

1. Laguerre 多项式的定义

定义 6.5 称

$$L_n(x) = \mathrm{e}^x \left(\frac{\mathrm{d}}{\mathrm{d}x}\right)^n (x^n \mathrm{e}^{-x}) \quad (n = 0, 1, \cdots) \tag{6-17}$$

为拉盖尔 (Laguerre) 多项式，它是在 $[0, +\infty)$ 上关于权 $\rho(x) = \mathrm{e}^{-x}$ 的正交多项式。具体表达为

$$L_0(x) = 1$$

$$L_1(x) = -x + 1$$

$$L_2(x) = x^2 - 4x + 2$$

$$L_3(x) = -x^3 + 9x^2 - 18x + 6$$

……

$$L_n(x) = \sum_{k=0}^{n} (-1)^k \binom{n}{k} \frac{n!}{k!} x^k \quad (n = 1, 2, \cdots)$$

其中，最高次项系数是$(-1)^n$，因此

$$\tilde{L}_n(x)=(-1)^n e^x\left(\frac{\mathrm{d}}{\mathrm{d}x}\right)^n(x^n e^{-x})$$

便是最高次项系数为1的Laguerre多项式。

2. Laguerre多项式的基本性质

（1）$\{L_n(x)\}$ 是区间 $[0,+\infty)$ 上关于权函数$\rho(x)=e^{-x}$的正交多项式系，且

$$(L_n,L_m)=\int_0^{+\infty}e^{-x}L_n(x)L_m(x)\,\mathrm{d}x=\begin{cases}0, & n\neq m\\ (n!)^2, & n=m\end{cases}$$

（2）Laguerre多项式满足递推关系式：

$$L_{n+1}(x)=(2n+1-x)L_n(x)-n^2L_{n-1}(x)\quad (n=1,2,3,\cdots)$$

6.4 逼近问题

6.4.1 最佳平方逼近

设$\varphi_0(x)$，$\varphi_1(x)$，…，$\varphi_n(x)$是一组在$[a,b]$上线性无关的连续函数，以它们为基底构成的线性空间为$\Phi=\mathrm{span}\{\varphi_0,\varphi_1,\cdots,\varphi_n\}$。所谓最佳平方逼近问题就是求广义多项式$p(x)\in\Phi$，即确定

$$p(x)=\alpha_0\varphi_0(x)+\alpha_1\varphi_1(x)+\cdots+\alpha_n\varphi_n(x)\tag{6-18}$$

的系数$\alpha_i\ (i=0,1,\cdots,n)$，使函数

$$s(\alpha_0,\alpha_1,\cdots,\alpha_n)=\int_a^b\rho(x)\,[p(x)-f(x)]^2\mathrm{d}x\tag{6-19}$$

取极小值，这里$\rho(x)$为权函数。

显然，使s达到最小的α_0，α_1，…，α_n必须满足方程组

$$\frac{1}{2}\frac{\partial s}{\partial\alpha_i}=\int_a^b\rho(x)\,[p(x)-f(x)]\,\varphi_i(x)\mathrm{d}x=0\tag{6-20}$$

或写成

$$\int_a^b\rho(x)p(x)\varphi_i(x)\mathrm{d}x=\int_a^b\rho(x)f(x)\varphi_i(x)\mathrm{d}x\quad(i=0,1,\cdots,n)\tag{6-21}$$

把式（6-18）代入式（6-21），得

$$\sum_{j=0}^{n}\alpha_j\int_a^b\rho(x)\varphi_j(x)\varphi_i(x)\mathrm{d}x=\int_a^b\rho(x)f(x)\varphi_i(x)\mathrm{d}x\quad(i=0,1,\cdots,n)\tag{6-22}$$

利用内积定义，则式（6-21）及式（6-22）可以写成

$$(p-f,\varphi_i)=0\quad(i=0,1,\cdots,n)\tag{6-23}$$

或

$$\sum_{j=0}^{n}\alpha_j(\varphi_j,\varphi_i)=(f,\varphi_i)\quad(i=0,1,\cdots,n)\tag{6-24}$$

所以，若$p(x)$使s为极小，其系数α_j必满足方程组（6-24）。方程组（6-24）的系数

行列式为

$$G(\varphi_0, \varphi_1, \cdots, \varphi_n)=\begin{vmatrix}(\varphi_0, \varphi_0) & (\varphi_0, \varphi_1) & \cdots & (\varphi_0, \varphi_n)\\(\varphi_1, \varphi_0) & (\varphi_1, \varphi_1) & \cdots & (\varphi_1, \varphi_n)\\\vdots & \vdots & & \vdots\\(\varphi_n, \varphi_0) & (\varphi_n, \varphi_1) & \cdots & (\varphi_n, \varphi_n)\end{vmatrix}$$

且必不等于0。事实上，因为 $\varphi_0(x)$，…，$\varphi_n(x)$线性无关，所以 $\sum\limits_{j=0}^{n}\alpha_j\varphi_j(x)\neq 0$。二次型为

$$\sum_{i=0}^{n}\sum_{j=0}^{n}(\varphi_i, \varphi_j)\alpha_i\alpha_j=\left(\sum_{i=0}^{n}\alpha_i\varphi_i, \sum_{j=0}^{n}\alpha_j\varphi_j\right)=\left(\sum_{j=0}^{n}\alpha_j\varphi_j, \sum_{j=0}^{n}\alpha_j\varphi_j\right)>0$$

说明此二次型正定，其系数矩阵即方程组（6-24）的系数矩阵的行列式大于0。从而方程组（6-23）有唯一解。此外，容易证明 $p(x)$就是使 s 取极小值的函数。特别地，若 $\{\varphi_i(x)\}$ 为 $[a, b]$ 上关于权函数 $\rho(x)$的正交函数系，则可由方程组（6-24）立刻求出

$$\alpha_i=\frac{(f, \varphi_i)}{(\varphi_i, \varphi_i)}\quad(i=0, 1, \cdots, n)\tag{6-25}$$

而最佳平方逼近函数为

$$p(x)=\sum_{i=0}^{n}\frac{(f, \varphi_i)}{(\varphi_i, \varphi_i)}\varphi_i(x)\tag{6-26}$$

因此，我们也称方程组（6-24）为正规方程组。

例题 6.6 求函数 $y=\arctan x$ 在 $[0, 1]$ 上的一次最佳平方逼近多项式。

解法一（直接法） 设 $\varphi_0(x)=1$，$\varphi_1(x)=x$，所求函数为 $p(x)=\alpha_0+\alpha_1 x$，首先算出

$$(\varphi_0, \varphi_0)=\int_0^1 1\mathrm{d}x=1,\ (\varphi_0, \varphi_1)=\int_0^1 x\mathrm{d}x=\frac{1}{2}$$

$$(\varphi_1, \varphi_1)=\int_0^1 x^2\mathrm{d}x=\frac{1}{3}$$

$$(\varphi_0, y)=\int_0^1\arctan x\mathrm{d}x=\frac{\pi}{4}-\frac{1}{2}\ln 2$$

$$(\varphi_1, y)=\int_0^1 x\arctan x\mathrm{d}x=\frac{\pi}{4}-\frac{1}{2}$$

其中，$\int\arctan x\mathrm{d}x=x\arctan x-\frac{1}{2}\ln(1+x^2)+C$，$\int x\arctan \mathrm{d}x=\frac{x^2\arctan x-x+\arctan x}{2}+C$。

代入方程组（6-24），得正规方程组：

$$\begin{cases}\alpha_0+\frac{1}{2}\alpha_1=\frac{\pi}{4}-\frac{1}{2}\ln 2\\\frac{1}{2}\alpha_0+\frac{1}{3}\alpha_1=\frac{\pi}{4}-\frac{1}{2}\end{cases}$$

解此方程组，得

$$\alpha_0=3-2\ln 2-\frac{\pi}{2}\approx 0.042\ 909,$$

$$\alpha_1=\frac{3}{2}\pi-6+3\ln 2\approx 0.791\ 831$$

故

$$p(x)=0.042\ 909+0.791\ 831x$$

解法二（利用正交多项式求解） 因为 Legendre 多项式在 [-1，1] 上正交，所以将 [0，1] 变换到 [-1，1]，函数 $y=\arctan x$ 变为 $y=\arctan\frac{t+1}{2}$ $\{t\in[-1,1]\}$。

$p_0(t)=1$，$p_1(t)=t$，而

$$(y,p_0)=\int_{-1}^{1}\arctan\frac{t+1}{2}\mathrm{d}t=\frac{\pi}{2}-\ln 2$$

$$(y,p_1)=\int_{-1}^{1}t\arctan\frac{t+1}{2}\mathrm{d}t=\frac{\pi}{2}-2+\ln 2$$

$$(p_0,p_0)=\int_{-1}^{1}1\mathrm{d}t=2,\ (p_1,p_1)=\int_{-1}^{1}t^2\mathrm{d}t=\frac{2}{3}$$

由式（6-25）知

$$\alpha_0=\frac{1}{2}(y,p_0)=\frac{\pi}{4}-\frac{1}{2}\ln 2$$

$$\alpha_1=\frac{3}{2}(y,p_1)=\frac{3}{2}\left[\frac{\pi}{2}-2+\ln 2\right]$$

所求的一次最佳平方逼近多项式：

$$\bar{p}(t)=\left(\frac{\pi}{4}-\frac{1}{2}\ln 2\right)+\frac{3}{2}\left[\frac{\pi}{2}-2+\ln 2\right]t$$

即

$$p(x)=\left(\frac{\pi}{4}-\frac{1}{2}\ln 2\right)+\frac{3}{2}\left[\frac{\pi}{2}-2+\ln 2\right](2x-1)$$

$$\approx 0.042\,909+0.791\,831x$$

两种解法的结果完全一样。

6.4.2 最佳一致逼近

1. 基本概念

上一节讨论了最佳平方逼近问题，在实际应用中被广泛采用。在理论上还有一种逼近，即最佳一致逼近在数值逼近中也占有重要的位置。连续函数可以由多项式一致逼近是数学分析中的重要定理，最佳一致逼近的理论基础是数学分析中的魏尔斯博拉斯（Weierstrass）定理。

Weierstrass 定理 设 $f(x)\in C[a,b]$，则对任意给定的 $\varepsilon>0$，都存在多项式 $p(x)$，使得

$$\max_{a\leqslant x\leqslant b}|p(x)-f(x)|<\varepsilon$$

这个定理表明闭区间上的任何连续函数都能在这个区间上用多项式一致逼近。

Weierstrass 定理已有许多证明方法，其中较好的当属伯恩斯坦（Bernstein）给出的构造性证明。它不但证明了 Weierstrass 定理，还给出了逼近多项式的具体表示式，即 Bernstein 多项式。

$$B_n^f(x) = \sum_{k=0}^{n} f\left(\frac{k}{n}\right)\binom{n}{k}x^k(1-x)^{n-k} \tag{6-27}$$

显然式（6-27）是［0，1］上的 n 次多项式

为了证明 Weierstrass 定理，首先作线性变换：

$$t=(b-a)x+a$$

当 t 的变化区间为［a，b］时，x 的变化区间为［0，1］。Bernstein 证明了如下结果：设 $f(x) \in C$［0，1］，则 Bernstein 多项式序列 $\{B_n^f(x)\}$ 在［0，1］上一致收敛于 $f(x)$。

问题：对于指定的非负整数 n，在次数不超过 n 的实系数多项式集合 P_n 中寻求多项式 $p(x) \in P_n$，使得它与给定函数 $f(x) \in C$［a，b］的偏差

$$\Delta(p) = \max_{a \leqslant x \leqslant b}|f(x)-p(x)| \tag{6-28}$$

尽可能小。

显然 $\Delta(p)$ 非负，因而当 p 取遍 P_n 中所有多项式时，相应 $\Delta(p)$ 的集合必有下确界：

$$E_n = E_n(f) = \inf_{p \in P_n}\Delta(p) = \inf_{p \in P_n}\max_{a \leqslant x \leqslant b}|f(x)-p(x)| \tag{6-29}$$

定义 6.6 称 $\Delta(p)$ 为 $p(x)$ 与 $f(x)$ 的偏差。称 $E_n(f)$ 为 P_n 对给定函数 $f(x)$ 的最小偏差或最佳逼近。而满足

$$\Delta(p^*) = E_n(f)$$

的多项式 $p^*(x)$ 称为 $f(x)$ 在 P_n 中的最佳一致逼近多项式。

博雷尔（Borel）存在定理 对于任何给定的 $f(x) \in C$［a，b］，总存在 $p(x) \in P_n$，使 $\Delta(p) = E_n(f)$。

定义 6.7 记 $\varepsilon(x) = p(x) - f(x)$，由于 $\varepsilon(x) \in C$［a，b］，于是存在 $x_0 \in$［a，b］，使得

$$|\varepsilon(x_0)| = \max_{a \leqslant x \leqslant b}|\varepsilon(x)| = \Delta(p)$$

称这样的 x_0 为 $p(x)$ 关于 $f(x)$ 的偏差（差）点。如果 $\varepsilon(x_0) = \Delta(p)$［或 $-\Delta(p)$］，则称 x_0 为 $p(x)$ 关于 $f(x)$ 的正（或负）偏离点。

2. 最佳一致逼近多项式的特征定理

Chebyshev **定理** $p(x) \in P_n$ 是 $f(x) \in C$［a，b］的最佳一致逼近多项式的充分必要条件是：$p(x) - f(x)$ 至少具有正负（或负正）相间的 $n+2$ 个偏离点。

Chebyshev 定理不但解决了最佳一致逼近多项式的存在与唯一性问题，而且在理论上也给出了一个找最佳一致逼近多项式的方法。

若 $f(x)$ 在（a，b）内可导，则其 n 次最佳一致逼近多项式 $p(x) = \sum_{k=0}^{n} a_k x^k$ 的 $n+1$ 个系数，最佳逼近 E_n 以及 $n+2$ 个偏离点 x_1，x_2，…，x_{n+2}，一共 $2n+4$ 个未知数应满足如下 $2n+4$ 个方程：

$$\begin{cases}[f(x_k)-p(x_k)]^2 = E_n^2, & k=1,2,\cdots,n+2\\(x_k-a)(x_k-b)[f'(x_k)-p'(x_k)]=0, & k=1,2,\cdots,n+2\end{cases}$$

但需指出的是，解上面的方程实际是很困难的，一般只能用近似方法。下面讨论 $n=0$ 及 $n=1$ 两种情况。

(1) 设 $f(x)\in C[a,b]$，则 $f(x)$ 的 0 次最佳一致逼近多项式是

$$p(x)=\frac{1}{2}\left[\min_{a\leqslant x\leqslant b}f(x)+\max_{a\leqslant x\leqslant b}f(x)\right]$$

事实上，因为 $f(x)$ 在 $[a,b]$ 上连续，故存在两点 x_1 及 x_2 使

$$f(x_1)=\min_{a\leqslant x\leqslant b}f(x)=m,\ f(x_2)=\max_{a\leqslant x\leqslant b}f(x)=M$$

则

$$f(x_1)-p(x_1)=m-\frac{1}{2}(M+m)=-\frac{M-m}{2},$$

$$f(x_2)-p(x_2)=M-\frac{1}{2}(M+m)=-\frac{M-m}{2}$$

而

$$\max_{a\leqslant x\leqslant b}\left|f(x)-p(x)\right|=\frac{M-m}{2}$$

故 x_1，x_2 分别是 p 的负、正偏离点，因为 $n=0$，所以 p 即是所求的零次最佳一致逼近多项式。

(2) 设 $f(x)\in C^2[a,b]$，且 $f''(x)>0(a\leqslant x\leqslant b)$，求 $f(x)$ 在 P_1 中的最佳一致逼近多项式。

由 Chebyshev 定理可知，偏离点个数≥3。设最佳一致逼近多项式 $p(x)=Ax+B$，故在开区间 (a,b) 内至少有一个 $p-f$ 的偏离点 c，并必为驻点：

$$p'(c)-f'(c)=A-f'(c)=0$$

因此 $A=f'(c)$，又 $f''(x)>0$，所以 $f'(x)$ 严格单增，从而 $[f(x)-p(x)]'=f'(x)-A$ 在 (a,b) 内不能再有其他零点，即其他两个偏离点必为 $[a,b]$ 的两个端点，所以 $p(x)$ 的 3 个交错点为

$$a<c<b$$

从而

$$p(a)-f(a)=-[p(c)-f(c)]=p(b)-f(b) \tag{6-30}$$

求解由式 (6-30) 所确定的方程组，可得

$$A=\frac{f(b)-f(a)}{b-a},\ B=\frac{f(a)+f(c)}{2}-\frac{a+c}{2}\cdot\frac{f(b)-f(a)}{b-a}$$

所求的最佳一致逼近多项式为

$$p(x)=\frac{f(b)-f(a)}{b-a}x+\frac{f(a)+f(c)}{2}-\frac{a+c}{2}\cdot\frac{f(b)-f(a)}{b-a}$$

其中，c 由下式确定：

$$f'(x)=\frac{f(b)-f(a)}{b-a}$$

3. 最小零偏差问题

在最佳逼近问题中，最小零偏差问题是一个具有重要理论和实际意义的问题。

定义 6.8 最小零偏差问题就是在 n 次多项式类 P_n 中，寻找这样的多项式 $p_n(x)$，使其在给定的有界闭区间上与零的偏差尽可能小。

不失一般性，假定 $p_n(x)$ 的 x^n 系数为 1，即 $p_n(x)$ 可表示为

$$p_n(x)=x^n+c_{n-1}x^{n-1}+\cdots+c_1x+c_0$$

且所讨论的区间为 [-1，1]。

不难看出，寻求最小零偏差多项式 $p_n(x)$ 的问题，等价于寻求函数 $f(x)=x^n$ 的 $n-1$ 次最佳一致逼近多项式——（$c_{n-1}x^{n-1}+\cdots+c_1x+c_0$）的问题。

由 Chebyshev 多项式 $T_n=\cos(n\arccos x)$ 知

$$\max_{-1\leqslant x\leqslant 1}|T_n(x)|=1$$

且在点列

$$\tilde{x}_k=\cos\frac{k\pi}{n}\quad (k=0,1,\cdots,n)$$

上 $T_n(x)$ 以正负交错的符号取得它的绝对值的最大值 1：

$$T_n(\tilde{x}_k)=(-1)^k$$

根据 Chebyshev 最佳逼近定理，首项 x^n 系数为 1 的多项式

$$\tilde{T}_n(x)=2^{1-n}T_n(x)$$

是所有 x^n 系数为 1 的 n 次多项式类中唯一的，是在 [-1，1] 上与零偏差最小的多项式。

4. Chebyshev 多项式的应用——降低逼近多项式的次数

仍设所讨论区间为 [-1，1]，$f(x)\in C[-1,1]$，将 $f(x)$ Taylor 展开，取前 $n+1$ 项，便得 n 次多项式 $p_n(x)$，它使得

$$|f(x)-p_n(x)|<\varepsilon\quad (-1\leqslant x\leqslant 1)$$

其中，ε 是预先指定的允许误差。

我们希望寻求一个次数低于 n 的多项式 $p(x)$，使得

$$|f(x)-p(x)|<\varepsilon\quad (-1\leqslant x\leqslant 1)$$

下面给出选取 $p(x)\in P_{n-1}$ 的方法。设

$$p_n(x)=a_nx^n+p_{n-1}(x)\quad (a_n\neq 0)\tag{6-31}$$

于是

$$\begin{aligned}p_n(x)-p(x)&=a_nx^n+p_{n-1}(x)-p(x)\\&=a_n\left[x^n+\frac{p_{n-1}(x)-p(x)}{a_n}\right]\end{aligned}$$

由 Chebyshev 多项式最小零偏差性质，应选取 $p(x)\in P_{n-1}$，使得

$$x^n+\frac{p_{n-1}(x)-p(x)}{a_n}=\frac{1}{2^{n-1}}T_n(x)$$

即取

$$p(x)=p_n(x)-\frac{a_n}{2^{n-1}}T_n(x) \tag{6-32}$$

则 $p(x)$ 恰为 $p_n(x)$ 在 P_{n-1} 中的最佳一致逼近多项式。由式（6-31）可知，若用 $p_{n-1}(x)$ 来近似 $p_n(x)$，则在［-1，1］上误差为 $|a_n|$。但若用式（6-32）中的 $p(x)$ 来近似 $p_n(x)$，则相应的误差项为 $2^{1-n}T_n(x)$，那误差不超过 $2^{1-n}|a_n|$。显然，后面的误差不超过前面的误差。因此在实际应用时可用 $\tilde{T}_n(x)$ 替代多项式中的 x^n，然后去掉 $T_n(x)$，即得到逼近 $f(x)$ 的 $n-1$ 次多项式。对于 $n-1$ 次多项式，再用 $\tilde{T}_{n-1}(x)$ 替代 x^{n-1} 并去掉 $T_{n-1}(x)$，一直这样下去便得到在误差不增加的条件下用低次多项式逼近函数 $f(x)$ 的结果。

例题 6.7 用 6 次多项式在［-1，1］上逼近 $f(x)=\cos x$。

解 $f(x)=\cos x$ 的 Taylor 级数部分和

$$q_6(x)=1-\frac{x^2}{2!}+\frac{x^4}{4!}-\frac{x^6}{6!}$$

的逼近误差界为

$$0.000\,025>\frac{1}{8!}>\max_{-1\leqslant x\leqslant 1}|f(x)-q_6(x)|\geqslant|f(1)-q_6(1)|>\frac{1}{8!}-\frac{1}{10!}>0.000\,024$$

若用 $f(x)=\cos x$ 的 Taylor 展开部分和 $q_8(x)$ 作逼近，并同时用 Chebyshev 多项式组 $x^8=\frac{1}{128}(35T_0+56T_2+28T_4+8T_6+T_8)$ 来替代 $q_8(x)$ 中的 x^8，并去掉含 T_8 的项，得到一个新的 6 次多项式 $q_6(x)$。它仍是一个偶多项式，其误差为

$$\max_{-1\leqslant x\leqslant 1}|f(x)-p_6(x)|\leqslant\frac{1}{10!}+\frac{1}{2^7\cdot 8!}<0.000\,000\,47$$

利用一个简单的变换，使逼近的精度提高了 50 倍之多，可见这种变换方法具有很好的应用价值。

为了便于实际应用，给出常用的低次幂表达式：

$$1=T_0(x)$$

$$x=T_1(x)$$

$$x^2=\frac{1}{2}[T_0(x)+T_2(x)]$$

$$x^3=\frac{1}{4}[3T_1(x)+T_3(x)]$$

$$x^4=\frac{1}{8}[3T_1(x)+4T_2(x)+T_4(x)]$$

$$x^5=\frac{1}{16}[10T_1(x)+5T_3(x)+T_5(x)]$$

$$x^6=\frac{1}{32}[10T_0(x)+15T_2(x)+6T_4(x)+T_6(x)]$$

$$x^7=\frac{1}{64}[35T_1(x)+21T_3(x)+7T_5(x)+T_7(x)]$$

$$x^8=\frac{1}{128}[35T_0(x)+56T_2(x)+28T_4(x)+8T_6(x)+T_8(x)]$$

因为 $\{T_i(x)\}(i=0, 1, 2, \cdots)$是在 $[-1, 1]$ 区间上关于权函数$\rho(x)=\dfrac{1}{\sqrt{1-x^2}}$的正交函数系，将函数$f(x)$按 $\{T_k(x)\}$ 展开：

$$f(x)=\frac{1}{2}c_0+\sum_{i=1}^{\infty}c_iT_i(x)\quad(-1\leqslant x\leqslant 1)\tag{6-33}$$

其中，

$$c_i=\frac{2}{\pi}\int_{-1}^{1}f(x)T_i(x)\frac{1}{\sqrt{1-x^2}}\mathrm{d}x\quad(i=0, 1, \cdots)\tag{6-34}$$

而将$f(x)$展开成 Maclaurin 级数：

$$f(x)=\sum_{i=0}^{\infty}f^{(i)}(0)\frac{x^i}{i!}\tag{6-35}$$

我们知道用式（6-35）的部分和 $s_n(x)=\sum\limits_{i=0}^{n}f^{(i)}(0)\dfrac{x^i}{i!}$近似替代$f(x)$，只有当$x$很小时，$s_n(x)$才能较快地收敛于$f(x)$。而对于误差$f(x)-s_n(x)$，当$|x|$增大时，增长很快，而（6-33）的部分和

$$\sigma_n(x)=\frac{1}{2}c_0+\sum_{i=0}^{n}c_iT_i(x)$$

中的系数依赖于$f(x)$在 $[-1, 1]$ 中的一切值。一般来说，当n增大时这些系数减少得很快，所以误差$f(x)-\sigma_n(x)$也有$n+2$个偏差点。根据 Chebyshev 定理，$\sigma_n(x)$是$f(x)$的近似最佳一致逼近多项式。

例题 6.8 求$f(x)=\arctan x$在 $[0, 1]$ 上的一次近似最佳一致逼近多项式。

解 令$x=\dfrac{1}{2}(t+1)$，则

$$\tilde{f}(t)=\arctan\left(\frac{t+1}{2}\right)\quad(-1\leqslant t\leqslant 1)$$

按公式（6-34），再令$t=\cos\theta$，计算积分，得

$$c_0=\frac{2}{\pi}\int_0^{\pi}\tilde{f}(\cos\theta)\mathrm{d}\theta=\frac{2}{\pi}\int_0^{\pi}\arctan\left(\frac{\cos\theta+1}{2}\right)\mathrm{d}\theta\approx 0.854\,2,$$

$$c_1=\frac{2}{\pi}\int_0^{\pi}\tilde{f}(\cos\theta)\cos\theta\mathrm{d}\theta=\frac{2}{\pi}\int_0^{\pi}\arctan\left(\frac{\cos\theta+1}{2}\right)\cos\theta\mathrm{d}\theta\approx 0.394\,7$$

故

$$\begin{aligned}\arctan x&\approx\frac{1}{2}c_0T_0(t)+c_1T_1(t)=\frac{1}{2}c_0+c_1t\\&=\frac{1}{2}c_0+c_1(2x-1)=0.032\,4+0.789\,4x\end{aligned}$$

即$\tilde{p}_1(x)=0.032\,4+0.789\,4x$就是$\arctan x$在 $[0, 1]$ 上的一次近似最佳一致逼近多项式。

利用本节求一次最佳一致逼近多项式的方法，可求出$f(x)=\arctan x$在 $[0, 1]$ 上的一次最佳一致逼近多项式：

$$p_1(x)=0.0356+0.7854x$$

$$\Delta(p_1)=\max_{0\leqslant x\leqslant 1}\left|\arctan x-p_1(x)\right|=\left|f(0)-p_1(0)\right|=0.0356$$

对于 $\tilde{p}_1(x)$，令 $\tilde{R}(x)=\arctan x-\tilde{p}_1(x)$，则 $\tilde{R}'(x)=\dfrac{1}{1+x^2}-0.7894$。解得 $\tilde{R}(x)$ 的极值点 $\tilde{x}=\left(\dfrac{1}{0.7894}-1\right)^{1/2}\approx 0.5165$，于是 $\tilde{R}(\tilde{x})=0.0366$，所以

$$\Delta(\tilde{p}_1)=\max\{\left|\tilde{R}(0)\right|, \left|\tilde{R}(\tilde{x})\right|, \left|\tilde{R}(1)\right|\}=0.0366$$

由此可见，最佳逼近误差与近似最佳逼近误差相差不大。

小结

离散数据的拟合是在工程技术与科学实验中经常遇到的问题，它实质上是连续函数子空间上的极值问题，拟合的目的是找到一个能够最好地描述数据点之间关系的数学模型。本章首先讨论了线性最小二乘问题。线性最小二乘法将求最小二乘多项式次数较高时，正规方程组往往是病态的，解决的方法是采用正交多项式。因此，本章简要地介绍了几种常见的几个正交多项式及其有关性质。正交多项式在数值分析中有广泛的应用。最佳一致逼近与最佳平方逼近的不同点，就构造最佳逼近多项式而言，其度量方式不一样。最佳平方逼近是“整体”逼近，而最佳一致逼近则要求所有区间上所有点都要近似，所以求最佳一致逼近多项式比较困难。

数据拟合在科学、工程和许多其他领域中都有广泛的应用。例如，在物理学、化学、生物学、经济学和金融学等领域，我们经常需要利用实验数据或观测数据来预测未来的趋势或进行决策分析。数据拟合可以帮助我们提高预测的准确性，更好地理解数据背后的规律，从而为企业决策、政策制定和科学研究提供有力的支持。

上机实验参考程序

1. 实验目的

（1）在科学研究与工程技术中，常常需要从一组测量数据出发，寻找变量的函数关系的近似表达式，使得逼近函数从总体上与已知函数的偏差按某种方法度量能达到最小而又不一定通过全部的点。这是工程中引入最小二乘拟合法的出发点。

（2）掌握最小二乘拟合法的基本原理。

（3）用多项式作最小二乘曲线拟合原理的基础上，通过编程实现一组实验数据的最小二乘拟合曲线。

2. 最小二乘拟合法参考程序

某种合成纤维的强度与其拉伸倍数有直接关系，表 6－11 是实际测定的 24 个纤维样品的

强度与相应拉伸倍数的记录。试用最小二乘拟合法求其拟合直线 $p_1(x) = a_0 + a_1 x$，并对运行结果进行分析。最小二乘拟合法框图如图 6-4 所示。

表 6-11 某种合成纤维的强度与其拉伸倍数关系表

编号	1	2	3	4	5	6	7	8	9	10	11	12
拉伸倍数	1.9	2.0	2.1	2.5	2.7	2.9	3.5	3.7	4.0	4.2	4.5	4.6
强度 kg/mm²	1.4	1.3	1.8	2.5	2.6	2.8	2.7	3.0	3.5	4.0	4.2	3.5
编号	13	14	15	16	17	18	19	20	21	22	23	24
拉伸倍数	5.0	5.2	6.0	6.3	6.5	7.1	8.0	8.2	8.9	9.0	9.5	10.0
强度（kg/mm²）	5.5	5.0	5.5	6.4	6.0	6.3	6.5	7.0	7.8	8.0	8.1	8.1

$$\begin{bmatrix} M & \sum_{i=1}^{M} x_i & \cdots & \sum_{i=1}^{M} x_i^n & \sum_{i=1}^{M} y_i \\ \sum_{i=1}^{M} x_i & \sum_{i=1}^{M} x_i^2 & \cdots & \sum_{i=1}^{M} x_i^{n+1} & \sum_{i=1}^{M} x_i y_i \\ \vdots & \vdots & \vdots & \vdots & \vdots \\ \sum_{i=1}^{M} x_i^n & \sum_{i=1}^{M} x_i^{n+1} & \cdots & \sum_{i=1}^{M} x_i^{2n} & \sum_{i=1}^{M} x_i^n y_i \end{bmatrix}$$

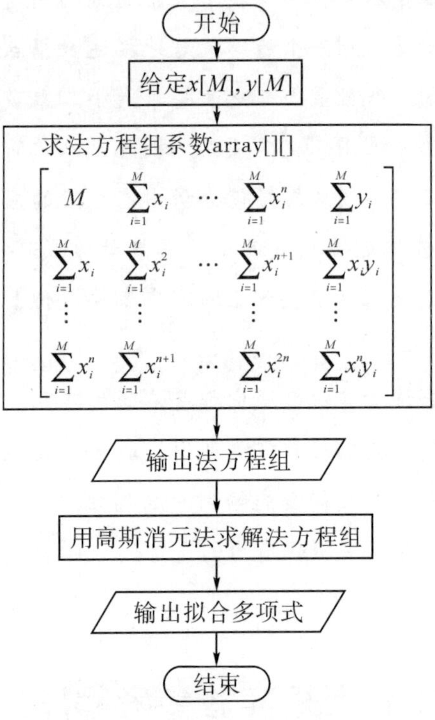

图 6-4 最小二乘拟合法框图

定义数据：

程序中的主要变量及函数：

const int N = 1；——拟合多项式的次数。

const int M = 24；——测量点的个数。

double x [M]，y [M]；——存放测量点坐标。

double a [N+1]；——多项式系数。

void L_S（double x [ ]，double y [ ]，double a [ ]）；——用最小二乘拟合法求拟合多项式系数。

int gauss（double a [ ] [N+2]，double x [ ]）；——用高斯消元法求法方程组的解。

void draw (double x [ ], double y [ ], double a [ ]); ——画测量点和拟合曲线。

程序清单:

```
#include <graphics.h>          // 引用图形库头文件
#include <conio.h>
#include <stdio.h>
#include <math.h>
const int N=1; //拟合多项式的次数
const int M=24; //测量点的个数
void  L_S (double x [ ], double y [ ], double a [ ]); //用最小二乘拟合法求拟合多项式系数
int gauss (double a [ ] [N+2], double x [ ]); //用高斯消元法求法方程组的解
void draw (double x [ ], double y [ ], double a [ ]);    //画测量点和拟合曲线
void main ( )
{
  double x [M] = {1.9, 2, 2.1, 2.5, 2.7, 2.9, 3.5, 3.7, 4, 4.2, 4.5, 4.6, 5, 5.2, 6, 6.3, 6.5, 7.1, 8, 8.2, 8.9, 9, 9.5, 10};
  double y [M] = {1.4, 1.3, 1.8, 2.5, 2.6, 2.8, 2.7, 3, 3.5, 4, 4.2, 3.5, 5.5, 5, 5.5, 6.4, 6, 6.3, 6.5, 7, 7.8, 8, 8.1, 8.1};
  double a [N+1];    //多项式系数
  L_S (x, y, a);
  printf (" 请按任意键画拟合曲线图形! \n");
  getch ();                // 按任意键继续
  draw (x, y, a);
}
/*最小二乘拟合法*/
void  L_S (double x [ ], double y [ ], double a [ ])
{   //array [ ] [ ] 存放法方程组的系数
  double array [N+1] [N+2] = {0}, sum [2*N+1] = {0}, powx [M];
  int i, j;

  //建立方程组
  sum [0] =M;
  for (i=0; i<M; i++) powx [i] =1;
  for (j=1; j<=2*N; j++)
   {
```

```
        for (i=0; i<M; i++)
        {
            if (j<=N+1) array [j-1] [N+1] += powx [i] *y [i];
            powx [i] =powx [i] *x [i];
            sum [j] +=powx [i];
        }
    }

    for (i=0; i<=N; i++)
      for (j=0; j<=N; j++)
            array [i] [j] =sum [i+j];
    //输出法方程组
    printf (" 法方程组为: \ n");
    for (i=0; i<=N; i++)
     {
        for (j=0; j<=N; j++)
            printf (" %8lg* a%d +", array [i] [j], j);
        printf ("\b = %8lg\ n", array [i] [N+1]);
    }
    gauss (array, a); //用高斯消元法求解方程组
    //输出拟合多项式
    printf (" 拟合多项式为: \ n\ t P(x) = %lg + %lg x", a [0], a [1]);
    for (i=2; i<=N; i++)
     { printf (" + %lg x%d", a [i], i); }
    printf ("\b\ b\ n");
}
//用高斯消元法求解方程组
int gauss (double a [] [N+2], double x [])
{ int i, j, k;
  double c;
  for (k=0; k<=N-1; k++)                  /* 消元过程 */
    {  if (fabs (a [k] [k]) <1e-17)
      { printf ("\n pivot element is 0. fail! \ n"); return(0);}
     for (i=k+1; i<=N; i++)               /* 进行消元计算 */
       { c=a [i] [k] /a [k] [k];
        for (j=k; j<=N+1; j++)
```

```
                {a [i] [j] =a [i] [j] -c*a [k] [j];}
        }
    }
    if (fabs (a [N] [N]) <1e-17)
    {printf ("\n pivot element is 0. fail! \ n"); return(0);}
    for (k=N; k>=0; k--)                        /* 回代过程 */
    {x [k] =a [k] [N+1];
      for (j=k+1; j<=N; j++)
      {x [k] =x [k] -a [k] [j] *x [j];}
      x [k] =x [k] /a [k] [k];
    }
    return(1);
}

void draw (double x [], double y [], double a [])
{
    int i, zoom=25;              //zoom是放大倍数
    int width=320, height=240;   //设置创建绘图窗口宽度和高度
    int xx, yy;

    initgraph (width, height);   // 创建绘图窗口
    for (i=0; i<M; i++)          //绘制测量点
    {
        xx=x [i] *zoom;
        yy=height-y [i] *zoom;
        fillcircle (xx, yy, 2);
    }
    //绘制拟合直线
    xx=x [0] *zoom;  yy=height- (a [0] +a [1] *x [0]) *zoom;
    moveto (xx, yy);
    xx=x [M-1] *zoom;  yy=height- (a [0] +a [1] *x [M-1]) *zoom;
    lineto (xx, yy);
    getch ();                    // 按任意键继续
    closegraph ();               // 关闭绘图窗口
}
```

输出结果：

输出结果，如图 6 – 5 所示。

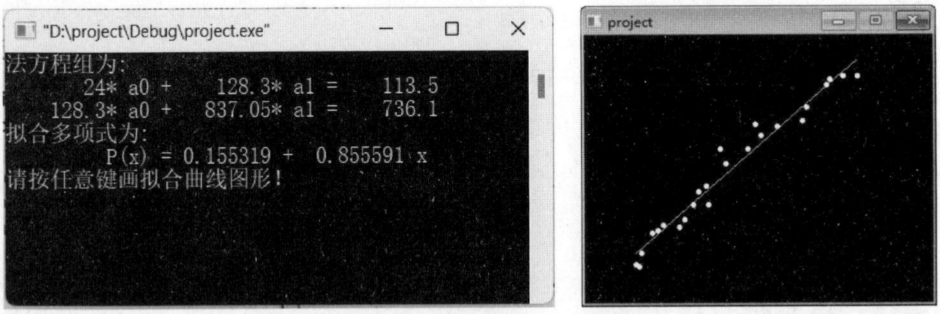

图 6 – 5　最小二乘拟合法程序计算结果

结果分析：

最小二乘拟合法是一种数学优化技术，是通过最小化误差的平方和来寻找数据的最佳函数匹配。

3. 非线性曲线拟合参考程序

设经实验取得一组数据见表 6 – 12，试求它的最小二乘拟合曲线。非线性曲线最小二乘拟合法框图如图 6 –6 所示。

表 6 – 12　实验数据

x_i	1	2	3	4	5	6	7	8	9	10
y_i	9.1	4.3	3.2	2.3	1.8	1.5	1.1	0.9	0.9	0.5

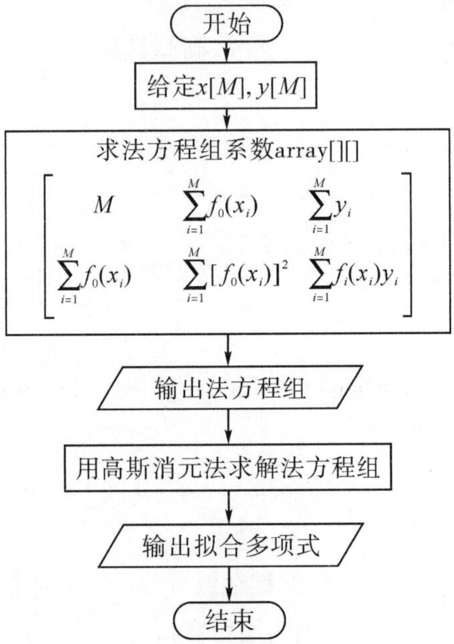

图 6 – 6　非线性曲线最小二乘拟合法框图

数据分析：通过以上数据的散点图，可以看出这些点基本位于一条双曲线附近，于是可

取拟合函数类 $\Phi = \text{span}\{\varphi_0(x), \varphi_1(x)\} = \text{span}\{1, \frac{1}{x}\}$。

在其中选 $\varphi(x) = a_0\varphi_0(x) + a_1\varphi_1(x) = a_0 + \frac{a_1}{x}$去拟合上述数据。

定义数据:

程序中的主要变量及函数:

const int N=1; —— 拟合多项式的次数。

const int M=10; —— 测量点的个数。

double x [M], y [M]; —— 存放测量点坐标。

double a [N+1]; ——拟合曲线基函数系数。

void L_S (double x [], double y [], double a []); ——用最小二乘拟合法求拟合多项式系数。

int gauss (double a [] [N+2], double x []); ——用高斯消元法求法方程组的解。

void draw (double x [], double y [], double a []); ——画测量点和拟合曲线。

程序清单:

```
#include <graphics.h>   // 引用图形库头文件
#include <conio.h>
#include <stdio.h>
#include <math.h>
const int N=1;              //拟合基函数的个数
const int M=10;              //测量点的个数
void  L_S (double x [], double y [], double a []); //用最小二乘拟合法求拟合曲线
int gauss (double a [] [N+2], double x []);          //用高斯消元法求法方程组的解
void draw (double x [], double y [], double a []); //画测量点和拟合曲线
double f0 (double x);        //拟合曲线基函数
void main ()
{
  double x [M] = {1, 2, 3, 4, 5, 6, 7, 8, 9, 10};
  double y [M] = {9.1, 4, 3.2, 2.3, 1.8, 1.5, 1.1, 0.9, 0.9, 0.5};
  double a [N+1];          //拟合曲线基函数系数
  L_S (x, y, a);
  printf (" 请按任意键画拟合曲线图形! \n");
```

```
    getch ();                // 按任意键继续
  draw (x, y, a);
}

/*非线性曲线的最小二乘拟合法实现*/
void  L_S (double x [], double y [], double a [])
{
  double array [N+1] [N+2] = {0}, sum [2*N+1] = {0};
  int i, j;

    //建立方程组
  sum [0] =M;
  for (i=0; i<M; i++)
   {
        sum [1] +=f0 (x [i]);
        sum [2] +=f0 (x [i]) *f0 (x [i]);
        array [0] [2] +=y [i];
        array [1] [2] +=f0 (x [i]) *y [i];
   }

  for (i=0; i<=N; i++)
      for (j=0; j<=N; j++)
          array [i] [j] =sum [i+j];
  //输出法方程组
  printf (" 法方程组为: \n");
  for (i=0; i<=N; i++)
   {
        for (j=0; j<=N; j++)
              printf (" %8lg* a%d +", array [i] [j], j);
        printf ("\b= %8lg\n", array [i] [N+1]);
   }
  gauss (array, a); //用高斯消元法求解方程组
  //输出拟合多项式
  printf (" 拟合曲线为: \n\t P(x) = %lg +  %lg/x ", a [0], a [1]);
```

```
    for (i=2; i<=N; i++)
     { printf (" + %lg x%d ", a[i], i);   }
    printf ("\b\b\n");
}
//高斯消元法求解方程组
int gauss (double a[][N+2], double x[])
{ ……//略
}

double f0 (double x) //拟合曲线基函数
{   return 1/x; }

void draw (double x[], double y[], double a[])
{
    int i, n=100, zoom=25;          //n是画图时取点个数，zoom是放大倍数
    int width=320, height=240;      //设置创建绘图窗口宽度和高度
    int xx, yy;           //xx, yy是绘图坐标系中对应的坐标
    double h= (x[M-1] -x[0]) /n;

    initgraph (width, height);      // 创建绘图窗口
    setfillcolor (WHITE);           //设置填充色为白色
    for (i=0; i<M; i++)              //绘制测量点
     {
        xx=x[i] *zoom;
        yy=height-y[i] *zoom;
        fillcircle (xx, yy, 2);
     }
     //绘制拟合曲线
    xx=x[0] *zoom;   yy=height- (a[0] +a[1] *f0 (x[0])) *zoom;
    moveto (xx, yy);
    for (i=1; i<=n; i++)
     {
        xx= (x[0] +i*h) *zoom;
        yy=height- (a[0] +a[1] *f0 (x[0] +i*h)) *zoom;
```

```
        lineto (xx, yy);
    }
    getch ();                    // 按任意键继续
    closegraph ();               // 关闭绘图窗口
}
```

输出结果：

输出结果，如图 6 - 7 所示。

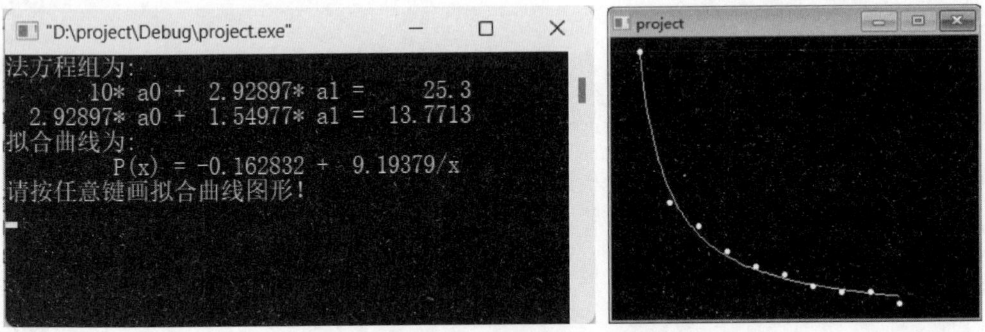

图 6 - 7　非线性曲线拟合程序计算结果

结果分析：

在许多实际问题中，变量之间内在的关系并不一定呈现线性关系。为了找到更符合实际情况的数据拟合，一方面要根据专业知识和经验来确定经验曲线的近似公式，另一方面要根据散点图的分布形状及特点来选择适当的曲线取拟合这些数据。本例从散点图上看，点基本位于一条双曲线附近，于是可取曲线类 $\Phi = \text{span}\{1, 1/x\}$，构造拟合曲线 $\varphi(x) = a_0 + \frac{a_1}{x}$ 拟合上述数据。

工程应用实例

原子弹爆炸能量的计算

1945 年 7 月 16 日，美国在新墨西哥州的阿拉莫可德沙漠中进行了世界上第一颗原子弹的爆炸试验。这颗原子弹的威力，爆炸当量大约 2 万吨 TNT。由于当时美国对原子弹武器的细节都是绝对保密的，因此试爆后测得的各种数据都是不为人知的。

直到 1947 年美国军方在报刊上公布了一系列反映原子弹爆炸后火球随着时间扩展的照片，但这时原子弹释放的总能量却依然处于保密的状态。1950 年，英国物理学家泰勒（G. I. Taylor，1886—1975）发表了一篇文章，根据公布的照片序列居然将原子弹释放的能量计算了出来。他估算美国第一颗原子弹的爆炸当量为 1.7 万吨 TNT。这一估计值非常接近之后美国总统杜鲁门公布的值。那么，泰勒究竟是如何通过几张照片估算出原子弹的爆炸当量的呢？

泰勒当时推导出来的一个用于估值的数学公式，后来也成为量纲分析中最经典的公式。泰勒认为点源强爆炸瞬间释放巨大的能量 E，将急剧地压缩和加温其周围的空气，使之以超声速的球形冲击波向外急速膨胀。他列出了问题的流体力学偏微分方程组，但当时无法求解这个非线性方程组。因此泰勒想到了量纲分析，假设点源爆炸球形冲击波的半径 R 仅仅依赖于爆炸后的时间 t、爆炸瞬间所释放的能量 E 以及空气密度 ρ，最终得到

$$R=\left(\frac{Et^2}{\rho}\right)^{1/5}=\left(\frac{E}{\rho}\right)^{1/5}\cdot t^{2/5}$$

其中，t，R，E 的单位分别为毫秒（s）、米（m）和焦耳（J），而空气密度 p 的值为 1.25 kg/m^3。对这次原子弹爆炸来说，E 为一固定值，因此 R 与 $t^{2/5}$ 成正比。泰勒便是根据以上模型得到的公式，以及美国公布的一系列反映原子弹爆炸后火球随着时间扩展的照片测量得到的某时刻的冲击波半径（表 6－13），来估算出原子弹爆炸释放的能量。图 6－8 是根据蘑菇云半径与对应时刻的数据画出的散点图。接下来的问题是如何求未知的参数 E。泰勒计算得到的结果同官方公开的数据（2 万吨 TNT）相差仅 15%。

表 6－13　蘑菇云爆炸时刻 t 与冲击波半径 R 的关系表

t(ms)	R(m)	t(ms)	R(m)	t(ms)	R(m)	t(ms)	R(m)	t(ms)	R(m)
0.10	11.1	0.80	34.2	1.50	44.4	3.53	61.1	15.00	106.5
0.24	19.9	0.94	36.3	1.65	46.0	3.80	62.9	25.00	130.0
0.38	25.4	1.08	38.9	1.79	46.9	4.07	64.3	34.00	145.0
0.52	28.8	1.22	41.0	1.93	48.7	4.34	65.6	53.00	175.0
0.66	31.9	1.36	42.8	3.26	59.0	4.61	97.3	62.00	185.0

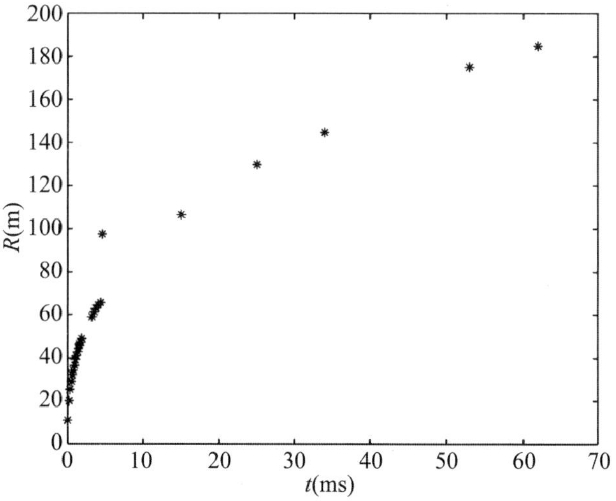

图 6－8　蘑菇云半径与对应时刻的数据画出的散点图

将蘑菇云半径公式改写为 $R=at^b$，通过测量数据拟合出参数 a 和 b，验证量纲分析法得到的公式。要做线性最小二乘拟合，进一步改写公式为

$$\ln R=\ln a+b\ln t$$

根据测量数据，得到 $\ln R$ 和 $\ln t$ 的数据；将其函数关系拟合为一次多项式，得到法方程组：

$$\begin{bmatrix} 25 & 22.4060 \\ 22.4060 & 84.4115 \end{bmatrix} \cdot \begin{bmatrix} \ln a \\ b \end{bmatrix} = \begin{bmatrix} 99.2202 \\ 115.2648 \end{bmatrix}$$

解得 $\ln a = 3.6018$，$b = 0.4094$。其中，系数 $b = 0.4094$，其值与前面分析的结果2/5非常接近，从而验证了量纲分析得到的公式。

再根据 $\ln a = 3.6018$ 和 $a = \left(\frac{E}{\rho}\right)^{1/5}$，估算出 $E \approx 8.2837 \times 10^{13}$，单位为焦耳，查表得知1 t TNT释放 4.184×10^{9} J能量，因此爆炸能量约等于1.9798万吨TNT，非常接近官方公开的数据。

算法背后的历史

最小二乘法与高斯分布

最小二乘法（least - squares method，这里简称L - S方法）是一种数学优化技术。它通过最小化误差的平方和寻找数据的最佳函数匹配。利用最小二乘法可以简便地求得未知的数据，并使得这些求得的数据与实际数据之间的误差的平方和最小。

L - S方法的起源

L - S方法源于天文学和测地学上的应用需要。在早期数理统计方法的发展中，天文学和测地学两门科学起了很大的作用，故丹麦统计学家霍尔（Hall）把它们称为“数理统计学的母亲”。

L - S方法最早是由勒让德（A. M. Legendre）于1805年在其著作《计算彗星轨道的新方法》中提出的。勒让德之所以能有这个发现，是因为他没有因袭前人的想法，而设法构造出多个方程去求解。他认识到关键不在于使解严格符合，而在于要使误差以一种更平衡的方式分配到各个方程。具体来说，他寻求某种解，使式各误差的平方和达到最小。

勒让德的这个想法，在当时来说是难能可贵和不易的。他在思想上不再囿于“解方程”这一纯数学精确性的思维定式，而是根植于解决实用性质的应用数学问题。在L - S方法被发现的历史过程中，对于纯数学和应用数学思维之间的差别，我们多少有一些启示。

高斯的正态误差理论

勒让德提出的最小二乘法只是一个计算方法，缺少误差分析。误差的存在会影响观测结果的可靠性，因此数学家需要找到一种方法来描述误差及其分布。法国数学家拉普拉斯（Laplace）提出的一种分布被称为拉普拉斯分布，这为后续的研究奠定了基础。

德国数学家卡尔·弗里德里希·高斯（C. F. Gauss）于18世纪在研究测量误差时，从另一个角度导出了正态分布。他在研究星体运动时，发现了许多异常值，这些异常值的分布规律与拉普拉斯分布并不完全相同。高斯开始研究这些异常值的分布规律，并最终发现了高斯分布（正态分布）。1809年，高斯在他的论文《误差理论的方法》中提出了最小二乘法和最大似然估计之间的关系，并通过这一方法推导出高斯分布的概念。

L－S方法与高斯误差理论的结合，是数理统计史上最重大的成就之一。高斯的这项工作对后世的影响极大，他使正态分布同时有了“高斯分布”的名称，不止如此，后世甚至也把最小二乘法的发明权归功于他。由于他的这一系列突出贡献，人们采取了各种形式纪念他。例如，现今德国10马克的钞票上便印有高斯头像及正态分布的密度曲线。

L－S方法的应用和理论拓展

美国统计史学家斯蒂格勒（S. M. Stigler）指出，L－S方法是19世纪数理统计学的主题曲。1815年时，L－S方法已成为法国、意大利和普鲁士在天文和测地学中的标准工具，到1825年时已在英国普遍使用。

19世纪后期（1874—1890年），英国学者高尔顿（F. Galton）从遗传现象的研究中发现了相关回归，但高尔顿不擅长数学，未能把有关的统计概念用确切的数学形式表达出来，之后由英国统计学家皮尔逊（K. Pearson）和约尔（U. Yule）所完成。结果显示：有关的计算完全是L－S方法的一种应用。

自1923年起，英国统计学家因分析农业试验的需要而发明了方差分析法。方差分析法是分析一批通过试验或观测而得的数据，考察各种因素对目标变量是否有影响及影响大小。方差分析法从概念到计算，完全是基于L－S方法。

自19世纪初至20世纪中叶，可以说L－S方法统治了应用统计的多数领域。但近几十年来，L－S方法的统治地位已开始有所动摇，应用上的经验及理论研究表明。

（1）其他方法的研究有了重大进展，尤其是计算机的应用，使一些以往由于计算困难而无法使用的方法在如今也得以使用，L－S方法已不再是唯一可能的选择。

（2）L－S方法在某些情况下计算效果并不好。例如，L－S方法中的回归系数矩阵呈病态或接近退化时，其数值计算的精度很不理想。针对这些问题，统计学者提出了对病态矩阵进行处理的一些对策，降低矩阵的病态性。

习题6

1. 用最小二乘法直线拟合，使它与下列数据（表6－14）拟合。

表6－14　第1题表

x_i	1.0	1.5	2.0	2.5	3.0	3.5	4.0	4.5	5.0
y_i	8.13	9.10	10.11	10.12	11.44	11.38	12.11	12.92	13.14

2. 解下列超定方程组：

$$\begin{cases} 2x+4y=11 \\ 3x-5y=3 \\ x-2y=6 \\ 2x+y=7 \end{cases}$$

3. 用最小二乘法求一个形如$y=a+bx^2$的经验公式，使它与下列数据（表6－15）拟合。

表 6-15　第 3 题表

x_i	5	9	15	20	24	29	35	5
y_i	1.76	7.45	22.10	44.52	63.45	94.12	133.45	1.76

4. 已知数据见表 6-16 所列，试用二次多项式拟合。

表 6-16　第 4 题表

x_i	-2	-1	0	1	2	3	4	5	6
y_i	13	12	12	11	11	10	11	12	12

5. 求一个形如 $y=ae^{bx}$(a, b 为常数，$a>0$)的经验公式，使它能和表 6-17 中的数据拟合。

表 6-17　第 5 题表

x_i	1.0	1.2	1.4	1.6	1.8	2.0
y_i	4.87	5.68	6.24	7.32	7.89	8.46

6. 在某科学试验中，需要观察水分的渗透速度，测得时间 t 与水的重量 y 的数据见表 6-18：

表 6-18　第 6 题表

t (s)	1	2	4	8	16	32	64
y (g)	3.12	2.98	2.65	2.59	2.34	2.02	1.68

设已知 t 与 y 之间有关系 $y=ct^{\lambda}$，试用最小二乘法确定 c 和 λ。

7. 已知数据见表 6-19 所列，试用 $y=\frac{1}{a+bx}$来拟合。

表 6-19　第 7 题表

t	-3	-1	1	2	4	6	7	9	10
y	2.400	-1.200	0.291	0.426	0.531	0.732	0.652	0.712	0.688

8. 观测物体直线运动，试利用正交多项式求其运动方程 $S=v_0t+\frac{1}{2}at^2$，t 与 S 的数据见表 6-20 所列。

表 6-20　第 8 题表

t	0	0.8	1.5	2.1	3.0	3.8	4.2
S	0	10	30	30	50	80	100

9. 在 $[-1, 1]$ 上利用切比雪夫插值法求出函数 $f(x)=\operatorname{arctg} x$ 的三次近似最佳一致逼近多项式。

10. 设 $f(x)\in C[a, b]$，且记 $M=\max\limits_{x\in[a,b]} f(x)$，$m=\min\limits_{x\in[a,b]} f(x)$，证明 $y=\frac{M+m}{2}$是$f(x)$在 $[a, b]$ 上零次最佳一致逼近多项式。

11. 设在区间 $[-1, 1]$ 上 $f(x)=|x|$，求 $f(x)$ 在 $\Phi=\text{span}\{1, x^2, x^4\}$ 中最佳平方逼近多项式。

12. 求 $[0, 1]$ 上带权 $\rho(x)=1$ 的 0 次、1 次、2 次正交多项式，并求 $f(x)=x^3$ 在 $x\in[0, 1]$ 上的二次最佳平方逼近。

13. 设 $f(x)=x^4+3x^3-1$，求在 $[0, 1]$ 上的三次最佳逼近多项。

第7章 数值积分

在区间 $[a, b]$ 上求定积分

$$I(f) = \int_a^b f(x)\,dx$$

是一个具有广泛应用的古典问题。在科学技术和工程应用中，积分是经常遇到的一个重要计算环节，例如，求不规则图形的面积就涉及积分计算。

在一定条件下，如果函数 $f(x)$ 在区间 $[a, b]$ 上连续，从理论上讲，计算定积分可用牛顿-莱布尼茨（Newton-Leibniz）公式，即

$$\int_a^b f(x)\,dx = F(b) - F(a) \tag{7-1}$$

其中，$F(x)$ 是被积函数 $f(x)$ 的原函数。但实际上有很多被积函数找不到用解析式子表达的原函数，如 $\int_0^1 \frac{\sin x}{x}dx$，$\int_0^1 \frac{1}{\ln x}dx$，$\int_0^1 \sqrt{1+x^3}\,dx$ 等，它们看起来并不复杂，但却无法求得原函数 $F(x)$。此外，有的积分即使能找到原函数 $F(x)$ 的表达式，但式子非常复杂，计算也很困难，如定积分 $\int_0^1 x^2\sqrt{3+2x^2}\,dx$ 的原函数 $F(x)$ 十分复杂。此外，在工程实际中，函数 $f(x)$ 是用函数表的形式给出而没有解析表达式，这就更无法使用 Newton-Leibniz 公式了，因此有必要研究定积分的数值计算方法，以解决定积分的近似计算。

数值积分的计算方法有很多，如牛顿-柯特斯（Newton-Cotes）方法、龙贝格（Romberg）方法和 Gauss 方法等。其中，Newton-Cotes 方法是一种利用插值多项式来构造数值积分的常用方法，但是高阶的 Newton-Cotes 方法的收敛性没有保证，因此，在实际计算中很少使用高阶的 Newton-Cotes 公式；Romberg 方法的收敛速度快、计算精度较高，但是计算量较大；Gauss 方法的积分精度高、数值稳定、收敛速度较快，但是节点与系数的计算较麻烦，且要求已知积分函数 $f(x)$。

本章将介绍常用的数值积分公式及其误差估计，求积公式的代数精度、收敛性和稳定性以及 Romberg 求积法与外推原理等。

7.1 数值积分的基本概念

7.1.1 数值积分的基本思想

定积分 $I=\int_a^b f(x)\mathrm{d}x$ 的几何意义为，在平面坐标系中定积分的值即为四条曲线所围图形的面积。这四条曲线分别是 $y=f(x)$，$y=0$，$x=a$ 以及 $x=b$，如图 7-1 所示。

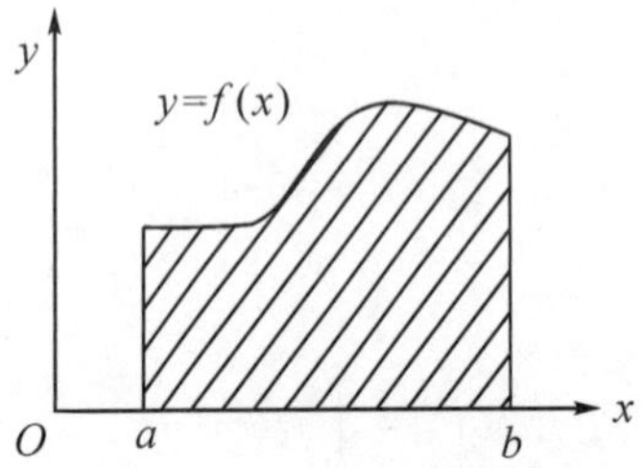

图 7-1 数值积分几何图

对于积分 $\int_a^b f(x)\mathrm{d}x$，由积分中值定理知，如果函数 $f(x)$ 在区间 $[a,b]$ 上连续，总存在一点 $\xi\in[a,b]$，使得

$$\int_a^b f(x)\mathrm{d}x=f(\xi)(b-a) \tag{7-2}$$

成立。$f(\xi)$ 为 $f(x)$ 在区间上 $[a,b]$ 的平均高度。但是式（7-2）中的 ξ 的值一般是不容易求出的，因而很难准确计算 $f(\xi)$ 的值，为此只能取近似值。例如，用两端点的函数值 $f(a)$ 和 $f(b)$ 取算术平均值并作为平均高度 $f(\xi)$ 的近似值，这样可得求积分的近似公式：

$$I(f)=\int_a^b f(x)\mathrm{d}x\approx\frac{f(a)+f(b)}{2}(b-a)$$

这便是我们所熟悉的梯形求积公式。当然，还可以用其他节点处的函数值近似代替平均高度 $f(\xi)$。例如，

左（下）矩形公式：$I(f)=\int_a^b f(x)\mathrm{d}x\approx f(a)(b-a)$，此时取 $\xi=a$；

右（上）矩形公式：$I(f)=\int_a^b f(x)\mathrm{d}x\approx f(b)(b-a)$，此时取 $\xi=b$；

中矩形公式：$I(f)=\int_a^b f(x)\mathrm{d}x\approx f\left(\frac{a+b}{2}\right)(b-a)$，此时取 $\xi=\frac{a+b}{2}$。

更一般来说，可在积分区间 $[a,b]$ 取 $n+1$ 个节点 $a\leqslant x_0<x_1<\cdots<x_n\leqslant b$，然后用 $f(x_k)$ $(k=0,1,\cdots,n)$ 的加权平均作为 $f(\xi)$ 的近似值，则构造出以下公式：

$$I=\int_a^b f(x)\mathrm{d}x\approx\sum_{k=0}^{n}A_k f(x_k) \tag{7-3}$$

其中，$x_k(k=0,1,\cdots,n)$ 称为求积节点；系数 A_k 被称为求积系数，A_k 仅仅与节点 x_k 的选取有关，而与被积函数 $f(x)$ 无关。这种求积方法通常称为机械型求积公式，其特点是直接利用某些节点上的函数值计算积分值，从而将积分求值问题归结为函数值的计算，这样就避开

了 Newton - Leibniz 公式需要寻求原函数的问题。机械型求积公式（7-3）的截断误差为

$$R_n[f]=\int_a^b f(x)\mathrm{d}x-\sum_{k=0}^{n}A_kf(x_k) \tag{7-4}$$

机械型求积公式的构造归结为，确定求积节点 $x_k(k=0,1,\cdots,n)$ 和求积系数 $A_k(k=0,1,\cdots,n)$，使得到的近似解在某种意义下精确度较高。总之，在数值积分的讨论中，我们必须解决三个问题。

（1）如何构造具体的求积公式，即选用什么样的函数来近似 $f(x)$？

（2）如何构造高精度的求积公式，即判定求积公式好坏的度量标准？

（3）具体求积公式构造出来后，误差如何估计？

7.1.2 插值型求积公式

为了得到形如式（7-3）的求积公式，可在 $[a,b]$ 上用 Lagrange 插值多项式 $L_n(x)\approx f(x)$，则得

$$\begin{aligned}I(f)&=\int_a^b f(x)\mathrm{d}x\approx\int_a^b L_n(x)\mathrm{d}x=\int_a^b\sum_{k=0}^{n}l_k(x)f(x_k)\mathrm{d}x\\&=\sum_{k=0}^{n}\left[\int_a^b l_k(x)\mathrm{d}x\right]f(x_k)\end{aligned}$$

其中，

$$A_k=\int_a^b l_k(x)\mathrm{d}x=\int_a^b\prod_{\substack{j=0\\j\neq k}}^{n}\frac{(x-x_j)}{(x_k-x_j)}\mathrm{d}x \tag{7-5}$$

这里求积系数 A_k 由拉格朗日插值基函数 $l_k(x)$ 积分得到，它与 $f(x)$ 无关。如果求积公式（7-3）中的求积系数由式（7-5）给出，则称 $I=\int_a^b f(x)\mathrm{d}x\approx\sum_{k=0}^{n}A_kf(x_k)$ 为插值求积公式。

由拉格朗日插值余项可得

$$\begin{aligned}R_n[f]&=\int_a^b f(x)\mathrm{d}x-\sum_{k=0}^{n}A_kf(x_k)\\&=\int_a^b[f(x)-L_n(x)]\mathrm{d}x=\int_a^b R_n(x)\mathrm{d}x\\&=\int_a^b\frac{f^{(n+1)}(\xi)}{(n+1)!}\prod_{k=0}^{n}(x-x_k)\mathrm{d}x\end{aligned} \tag{7-6}$$

这里 $\xi\in[a,b]$，式（7-6）称为插值型求积公式余项。可见，若 $f(x)$ 是次数小于等于 n 的多项式，则插值求积公式余项 $R_n(f)=0$。

7.1.3 求积公式的代数精度

前面提到的求积公式都是近似的，那么它的近似程度如何？下面给出衡量近似程度“好坏”的一个量的概念，即精确度的度量标准。

定义 7.1 若某个求积公式（7-3）对于次数 $\leqslant m$ 的多项式均能准确成立，而对于 $m+1$ 次多项式不一定准确成立，则称该求积公式（7-3）具有 m 次代数精度。

一般来说，要使机械求积公式有 m 次代数精度，只要它对于 $f(x)=1$，x，…，x^m 都能准确成立，而对于 $f(x)=x^{m+1}$ 不一定能准确成立即可。

例题 7.1 试求求积公式 $\int_a^b f(x)\mathrm{d}x \approx \frac{f(a)+f(b)}{2}(b-a)$ 的代数精度。

解 取 $f(x)=1$，公式左端 $=\int_a^b f(x)\mathrm{d}x=\int_a^b 1\mathrm{d}x=b-a$，右端 $=\frac{1+1}{2}(b-a)=b-a$，此时求积公式精确成立；

取 $f(x)=x$，公式左端 $=\int_a^b f(x)\mathrm{d}x=\int_a^b x\mathrm{d}x=\frac{b^2-a^2}{2}$，右端 $=\frac{a+b}{2}(b-a)=\frac{b^2-a^2}{2}$，此时求积公式也精确成立；

取 $f(x)=x^2$，公式左端 $=\int_a^b f(x)\mathrm{d}x=\int_a^b x^2\mathrm{d}x=\frac{b^3-a^3}{3}$，右端 $=\frac{b^2+a^2}{2}(b-a)$，此时左右两端不相等，故求积公式不成立。

因此由定义 7.1 可知，此求积公式的代数精度为一次。

定理 7.1 求积公式 $\int_a^b f(x)\mathrm{d}x \approx \sum_{k=0}^{n} A_k f(x_k)$ 至少具有 n 次代数精度的充分必要条件是，此公式是插值型求积公式。

证明 先证明充分性。由插值余项定理可知，对于插值型的求积公式，其余项为

$$R_n[f]=\int_a^b \frac{f^{(n+1)}(\xi)}{(n+1)!}\prod_{k=0}^{n}(x-x_k)\mathrm{d}x$$

若求积公式是插值型的，则对于次数不大于 n 的多项式 $f(x)$，其余项 $R_n[f]$ 等于 0，故这时插值型求积公式至少具有 n 次代数精度。充分性得证。

再证明必要性。已知求积公式 $\int_a^b f(x)\mathrm{d}x \approx \sum_{k=0}^{n} A_k f(x_k)$ 至少具有 n 次代数精度，则公式对于插值基函数 $l_k(x)$ 应准确成立，即有

$$\int_a^b l_k(x)\mathrm{d}x = \sum_{j=0}^{n} A_j l_k(x_j)$$

注意到 $l_k(x_j)=\delta_{kj}$，上式右端实际上等于 A_k，故求积公式是插值型的。必要性得证。

7.2 牛顿 - 柯特斯求积公式

如果取等距节点 $x_k(k=0, 1, \cdots, n)$，则插值型求积公式更简单易算。本节介绍求积节点等距分布时的插值型求积公式，即牛顿 - 柯特斯（Newton - Cotes）求积公式。

7.2.1 牛顿 - 柯特斯公式

在插值型求积公式中，若取等距节点，将积分区间 $[a, b]$ n 等分，记求积节点 $x_k=a+kh(k=0, 1, \cdots, n)$，步长 $h=\frac{b-a}{n}$，则插值型求积公式的求积系数 A_k 的公式（7 - 5）在作变量替换（$x=a+th$）后可表示为

$$A_k = \int_a^b l_k(x)\,dx = \int_a^b \prod_{\substack{j=0\\j\neq k}}^{n} \frac{(x-x_j)}{(x_k-x_j)}dx = h\int_0^n \prod_{\substack{j=0\\j\neq k}}^{n} \frac{(t-j)}{(k-j)}dt$$
$$= \frac{b-a}{n}\cdot\frac{(-1)^{n-k}}{k!\,(n-k)!}\cdot\int_0^n \prod_{\substack{j=0\\j\neq k}}^{n}(t-j)\,dt \tag{7-7}$$

记柯特斯系数

$$C_k^{(n)} = \frac{1}{n}\frac{(-1)^{n-k}}{k!\,(n-k)!}\int_0^n \prod_{\substack{j=0\\j\neq k}}^{n}(t-j)\,dt \tag{7-8}$$

则有 $A_k=(b-a)C_k^{(n)}$，则求积公式

$$I(f) = \int_a^b f(x)\,dx \approx (b-a)\sum_{k=0}^{n} C_k^{(n)} f(x_k) \tag{7-9}$$

为 n 阶牛顿－柯特斯公式，简记为 N－C 公式，$C_k^{(n)}$ 称为柯特斯系数。显然，柯特斯系数 $C_k^{(n)}$ 仅取决于 n 和 k，是不依赖于被积函数 $f(x)$ 和积分区间 $[a,b]$ 的常数。

牛顿－柯特斯公式的截断误差为

$$R_n[f] = \int_a^b R_n(x)\,dx = \int_a^b \frac{f^{(n+1)}(\xi)}{(n+1)!}\prod_{k=0}^{n}(x-x_k)\,dx$$
$$= \frac{h^{n+2}}{(n+1)!}\int_0^n f^{(n+1)}(\xi)\left[\prod_{j=0}^{n}(t-j)\right]dt \quad \{\xi\in[a,b]\} \tag{7-10}$$

由于 $C_k^{(n)}$ 是多项式积分，计算不会有困难。真正建立求积公式时，不需要重复计算 Cotes 系数，只需查表即可。部分 Cotes 系数见表 7－1 所列。

表 7－1　柯特斯系数表

n	$C_k^{(n)}$								
1	$\frac{1}{2}$	$\frac{1}{2}$							
2	$\frac{1}{6}$	$\frac{2}{3}$	$\frac{1}{6}$						
3	$\frac{1}{8}$	$\frac{3}{8}$	$\frac{3}{8}$	$\frac{1}{8}$					
4	$\frac{7}{90}$	$\frac{16}{45}$	$\frac{2}{15}$	$\frac{16}{45}$	$\frac{7}{90}$				
5	$\frac{19}{288}$	$\frac{25}{96}$	$\frac{25}{144}$	$\frac{25}{144}$	$\frac{25}{96}$	$\frac{19}{288}$			
6	$\frac{41}{840}$	$\frac{9}{35}$	$\frac{9}{280}$	$\frac{34}{105}$	$\frac{9}{280}$	$\frac{9}{35}$	$\frac{41}{840}$		
7	$\frac{751}{17\,280}$	$\frac{3\,577}{17\,280}$	$\frac{1\,323}{17\,280}$	$\frac{2\,989}{17\,280}$	$\frac{2\,989}{17\,280}$	$\frac{1\,323}{17\,280}$	$\frac{3\,577}{17\,280}$	$\frac{751}{17\,280}$	
8	$\frac{989}{28\,350}$	$\frac{5\,888}{28\,350}$	$-\frac{928}{28\,350}$	$\frac{10\,496}{28\,350}$	$-\frac{4\,540}{28\,350}$	$\frac{10\,496}{28\,350}$	$-\frac{928}{28\,350}$	$\frac{5\,888}{28\,350}$	$\frac{989}{28\,350}$

由表 7－1 和式柯特斯系数公式（7－8）所得的 Cotes 系数具有以下性质：

（1）权性：$\sum_{k=0}^{n} C_k^{(n)}=1$；

（2）对称性：$C_k^{(n)}=C_{n-k}^{(n)}$。

从表 7－1 可看出，当 n 较大时，Cotes 系数较复杂，且出现负项，计算过程的稳定性没有保证，所以一般只用 $n\leq 4$ 的公式。梯形公式、辛普森公式和柯特斯公式是最基本、最常用的求积公式，下面就介绍这些常用的牛顿－柯特斯公式。

7.2.2 梯形公式

在牛顿－柯特斯公式（7－9）中，特别地，当 $n=1$ 时，由柯特斯系数公式（7－8）知两个求积系数为 $C_0^{(1)}=C_1^{(1)}=\frac{1}{2}$，因此一阶求积公式为

$$I(f)=\int_a^b f(x)\mathrm{d}x\approx\frac{b-a}{2}[f(a)+f(b)] \tag{7-11}$$

如图 7－2 所示，这是以过点 $[a,f(a)]$，$[b,f(b)]$ 的直线代替曲线 $y=f(x)$，以梯形面积近似曲边梯形面积，因而此公式（7－11）称为梯形（Trapezoidal）公式。

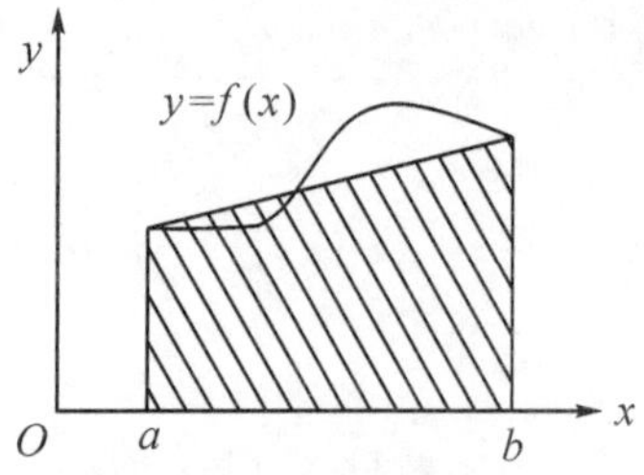

图 7－2 梯形公式

定理 7.2 若 $f(x)$ 在 $[a,b]$ 上有二阶连续导数，则由余项公式（7－10）得到梯形公式的截断误差：

$$R_1[f]=\frac{f''(\xi)}{2}\int_a^b(x-a)(x-b)\mathrm{d}x=-\frac{1}{12}h^3f''(\xi)\quad \left\{\xi\in[a,b],h=\frac{b-a}{1}\right\}$$

因为 $(x-a)(x-b)$ 在区间 $[a,b]$ 内不变号，如果 $f(x)$ 二阶连续可导，则由广义积分中值定理，存在 $\xi\in[a,b]$，使得

$$\begin{aligned}R_1[f]&=\frac{f''(\xi)}{2}\int_a^b(x-a)(x-b)\mathrm{d}x\\&=-\frac{1}{12}h^3f''(\xi)\quad\left(\xi\in[a,b];\ h=\frac{b-a}{1}\right)\end{aligned} \tag{7-12}$$

这就是梯形公式（7－11）的截断误差。

7.2.3 辛普生公式

在牛顿－柯特斯公式（7－9）中，当 $n=2$ 时，由柯特斯系数公式（7－8）知三个求积系数分别为 $C_0^{(2)}=\frac{1}{6}$，$C_1^{(2)}=\frac{4}{6}$，$C_2^{(2)}=\frac{1}{6}$，由此得到二阶求积公式：

$$I(f)=\int_a^b f(x)\mathrm{d}x\approx\frac{b-a}{6}\left[f(a)+4f\left(\frac{a+b}{2}\right)+f(b)\right] \tag{7-13}$$

如图 7-3 所示，这是以过曲线上三点 $[a, f(a)]$，$\left[\frac{a+b}{2}, f\left(\frac{a+b}{2}\right)\right]$，$[b, f(b)]$ 的抛物线代替曲线 $y=f(x)$ 求曲边梯形面积的近似值，因而此公式（7-13）称为抛物线求积公式或辛普生（Simpson）公式。

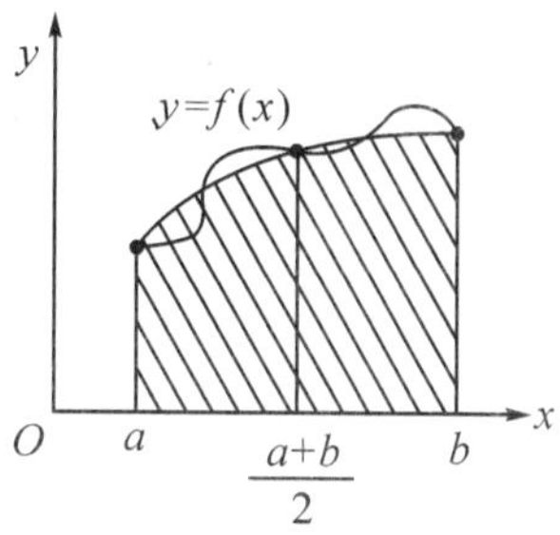

图 7-3 辛普生公式

定理 7.3 若 $f(x)$ 在 $[a, b]$ 上有四阶连续导数，则由余项公式（7-10）得到辛普生（Simpson）公式的截断误差：

$$R_2[f] = \int_a^b f(x)\mathrm{d}x - \frac{b-a}{6}\left[f(a) + 4f\left(\frac{a+b}{2}\right) + f(b)\right]$$

$$= -\frac{(b-a)^5}{2\,880}f^{(4)}(\xi) = -\frac{h^5}{90}f^{(4)}(\xi) \qquad (7-14)$$

其中，$\xi \in [a, b]$，$h = \frac{b-a}{2}$。

7.2.4 高阶牛顿-柯特斯公式

在牛顿-柯特斯公式（7-9）中，$n \geqslant 3$ 的公式称为高阶牛顿-柯特斯（Newton-Cotes）公式。

同理，当 $n=3$，$h=\frac{b-a}{3}$ 时，有

$$I(f) \approx \frac{b-a}{8}[f(x_0) + 3f(x_1) + 3f(x_2) + f(x_3)] \qquad (7-15)$$

其中，$x_k = a + k \cdot \frac{b-a}{3}(k=0, 1, 2, 3)$，公式（7-12）称为第二辛普生公式（Simpson's 3/8-Rule）。如果 $f(x)$ 在 $[a, b]$ 上有四阶连续导数，则由余项公式（7-10）得第二辛普生公式的截断误差为

$$R_3[f] = -\frac{3h^5}{80}f^{(4)}(\xi) \qquad (7-16)$$

在牛顿-柯特斯公式（7-9）中，当 $n=4$，$h=\frac{b-a}{4}$ 时，类似地，四阶求积公式为

$$I(f) \approx \frac{b-a}{90}[7f(x_0) + 32f(x_1) + 12f(x_2) + 32f(x_3) + 7f(x_4)] \qquad (7-17)$$

其中，$x_k = a + k \cdot \frac{b-a}{4}$（$k=0, 1, 2, 3, 4$），公式（7-13）称为 Cotes 求积公式，也称布

尔（Boole）公式。如果$f(x)$在$[a, b]$上有六阶连续导数，则由余项公式（7－10）得到Cotes求积公式的截断误差：

$$R_4[f] = -\frac{8h^7}{945}f^{(6)}(\xi) \tag{7-18}$$

7.2.5 牛顿－柯特斯公式的代数精度

由于Newton－Cotes求积公式是插值型求积公式，那么它至少有n次代数精度。然而，当n是偶数时，其代数精度更高。

定理 7.4 当n为偶数时，牛顿－柯特斯公式（$n+1$个节点）至少具有$n+1$次代数精度。

证明 根据定义，只需证明当n是偶数时求积公式对$f(x)=x^{n+1}$能准确成立即可，即证明此时的误差为零。由于$f^{(n+1)}(x)=(n+1)!$，所以有

$$R_n[f] = \int_a^b \frac{f^{(n+1)}(\xi)}{(n+1)!}\prod_{k=0}^{n}(x-x_k)\mathrm{d}x = \int_a^b \prod_{k=0}^{n}(x-x_k)\mathrm{d}x \qquad \{\xi\in[a, b]\}$$

令$x=a+th$，$x_j=a+jh$，其中$h=\dfrac{b-a}{n}$，则上式为

$$R_n[f] = h^{n+2}\int_0^n t(t-1)(t-2)\cdots(t-n)\mathrm{d}t$$

引进变换$t=u+k$，其中$k=\dfrac{n}{2}$。因n为偶数，故k为整数。则上式转换得

$$\begin{aligned}R_n[f] &= h^{n+2}\int_0^n t(t-1)(t-2)\cdots(t-n)\mathrm{d}t \\ &= h^{n+2}\int_{-k}^{k}(u+k)(u+k-1)\cdots(u+k-n)\mathrm{d}u \\ &= h^{n+2}\int_{-k}^{k}\prod_{j=0}^{n}(u+k-j)\mathrm{d}u\end{aligned}$$

上式中被积函数是奇函数，积分区间关于原点对称，故积分值为零，即$R_n[f]=0$。所以，当n为偶数时，牛顿－柯特斯公式至少具有$n+1$次代数精度。

由此，一阶梯形公式只有一次代数精度，二阶辛普生和第二辛普生公式具有三次代数精度，四阶Cotes求积公式具有五次代数精度。

例题 7.2 试分别使用梯形公式和Simpson公式计算积分$I=\int_0^1 \mathrm{e}^x\mathrm{d}x$的近似值，并估计截断误差。

解 由梯形公式（7－11）可得

$$I \approx \frac{\mathrm{e}^0+\mathrm{e}^1}{2} \approx 1.859\ 14$$

由梯形公式截断误差公式（7－12）可得

$$|R_1[f]| = \frac{1}{12}|h^3 f''(\xi)| \leqslant \frac{(1-0)^3}{12}\max_{0\leqslant x\leqslant 1}|f''(x)| = \frac{\mathrm{e}}{12} \approx 0.226\ 52$$

由 Simpson 公式（7-13）可得

$$I\approx\frac{1}{6}(e^{0}+4e^{1/2}+e^{1})\approx 1.718\,86$$

由 Simpson 公式截断误差公式（7-14）可得

$$|R_2[f]|=\frac{(b-a)^5}{2\,880}\max_{0\leqslant x\leqslant 1}|f^{(4)}(x)|\leqslant\frac{e}{2\,880}\approx 0.000\,95$$

计算结果表明，用 Simpson 公式计算的结果明显优于梯形公式计算的结果。

7.3 复合求积法

前面导出的误差估计式表明，用牛顿－柯特斯公式计算积分近似值时，步长越小，截断误差越小。要求得到比较精确的积分值，必须用高阶求积公式，但是高阶（$n\geqslant 8$）牛顿－柯特斯公式是不稳定的，所求得的近似值不一定收敛于积分的准确值，即会使有效数字丢失。因此，不能用提高牛顿－柯特斯求积公式的阶的方法来提高精度。基于这种原因，可考虑对被积函数采用分段低次多项式插值，即把整个积分区间分成若干个子区间（通常是等分），再在每个小区间上单独采用同一种低阶求积公式，这种方法称为复合求积方法。

将积分区间$[a,b]$分为 n 等分，步长 $h=\frac{b-a}{n}$，节点 $x_k=a+kh(k=0,1,\cdots,n)$。复合求积方法的步骤是，先用低阶牛顿－柯特斯公式（如梯形公式、Simpson 公式等）求得在每个子区间$[x_k,x_{k+1}](k=0,1,\cdots,n-1)$上的积分近似值，再对这些近似值求和，从而得到定积分 $I(f)$ 的近似值。对于小区间上的积分，用不同的公式则得不同的复化求积公式。

7.3.1 复合梯形公式

在每个小区间$[x_k,x_{k+1}](k=0,1,\cdots,n-1)$上以梯形面积近似曲边梯形面积，即用梯形公式求小区间上积分的近似值。小梯形面积之和趋于曲边梯形面积的准确值，即定积分的准确值。

$$\begin{aligned}I&=\int_a^b f(x)\,dx=\sum_{k=0}^{n-1}\int_{x_k}^{x_{k+1}}f(x)\,dx\\&\approx\sum_{k=0}^{n-1}\frac{h}{2}[f(x_k)+f(x_{k+1})]\end{aligned}$$

整理得

$$I=\int_a^b f(x)\,dx\approx\frac{h}{2}\left[f(a)+2\sum_{k=1}^{n-1}f(x_k)+f(b)\right]\overset{\text{记为}}{=}T_n \tag{7-19}$$

公式（7-19）称为复合梯形公式（composite trapezoidal rule），T_n 的下标 n 表示积分区间$[a,b]$被分成 n 等份。

定理 7.5 如果$f(x)$在$[a,b]$上有二阶连续导数，那么复合梯形公式（7-19）的误差或余项为

$$R_T[f] = -\frac{b-a}{12}h^2f''(\xi) \quad [\xi \in (a, b)] \tag{7-20}$$

证明 先对每个小区间上的梯形公式进行误差估计，再相加就能得到复合梯形公式的误差。

在每个小区间$[x_k, x_{k+1}]$上，梯形公式的截断误差为

$$\int_{x_k}^{x_{k+1}} f(x)\mathrm{d}x - \frac{h}{2}[f(x_k)+f(x_{k+1})] = -\frac{h^3}{12}f''(\xi_k) \quad [\xi_k \in (x_k, x_{k+1})]$$

因此

$$R_T[f] = \int_a^b f(x)\mathrm{d}x - T_n = -\frac{h^3}{12}\sum_{k=0}^{n-1} f''(\xi_k)$$

因为$f''(x)$在区间$[a, b]$上连续，由中值定理知，存在$\xi \in (a, b)$，使得

$$f''(\xi) = \frac{1}{n}\sum_{k=0}^{n-1} f''(\xi_k)$$

从而有

$$R_T[f] = -\frac{b-a}{12}h^2f''(\xi) \quad [\xi \in (a, b)]$$

这就是复合梯形公式（7－19）的误差。

7.3.2 复合 Simpson 公式

如果用分段二次插值函数近似被积函数，即在小区间$[x_k, x_{k+1}]$上用 Simpson 公式计算积分近似值，那么就可以得到逼近定积分$I(f)$的求积公式。

$$\begin{aligned} I &= \int_a^b f(x)\mathrm{d}x = \sum_{k=0}^{n-1}\int_{x_k}^{x_{k+1}} f(x)\mathrm{d}x \\ &\approx \sum_{k=0}^{n-1} \frac{h}{6}[f(x_k) + 4f(x_{k+\frac{1}{2}}) + f(x_{k+1})] \end{aligned}$$

整理得

$$I = \int_a^b f(x)\mathrm{d}x \approx \frac{h}{6}\left[f(a) + 4\sum_{k=0}^{n-1} f(x_{k+\frac{1}{2}}) + 2\sum_{k=1}^{n-1} f(x_{k+1}) + f(b)\right] \overset{\text{记为}}{=} S_n \tag{7-21}$$

其中，$x_{k+\frac{1}{2}} = x_k + \frac{1}{2}h$，公式（7－21）称为复合 Simpson 公式。

定理 7.6 如果$f(x)$在$[a, b]$上有四阶连续导数，那么复合 Simpson 公式（7－21）的误差或余项为

$$\begin{aligned} R_s[f] &= \int_a^b f(x)\mathrm{d}x - S_n = -\frac{b-a}{180}\left(\frac{h}{2}\right)^4 f^{(4)}(\xi) \\ &= -\frac{b-a}{2\,880}h^4 f^{(4)}(\xi) \quad [\xi \in (a, b)] \end{aligned} \tag{7-22}$$

例题 7.3 根据表 7－2 的数据列表。

表 7-2 数据列表

k	x	$f(x)$	k	x	$f(x)$
0	0	1.000 000 0	5	0.625	0.936 155 6
1	0.125	0.997 397 8	6	0.750	0.908 851 6
2	0.250	0.989 615 8	7	0.875	0.877 192 5
3	0.375	0.976 726 7	8	1.000	0.841 470 9
4	0.500	0.958 851 0			

试分别使用复合梯形公式及复合 Simpson 公式计算积分 $I=\int_0^1 \frac{\sin x}{x}\mathrm{d}x$ 的近似值，并估计误差。

解 用复合梯形公式时取 $n=8$，$h=\frac{1}{8}=0.125$，由复合梯形公式（7-19）可得

$$I\approx T_8=\frac{1}{2}\cdot\frac{1}{8}\left[f(0)+2\sum_{k=1}^{7}f(x_k)+f(1)\right]=0.945\ 690\ 9$$

用复合 Simpson 公式时，取 $n=4$，$h=\frac{1}{4}=0.25$，由复合 Simpson 公式（7-21）可得

$$I\approx S_4=\frac{1}{6}\cdot\frac{1}{4}\left[f(0)+4\sum_{k=0}^{3}f(x_{k+\frac{1}{2}})+2\sum_{k=1}^{3}f(x_k)+f(1)\right]=0.946\ 083\ 2$$

为了估计误差，要求 $f(x)=\frac{\sin x}{x}$ 的高阶导数，由于

$$f(x)=\frac{\sin x}{x}=\int_0^1 \cos(xt)\mathrm{d}t$$

所以

$$f^{(k)}(x)=\int_0^1 \frac{\mathrm{d}^k}{\mathrm{d}x^k}\cos(xt)\mathrm{d}t=\int_0^1 t^k\cos\left(xt+\frac{k\pi}{2}\right)\mathrm{d}t$$

故

$$|f^{(k)}(x)|\leqslant\int_0^1 t^k\left|\cos\left(xt+\frac{k\pi}{2}\right)\right|\mathrm{d}t\leqslant\int_0^1 t^k\mathrm{d}t=\frac{1}{k+1}$$

对于复合梯形公式，由复合梯形公式的误差公式（7-20）得

$$|R_T|=\left|-\frac{1}{12}h^2f''(\xi)\right|\leqslant\frac{1}{12}\cdot\left(\frac{1}{8}\right)^2\cdot\frac{1}{3}=0.000\ 434$$

对于复合 Simpson 公式，由复合 Simpson 公式的误差公式（7-22）得

$$|R_S|\leqslant\frac{1}{2\ 880}\cdot\left(\frac{1}{4}\right)^4\cdot\frac{1}{5}=0.271\times10^{-6}$$

与准确值 $I=0.946\ 083\ 1$ 比较，显然用复合 Simpson 公式计算的精度较高。因此当步长 h 比较小时，用复合 Simpson 公式计算的误差较小。

7.3.3 复合柯特斯公式

类似于复合梯形公式，但在小区间$[x_k, x_{k+1}]$上不用梯形公式而采用 Cotes 公式，那么就

可以得到逼近定积分 $I(f)$ 的求积公式

$$I=\int_a^b f(x)\mathrm{d}x=\sum_{k=0}^{n-1}\int_{x_k}^{x_{k+1}} f(x)\mathrm{d}x$$

$$\approx\sum_{k=0}^{n-1}\frac{h}{90}[7f(x_k)+32f(x_{k+\frac{1}{4}})+12f(x_{k+\frac{1}{2}})+32f(x_{k+\frac{3}{4}})+7f(x_{k+1})]$$

整理得

$$I\approx\frac{h}{90}\Big[7f(a)+14\sum_{k=1}^{n-1}f(x_k)+32\sum_{k=0}^{n-1}f(x_{k+\frac{1}{4}})+12\sum_{k=0}^{n-1}f(x_{k+\frac{1}{2}})+32\sum_{k=0}^{n-1}f(x_{k+\frac{3}{4}})+7f(b)\Big]\overset{\text{记为}}{=}C_n \tag{7-23}$$

其中，$x_{k+\frac{1}{4}}=x_k+\frac{1}{4}h$，$x_{k+\frac{1}{2}}=x_k+\frac{1}{2}h$，$x_{k+\frac{3}{4}}=x_k+\frac{3}{4}h$，公式（7－23）称为复合 Cotes 公式。

定理 7.7 如果 $f(x)$ 在 $[a,b]$ 上有六阶连续导数，那么复合 Cotes 公式（7－23）的误差或余项为

$$R_c[f]=\int_a^b f(x)\mathrm{d}x-C_n=-\frac{2(b-a)}{945}\left(\frac{h}{4}\right)^6 f^{(6)}(\xi)\quad[\xi\in(a,b)] \tag{7-24}$$

7.3.4 复合求积公式的收敛性

由误差公式（7－20）、（7－22）和（7－24）可以看出，只要所涉及的各阶导数在积分区间 $[a,b]$ 上连续，则分点无限增多时，即当 $n\to\infty$（即 $h\to 0$）时，复合梯形公式 T_n 和复合 Simpson 公式 S_n 及复合 Cotes 公式 C_n 均收敛于积分真值 $\int_a^b f(x)\mathrm{d}x$，且收敛速度一个比一个快。

定义 7.2 设复合求积公式 $I_n\approx\int_a^b f(x)\mathrm{d}x$，如果当 $h\to 0$ 时，有

$$\lim_{h\to 0}\frac{\int_a^b f(x)\mathrm{d}x-I_n}{h^p}=c$$

其中，c 是一个非零常数，则称 I_n 是 p 阶收敛的。

显然，复合梯形公式 T_n、复合 Simpson 公式 S_n 及复合 Cotes 公式 C_n 分别为 2 阶、4 阶及 6 阶收敛的。

对于一个数值求积公式来说，收敛阶越高，近似值 I_n 收敛到真值 $\int_a^b f(x)\mathrm{d}x$ 的速度就越快，在相近的计算工作量下有可能得到较精确的近似值。

例题 7.4 计算积分 $I=\int_0^1 \mathrm{e}^x\mathrm{d}x$，若用复合梯形公式，问：区间 $[0,1]$ 应分多少等份才能使截断误差不超过 $\frac{1}{2}\times 10^{-5}$？若改用复合 Simpson 公式，要达到同样精确度，区间

[0, 1]应分多少等份?

解 本题只要根据复合梯形公式及复合 Simpson 公式的误差表达式(7-20)和(7-22)即可求出其截断误差应满足的精度。由于$f(x)=e^x$, $f''(x)=e^x$, $f^{(4)}(x)=e^x$, $b-a=1$, 对复合梯形公式

$$|R_T|=\left|-\frac{1}{12}h^2 f''(\xi)\right|\leqslant\frac{1}{12}\left(\frac{1}{n}\right)^2 e\leqslant\frac{1}{2}\times 10^{-5}$$

即$n^2\geqslant\frac{1}{6}e\times 10^5$, $n\geqslant 212.85$。取$n=213$, 即将区间[0, 1]分为213等分时,用复合梯形公式计算误差不超过$\frac{1}{2}\times 10^{-5}$。而用复合 Simpson 公式,则要求

$$|R_S|\leqslant\frac{1}{2\,880}\left(\frac{1}{n}\right)^4 e\leqslant\frac{1}{2}\times 10^{-5}$$

即$n^4\geqslant\frac{1}{144}e\times 10^4$, $n\geqslant 3.706\,6$。取$n=4$, 即将区间分为8等份,用$n=4$的复合 Simpson 公式即可达到精确度$\frac{1}{2}\times 10^{-5}$。

7.4 龙贝格求积公式

7.4.1 变步长求积公式

由上述内容知,复合求积法可以提高精度,步长h越小,精度越高。复合求积公式在使用时,必须事先给出合适的步长。但在实际计算前,一般只给出误差限或精度要求,则需通过误差公式来确定步长h。但是,由于余项公式中包含有被积函数$f(x)$的高阶导数,在具体计算时往往会遇到困难。所以,在实际计算中,常采用变步长的计算方案,即步长逐次分半法。

变步长方法就是根据规定的精度要求,在计算过程中将积分区间逐次分半,每分一次就用同一种复合求积公式计算出相应的积分近似值,并同时查看相继两次计算结果的误差是否达到要求,直到所求得的积分近似值满足精度要求为止。下面以复合梯形公式为例,介绍变步长的求积公式。

设将积分区间$[a, b]$分成n等份,步长$h=\frac{b-a}{n}$,共有$n+1$个节点,按复合梯形公式计算出T_n:

$$T_n=\frac{h}{2}\left[f(a)+2\sum_{k=1}^{n-1}f(x_k)+f(b)\right]$$

若T_n精度达不到要求,则将每个小区间$[x_k, x_{k+1}]$二分一次,即在这个小区间内增加一个节点$x_{k+\frac{1}{2}}=x_k+\frac{1}{2}h$。故积分区间被分为$2n$个子区间,共有$2n+1$个节点。由复合梯形

公式得到区间 $[x_k, x_{k+1}]$ 上的积分值：

$$\frac{h}{2\times 2}[f(x_k)+2f(x_{k+\frac{1}{2}})+f(x_{k+1})]$$

将每个小区间上的积分值加起来，则得

$$T_{2n}=\frac{h}{4}\sum_{k=0}^{n-1}[f(x_k)+2f(x_{k+\frac{1}{2}})+f(x_{k+1})]$$

整理得

$$T_{2n}=\frac{1}{2}T_n+\frac{h}{2}\sum_{k=0}^{n-1}f(x_{k+\frac{1}{2}}) \qquad (7-25)$$

上式即为二分后区间 $[a, b]$ 上的积分值梯形公式的递推化公式。在计算 T_{2n} 时，T_n 为已知数据，只需累加新增的分点 $x_{k+\frac{1}{2}}$ 的函数值。由此可见，求 T_{2n} 时利用了 T_n，这使得计算工作量减少了一半。计算过程中，常用不等式

$$|T_{2n}-T_n|<\xi$$

是否满足作为控制计算精度的条件。如果满足，则取 T_{2n} 为所求定积分 $\int_a^b f(x)\,dx$ 的近似值，否则区间继续分半，重复上述过程直至条件满足。

例题 7.5 利用梯形公式的递推化公式（7－25）计算 $\pi=\int_0^1 \frac{4}{1+x^2}dx$ 的近似值，使误差不超过 $\xi=10^{-5}$。

解 在积分区间 $[0, 1]$ 上逐次分半的过程中顺次计算积分近似值 T_1，T_2，T_4，…，并用是否满足不等式 $|T_{2n}-T_n|<\xi$ 来判断计算过程是否需要继续下去。

先把梯形公式（7－11）应用于整个区间 $[0, 1]$，得

$$T_1=\frac{1}{2}[f(0)+f(1)]=\frac{1}{2}(4+2)=3$$

再将区间 $[0, 1]$ 二等分，出现的新分点是 $x=\frac{1}{2}$，二等分后小区间分别为 $[0, \frac{1}{2}]$ 和 $[\frac{1}{2}, 1]$。由梯形公式的递推化公式（7－25）得

$$T_2=\frac{1}{2}T_1+\frac{1}{2}f\left(\frac{1}{2}\right)=3.1$$

然后将各个小区间二等分，出现的两个新分点是 $x=\frac{1}{4}$ 和 $x=\frac{3}{4}$，由递推化公式 (7－25) 得

$$T_4=\frac{1}{2}T_2+\frac{1}{4}\left[f\left(\frac{1}{4}\right)+f\left(\frac{3}{4}\right)\right]=3.131\ 176\ 47$$

这样，不断将各个小区间二等分下去，可利用梯形公式的递推化公式（7－25）依次算出 T_8，T_{16}，T_{32}，…。因为 $|T_{512}-T_{256}|<\xi$，故 $T_{512}=3.141\ 592\ 02$ 为满足精度要求的近似值。

7.4.2 龙贝格求积公式

上面介绍的递推化公式（7－25）表明，复合梯形公式的误差为 $O(h^2)$，因而梯形值序

列 $\{T_{2^k}\}$ 的收敛速度是非常缓慢的。例如，用此法计算 $\pi=\int_0^1 \frac{4}{1+x^2}dx$ 的近似值时，要一直等到 T_{512}才获得误差不超过 10^{-5}的近似值。因此，用这种方法计算更复杂的高精度要求的积分近似值，显然是费时、费力甚至是不可能的。因此，对递推化的梯形公式进行修正，希望提高该公式的收敛速度。由复合梯形公式的误差公式（7－20），有

$$\frac{I-T_{2n}}{I-T_n}=\frac{1}{4}\frac{f''(\xi_1)}{f''(\xi_2)}$$

若$f''(x)$在积分区间 $[a, b]$ 上变化不大，即有$f''(\xi_1)\approx f''(\xi_2)$，则二分之后的误差是原先误差的$\frac{1}{4}$，即$\frac{I-T_{2n}}{I-T_n}\approx\frac{1}{4}$，于是

$$I-T_{2n}\approx\frac{1}{4}(I-T_n)$$

或者

$$I-T_{2n}\approx\frac{1}{3}(T_{2n}-T_n)$$

由此可见，只要二分前后两个积分值 T_n 和 T_{2n}相当接近，就可以保证 T_{2n}的误差很小，且大致等于$\frac{1}{3}(T_{2n}-T_n)$。于是利用误差的事后估计，用误差$\frac{1}{3}(T_{2n}-T_n)$作为 T_{2n}的一种修正，可望得到的结果为

$$\bar{T}=T_{2n}+\frac{1}{3}(T_{2n}-T_n)=\frac{4}{3}T_{2n}-\frac{1}{3}T_n \tag{7-26}$$

$\bar{T}$ 有可能比 T_{2n}更好地接近于定积分 $\int_a^b f(x)\,dx$ 的真值 I。

如在例题7.5 中，$T_4=3.131\ 176\ 47$ 和 $T_8=3.138\ 988\ 49$ 是两个精度很差的近似值，但如果将它们按式（7－26）作线性组合，所得到的新近似值

$$\overline{T_4}=\frac{4}{3}T_8-\frac{1}{3}T_4=3.141\ 592\ 50$$

却具有七位有效数字，其准确程度比 T_{512}还要高，而计算 $\bar{T}_4$ 只涉及求九个点上的函数值，其计算工作量仅为计算 T_{512}的$\frac{1}{57}$，可见修正后的递推化公式的收敛速度非常快。

事实上，容易验证 $S_n=\bar{T}_n$，这说明用二分前后的两个梯形公式值 T_n 和 T_{2n}按式（7－26）组合，结果得出的是复合 Simpson 公式 S_n，即

$$S_n=\frac{4}{3}T_{2n}-\frac{1}{3}T_n=\frac{4T_{2n}-T_n}{4-1} \tag{7-27}$$

这表明在收敛速度缓慢的梯形序列 $\{T_{2^k}\}$ 的基础上，若将 T_n 和 T_{2n}按式（7－26）线性组合，就可产生收敛速度较快的 Simpson 序列$\{S_{2^k}\}$：S_1，S_2，S_4，…。这种由低阶精度公式 T_{2n}和 T_n 作线性组合，得到一个高阶精度公式 S_n 的方法称为 Richardson 外推方法。

类似地，由复合 Simpson 公式逐次分半和复合 Simpson 公式的误差公式（7－22），有

$$\frac{I-S_{2n}}{I-S_n}\approx\frac{1}{16}$$

可得

$$I\approx\frac{16}{15}S_{2n}-\frac{1}{15}S_n$$

也可验证右端即为复合 Cotes 公式的值 C_n，即

$$C_n=\frac{16}{15}S_{2n}-\frac{1}{15}S_n=\frac{4^2S_{2n}-S_n}{4^2-1} \tag{7-28}$$

故在辛普生序列 $\{S_{2^k}\}$ 的基础上，将 S_n 和 S_{2n} 按式（7－28）作线性组合，就可产生收敛速度较快的柯特斯序列 $\{C_{2^k}\}$：C_1，C_2，C_4，…。

同样，由复合 Cotes 公式逐次分半和复合 Cotes 公式的误差公式（7－24），有

$$\frac{I-C_{2n}}{I-C_n}\approx\frac{1}{64}$$

整理可得

$$I\approx\frac{64}{63}C_{2n}-\frac{1}{63}C_n=\frac{4^3C_{2n}-C_n}{4^3-1}\overset{\text{记为}}{=}R_n \tag{7-29}$$

这就是龙贝格（Romberg）公式，式（7－29）说明可在柯特斯序列 $\{C_{2^k}\}$ 的基础上，产生一个称为龙贝格序列的新序列 $\{R_{2^k}\}$：R_1，R_2，R_4，…。

经过进一步的分析，可以证明，当 $f(x)$ 满足一定条件时，龙贝格序列 $\{R_{2^k}\}$ 比柯特斯序列 $\{C_{2^k}\}$ 更快地收敛到定积分的真值。

在步长二分的过程中，运用式（7－27）~式(7－29）加工修正三次，就能将粗糙的梯形公式积分值 T_n 逐步加工成精度较高的龙贝格公式分值 R_n，这种加速方法称为龙贝格算法，其计算过程见表 7－3（其中，序号①，②，③…表示计算顺序）。

表 7－3　Romberg 计算过程表

k	T_{2^k}	$S_{2^{k-1}}$	$C_{2^{k-2}}$	$R_{2^{k-3}}$
0	①T_1			
1	②T_2	③S_1		
2	④T_4	⑤S_2	⑥C_1	
3	⑦T_8	⑧S_4	⑨C_2	⑩R_1
⋮	⋮	⋮	⋮	⋮

为了便于上机计算，引入下列记号 $T_m^{(k)}$ 来表示各序列，其中 k 表示将积分区间分为 2^k 等份，而 m 则指出了近似值所在序列 $T_m^{(k)}$ 的性质。即 $T_0^{(k)}$ 表示梯形序列，$T_1^{(k)}$ 表示 Simpson 序列，$T_2^{(k)}$ 表示 Cotes 序列，$T_3^{(k)}$ 表示 Romberg 序列。那么 Romberg 算法可综合如下：

第一步：求梯形面积 $T_0^{(0)}=\frac{b-a}{2}\left[f(a)+f(b)\right]$；

第二步：将区间 $[a, b]$ 分半求出两个小梯形面积和 $T_0^{(1)}$，并按公式

$$T_1^{(0)} = \frac{4T_0^{(1)} - T_0^{(0)}}{4-1}$$

求得 $T_1^{(0)}$；

第三步：将区间 $[a, b]$ 再分半（假设是 2^k 等份），算出 2^k 个小梯形的面积和 $T_0^{(k)} = \frac{1}{2}T_0^{(k-1)} + \frac{b-a}{2^k}\sum_{i=1}^{2^{k-1}} f\left[a + (2i-1)\frac{b-a}{2^k}\right](k = 1,2,3\cdots)$，然后按下式构造新序列

$$T_m^{(i)} = \frac{4^m T_{m-1}^{(i+1)} - T_{m-1}^{i}}{4^m - 1} \quad (m=1, 2, \cdots, k; \ i=0, 1, \cdots, k-m) \tag{7-30}$$

第四步：若 $|T_k^{(0)} - T_{k+1}^{(0)}| < \xi$，则停止计算，否则转第三步，计算流程见表 7-4 所列。

表 7-4 T 表（流程表）

k	$T_0^{(k)}$	$T_1^{(k-1)}$	$T_2^{(k-2)}$	$T_3^{(k-3)}$
0	①$T_0^{(0)}$			
1	②$T_0^{(1)}$	③$T_1^{(0)}$		
2	④$T_0^{(2)}$	⑤$T_1^{(1)}$	⑥$T_2^{(0)}$	
3	⑦$T_0^{(3)}$	⑧$T_1^{(2)}$	⑨$T_2^{(1)}$	⑩$T_3^{(0)}$
⋮	⋮	⋮	⋮	⋮

例题 7.6 用 Romberg 求积公式 $I(f) = \int_0^1 \frac{\sin x}{x}dx$ 的近似值，使其具有 6 位有效数字。

解 本题直接用梯形递推公式（7-25）、Romberg 求积公式（7-27）~式（7-29），按 T 表依次计算得

$$T_0^{(0)} = \frac{1}{2}[f(0) + f(1)] = 0.920\,735\,5,$$

$$T_0^{(1)} = \frac{1}{2}T_0^{(0)} + \frac{1}{2}f(0.5) = 0.939\,793\,3,$$

$$T_1^{(0)} = \frac{4T_0^{(1)} - T_0^{(0)}}{3} = 0.946\,145\,9$$

其余计算结果见表 7-5 所列。

表 7-5 计算结果

k	$T_0^{(k)}$	$T_1^{(k-1)}$	$T_2^{(k-2)}$	$T_3^{(k-3)}$
0	0.920 735 5			
1	0.939 793 3	0.946 145 9		
2	0.944 513 5	0.946 086 9	0.946 083 0	
3	0.945 690 9	0.946 083 3	0.946 083 1	0.946 083 1

由于 $|T_2^{(0)} - T_3^{(0)}| = 0.000\,000\,1 < \frac{1}{2}\times 10^{-6}$，故计算停止，$I = 0.946\,083\,1$ 即为所求。

7.5 高斯型求积公式

在前面建立 Newton - Cotes 公式时，为了简化计算，对插值公式中的节点是事先给定且是等距离的。现在进一步问：如果插值型求积公式中的节点不事先指定，在插值节点个数一定的条件下，容许节点在 $[a,b]$ 区间上自由选择，是否可以把求积公式的代数精确度提高？本章就要讨论这种具有最高代数精度的求积公式，称为高斯（Gauss）型求积公式。

7.5.1 高斯型求积公式的定义和定理

当节点等距时，插值型求积公式的代数精确度是 n 或 $n+1$。若适当选择节点，则可提高插值型求积公式的代数精确度。对于具有 $n+1$ 个节点的插值型求积公式，其代数精确最高可达 $2n+1$。

定义 7.3 在插值型求积公式 $\int_a^b f(x)\,\mathrm{d}x \approx \sum_{k=0}^{n} A_k f(x_k)$ 中，若存在一组节点 x_0，x_1，…，$x_n \in [a, b]$ 使求积公式具有 $2n+1$ 次代数精确度，则此求积公式称为高斯型求积公式，节点 x_0，x_1，…，x_n 称为高斯点，A_k（$k=0, 1, \cdots, n$）称为高斯系数。

定理 7.8 高斯型求积公式的误差为

$$R_G[f] = \int_a^b f(x)\,\mathrm{d}x - \sum_{k=0}^{n} A_k f(x_k) = \frac{f^{(2n+2)}(\xi)}{(2n+2)!}\int_a^b w^2(x)\,\mathrm{d}x \tag{7-31}$$

其中，$w(x) = \prod_{k=0}^{n}(x - x_k)$。

证明 因为求积公式具有 $2n+1$ 次代数精度，现以求积节点 $x_k(k=0, 1, \cdots, n)$ 为插值节点构造一个次数不超过 $2n+1$ 次的多项式 $H(x)$，应满足

$$H(x_k) = f(x_k),\ H'(x_k) = f'(x_k) \quad (k=0, 1, \cdots, n)$$

所以 Gauss 型求积公式对 $H(x)$ 应准确成立，即

$$\int_a^b H(x)\,\mathrm{d}x = \sum_{i=0}^{n} A_k H(x_k) = \sum_{i=0}^{n} A_k f(x_k)$$

所以，可得误差：

$$R_G[f] = \int_a^b f(x)\,\mathrm{d}x - \sum_{i=0}^{n} A_k f(x_k) = \int_a^b f(x)\,\mathrm{d}x - \int_a^b H(x)\,\mathrm{d}x$$

$$= \int_a^b [f(x) - H(x)]\,\mathrm{d}x$$

由 Hermite 插值余项及 $w^2(x)$ 的保号性，得

$$R_G[f] = \frac{f^{(2n+2)}(\xi)}{(2n+2)!}\int_a^b w^2(x)\,\mathrm{d}x$$

得证。

对于高斯型求积公式，下面主要讨论如何确定高斯点 x_0，x_1，…，x_n 及高斯系数 A_k。先看一个简单的例子，考虑两点的插值型求积公式：

$$\int_{-1}^{1} f(x)\,dx \approx A_0 f(x_0) + A_1 f(x_1) \tag{7-32}$$

其中，A_0，A_1，x_0，x_1 为四个待定系数。如果限定求积节点 $x_0=-1$，$x_1=1$，那么根据代数精度定义，可知所得的插值型求积公式

$$\int_{-1}^{1} f(x)\,dx \approx f(-1) + f(1)$$

的代数精度仅为1。但是，如果对式（7-30）的系数 A_0，A_1 和节点 x_0，x_1 都不加限制，即节点 x_0，x_1 的值可在积分区间［-1，1］内任取，那么就可以适当选取 A_0，A_1 和 x_0，x_1，使求积公式（7-32）具有最高的代数精度。由于仅有4个待定系数，根据代数精度的概念，分别取 $f(x)=1$，x，x^2，x^3，令积分值与数值积分值相等，因此可构成如下方程组：

$$\begin{cases} A_0 + A_1 = 2 \\ A_0x_0 + A_1x_1 = 0 \\ A_0x_0^2 + A_1x_1^2 = \dfrac{2}{3} \\ A_0x_0^3 + A_1x_1^3 = 0 \end{cases} \tag{7-33}$$

解得

$$x_0 = -\frac{1}{\sqrt{3}}, x_1 = \frac{1}{\sqrt{3}}, A_0 = A_1 = 1$$

代入式（7-32），得

$$\int_{-1}^{1} f(x)\,dx \approx f\left(-\frac{1}{\sqrt{3}}\right) + f\left(\frac{1}{\sqrt{3}}\right)$$

此求积公式至少具有3次代数精度。

同理，对于插值型求积公式 $\int_a^b f(x)\,dx \approx \sum_{k=0}^{n} A_k f(x_k)$，可以通过解一个形如式（7-33）的方程组来确定高斯点 $x_k(k=0,1,\cdots,n)$ 和高斯系数 $A_k(k=0,1,\cdots,n)$，从而使求积公式的代数精度达到 $2n+1$。但是，这种方法计算工作量大，求解困难。因此，我们给出高斯点的基本特性定理。

定理 7.9 对于插值型求积公式 $\int_a^b f(x)\,dx \approx \sum_{k=0}^{n} A_k f(x_k)$，其节点 $x_k(k=0,1,\cdots,n)$ 是 Gauss 点的充分必要条件是，$n+1$ 次多项式 $w_{n+1}(x)=\prod_{k=0}^{n}(x-x_k)$ 与任意次数不超过 n 的多项式 $P(x)$ 在［a，b］均正交。即有

$$\int_a^b P(x) w_{n+1}(x)\,dx = 0 \tag{7-34}$$

证明 必要性，设 $x_k(k=0,1,\cdots,n)$ 为插值型求积公式的 Gauss 点，若 $P(x)$ 为次数不超过 n 的多项式，则 $P(x)w_{n+1}(x)$ 为次数不超过 $2n+1$ 次的多项式。由高斯点定义及

$$w_{n+1}(x_k) = 0 \quad (k=0,1,\cdots,n)$$

得 $\int_a^b P(x)w_{n+1}(x)\,dx = \sum_{k=0}^{n} A_k P(x_k) w_{n+1}(x_k) = 0$。

充分性，设 $w_{n+1}(x)$ 与任意次数不超过 n 的多项式均正交，若 $f(x)$ 为次数不超过 $2n+1$ 的多项式，则必存在次数不超过 n 的多项式 $P(x)$，$Q(x)$，对

$$f(x)=w_{n+1}(x)P(x)+Q(x)$$

积分并注意到式（7－34）成立，得

$$\int_a^b f(x)\,\mathrm{d}x=\int_a^b Q(x)\,\mathrm{d}x$$

又因为插值型求积公式至少具有 n 次代数精度，且

$$w_{n+1}(x_k)=0 \quad (k=0,\ 1,\ \cdots,\ n)$$

因此，有

$$\int_a^b f(x)\,\mathrm{d}x=\int_a^b Q(x)\,\mathrm{d}x=\sum_{k=0}^{n}A_kQ(x_k)=\sum_{k=0}^{n}A_k[w_{n+1}(x_k)P(x_k)+Q(x_k)]=\sum_{k=0}^{n}A_kf(x_k)$$

因此，插值型求积公式的代数精度是 $2n+1$。因此，$x_k(k=0,\ 1,\ \cdots,\ n)$ 为 Gauss 点。

由定理 7.9 可得关于插值型求积公式的相关结论。

（1）具有 $n+1$ 个节点的插值型求积公式的代数精度至少是 n，至多为 $2n+1$，因此，高斯型求积公式是代数精度最高的求积公式。

（2）定理给出了求高斯点的方法。先求高斯点 $x_k(k=0,\ 1,\ \cdots,\ n)$，关键是寻找在区间 $[a,\ b]$ 上与任意次数不超过 n 的多项式正交的 $n+1$ 次多项式 $w_{n+1}(x)=\prod_{k=0}^{n}(x-x_k)$，其 $n+1$ 个零点即为高斯点，再利用高斯点确定求积系数 $A_k(k=0,\ 1,\ \cdots,\ n)$。

7.5.2 高斯－勒让德求积公式

Legendre 公式是 $[-1,\ 1]$ 区间上的正交公式，其表达式为

$$P_0(x)=1$$

$$P_n(x)=\frac{1}{2^n n!}\frac{\mathrm{d}^n}{\mathrm{d}x^n}[(x^2-1)^n] \quad (n=1,\ 2,\ \cdots)$$

设 $f\in[-1,\ 1]$，那么高斯求积公式化为

$$\int_{-1}^{1} f(x)\,\mathrm{d}x=\sum_{k=0}^{n}A_kf(x_k)+R[f] \tag{7-35}$$

其中，Gauss 求积公式的 Gauss 点 $x_k(k=0,\ 1,\ \cdots,\ n)$ 是 $n+1$ 次 Legendre 多项式 $P_{n+1}(x)$ 的 $n+1$ 个零点。由此构造的求积公式（7－34）称为高斯－勒让德（Gauss－Legendre）求积公式。公式（7－35）中的求积系数 A_k 为

$$A_k=\frac{2}{(1-x_k^2)[P_n'(x_k)]^2} \quad (k=0,\ 1,\ 2,\ \cdots,\ n) \tag{7-36}$$

例如，以 $n=1$，$P_1(x)=x$ 的零点 $x_0=0$ 为节点，构造求积公式

$$\int_{-1}^{1} f(x)\,\mathrm{d}x\approx A_0f(0)$$

由式（7－36）得 $A_0=2$。则节点的高斯－勒让德求积公式为

$$\int_{-1}^{1} f(x)\,\mathrm{d}x\approx 2f(0)$$

可见，此为中矩形公式。

再如，以 $n=2$，$P_2(x)=\frac{1}{2}(3x^2-1)$ 的两个零点 $x_{0,1}=\pm\frac{1}{\sqrt{3}}$ 为节点，构造求积公式

$$\int_{-1}^{1} f(x)\,dx \approx A_0 f\left(-\frac{1}{\sqrt{3}}\right)+A_1 f\left(\frac{1}{\sqrt{3}}\right)$$

由式（7－36）得 $A_0=A_1=1$。所以，两个节点的高斯－勒让德求积公式为

$$\int_{-1}^{1} f(x)\,dx \approx f\left(-\frac{1}{\sqrt{3}}\right)+f\left(\frac{1}{\sqrt{3}}\right)$$

表7－6给出了部分高斯－勒让德求积公式的节点与求积系数值，以便查用。

表7－6 高斯－勒让德节点系数表

节点数 n	节点 x_k	系数 A_k
1	0.000 000 0	2.000 000 0
2	±0.577 350 3	1.000 000 0
3	±0.774 596 7	0.555 555 6
	0.000 000 0	0.888 888 9
4	±0.861 136 3	0.347 854 88
	±0.339 981 0	0.652 145 2

高斯－勒让德求积公式可以计算任何有限区间的定积分，计算之前先作变量代换

$$x=\frac{b-a}{2}t+\frac{a+b}{2} \quad \{t\in[-1,1]\}$$

将积分区间 $[a,b]$ 变到 $[-1,1]$ 区间上，则有

$$\int_{a}^{b} f(x)\,dx=\frac{b-a}{2}\int_{-1}^{1} f\left(\frac{b-a}{2}t+\frac{b+a}{2}\right)dt \tag{7-37}$$

再用上述高斯－勒让德求积公式（7－35）进行求解。

例题 7.7 用高斯公式计算积分 $I=\int_0^1 \frac{4}{1+x^2}dx$。

解 利用式（7－37），先将 $I=\int_0^1 \frac{4}{1+x^2}dx$ 转化为标准积分

$$I=\int_{-1}^{1} \frac{8}{4+(t+1)^2}dt$$

参考表7－6，根据三点的高斯－勒让德公式得到 $I\approx 3.141\,068$。

小结

本章介绍了数值积分公式及其代数精度的有关概念、插值型求积公式、牛顿－柯特斯公式、复合求积公式和龙贝格求积公式及高斯型求积公式的基本方法。

牛顿－柯特斯公式是在等距节点情形下的插值型求积公式，其简单情形如梯形公式、辛

普森公式等。牛顿－柯特斯公式算法简单、容易编制程序。但是，由于其收敛性和稳定性都没有保证，所以其低阶复合公式是较常用的。

复合求积公式是改善求积公式精度的一种行之有效的方法，特别是复合梯形公式、复合辛普森公式，使用方便，在实际计算中常常使用。

龙贝格求积公式是在积分区间逐次二分的过程中，通过对梯形法所得的近似值进行多级“修正”，从而获得准确程度较高的求积分近似值的一种方法。龙贝格求积公式具有自动选取步长的特点，便于在计算机上使用。

高斯型求积公式是一种高精度的求积公式。在求积节点数相同，即计算量相近的情况下，利用高斯型求积公式往往可以获得准确度较高的积分近似值，但需确定高斯点，且当节点数据改变时，所有数据都要重新查表计算。高斯型求积公式的主要缺点是节点与系数无规律。所以，高阶高斯型求积公式不便于机上使用。

对于具体实际问题而言，一个公式使用的效果如何，与被积分的函数形态及计算结果的精度要求等有关。我们要根据具体问题，选择合适的公式进行计算。

上机实验参考程序

1. 实验目的

（1）学习和掌握各种数值积分方法，如梯形公式、辛普森公式、复合求积公式、龙贝格公式等，了解它们的适用条件和优缺点。

（2）通过实际编程和计算，提高解决实际问题的计算能力，特别是在处理复杂或无法解析求解的积分时。

（3）通过实验比较不同数值积分方法的效率和精度，了解在不同情况下哪种方法更为适用。能够分析和估计数值积分方法的误差，理解步长对误差的影响，并学会如何选择合适的步长以控制误差。

2. 复合求积参考程序

用复合梯形公式、复合 Simpson 公式计算定积分 $\int_2^3 \frac{-2}{x^2-1}\mathrm{d}x$，将计算结果与精确解做比较，并对计算结果进行分析。精确解为 $\ln 2-\ln 3$。

程序结构：

在程序的说明部分定义了被积函数 f(x)。在主函数 main 中定义了积分区间 [a, b]，输入积分区间等分数，用复合梯形积分公式或复合 Simpson 积分公式计算并输出积分，最后再输出本例积分的精确值。复合梯形积分公式或复合 Simpson 积分公式计算框图如图 7－4 和图

7－5 所示。

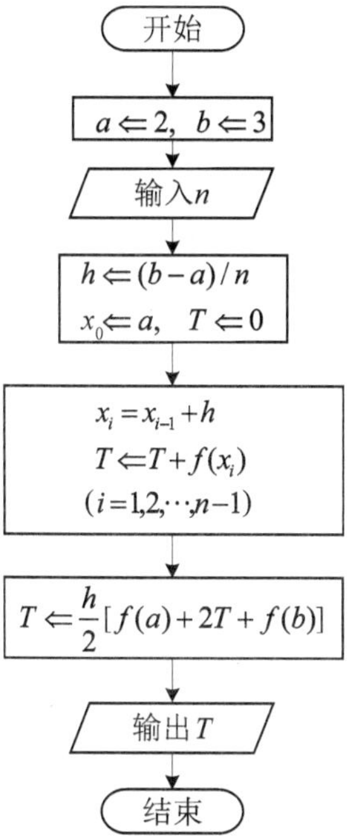

图 7－4 复合梯形公式框图

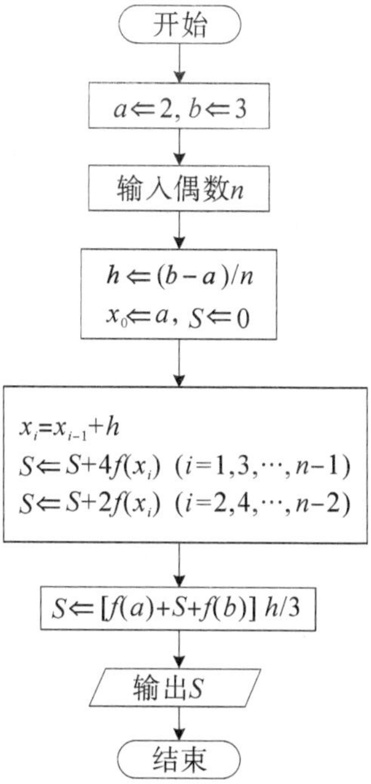

图 7－5 复合 Simpson 公式框图

定义数据：

a，b，h——分别表示积分区间［a，b］及步长。

x——区间上的各等距节点。

f(x)——用于计算被积函数值。

T 或 S——用来存放用复合梯形积分公式或复合 Simpson 积分公式计算的积分结果。

程序清单：

```
#include <math.h>
    #include <stdio.h>
    #define f(x)  (-2.0/(x*x-1))    /*被积函数*/
    void main ()
    {
      double a=2, b=3;    /*积分区间*/
      double T, h, x;      /*T 用来存放复合梯形积分结果*/
      int n, i;
      printf (" please input Even n: ");
      scanf ("%d", &n);    /*输入等分的区间数 n*/
      h= (b-a) /n;
      x=a; T=0;
      for (i=1; i<n; i++)
      {
```

```
        x + =h;    T + =f(x);
    }
    T = (f(a) +2 * T + f(b)) * h/2;   /* 计算复合梯形积分结果 */
    printf (" T (%d) =%g\ n", n, T);
    /* 输出精确值 */
    printf (" The exact value is %g\ n", log (2) - log (3));
}
```

复合梯形积分程序计算结果:

```
please input Even n: 20
T (20) = -0.405611
The exact value is -0.405465
```

分别输入 128、256、512 可得:

```
T (128) = -0.405469
T (256) = -0.405466
T (512) = -0.405465
```

复合 Simpson 积分程序清单:

```
#include <math.h>
#include <stdio.h>
#define f(x)  (-2.0/ (x * x - 1))   /* 被积函数 */
void main ()
{
    double a =2, b =3;   /* 积分区间 */
    double S, h, x;      /* S 用来存放复合 Simpson 积分结果 */
    int n, i;
    printf (" please input Even n: ");
    scanf ("%d", &n);    /* 输入等分的区间数 n */
    h = (b - a)/n;
    x = a; S =0;
    for (i =1; i < n; i + +)
      {
            x + =h;
            if(i%2 = =0) S + =2 * f(x);   /* 偶数节点函数值 *2 */
            else  S + =4 * f(x);          /* 奇数节点函数值 *4 */
      }
```

```
    S=(f(a)+S+f(b)) *h/3;    /*计算复合 Simpson 积分结果*/
    printf ("S (%d) =%g\n", n, S);
    /*输出精确值*/
    printf ("The exact value is %g\n", log (2) -log (3));
}
```

输出结果:

```
please input Even n: 4
S(4) = -0.405571
The exact value is -0.405465
```

分别输入 8、16、32 可得

```
S(8) = -0.405472
S(16) = -0.405466
S(32) = -0.405465
```

结果分析:

从实验结果可以看出复合梯形公式的收敛速度较慢，将区间等分成512 份后，计算出来的数据才具有 6 位有效数字，而复合 Simpson 公式的收敛速度要快得多，S（32）就具有相同的效果。

3. 变步长求积参考程序

用变步长梯形公式计算定积分 $\int_2^3 \frac{-2}{x^2-1}dx$，要求绝对误差为 $\varepsilon=0.5\times10^{-7}$，并对计算结果进行分析。

程序结构:

在程序的说明部分定义了被积函数 f(x)，以及积分误差 EPS。在主函数 main 中定义了积分区间［a，b］，如果二分前和二分后的积分之差大于给定的误差，则再将积分区间二分，并求二分前后的积分值，反复执行这个操作，直到满足精度要求。变步长梯形公式框图，如图 7 -6 所示。

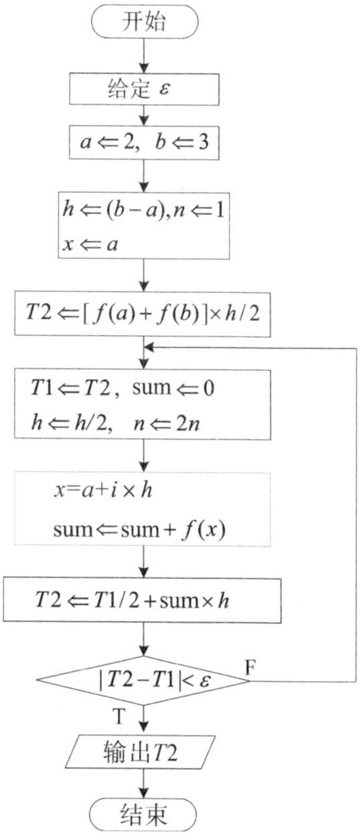

图 7 -6 变步长梯形公式框图

定义数据:

EPS——是常量，表示积分精度要求。

a，b，h——分别表示积分区间［a，b］及步长。

x——区间上的各等距节点。

f(x)——用于计算被积函数值。

T1，T2——分别用来存放二分前和二分后的积分结果。

程序清单:

```
#include <math.h>
#include <stdio.h>
#define f(x)    (-2.0/(x*x-1))    /*被积函数 */
#define EPS 0.5e-7              /*精度要求 */
void main ()
{
  double a=2, b=3;   /*积分区间*/
  double T1, T2, h, x, sum;   /*T1、T2 分别用来存放二分前和二分后的积分结果*/
  int n=1, i=1;
  h=b-a;
  T2= (f(a)+f(b))/2;
  printf (" T (%d) \t=%12.8g\n", n, T2);
  do
   {
        T1=T2;    x=a;
        h/=2;    n*=2;           /*二分后节点数翻倍，步长减半*/
        sum=0;
        for (i=1; i<n; i+=2)    /*计算二分后新增节点的函数值之和*/
        {
              x=a+i*h;
              sum+=f(x);
        }
        T2=T1/2+sum*h;    /*计算积分结果*/
  printf (" T (%d) \t=%12.8g\n", n, T2);
  } while (fabs (T2-T1) >=EPS);
  /*输出精确值*/
  printf (" The exact value is %12.8g\n", log (2) -log (3));
}
```

输出结果:

```
T(1)  =-0.45833333
T(2)  =-0.41964286
T(4)  =-0.40908883
T(8)  = -0.4063765
T(16) =-0.40569331
T(32) =-0.40552218
```

```
  T(64) =-0.40547938
 T(128) =-0.40546868
 T(256) =  -0.405466
 T(512) =-0.40546533
T(1024) =-0.40546516
T(2048) =-0.40546512
The exact value is -0.40546511
```

结果分析：

从实验结果可以看出，二分 11 次，即将区间等分 2 048 等份后，计算结果具有 7 位有效数字。在使用复合求积公式计算积分时，要想事先给出一个合适的步长往往是困难的，所以在实际计算中常常采用变步长的计算方案，即如本次实验一样，在步长逐次二分的过程中，反复利用复合求积公式进行计算，直到所求的积分值满足精度要求为止。

4. Romberg 算法参考程序

用 Romberg 算法计算定积分 $\int_2^3 \frac{-2}{x^2-1}dx$，要求绝对误差为 $\varepsilon=0.5\times10^{-9}$，并对计算结果进行分析。

程序结构：

在程序的说明部分定义了被积函数 f(x)，积分精度 EPS，以及 Romberg 积分表格中最大列数 MAX_ N。主函数 main 中，利用二分前的积分数据计算二分后的积分。计算二分后的积分时，先用变步长法求出 Romberg 积分表格中的第一列积分，其他的通过 Romberg 算法算出。反复执行这些操作，直到满足精度要求为止。Romberg 算法框图，如图 7-7 所示。

定义数据：

EPS，MAX_ N——定义的常量，分别表示积分精度要求和 Romberg 积分表格中最大列数。

a，b，h——分别表示积分区间［a，b］及步长。

x——区间上的各等距节点。

f(x)——用于计算被积函数值。

k，column——分别用来存放二分次数和每一行的列数。

R［2］［MAX_ N］——用来存放 Romberg 积分表格中最后 2 行的计算结果，R［0］［j］表示二分前的积分，R［1］［j］表示二分后的积分。R

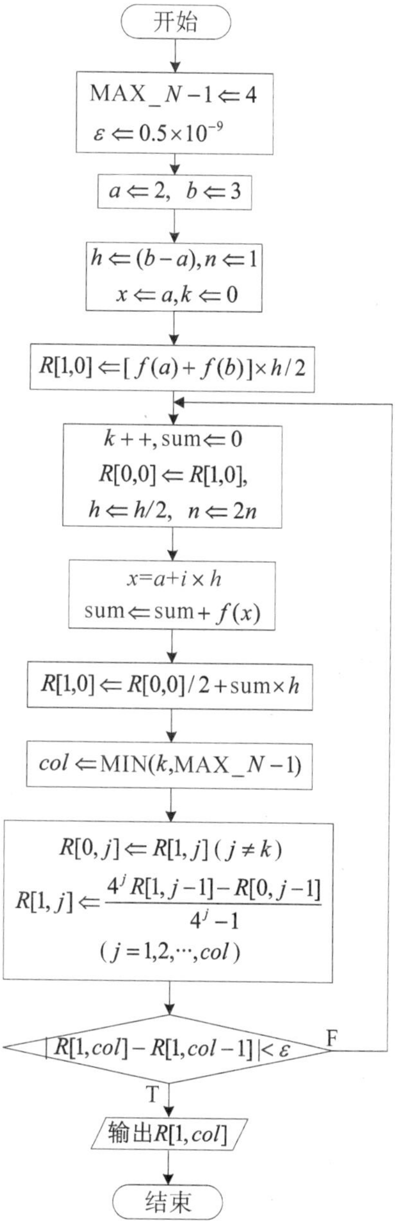

图 7-7 Romberg 算法框图

[i] [0] 是 T 序列, R [i] [1] 是 S 序列, R [i] [2] 是 C 序列, R [i] [3] 是 R 序列。

程序清单:

```
#include <math.h>
#include <stdio.h>
#define f(x) (-2.0/(x*x-1))     /*被积函数 */
#define MAX_N 4          /*Romberg 积分表格中最大列数*/
#define EPS 0.5e-9          /*精度要求*/
void main ()
{
  double a=2, b=3;   /*积分区间*/
  double R[2][MAX_N], h, x, sum;      /*R[2][MAX_N] 用来存放 Romberg 积分表格中最后 2 行的计算结果*/
  int n=1, i=1, k=0, j, m, column      /*column 表示列, k 表示二分次数*/
  h=b-a;
  R[1][0]=(f(a)+f(b))/2;    /*计算 T(0)*/
  printf ("   %d%16.10g \n", k, R[1][0]);
  do
   {
        k++;
        R[0][0]=R[1][0];   x=a;
        h/=2;   n*=2;       /*二分后节点数翻倍, 步长减半*/
        sum=0;
        for (i=1; i<n; i+=2)    /*计算二分后新增节点的函数值*/
        {
              x=a+i*h;
              sum+=f(x);
        }
        R[1][0]=R[0][0]/2+sum*h;     /*R[1][0] 用来存放二分后用复合梯形公式计算的积分结果*/
        printf ("   %d%16.10g", k, R[1][0]);
        column=k<MAX_N? k: MAX_N-1;   /*第k行 (二分k次) 的列数*/
        for (j=1; j<=column; j++)
         {
```

```
                m = (int) pow (4, j);
                if (j! =k) R [0] [j] =R [1] [j];   /* 如果不是计算 Romberg
积分表格中每列的第一个 */
                R [1] [j] = (m * R [1] [j-1] -R [0] [j-1]) / (m-1);
/* 计算 Romberg 积分表格中二分后的每一列的值 */
                printf ("%16.10g", R [1] [j]);      /* 输出计算结果 */
            }
            printf ("\n");
        } while (fabs (R [1] [column-1] -R [1] [column]) > =EPS);     /* 最
后运算的 2 个结果是否满足精度要求 */
        printf (" The integral for Romberg is %16.10g\ n", log (2) -log (3)); /* 输出近
似值 */
        printf (" The exact value is %16.12g\ n", log (2) -log (3)); /* 输出精确解 */
    }
```

输出结果：

```
0    -0.4583333333
1    -0.4196428571    -0.4067460317
2    -0.4090888278    -0.4055708181    -0.4054924705
3    -0.4063764994    -0.4054723899    -0.405465828     -0.4054654051
4    -0.4056933069    -0.4054655761    -0.4054651218    -0.4054651106
5    -0.4055221799    -0.4054651376    -0.4054651083    -0.4054651081
The integral for Romberg is -0.4054651081
The exact value is -0.405465108108
```

结果分析：

本例计算中，二等分 5 次，计算结果就具有 10 位有效数字。这说明 Romberg 算法具有较好的收敛效果。

5. Richardson 算法参考程序

用 Richardson 外推加速法求下列函数的导数值。要求绝对误差为 $\varepsilon=0.5\times10^{-7}$，并对计算结果进行分析。

（1）函数 $y=\dfrac{1}{24}x^6-\dfrac{13}{8}x^2$，在 $x=2$ 处的导数值。

（2）函数 $y=\sin(x)$，在 $x=1$ 处的导数值。

本例（1）的精确解为 $y'=\dfrac{1}{4}x^5-\dfrac{13}{4}x$，在 $x=2$ 处的导数值为 1.5。本例（2）的精确解

为 $y' = \cos(x)$，在 $x = 1$ 处的导数值为 0.540 302 306。

程序结构：

在程序的说明部分定义了原函数 $f(x)$ 和导数 $f'(x)$，积分精度 EPS，以及最大列数 MAX_N。在主函数 main 中，根据步长减半前的导数值计算步长减半后的导数值。先用公式 $G(h) = \frac{f(x+h)-f(x-h)}{2h}$，求出步长减半后的 G［1］［0］，通过 Richardson 外推算法算出其他列的导数值。反复执行这些操作，直到满足精度要求为止。Richardson 外推加速法框图，如图 7－8 所示。

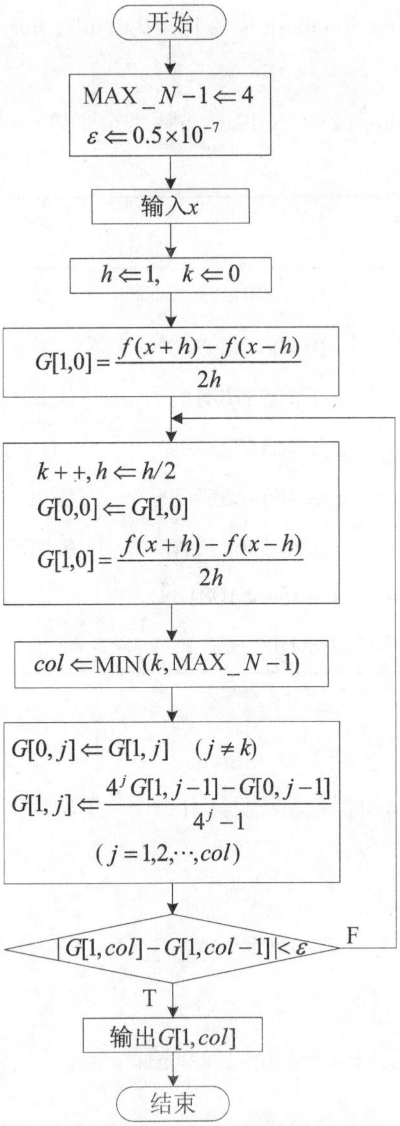

图7－8　Richardson 外推加速法框图

定义数据：

EPS，MAX_ N——定义的常量，分别表示积分精度要求和 Romberg 积分表格中最大列数。

x，h——分别表示自变量 x 和步长 h。

f(x)，f1(x)——用于计算原函数值和导数值。

k，column——分别用来存放步长减半次数和每一行的列数。

G［2］［MAX_ N］——用来存放 Richardson 外推算法表格中最后 2 行（即步长减半前后）的计算结果，R［0］［j］表示步长减半前的导数值，G［1］［j］表示步长减半后的导数值。G［i］［0］是 G0 序列，G［i］［1］是 G1 序列，G［i］［2］是 G2 序列，G［i］［3］是 G3序列。

程序清单（1）：

```
#include <math.h>
#include <stdio.h>
#define f(x)      (pow (x, 6) /24 - (13 * x * x/8))    /* 原函数 */
#define f1(x)   (pow (x, 5) /4 - (13 * x/4))    /* 导数 */
#define MAX_N 4                  /* Richardson 外推算法表格中最大列数 */
#define EPS 0.5e-9               /* 精度要求 */
void main ()
{
   double G [2] [MAX_N], h = 1, sum; /* G [2] [MAX_N] 用来存放 Richardson
外推算法表格中最后 2 行的计算结果 */
   int n = 1, k = 0, j, m, column;      /* column 表示列，k 表示步长减半次数 */
   double x, x0, x1;
   printf (" please input x : ");
   scanf ("%lf", &x);
   x0 = x - h; x1 = x + h;
   G [1] [0] = (f (x1) - f (x0)) / (2 * h);
   printf ("   %d%16.10g\n", k, G [1] [0]);
   do
    {
      k++;
```

```
            G [0] [0] =G [1] [0];
            h/ =2;        /* 步长减半 */
            x0 =x - h; x1 =x + h;
            G [1] [0] = (f (x1) - f (x0)) / (2 * h);   /* 求步长减半后，Rich-
ardson 外推算法表格中第一列导数值 */
            printf ("    %d%16.10g", k, G [1] [0]);
            column =k <MAX_N? k: MAX_N -1;
            for (j =1; j< =column; j++)
            {
                  m = (int) pow (4, j);
                  if (j! =k) G [0] [j] =G [1] [j];    /* 如果不是计算 Rich-
ardson 外推算法表格中每列的第一个 */
                  G [1] [j] = (m * G [1] [j-1] - G [0] [j-1]) / (m -
1); /* 计算 Richardson 外推算法表格中步长减半后的每一列的值 */
                  printf ("%16.10g  ", G [1] [j]);      /* 输出计算结果 */
            }
            printf ("\n");
      } while (fabs (G [1] [column -1] - G [1] [column]) > =EPS);      /* 最
后运算的 2 个结果是否满足精度要求 */
      printf (" Richardson's extrapolation : %16.10g\n", G [1] [column]); /* 输出近
似值 */
      printf (" The exact value is %16.12g\n", f1(x)); /* 输出精确解 */
   }
```

输出结果 (1):

```
please input x : 2
  0     8.666666667
  1     3.197916667         1.375
  2     1.918619792      1.4921875             1.5
  3     1.604288737    1.499511719             1.5              1.5
Richardson's extrapolation : 1.5
The exact value is 1.5
```

程序清单（2）：

将程序清单（1）中原函数和导数的定义修改为

```
#define f(x)      sin(x)   /* 原函数 */
#define f1(x)     cos(x)   /* 导数 */
```

计算结果（2）：

```
please input x : 1
  0   0.4546487134
  1   0.518069448    0.5392096929
  2   0.5346917187   0.5402324756   0.5403006611
  3   0.5388963675   0.540297917    0.5403022798   0.5403023055
  4   0.5399506153   0.5403020312   0.5403023055   0.5403023059
Richardson's extrapolation : 0.5403023059
The exact value is 0.540302305868
```

结果分析：

本例计算结果可以看出，Richardson 外推算法具有较好的收敛效果。这个算法仅求出一个节点 x 的导数值，如果对区间内的所有节点都进行这样的计算，计算量太大。

工程应用实例

低速智能汽车行驶轨迹[21]

智能低速汽车是指在特定场景下，以较低速度运行的自动驾驶汽车，通常速度低于 50 km/h。这类车辆主要应用于相对简单和固定的环境，如校园、景区、园区、机场和矿山等。智能低速汽车根据用途可以分为载人、载货和专用车三大类，涉及的场景包括物流配送、矿山开采、农业机械操作等。

自动驾驶汽车行驶轨迹的规划算法是否正确合理，关系到汽车是否能准确地实现自动驾驶意图，是汽车正确实现避障路径规划、换道行驶、路径跟随行驶的前提。如果行驶轨迹的算法不符合汽车的行驶几何特性，则不能保证汽车的行驶平顺性；如果行驶轨迹的算法过于复杂，则会影响汽车的自动驾驶反应速度。

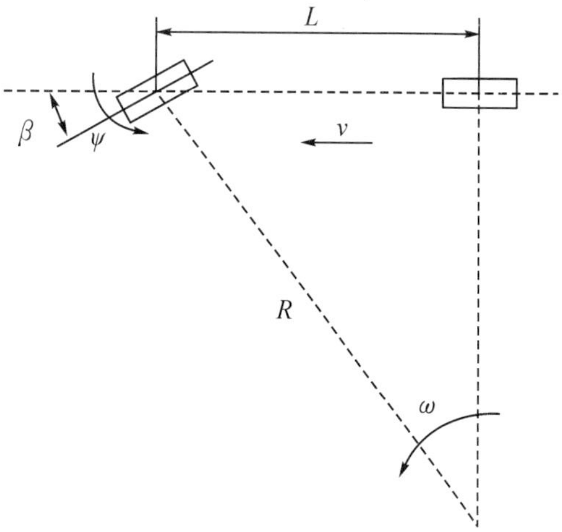

图 7－9　汽车的单轨动力学模型

这里为了简化计算过程，不考虑汽车侧倾特性、簧载质量的影响以及轮胎的侧偏特性影响，基于此建立汽车的单轨动力学模型，如图 7－9 所示，L 是汽车的轴距；β 是汽车转向轮的转向角；

R 是汽车转向行驶的转弯半径；ω 是转向行驶时汽车的横摆角速度；v 是汽车的前进行驶速度；ψ 是汽车转向行驶时的转向轮转动角速度。

若转向轮的初始转角为 β_0，转向行驶时间为 t，汽车的初始航向角为 θ_0，汽车行驶过程中各行驶轨迹点的横坐标为 x，纵坐标为 y。则汽车转向行驶时的行驶轨迹方程为

$$\begin{cases} x(t) = \int_0^t v\cos\left\{\theta_0 + \frac{v}{L\psi}[\cos\beta_0 - \cos(\psi t + \beta_0)]\right\}\mathrm{d}t \\ y(t) = \int_0^t v\sin\left\{\theta_0 + \frac{v}{L\psi}[\cos\beta_0 - \cos(\psi t + \beta_0)]\right\}\mathrm{d}t \end{cases} \tag{1}$$

设自动驾驶汽车的轴距 $L = 2.8$ m，初始航向角 $\theta_0 = 0$，转向轮初始转向角 $\beta_0 = 0$，行驶速度 $v = 10$ m/s，转向轮以角速度 $\psi = 0.1$ rad/s 转向行驶，求 $t = 0.8$ s 时的行驶轨迹点坐标(x, y)。根据式（1）可得行驶轨迹点的计算方程：

$$\begin{cases} x(0.8) = \int_0^{0.8} 10\cos\left\{\frac{10}{0.28}[1 - \cos(0.1t)]\right\}\mathrm{d}t \\ y(0.8) = \int_0^{0.8} 10\sin\left\{\frac{10}{0.28}[1 - \cos(0.1t)]\right\}\mathrm{d}t \end{cases}$$

则可以采用数值积分的方法求上述函数 $x(t)$，$y(t)$ 的定积分，这里采用龙贝格算法求定积分：

$$\begin{cases} x(0.8) = 7.989\ 565\ 28 \\ y(0.8) = 0.304\ 380\ 54 \end{cases}$$

上述结果是 $t = 0.8$ s 时，自动驾驶汽车行驶轨迹点的坐标。采用同样的方法可以计算其他时刻行驶轨迹点的坐标，再采用插值法或拟合法得到驾驶汽车行驶轨迹曲线函数。表 7-7 为 1 s 以内各时刻的轨迹点坐标的计算结果（取时间间隔为 0.1 s）。

表 7-7　轨迹点坐标计算结果

i	t_i(s)	$x(t_i)$(m)	$y(t_i)$(m)
0	0	0	0
1	0.1	0.999 999 68	0.000 595 23
2	0.2	1.999 989 80	0.004 761 79
3	0.3	2.999 922 52	0.016 070 41
4	0.4	3.999 673 54	0.038 089 97
5	0.5	4.999 003 90	0.074 384 88
6	0.6	5.997 521 94	0.128 510 37
7	0.7	6.994 645 65	0.204 005 13
8	0.8	7.989 565 28	0.304 380 54
9	0.9	8.981 206 94	0.433 105 85
10	1	9.968 197 10	0.593 588 78

根据公式（1），可知能够通过对转向轮转向角速度和转向操纵时间参数的控制来实现对汽车行驶的控制和约束。

算法背后的历史

中国古代对微积分的贡献

极限、无穷小、微分、积分的思想在中国古代早已有之。公元前 4 世纪，中国古代思想家和哲学家庄子在《天下篇》中论述："至大无外，谓之大一；至小无内，谓之小一。"其中，"大一"和"小一"就是无穷大和无穷小的概念。而"一尺之棰，日取其半，万世不竭"更是道出了无限分割的极限思想。

公元 3 世纪，中国古代数学家刘徽首创的割圆术，即用无穷小分割求面积的方法，就是古代极限思想的深刻表现。他用圆内接正多边形的边长来逼近圆周，并深刻地指出："割之弥细，所失弥少；割之又割，以至于不可割，则与圆周合体而无所失矣。"

我国南北朝时期的数学家祖暅（中国古代数学家祖冲之之子）发展了刘徽的思想，在求出球的体积的同时，得到了一个重要的结论（后人称为"祖暅原理"）："夫叠棊成立积，缘幂势既同，则积不容异。"用现在的话来讲，一个几何体（"立积"）是由一系列很薄的小片（"棊"）叠成的；若两个几何体等高的截面积（"幂势"）都相同，那它们的体积（"积"）必然相等。

《代微积拾级》简介

1687 年，牛顿撰写了论文《自然哲学的数学原理》，成为微积分诞生的标志。德国的莱布尼兹也同时独立地创立了微积分。从此，欧洲数学进入了变量数学时代，18 世纪产业革命的智慧之门由此开启。

《代微积拾级》是第一部译成汉文的微积分著作。该书由清末数学家李善兰（1811—1882）和英国传教士伟烈亚力（Alexander Wylie，1815—1887）合作翻译成汉文，于 1859 年由上海墨海书局出版。《代微积拾级》是根据美国数学家罗密士所著《解析几何与微积分基础》（*Elements of analytical geometry and of differential and integral calculus*，1851）翻译而成。

《代微积拾级》的内容包括解析几何、微分和积分等内容，也展示了西方代数学方法。由此，西方变量数学第一次进入中国，为国人学习西方变量数学拉开了序幕，并且迅速产生了巨大反响，它所产生的影响和思想变革不仅是在数学界，更是深刻地影响其他自然科学和社会科学领域，特别是对我国数学教育在专门化、职业化、现代化等方面的影响。《代微积拾级》也不仅仅局限于中国，它传入日本，对日本的近代数学也产生了一定的影响。

1859 年《代微积拾级》的出版，中国算术家开始正式接触西方变量数学，进而开始了由常量到变量，由离散到连续，由有限到无限的转变。面对全新的知识，中国算术家的思维模式也要从直观向发散转变。这一转变不是一蹴而就的，它需要一个较长的理解和消化过程。

李善兰生平及成就

李善兰（1811—1882），中国晚清杰出的数学家、数学教育家、翻译家。原名心兰，字竟芳，号秋纫，别号壬叔，今浙江海宁人。

李善兰的科学研究十分广泛，在数学、天文、物理等学科都取得了很高的学术成就，数学是其最重要的成就。李善兰的主要数学成就包括：(1) 独创性成果素数论，是中国第一次寻找素数的方法，相当于费马小定理；(2) 李善兰的微积分思想，主要是其著作《方圆阐幽》，其中给出了十条规则，得到了相当于现代意义的一些微积分公式；(3) 李善兰的级数论，主要是利用尖堆术将函数展开为幂级数形式；(4) 其他学术研究，包括在组合数学、应用数学和数学教育等方面的研究。李善兰的著作主要收录在他的《则古昔斋算学》中，共 14 种。

从李善兰的研究内容及范围，可以看出李善兰在当时是第一流的大数学家，其学术成果是晚清数学家中一面旗帜，特别是像素数判定这样的一些研究，是相对比较先进的理论成果。

李善兰给予微积分极高评价，不止一次地指出微积分是超越古代数学的新知识。其中，言道"其理实发千古未有之秘""算术至此观止矣，蔑以加矣"。特别是在实际应用方面，可以比既有的数学解决更多的问题。即所谓"由是一切曲线、曲线所函面、曲面、曲面所函体，昔之所谓无法者，今皆有法；一切八线求弧背、弧背求八线、真数求对数、对数求真数，昔之视为至难者，今皆至易"。在此基础上，李善兰更称微积分为"算学中上乘功夫，此书一出，非特中法几可尽废，即西法之古者亦无所用之矣"，即认为微积分学可以解决大多数的数学问题。

习题 7

1. 用梯形公式和 Simpson 公式计算 $\int_0^1 x^2\mathrm{d}x$ 和 $\int_0^1 \mathrm{e}^{-x}\mathrm{d}x$，并估计误差。

2. 确定下列求积公式中的待定参数，使其代数精确度尽量高，并指明求积公式所具有的代数精确度。

(1) $\int_0^1 f(x)\,\mathrm{d}x \approx \frac{1}{3}\left[2f\left(\frac{1}{4}\right)-f\left(\frac{1}{2}\right)+2f\left(\frac{3}{4}\right)\right]$;

(2) $\int_{-2h}^{2h} f(x)\,\mathrm{d}x \approx Af(-h) + Bf(0) + Cf(h)$;

(3) $\int_{-1}^{1} f(x)\,\mathrm{d}x \approx \frac{1}{3}[f(-1) + 2f(x_1) + 3f(x_2)]$。

3. 分别用复合梯形公式及复合 Simpson 公式计算积分 $\int_0^1 \frac{x}{4+x^2}\mathrm{d}x$，$n=8$。

4. 给定积分 $\int_1^3 \mathrm{e}^x \sin x\mathrm{d}x$，若用复合梯形公式及复合 Simpson 公式使误差不超过 10^{-6}，则所需节点数 n 及步长 h 分别为多少?

5. 计算积分 $\int_0^{\frac{\pi}{2}} \sin x\mathrm{d}x$，若用复合 Simpson 公式使误差不超过 10^{-5}，则区间 $[0, \frac{\pi}{2}]$ 要分为多少等份? 若改用复合梯形公式达到同样精确度，则区间 $[0, \frac{\pi}{2}]$ 应分为多少等份?

6. 用 Romberg 求积算法求积分 $\int_1^2 \mathrm{e}^{\frac{1}{x}}\mathrm{d}x$，要求误差不超过 10^{-5}。

7. 使用两点和三点求积节点，运用高斯－勒让德求积公式计算积分 $\int_{-1}^{1} \sqrt{x+1.5}\,\mathrm{d}x$。

8. 用三点 Gauss－Legendre 求积公式计算积分 $\int_0^1 x\mathrm{e}^x\mathrm{d}x$。

9. 试确定常数 A，B，C 和 α，使求积公式

$$\int_{-2}^{2} f(x)\,\mathrm{d}x \approx Af(-a) + Bf(0) + Cf(a)$$

有尽可能高的代数精确度，并指出所得求积公式的代数精确度是多少? 它是否为 Gauss 型求积公式?

第8章 常微分方程数值方法

科学技术中的许多问题，在数学中往往归结为微分方程的求解问题。例如，天文学中的星体运动、各种电子学装置的设计、电路的振动瞬变、化学反应过程稳定性的研究等，都需要求解常微分方程初值问题。下列公式就是物体冷却过程的数学模型：

$$\frac{\mathrm{d}u}{\mathrm{d}t}=-k(u-u_0)$$

上式含有自变量 t、未知函数 u 以及它的一阶导数$\frac{\mathrm{d}u}{\mathrm{d}t}$，是一个常微分方程。在微分方程中，我们称只有一个自变量函数的微分方程为常微分方程，自变量函数的个数为两个或两个以上的微分方程为偏微分方程。给定微分方程及其初始条件的，称为初值问题；给定微分方程及其边界条件的，称为边值问题。

本章主要考虑一阶常微分方程的初值问题：

$$\begin{cases}\dfrac{\mathrm{d}y}{\mathrm{d}x}=f(x,\ y) \\ y(x_0)=y_0\end{cases}\quad (a\leqslant x\leqslant b)$$

即

$$\begin{cases}y'=f(x,\ y) \\ y(x_0)=y_0\end{cases}\quad (a\leqslant x\leqslant b) \tag{8-1}$$

定理 8.1 如果$f(x,\ y)$在区域 $d=\{(x,\ y)\mid a\leqslant x\leqslant b,\ |y|<\infty\}$ 内连续，且关于 y 满足 Lipschitz（李普希兹）条件，即$f(x,\ y)$满足

$$|f(x,\ y)-f(x,\ \bar{y})|\leqslant L|y-\bar{y}|$$

其中，L 为某一常数。那么初值问题（8 -1）的解存在且唯一。

只有一些特殊形式的$f(x,\ y)$，才能找到它的解析解（精确解），并且即使有的能求出解析解，其函数表示式也比较复杂，计算量比较大。因此，对于大多数常微分方程的初值问题，主要用数值方法在计算机上求它的数值解（近似解）。

定义 8.1 所谓初值问题（8 -1）的数值解，就是寻求 $y(x)$在区间［a，b］上的一系列节点

$$x_1 < x_2 < x_3 < \cdots < x_n < \cdots$$

上的近似值 y_1，y_2，…，y_n，…。记 $h_i = x_i - x_{i-1}(i=1, 2, \cdots)$ 表示相邻两个节点的间距，称为步长。在计算中约定 $y(x_i)$ 表示常微分方程的精确解，y_i 表示的近似值。

以后如果不特殊说明，总是假定是等步长的，即有 $h_i \equiv h = \dfrac{b-a}{n}$，节点 $x_i = x_0 + ih$，$i = 0, 1, 2, \cdots$。

解常微分方程初值问题的主要手段就是将连续问题的离散处理，寻求连续的函数 $y(x)$ 在某些离散点上的值，即 $y(x)$ 在 x_i 处的近似值 y_i。

8.1 欧 拉 法

欧拉（Euler）法是初值问题（8-1）的数值解中最简单的方法，由于该方法简便，易于分析它的收敛性，且有明显的几何解释，有利于初学者从直观上了解数值解 y_i 是怎么逼近常微分方程精确解 $y(x_i)$ 的。下面我们对这个方法进行详细的讨论。

8.1.1 欧拉法的建立及其几何意义

用向前差商作为导数的近似值。即设 h 的值较小，则用向前差商代替 x_0 处导数后得到

$$y'(x_0) \approx \frac{y(x_1) - y(x_0)}{x_1 - x_0}$$

由公式（8-1）知 $y(x_0) = y_0$，$y'(x_0) = f(x_0, y_0)$，又 $x_1 - x_0 = h$，则

$$y(x_1) \approx y(x_0) + hy'(x_0) = y_0 + hf(x_0, y_0) \overset{\text{记为}}{=\!=\!=} y_1$$

利用上式，初值问题（8-1）可离散化为

$$\begin{cases} y_{i+1} = y_i + hf(x_i, y_i) \\ y_0 = y(x_0) \end{cases} \quad (i=0, 1, 2, \cdots) \tag{8-2}$$

由此可得初值问题式（8-1）的数值解 y_i，该方法称为欧拉法，称式（8-2）为欧拉公式。

欧拉公式有明显的几何意义，如图 8-1 所示。微分方程在 xOy 平面上建立了一个方向场，通过点 (x_i, y_i) 的积分曲线在该点处的切线斜率为 $f(x_i, y_i)$。用欧拉公式（8-2）可得到 xOy 平面上的点列 $P_0(x_0, y_0)$，$P_1(x_1, y_1)$，…，$P_n(x_n, y_n)$。

第一点 $P_0(x_0, y_0)$ 由初始条件 $y(x_0) = y_0$ 确定，其余点由欧拉公式（8-2）按选定的步长 h 依次算出，即 $x_{i+1} = x_i + h$，$y_{i+1} = y_i + hf(x_i, y_i)(i=0, 1, \cdots, n-1)$。

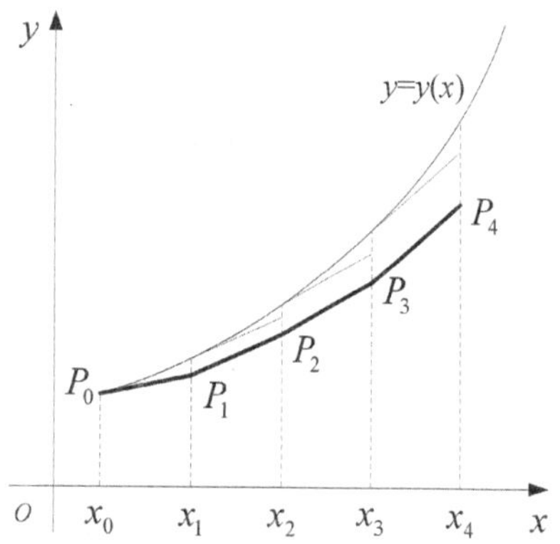

图 8-1 欧拉法的几何意义

用直线段把 P_0 与 P_1，P_1 与 P_2，…，P_{n-1} 与 P_n 连接便得到一条折线 $\overline{P_0P_1\cdots P_n}$，其中 $\overline{P_iP_{i+1}}$ 段的斜率为 $f(x_i, y_i)$，与点 P_i 处的方向场斜率一致。欧拉法用这样一条折线近似代替由初值问题（8－1）所确定的由 P_0 出发的积分曲线，因此欧拉法也称为折线法。

例题 8.1 用欧拉法求初值问题

$$\begin{cases} y' = \dfrac{2y}{x} + 1 \\ y(1) = 1 \end{cases}$$

的数值解。其中，取步长 $h = 0.1$。

解 因为

$$f(x, y) = \frac{2y}{x} + 1, \quad x_0 = 1, \quad y_0 = 1$$

则有

$$y_{i+1} = y_i + hf(x_i, y_i) = y_i + 0.1\left(\frac{2y_i}{x_i} + 1\right)$$

得

$$y_1 = y_0 + 0.1\left(\frac{2y_0}{x_0} + 1\right) = 1 + 0.1 \times \left(\frac{2}{1} + 1\right) = 1.3$$

$$y_2 = y_1 + 0.1\left(\frac{2y_1}{x_1} + 1\right) = 1.3 + 0.1 \times \left(\frac{2.6}{1.1} + 1\right) = 1.636\ 364$$

……

准确解为 $y = x^2 - x + 1$，在［0，1］区间内，近似值 y_i 与准确值 $y(x_i)$ 的对照见表 8－1 所列。

表 8－1 计算结果

x_i	1.0	1.1	1.2	1.3	1.4	1.5
y_i	1.0	1.3	1.636 364	2.009 091	2.418 182	2.863 636
$y(x_i)$	1.0	1.11	1.24	1.39	1.56	1.75
$\lvert y(x_i) - y_i \rvert$	0	0.19	0.396 364	0.619 091	0.858 182	1.113 636

8.1.2 局部截断误差

由例题 8.1 看到，对初值问题使用数值方法，实际上只有在开始的第一步才用准确值进行计算，以后各步均使用前一步的近似值，故数值方法产生的误差有几方面的来源。为了进一步分析算法的误差，下面引入“局部截断误差”的概念。

定义 8.2 在假设 y_i 是准确值 $y(x_i)$ 的前提下，即 $y_i = y(x_i)$，采用数值公式（如欧拉公式）计算 y_{i+1} 所产生的误差称为局部截断误差，简称为截断误差。

定义 8.3 若某算法的局部截断误差为 $O(h^{p+1})$，则称该算法有 p 阶精度。

欧拉法的局部截断误差可通过泰勒展开分析得到

$$y(x_{i+1})=y(x_i)+y'(x_i)h+\frac{1}{2}y''(x_i)h^2+O(h^3)$$

而由欧拉公式得到 $y_{i+1}=y_i+hf(x_i,\ y_i)=y(x_i)+hy'(x_i)$。

将上述两个式子做比较，假设 $y_i=y(x_i)$，得

$$R_i=y(x_{i+1})-y_{i+1}=\frac{1}{2}y''(x_i)h^2+O(h^3) \tag{8-3}$$

误差主要项为 $\frac{1}{2}y''(x_i)h^2$，因此欧拉公式的局部截断误差为 $O(h^2)$，即欧拉公式具有一阶精度。

上述分析的误差是在假设 y_i 精确的前提下进行的，而在实际运算过程中 y_i 是有误差的，这将导致误差可能会被积累下来。下面给出整体截断误差的概念。

定义 8.4 称数值解 y_i 与精确解 $y(x_i)$ 之差 $e_i=y(x_i)-y_i$ 为整体截断误差。整体截断误差除了与 x_i 步计算有关外，还与之前的 x_{i-1}，…，x_1 的计算有关。

除了上述提到的误差以外，在实际计算时，因为机器字长有限等原因，每一步都可能产生舍入误差，因此误差有多种来源。这里特别说明，本章讨论误差时，只是对局部截断误差做出一定的估计。

8.1.3 隐式欧拉法

如果用向后差商近似代替方程 $y'(x_{i+1})=f(x_{i+1},\ y(x_{i+1}))$ 中的导数 $y'(x_{i+1})$，我们就可以推导出隐式欧拉法。即

$$y'(x_{i+1})\approx\frac{y(x_{i+1})-y(x_i)}{x_{i+1}-x_i}$$

假设 $y_i=y(x_i)$，又由（8-1）知 $y'(x_{i+1})=f(x_{i+1},\ y(x_{i+1}))$，整理得

$$y(x_{i+1})\approx y(x_i)+hy'(x_{i+1})=y_i+hf(x_{i+1},\ y(x_{i+1}))$$

令

$$y_{i+1}=y_i+hf(x_{i+1},\ y_{i+1})\quad (i=0,\ 1,\ 2,\ \cdots) \tag{8-4}$$

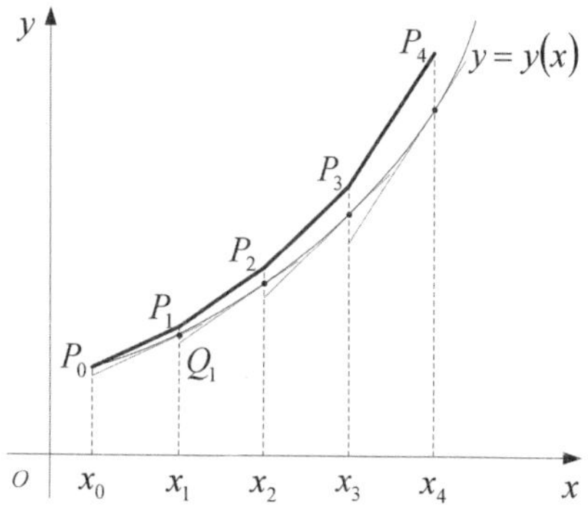

图 8-2 隐式欧拉法的几何意义

公式（8-4）与欧拉公式（8-2）有着本质的区别，公式（8-2）是关于 y_{i+1} 的一个直接的计算公式，这类公式称为显式公式。而公式（8-4）的右端含有未知的 y_{i+1}，它实际上是关于 y_{i+1} 的一个方程，是一个隐式公式。因此称公式（8-4）为隐式欧拉法。

隐式欧拉法的几何意义如图 8-2 所示，即从点 $P_0(x_0,\ y_0)$ 出发，沿与点 $Q_1[x_1,\ y(x_1)]$ 的切线平行

的直线到达点 $P_1(x_1, y_1)$，再以此类推。

显式和隐式两类方法各有特点。考虑到数值稳定性等其他因素，人们有时需要用隐式方法，但使用显式算法远比隐式方便。

对于隐式公式，在计算时要先给 y_{i+1} 提供一个初值，再用迭代法开始计算。对式（8-4），先用显式欧拉公式求 y_{i+1} 的初值，再进行迭代，迭代公式如下：

$$\begin{cases} y_{i+1}^{(0)} = y_i + hf(x_i, y_i) \\ y_{i+1}^{(k+1)} = y_i + hf(x_{i+1}, y_{i+1}^{(k)}) \end{cases} \quad (k=0, 1, \cdots) \tag{8-5}$$

直到 $\left| y_{i+1}^{(k+1)} - y_{i+1}^{(k)} \right| < \varepsilon$ 为止。

以下研究式（8-4）的局部截断误差。

因为 $y_{i+1} = y_i + hf(x_{i+1}, y_{i+1}) = y_i + hy'(x_{i+1})$。

将 $y'(x_{i+1}) = y'(x_i + h) = y'(x_i) + y''(x_i)h + O(h^2)$ 代入上式，得

$$y_{i+1} = y_i + hy'(x_i) + y''(x_i)h^2 + O(h^3) \tag{8-6}$$

又有

$$y(x_{i+1}) = y(x_i) + hy'(x_i) + \frac{h^2}{2!}y''(x_i) + O(h^3) \tag{8-7}$$

式（8-7）减去式（8-6），且注意到已假设 $y_i = y(x_i)$，故得

$$y(x_{i+1}) - y_{i+1} = -\frac{h^2}{2!}y''(x_i) + O(h^3) \tag{8-8}$$

所以，隐式欧拉公式的局部截断误差约为 $O(h^2)$，具有 1 阶精度。

8.1.4 二步欧拉法

若改用中心差商代替方程 $y'(x_i) = f[x_i, y(x_i)]$ 中的导数 $y'(x_i)$，即

$$y'(x_i) \approx \frac{y(x_{i+1}) - y(x_{i-1})}{x_{i+1} - x_{i-1}}$$

可得

$$y_{i+1} = y_{i-1} + 2hf(x_i, y_i) \quad (i=0, 1, 2, \cdots) \tag{8-9}$$

利用此公式计算 y_{i+1} 时，需调用前面两步的信息 y_{i-1} 和 y_i，这样的算法称为二步法或双步法，因此称式（8-9）为二步欧拉法，也称为中点欧拉法。前面介绍的两种算法在计算 y_{i+1} 时，只需要 y_i 的值，则这种方法称为单步法。

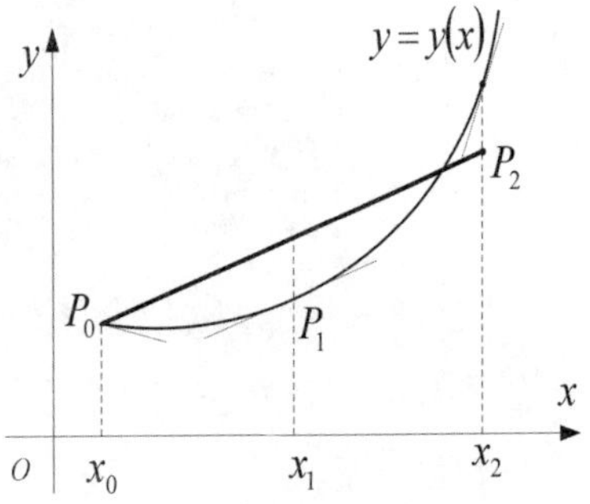

图 8-3 二步欧拉法的几何意义

二步欧拉法的几何意义如图 8-3 所示，从点 $P_0(x_0, y_0)$ 出发，沿与点 $P_1(x_1, y_1)$ 的切线平行的直线到达点 $P_2(x_2, y_2)$，再以此类推。

假设 $y_{i-1} = y(x_{i-1})$，$y_i = y(x_i)$，则可以导出

$$R_i = y(x_{i+1}) - y_{i+1} = O(h^3)$$

即中点公式具有二阶精度。由此可知，二步欧拉法比欧拉法和隐式欧拉法具有更高的精度，但因为多一个初值，也可能会影响精度。

8.2 改进的欧拉法

显式欧拉公式和隐式欧拉公式的局部截断误差的主项［公式（8－3）和公式（8－8）］刚好相差一个正负号。我们自然想到，如果将这两种算法平均一下，是否能提高算法的精度？

8.2.1 梯形公式

将显式欧拉公式（8－3）与隐式欧拉公式（8－8）的两边相加再除以2，则可以消去误差主要项$\frac{h^2}{2!}y''(x_i)$，从而得到

$$y_{i+1} = y_i + \frac{h}{2}[f(x_i, y_i) + f(x_{i+1}, y_{i+1})] + O(h^3)$$

略去$O(h^3)$，则得

$$y_{i+1} = y_i + \frac{h}{2}[f(x_i, y_i) + f(x_{i+1}, y_{i+1})] \tag{8-10}$$

此公式称为梯形公式。

梯形公式的几何意义如图8－4所示。首先，求出点$P_0(x_0, y_0)$的斜率$K_1 = f(x_0, y_0)$和点$P_1(x_1, y_1)$的斜率$K_2 = f(x_1, y_1)$，将这两个斜率进行平均，得$K = (K_1 + K_2)/2$；其次，从点$P_0(x_0, y_0)$出发，沿斜率为K的直线到达点$P_1(x_1, y_1)$，再以此类推。

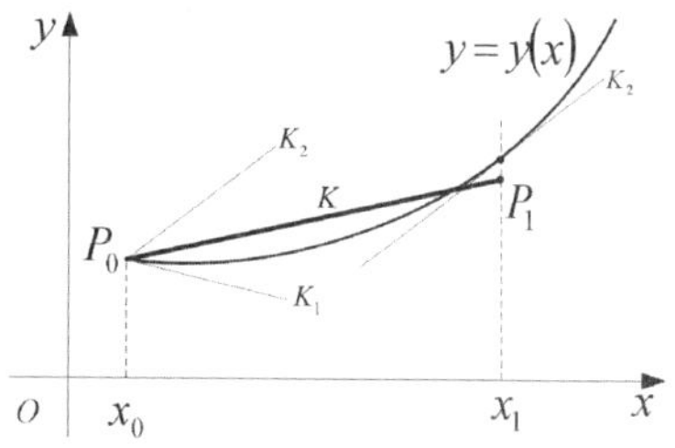

图8－4 梯形公式的几何意义

注意到式（8－10）为隐式公式，同样需要迭代法来求解。其迭代公式为

$$\begin{cases} y_{i+1}^{(0)} = y_i + hf(x_i, y_i) \\ y_{i+1}^{(k+1)} = y_i + \frac{h}{2}[f(x_i, y_i) + f(x_{i+1}, y_{i+1}^{(k)})] \end{cases} \quad (k = 0, 1, \cdots) \tag{8-11}$$

以下分析迭代公式（8－10）的收敛性。式（8－10）减去式（8－11），得

$$|y_{i+1} - y_{i+1}^{(k+1)}| = \frac{h}{2}|f(x_{i+1}, y_{i+1}) - f(x_{i+1}, y_{i+1}^{(k)})|$$

由于已假设$f(x, y)$满足Lipschitz（李普希兹）条件。即$f(x, y)$满足

$$|f(x, y) - f(x, \bar{y})| \leqslant L|y - \bar{y}|$$

所以有$|y_{i+1} - y_{i+1}^{(k+1)}| \leqslant \frac{Lh}{2}|y_{i+1} - y_{i+1}^{(k)}|$，取$\frac{Lh}{2} < 1$，则有

$$|y_{i+1} - y_{i+1}^{(k+1)}| \leqslant |y_{i+1} - y_{i+1}^{(k)}|$$

从而收敛（带条件收敛）。

假设 $y_i=y(x_i)$，则可以导出 $R_i=y(x_{i+1})-y_{i+1}=O(h^3)$，即梯形公式具有二阶精度。

8.2.2 预测－校正公式

由式（8－11）可知，用梯形公式计算时要通过迭代法反复求函数值，因而工作量是很大的。从梯形公式的迭代设想，若以一次迭代取代多次迭代，效果会如何？即先对节点函数值用显示欧拉公式（8－2）做“预测”，算出 $\bar{y}_{i+1}=y_i+hf(x_i, y_i)$，再将 $\bar{y}_{i+1}$ 代入梯形公式（8－10）的右边做“校正”，得到 $y_{i+1}=y_i+\frac{h}{2}[f(x_i, y_i)+f(x_{i+1}, \bar{y}_{i+1})]$，这就是改进的欧拉法，也称为预测－校正法。即

$$\begin{cases}\bar{y}_{i+1}=y_i+hf(x_i, y_i)\\ y_{i+1}=y_i+\dfrac{h}{2}[f(x_i, y_i)+f(x_{i+1}, \bar{y}_{i+1})]\end{cases}\quad (i=0, 1, 2, \cdots) \tag{8-11}$$

也可以改写成

$$\begin{cases}y_p=y_i+hf(x_i, y_i)\\ y_c=y_i+hf(x_i+h, y_p)\\ y_{i+1}=(y_p+y_c)/2\end{cases}\quad (i=0, 1, 2, \cdots) \tag{8-12}$$

改进的欧拉公式的几何意义跟梯形公式的一样（图 8－4），只是 K_2 略有不同，即 $K_2=f(x_1, \bar{y}_1)$，其中，$\bar{y}_1=y_0+hf(x_0, y_0)$。也是以斜率 K_1 和 K_2 的平均值作为直线的斜率，到达 $P_1(x_1, y_1)$。

考虑局部截断误差，需要用多元泰勒式展开。为了讨论简便，这里也要假定式（8－1）中微分方程的右端函数 $f(x, y)$，对于其变元 x 和 y，具有在计算中要使用到的所有各阶连续偏导数。这样，利用复合函数的求导方法，对 $y(x_{i+1})$ 在 x_i 处进行泰勒展开。例如，展开到二阶可得

$$y(x_{i+1})=y(x_i+h)=y(x_i)+y'(x_i)h+\frac{1}{2!}y''(x_i)h^2+O(h^3) \tag{8-13}$$

其中，

$$\begin{cases}y'(x)=f(x, y(x))\\ y''(x)=\dfrac{\mathrm{d}f(x, y(x))}{\mathrm{d}x}=f_x(x, y(x))+f_y(x, y(x))f(x, y(x))\end{cases}$$

得

$$\begin{cases}y'(x_i)=f(x_i, y_i)\\ y''(x_i)=f_x(x_i, y_i)+f_y(x_i, y_i)f(x_i, y_i)\end{cases} \tag{8-14}$$

又

$$
\begin{aligned}
K_1 &= f(x_i,\ y_i) = f(x_i,\ y(x_i)) = y'(x_i) \\
K_2 &= f(x_{i+1},\ \bar{y}_{i+1}) = f(x_i + h,\ y_i + hK_1) \\
&= f(x_i, y_i) + hf_x(x_i,\ y_i) + hK_1 f_y(x_i,\ y_i) + O(h^2) \\
&= y'(x_i) + hy''(x_i) + O(h^2)
\end{aligned}
$$

$$
\begin{aligned}
y_{i+1} &= y_i + \frac{h}{2}\left[f(x_i,\ y_i) + f(x_{i+1},\ \bar{y}_{i+1})\right] \\
&= y_i + \frac{h}{2}\left\{y'(x_i) + \left[y'(x_i) + hy''(x_i) + O(h^2)\right]\right\} \\
&= y_i + hy'(x_i) + \frac{h^2}{2}y''(x_i) + O(h^3)
\end{aligned}
$$

可得 $y(x_{i+1}) - y_{i+1} = O(h^3)$。

所以，改进的欧拉公式具有二阶精度。

例题 8.2 取步长 $h=0.1$，分别用欧拉法及改进的欧拉法求解初值问题：

$$
\begin{cases} y' = -y(1+xy) \\ y(0) = 1 \end{cases} \quad (0 \leqslant x \leqslant 1)
$$

解 这个初值问题的准确解为 $y = \dfrac{1}{2\mathrm{e}^x - x - 1}$。根据题设知 $f(x,\ y) = -y(1+xy)$。

(1)欧拉法的计算式为

$$y_{i+1} = y_i - 0.1 \times [y_i(1 + x_i y_i)]$$

由 $y_0 = y(0) = 1$ 得

$$y_1 = 1 - 0.1 \times [1 \times (1 + 0 \times 1)] = 0.9$$

$$y_2 = 0.9 - 0.1 \times [0.9 \times (1 + 0.1 \times 0.9)] = 0.801\,9$$

这样继续计算下去，其结果列于表 8-2。

(2) 改进的欧拉法的计算式为

$$
\begin{cases}
y_p = y_i - 0.1 \times [y_i(1 + x_i y_i)] \\
y_c = y_i - 0.1 \times [y_p(1 + x_{i+1} y_p)] \\
y_{i+1} = (y_p + y_c)/2
\end{cases}
$$

由 $y_0 = y(0) = 1$ 得

$$
\begin{cases}
y_p = 1 - 0.1 \times [1 \times (1 + 0 \times 1)] = 0.9 \\
y_c = 1 - 0.1 \times [0.9 \times (1 + 0.1 \times 0.9)] = 0.901\,9 \\
y_{i+1} = (0.9 + 0.901\,9)/2 = 0.900\,95
\end{cases}
$$

$$
\begin{cases}
y_p = 0.900\,95 - 0.1 \times [0.900\,95 \times (1 + 0.1 \times 0.900\,95)] = 0.802\,74 \\
y_c = 0.900\,95 - 0.1 \times [0.802\,74 \times (1 + 0.2 \times 0.802\,74)] = 0.807\,79 \\
y_2 = (0.802\,74 + 0.807\,79)/2 = 0.805\,26
\end{cases}
$$

继续计算下去，其结果列于表 8 -2。

表 8 -2 计算结果

x_n	Euler 方法 y_n	改进的 Euler 方法 y_n	准确值 $y(x_n)$
0.1	0.900 000 0	0.900 950 0	0.900 623 5
0.2	0.801 900 0	0.805 263 2	0.804 631 1
0.3	0.708 849 1	0.715 327 9	0.714 429 8
0.4	0.622 890 2	0.632 565 1	0.631 452 9
0.5	0.545 081 5	0.557 615 3	0.556 346 0
0.6	0.475 717 7	0.490 551 0	0.489 180 0
0.7	0.414 567 5	0.431 068 1	0.429 644 5
0.8	0.361 080 1	0.378 639 7	0.377 204 5
0.9	0.314 541 8	0.332 627 8	0.331 212 9
1.0	0.274 183 3	0.292 359 3	0.290 988 4

从表 8 -2 可以看出，欧拉法的计算结果只有 1 位有效数字，而改进的欧拉法确有 2 位有效数字，这表明改进的欧拉的精度比欧拉法高。

8.3 龙格 - 库塔法

事实上，单步递推法的基本思想就是从点(x_i, y_i)出发，以某一斜率沿直线到达点(x_{i+1}, y_{i+1})。欧拉法及其各种变形所能达到的最高精度为二阶，而龙格 - 库塔（Runge - Kutta）法则是建立高精度的单步递推格式。

8.3.1 二阶龙格 - 库塔公式

考察改进的欧拉法，可以改写为下面的形式：

$$\begin{cases} y_{i+1} = y_i + h\left[\frac{1}{2}K_1 + \frac{1}{2}K_2\right] \\ K_1 = f(x_i, y_i) \\ K_2 = f(x_i + h, y_i + hK_1) \end{cases} \quad (i = 0, 1, 2, \cdots) \tag{8-15}$$

即直线斜率取 K_1 和 K_2 的平均值。可以把式（8 -15）进行推广：

$$\begin{cases} y_{i+1} = y_i + h[\lambda_1 K_1 + \lambda_2 K_2] \\ K_1 = f(x_i, y_i) \\ K_2 = f(x_i + ph, y_i + phK_1) \end{cases} \quad (i = 0, 1, 2, \cdots) \tag{8-16}$$

其中，组合系数 λ_1 和 λ_2，步长伸缩比例 p 都是待定系数。首先，希望确定这些系数，使得算法公式（8－16）具有二阶精度，即在 $y_i = y(x_i)$ 都假定的前提下，使得局部截断误差 $R_i = y(x_{i+1}) - y_{i+1} = O(h^3)$。

其次，对于 x 和 y，这里也假定 $f(x, y)$ 具有在计算中要使用到的所有各阶连续偏导数。对 f 和 y 在节点 x_i 处用多元泰勒式展开：

$$y(x_{i+1}) = y(x_i) + y'(x_i)h + \frac{1}{2!}y''(x_i)h^2 + O(h^3)$$

由式（8－14）得

$$\begin{cases} y'(x_i) = f(x_i, y_i) \\ y''(x_i) = f_x(x_i, y_i) + f_y(x_i, y_i)f(x_i, y_i) \end{cases}$$

另外，由式（8－16）可知

$$\begin{aligned} K_1 &= f(x_i, y_i) = y'(x_i) \\ K_2 &= f(x_i + ph, y_i + phK_1) \\ &= f(x_i, y_i) + phf_x(x_i, y_i) + phK_1 f_y(x_i, y_i) + O(h^2) \\ &= y'(x_i) + phy''(x_i) + O(h^2) \\ y_{i+1} &= y_i + h[\lambda_1 K_1 + \lambda_2 K_2] \\ &= y_i + h\{\lambda_1 y'(x_i) + \lambda_2 [y'(x_i) + phy''(x_i) + O(h^2)]\} \\ &= y_i + (\lambda_1 + \lambda_2)hy'(x_i) + \lambda_2 ph^2 y''(x_i) + O(h^3) \end{aligned}$$

要使得局部截断误差 $R_i = y(x_{i+1}) - y_{i+1} = O(h^3)$，则

$$\lambda_1 + \lambda_2 = 1 \text{ 且 } \lambda_2 p = \frac{1}{2}$$

这里有 3 个未知数，2 个方程，存在无穷多个解。所有满足上式的格式统称为二阶龙格－库塔格式。

注意： $p = 1$，$\lambda_1 = \lambda_2 = \frac{1}{2}$ 就是改进的欧拉公式。

当 $p = \frac{1}{2}$，$\lambda_1 = 0$，$\lambda_2 = 1$ 时，$y_{i+1} = y_i + hf\left(x_i + \frac{h}{2}, y_i + \frac{h}{2}f(x_i, y_i)\right)$ 称为中点公式。

当 $p = \frac{2}{3}$，$\lambda_1 = \frac{1}{4}$，$\lambda_2 = \frac{3}{4}$ 时，得到二阶 Heun 格式：

$$\begin{cases} y_{i+1} = y_i + \frac{h}{4}(K_1 + 3K_2) \\ K_1 = f(x_i, y_i) \\ K_2 = f\left(x_i + \frac{2}{3}h, y_i + \frac{2}{3}hK_1\right) \end{cases}$$

要获得更高的精度，可以将公式（8－16）进行推广，即

$$\begin{cases} y_{i+1}=y_i+h\left[\lambda_1K_1+\lambda_2K_2+\cdots++\lambda_mK_m\right] \\ K_1=f(x_i,\ y_i) \\ K_2=f(x_i+\alpha_2h,y_i+\beta_{21}hK_1) \\ K_3=f(x_i+\alpha_3h,y_i+\beta_{31}hK_1+\beta_{32}hK_2) \\ \qquad\qquad\cdots\cdots \\ K_m=f(x_i+\alpha_mh,y_i+\beta_{m1}hK_1+\beta_{m2}hK_2+\cdots+\beta_{m,m-1}hK_{m-1}) \end{cases} \tag{8-17}$$

其中，λ_i，$\alpha_i(i=1,\ 2,\ \cdots,\ m)$，$\beta_{ij}(i=2,\ 3,\ \cdots,\ m;\ j=1,\ 2,\ \cdots,\ i-1)$均为待定系数，确定这些系数的步骤与前面相同。龙格-库塔公式的主要运算量在于计算 K_i 的值，即计算 f 的值。f 越复杂，计算量就越大。公式（8-17）可达到的最高精度是 m 阶。

8.3.2 四阶龙格-库塔公式

仿照上述的讨论，m 取 4，可导出下面一种常用的四阶龙格-库塔公式，称为经典龙格-库塔法。即

$$\begin{cases} y_{i+1}=y_i+\dfrac{h}{6}(k_1+2K_2+2K_3+K_4) \\ K_1=f(x_i,\ y_i) \\ K_2=f\left(x_i+\dfrac{h}{2},\ y_i+\dfrac{h}{2}K_1\right) \\ K_3=f\left(x_i+\dfrac{h}{2},\ y_i+\dfrac{h}{2}K_2\right) \\ K_4=f(x_i+h,\ y_i+hK_3) \end{cases} \tag{8-18}$$

对于实际中多数的常微分方程的初值问题，式（8-18）可满足精度要求，因此较少采用超过四阶的龙格-库塔公式。

例题 8.3 取步长 $h=0.1$，用四阶龙格-库塔公式求下面初值问题的数值解。

$$\begin{cases} \dfrac{dy}{dx}=\dfrac{y}{x}+\dfrac{x}{y} \\ y(1)=1 \end{cases}$$

解 由题意知 $f(x,\ y)=\dfrac{y}{x}+\dfrac{x}{y}$，$x_0=1$，$y_0=1$，$h=0.1$。

由式（8-18）得

$$K_1=f(x_0,\ y_0)=\frac{y_0}{x_0}+\frac{x_0}{y_0}=2$$

$$K_2=f\left(x_0+\frac{h}{2},\ y_0+\frac{h}{2}K_1\right)=\frac{y_0+\dfrac{h}{2}K_1}{x_0+\dfrac{h}{2}}+\frac{x_0+\dfrac{h}{2}}{y_0+\dfrac{h}{2}K_1}=2.002\ 164\ 5$$

$$K_3=f\left(x_0+\frac{h}{2},\ y_0+\frac{h}{2}K_2\right)=\frac{y_0+\frac{h}{2}K_2}{x_0+\frac{h}{2}}+\frac{x_0+\frac{h}{2}}{y_0+\frac{h}{2}K_2}=2.002\ 173\ 7$$

$$K_4=f(x_0+h,\ y_0+hK_3)=\frac{y_0+hK_3}{x_0+h}+\frac{x_0+h}{y_0+hK_3}=2.007\ 603$$

$$y_1=y_0+\frac{h}{6}(K_1+2K_2+3K_3+K_4)=1.200\ 271\ 4$$

可类似地进行其余 y_i 的计算。本例方程的精确解是 $y(x)=x\sqrt{2\ln x+1}$，可将 x_i 的值代入该式，求出精确解。例如，

$$y(x_1)=x_1\sqrt{2\ln x_1+1}=1.200\ 271\ 1$$

数值解 y_i 与准确解 $y(x_i)$ 的对照见表 8－3 所列，从表中看到所求出的数值解具有 6 ~ 7 位有效数字，精度较高。

表 8－3 计算结果

x_i	数值解 y_i	准确值 $y(x_i)$	误差 R_i
1.1	1.200 271 4	1.200 271 1	3×10^{-7}
1.2	1.401 815 8	1.401 815 3	5×10^{-7}
1.3	1.605 239 3	1.605 238 7	6×10^{-7}
1.4	1.810 793 6	1.810 793 0	6×10^{-7}
1.5	2.018 562 8	2.018 562 1	7×10^{-7}
1.6	2.228 547 0	2.228 546 3	7×10^{-7}
1.7	2.440 703 8	2.440 703 0	8×10^{-7}
1.8	2.654 969 3	2.654 968 5	8×10^{-7}
1.9	2.871 269 7	2.871 268 9	8×10^{-7}
2.0	3.089 527 9	3.089 527 1	8×10^{-7}

由于龙格－库塔的导出基于泰勒展开，因而它要求所求的解具有较好的光滑性；反之，如果解的光滑性差，那么四阶的龙格－库塔方法求得的数值解，其精度可能反而不如改进的欧拉法。因此，在实际计算时，应当针对问题的具体特点选择合适的算法，并不是精度越高越好。对于光滑性不太好的解，最好采用低阶算法将步长 h 取小一些。

8.3.3 变步长的龙格－库塔方法

前面导出的龙格－库塔方法都是定步长的，单从每一步来看，步长 h 越小，局部截断误差也越少。但随着步长的减小，在一定范围内要进行的步数就会增加，而步数增加不仅增加计算量，还有可能导致舍入误差的积累过大。由于龙格－库塔方法是单步法，每一步计算步

长都是独立的，所以步长的选择具有较大的灵活性。因此，根据实际问题的具体情况合理选择每一步的步长是非常有意义的。正如第 7 章建立变步长的求积公式那样，我们来建立变步长的龙格－库塔公式。

以四阶标准龙格－库塔公式为例进行说明，从基点 x_0 出发，先选一个步长 h，利用公式（8－18）求出的近似值记为 $y_1^{(h)}$，由于公式的局部截断误差为 $O(h^5)$，所以有

$$y(x_1)-y_1^{(h)}=ch^5 \tag{8-19}$$

其中，c 为常数，然后将步长 h 进行折半，即取步长为$\frac{h}{2}$。由基点 x_0 出发，到$\frac{x_0+x_1}{2}$算一步；由$\frac{x_0+x_1}{2}$的 x_1 再算一步，将求得的近似值记为 $y_1^{(h/2)}$，因此有

$$y(x_1)-y_1^{(h/2)}=2c\left(\frac{h}{2}\right)^5 \tag{8-20}$$

由式（8－19）及式（8－20）得

$$\frac{y(x_1)-y_1^{(h/2)}}{y(x_1)-y_1^{(h)}}\approx\frac{1}{16}$$

一般来说，从 x_i 出发，照上面的做法也可得到

$$\frac{y(x_{i+1})-y_{i+1}^{(h/2)}}{y(x_{i+1})-y_{i+1}^{(h)}}\approx\frac{1}{16}$$

或

$$y(x_{i+1})-y_{i+1}^{(h/2)}\approx\frac{1}{15}\left[y_{i+1}^{(h/2)}-y_{i+1}^{(h)}\right] \tag{8-21}$$

式（8－21）是事后估计式，记

$$\Delta=\left|y_{i+1}^{(h/2)}-y_{i+1}^{(h)}\right| \tag{8-22}$$

对于给定的步长 h，若 $\Delta>\varepsilon$（ε 是预先指定的精度），则说明步长 h 太大，应折半进行计算，直至 $\Delta<\varepsilon$ 为止，这时取 $y_{i+1}^{(h/2)}$ 作为近似值；如果 $\Delta<\varepsilon$，则将步长 h 加倍，直到 $\Delta>\varepsilon$ 为止，这时再将步长折半一次，就把这次所得结果作为近似值。

变步长的龙格－库塔方法的计算步骤如下：

设误差上限为 ε，误差最小下限为$\frac{\varepsilon}{M}(M>1)$，步长最大值为 h_0，从 x_i 出发进行计算。步长为 h。

（1）用步长 h 和龙格－库塔公式计算 $y_{i+1}^{(h)}$，用步长$\frac{h}{2}$计算两步得 $y_{i+1}^{(h/2)}$，并计算 Δ；

（2）若 $\Delta>\varepsilon$，说明步长过大，应将 h 折半，返回（1）重新计算；

（3）若 $\Delta<\frac{\varepsilon}{M}$，说明步长过小，在下一步将 h 放大，但不超过 h_0。

这种通过加倍和减半处理步长的龙格－库塔方法就称为变步长龙格－库塔方法。从表面上看，为了选择步长，每一步的计算量增加了，但从总体考虑还是合适的。

8.4 收敛性与稳定性

收敛性与稳定性从不同角度描述了数值方法的可靠性。只有既收敛又稳定的方法，才能提供比较可靠的计算结果。下面来讨论微分方程数值解的收敛性与稳定性。

8.4.1 收敛性

用数值方法求解微分方程的一个基本想法是，将微分方程以某种手段离散化，转而成为求解差分方程的问题。这样的转化是否合理，就要看差分方程的解 y_i 在 $h\to 0$ 时是否能收敛到微分方程的精确解 $y(x_i)$。

定义 8.5 若某算法对于任意固定的 $x=x_i=x_0+ih$，当 $h\to 0$（同时 $i\to\infty$）时，有 $y_i\to y(x_i)$，则称该算法是收敛的。

例题 8.4 就初值问题 $\begin{cases} y'=\lambda y \\ y(0)=y_0 \end{cases}$ 考察其欧拉显式格式的收敛性。

解 该初值问题的精确解为 $y(x)=y_0 e^{\lambda x}$，其欧拉公式为

$$y_{i+1}=y_i+h\lambda y_i=(1+\lambda h)y_i$$

通过递推可得 $y_i=(1+\lambda h)^i y_0$。

因为 $x_0=0$，所以 $x_i=ih$，则

$$y_i=(1+\lambda h)^i y_0=\left[(1+\lambda h)^{\frac{1}{\lambda h}}\right]^{\lambda hi} y_0=\left[(1+\lambda h)^{\frac{1}{\lambda h}}\right]^{\lambda x_i} y_0$$

根据基础微积分中的有关公式可知 $\lim(1+\lambda h)^{\frac{1}{\lambda h}}=e$。

所以 $\lim\limits_{h\to 0} y_i=y_0 e^{\lambda x_i}=y(x_i)$。

即欧拉显式格式对于该初值问题是收敛的。

对于前面几节讨论的单步法都可以统一写成如下格式：

$$y_{i+1}=y_i+h\varphi(x_i,\ y_i,\ h) \tag{8-22}$$

其中，h 是步长，$x_i=x_0+ih$，y_i 是微分方程的数值解，而 $\varphi(x,\ y,\ h)$ 称为增量函数。$\varphi(x,\ y,\ h)$ 依赖于 f，且仅仅是关于 x_i，y_i 和 h 的函数。

定理 8.2 假设单步法 $y_{i+1}=y_i+h\varphi(x_i,\ y_i,\ h)$ 具有 p 阶精度，且增量函数 $\varphi(x,\ y,\ h)$ 关于 y 满足 Lipschitz（李普希兹）条件，即对于任意 y，$\bar{y}$，总存在常数 $L>0$，使

$$|\varphi(x,\ y,\ h)-\varphi(x,\ \bar{y},\ h)|\leqslant L|y-\bar{y}| \tag{8-23}$$

则单步法（8-22）收敛。且整体截断误差为 $y(x_i)-y_i=O(h^p)$。

定理的证明从略。作为应用，考虑改进的欧拉公式的收敛性。

改进的欧拉公式的增量函数为

$$\varphi(x,\ y,\ h)=\frac{1}{2}\left[f(x,\ y)+f(x+h,\ y+hf(x,\ y))\right]$$

而

$$\varphi(x,\ \bar{y},\ h)=\frac{1}{2}\left[f(x,\ \bar{y})+f(x+h,\ \bar{y}+hf(x,\ \bar{y}))\right]$$

以上两式相减，并注意到不等式的性质，得

$$|\varphi(x, y, h)-\varphi(x, \bar{y}, h)| \leqslant \frac{1}{2}|f(x, y)-f(x, \bar{y})| + \frac{1}{2}|f(x+h, y+hf(x, y))-f(x+h, \bar{y}+hf(x, \bar{y}))|$$

又由于已假设函数 $f(x, y)$ 关于 y 满足 Lipschitz 条件，所以上式变为

$$|\varphi(x, y, h)-\varphi(x, \bar{y}, h)| \leqslant \frac{L}{2}|y-\bar{y}|+\frac{L}{2}|y+hf(x, y)-[\bar{y}+hf(x, \bar{y})]|$$

整理得 $|\varphi(x, y, h)-\varphi(x, \bar{y}, h)| \leqslant\left(\frac{L}{2}+\frac{L}{2}+\frac{hL^2}{2}\right)|y-\bar{y}|=L_{\varphi}|y-\bar{y}|$。

所以，改进的欧拉公式的增量函数关于 y 满足 Lipschitz 条件，从而收敛。

8.4.2 稳定性

在理论上讨论方法的收敛性时总是假定初始值是准确的，且数值方法本身的计算也是准确的，而实际情况并不是这样。事实上，初始数据可能有误差，计算过程中的四舍五入也会引起误差。这种误差的扰动在计算过程中是否会增长很快，以致影响计算结果，这就是数值方法的稳定性问题。在选择数值方法时，我们都是希望选择误差传播和积累在计算过程中能够控制，甚至逐步衰减的数值计算方法。

设某数值方法在节点 x_i 处的初值问题式（8－1）的数值解仍记为 y_i，而实际计算过程中，解得的近似值与 y_i 会有偏差，记为 $\tilde{y}_i$，其差值为 $\delta_i=\tilde{y}_i-y_i$ 称为第 i 步数值解的扰动。

定义 8.6 若一种数值方法在节点 x_i 上的数值解 y_i 有大小 δ_i 的扰动，而在以后各节点 $x_m(m>i)$ 处的数值解 y_m 产生的扰动 $|\delta_m|$ 的绝对值均不超过 $|\delta_i|$，则称该方法是稳定的。

由于稳定性的讨论比较复杂，为了简单起见，只对典型的常微分方程

$$y'=\lambda y \quad (\lambda<0) \tag{8-24}$$

进行讨论，以得到稳定性条件。

1. 欧拉公式的稳定性

下面考虑用欧拉公式解微分方程（8－24）时的稳定性及其稳定区间。为此设 y_i 为理论值，$\tilde{y}_i$ 为实际计算值，则有

理论值为

$$y_{i+1}=y_i+h\lambda y_i=(1+\lambda h)y_i$$

实际计算值为

$$\tilde{y}_{i+1}=(1+\lambda h)\tilde{y}_i$$

两式相减，得稳定性方程

$$\delta_{i+1}=(1+\lambda h)\delta_i$$

其中，δ_i 为第 i 次扰动。显然，要保证稳定的条件是 $|\delta_{i+1}| \leqslant |\delta_i|$，则 $|1+\lambda h| \leqslant 1$。解之得欧拉公式的稳定区间 $(-2 \leqslant \lambda h \leqslant 0)$。

2. 隐式欧拉公式的稳定性

对于微分方程（8－24），其隐式欧拉公式为

$$y_{i+1}=y_i+h\lambda y_{i+1}$$

解出 y_{i+1}，得其理论值

$$y_{i+1}=\frac{1}{1-\lambda h}y_i$$

实际计算值为

$$\tilde{y}_{i+1}=\frac{1}{1-\lambda h}\tilde{y}_i$$

两式相减得稳定性方程

$$\delta_{i+1}=\frac{1}{(1-\lambda h)}\delta_i$$

由于 $\lambda<0$，所以对任意步长 $h>0$，总有 $\frac{1}{1-\lambda h}\leqslant 1$，所以常说隐式欧拉公式是无条件稳定的，或者说隐式欧拉公式的稳定区间为 $-\infty<\lambda h\leqslant 0$。

3. 梯形公式的稳定性

下面讨论梯形公式的稳定性。由于公式为

$$y_{i+1}=y_i+\frac{h}{2}[f(x_i,\ y_i)+f(x_{i+1},\ y_{i+1})]$$

对于微分方程（8－24），则为 $y_{i+1}=y_i+\frac{h}{2}[\lambda y_i+\lambda y_{i+1}]$。

整理得到

$$y_{i+1}=\frac{1+\frac{1}{2}h\lambda}{1-\frac{1}{2}h\lambda}y_i$$

而实际计算值

$$\tilde{y}_{i+1}=\frac{1+\frac{1}{2}h\lambda}{1-\frac{1}{2}h\lambda}\tilde{y}_i$$

两式相减得稳定性方程

$$\delta_{i+1}=\frac{1+\frac{1}{2}h\lambda}{1-\frac{1}{2}h\lambda}\delta_i$$

由于 $\lambda<0$，所以对任意步长 $h>0$，总有 $\left|\frac{1+\frac{1}{2}h\lambda}{1-\frac{1}{2}h\lambda}\right|<1$，即梯形公式的稳定区间也为 $-\infty<\lambda h\leqslant 0$，与隐式欧拉公式一样是无条件稳定的。

4. 改进的欧拉公式的稳定性

接下来，再讨论改进的欧拉公式（8－11）的稳定性。由于公式为

$$\begin{cases} \bar{y}_{i+1} = y_i + hf(x_i, y_i) \\ y_{i+1} = y_i + \dfrac{h}{2}[f(x_i, y_i) + f(x_{i+1}, \bar{y}_{i+1})] \end{cases}$$

对于微分方程（8－24），则为

$$\begin{cases} \bar{y}_{i+1} = y_i + \lambda h y_i \\ y_{i+1} = y_i + \dfrac{h}{2}[\lambda y_i + \lambda \bar{y}_{i+1}] \end{cases}$$

整理得到

$$\begin{aligned} y_{i+1} &= y_i + \frac{h}{2}[\lambda y_i + \lambda(y_i + \lambda h y_i)] \\ &= y_i + \frac{h}{2}[\lambda y_i + \lambda y_i + \lambda^2 h y_i] \\ &= \left[1 + \lambda h + \frac{1}{2}\lambda^2 h^2\right] y_i \end{aligned}$$

实际计算值为 $\tilde{y}_{i+1} = \left[1 + \lambda h + \frac{1}{2}\lambda^2 h^2\right]\tilde{y}_i$

两式相减得稳定性方程 $\delta_{i+1} = \left[1 + \lambda h + \frac{1}{2}\lambda^2 h^2\right]\delta_i$，则稳定性条件为

$$\left|1 + \lambda h + \frac{1}{2}\lambda^2 h^2\right| \leqslant 1$$

解之得到稳定区间$(-2 \leqslant \lambda h \leqslant 0)$。

其他公式不再讨论。从前面的讨论可以看出，隐式方法的稳定区域（如隐式欧拉法和梯形公式）比显式方法（如欧拉法和改进的欧拉法）稳定区域大。

8.5 线性多步法

以上所讨论的各种求解初值问题（8－1）的数值方法，计算 y_{i+1} 时只使用 y_i 的值，统称为单步法。事实上，在计算 y_{i+1} 之前已经求得了一系列的函数近似值 y_0，y_1，…，y_{i-1}，y_i($i=1, 2, \cdots$)以及相应的导数近似值 y'_0，y'_1，…，y'_{i-1}，y'_i($i=1, 2, \cdots$)，如果充分利用这些信息来计算 y_{i+1}，那么不但有可能提高计算结果的精确度，而且还可以大大减少计算量，这就是线性多步法的基本思路。

线性多步法的一般计算公式为

$$y_{i+1} = \alpha_0 y_i + \alpha_1 y_{i-1} + \cdots + \alpha_r y_{i-r}$$

$$+h(\beta_{-1}f_{i+1}+\beta_0 f_i+\beta_1 f_{i-1}+\cdots+\beta_r f_{i-r})$$

可简写为

$$y_{i+1}=\sum_{k=0}^{r}\alpha_k y_{i-k}+h\sum_{k=-1}^{r}\beta_k f_{i-k} \tag{8-25}$$

其中，$f_j=f(x_j, y_j)(j=i-r, i-r-1, \cdots, i+1)$，常数 $\alpha_j(j=0, 1, \cdots, r)$，$\beta_j(j=-1, 0, 1, \cdots, r)$ 与 f，步数 i 无关。由于按式（8-25）计算 y_{i+1} 时，需要知道 y_{i-r}，y_{i-r+1}，…，y_{i-1}，y_i 这 $r+1$ 个值，所以称为 $r+1$ 步法；又 $y_{i-k}(k=0, 1, \cdots, r)$ 及 $f_{i-k}(k=-1, 0, 1, \cdots, r)$ 都是线性的，所以称式（8-25）为线性多步法（这里是 $r+1$ 步）。显然，当 $r=0$ 时，则式（8-25）为单步法。

注意：$f_{i+1}=f(x_{i+1}, y_{i+1})$ 中含有 y_{i+1}，所以当 $\beta_{-1}=0$，式（8-25）就是显式的；当 $\beta_{-1}\neq 0$，式（8-25）就是隐式的。

前面构造龙格-库塔公式是利用 Taylor 展开的方法，本节利用数值积分公式来构造线性多步法公式。对常微分初值问题（8-1）的两边求定积分，可得

$$y(x_{i+1})=y(x_i)+\int_{x_i}^{x_{i+1}} f[t, y(t)]\,\mathrm{d}t \tag{8-26}$$

只要用第 7 章所学的积分公式近似地算出对式(8-26)右边的积分 $I\approx\int_{x_i}^{x_{i+1}} f[t, y(t)]\,\mathrm{d}t$，就可得到 $y(x_{i+1})$ 的近似值 y_{i+1}。选用不同的求积公式，就可以得到不同的求常微分初值问题（8-1）近似解的计算公式。为清晰简明，下面只讨论最简单的多步法——Admas 方法，至于一般情形可完全类似推导出来。

8.5.1 四阶阿达姆斯外插公式

四阶阿达姆斯外插公式使用 y_{i-3}，y_{i-2}，y_{i-1} 和 y_i 的值计算 y_{i+1}。推导时也假定这四个值是解的准确值，即由 $y(x_i-3h)$，$y(x_i-2h)$，$y(x_i-h)$，$y(x_i)$ 出发计算 $y(x_i+h)$。根据与初值问题等价的积分方程，有

$$y(x_i+h)=y(x_i)+\int_{x_i}^{x_i+h} y'(t)\,\mathrm{d}t=y(x_i)+\int_{x_i}^{x_i+h} f[t, y(t)]\,\mathrm{d}t \tag{8-27}$$

用数值积分方法近似计算 $y(x_i+h)$，即求出过四个点 $M_1[x_i-3h, y'(x_i-3h)]$，$M_2[x_i-2h, y'(x_i-2h)]$，$M_3[x_i-h, y'(x_i-h)]$ 和 $M_4[x_i, y'(x_i)]$ 的三次拉格朗日插值多项式，用它近似计算式（8-27）的积分。从第 7 章中已知，数值积分的结果表现为在插值基点处被积函数各函数值的线性组合，因而由式（8-27）导出的近似公式具有下面的形式：

$$y(x_i+h)\approx y(x_i)+h[\lambda_0 y'(x_i)+\lambda_1 y'(x_i-h)+\lambda_2 y'(x_i-2h)+\lambda_3 y'(x_i-3h)]$$

$$y_{i+1}=y(x_i)+h[\lambda_0 y'(x_i)+\lambda_1 y'(x_i-h)+\lambda_2 y'(x_i-2h)+\lambda_3 y'(x_i-3h)] \tag{8-28}$$

求系数 λ_0，λ_1，λ_2 和 λ_3，使式（8－28）具有四阶精度，即使得 $y(x_i+h)-y_{i+1}=O(h^5)$。计算下式在 $x=x_i$ 处的泰勒公式，得

$$
\begin{aligned}
& y(x_i+h)-y_{i+1} \\
&= y(x_i+h)-y(x_i)-h\,[\lambda_0 y'(x_i)+\lambda_1 y'(x_i-h)+\lambda_2 y'(x_i-2h)+\lambda_3 y'(x_i-3h)] \\
&= (1-\lambda_0-\lambda_1-\lambda_2-\lambda_3)y'(x_i)h+(\frac{1}{2}+\lambda_1+2\lambda_2+3\lambda_3)y''(x_i)h^2 \\
&\quad +(\frac{1}{6}-\frac{\lambda_1}{2}-\frac{4\lambda_2}{2}-\frac{9\lambda_3}{2})y'(x_i)h^3+(\frac{1}{24}+\frac{\lambda_1}{6}+\frac{8\lambda_2}{6}+\frac{27\lambda_3}{6})y^{(4)}(x_i)h^4+O(h^5)
\end{aligned}
\tag{8-29}
$$

要使得式（8－28）具有四阶精度，则应满足

$$
\begin{cases}
1-\lambda_0 \quad -\lambda_1 \quad -\lambda_2 \quad -\lambda_3=0 \\
\dfrac{1}{2} \quad +\lambda_1 \quad +2\lambda_2 \quad +3\lambda_3=0 \\
\dfrac{1}{6} \quad -\dfrac{\lambda_1}{2} \quad -\dfrac{4\lambda_2}{2} \quad -\dfrac{9\lambda_3}{2}=0 \\
\dfrac{1}{24} \quad +\dfrac{\lambda_1}{6} \quad +\dfrac{8\lambda_2}{6} \quad +\dfrac{27\lambda_3}{6}=0
\end{cases}
\tag{8-30}
$$

解出 $\lambda_0=\frac{55}{24}$，$\lambda_1=-\frac{59}{24}$，$\lambda_2=\frac{37}{24}$，$\lambda_3=-\frac{3}{8}$，代入式（8－28）后得

$$
y_{i+1}=y(x_i)+\frac{h}{24}\,[55y'(x_i)-59y'(x_i-h)+37y'(x_i-2h)-9y'(x_i-3h)]+O(h^5) \tag{8-31}
$$

把上式中的 $y(x_i)$，$y(x_i-h)$，$y(x_i-2h)$，$y(x_i-3h)$ 换为它们的近似值，并记为

$$
\begin{aligned}
& y(x_i)\approx y_i \\
& y'(x_i)=f\,[x_i,\ y(x_i)]\approx f(x_i,\ y_i)=f_i \\
& y'(x_i-h)=f\,[x_i-h,\ y(x_i-h)]\approx f(x_i-h,\ y_{i-1})=f(x_{i-1},\ y_{i-1})=f_{i-1} \\
& y'(x_i-2h)=f\,[x_i-2h,\ y(x_i-2h)]\approx f(x_i-2h,\ y_{i-2})=f(x_{i-2},\ y_{i-2})=f_{i-2} \\
& y'(x_i-3h)=f\,[x_i-3h,\ y(x_i-3h)]\approx f(x_i-3h,\ y_{i-3})=f(x_{i-3},\ y_{i-3})=f_{i-3}
\end{aligned}
$$

则得到下面的四阶阿达姆斯外插公式：

$$
y_{i+1}=y_i+\frac{h}{24}(55f_i-59f_{i-1}+37f_{i-2}-9f_{i-3}) \tag{8-32}
$$

式（8－32）的右端不含 y_{i+1}，因此是一个显式数值公式。

8.5.2 四阶阿达姆斯内插公式

如果把四阶阿达姆斯外插公式中使用的 y_{i-3}，y_{i-2}，y_{i-1}，y_i 改为 y_{i-2}，y_{i-1}，y_i，y_{i+1}，则只需将有关的演算过程做适当的修改，其中，式（8－28）、方程组（8－30）及其解分别更改为

$$y_{i+1}=y(x_i)+h[\lambda_0 y'(x_i)+\lambda_1 y'(x_i-h)+\lambda_2 y'(x_i-2h)+\lambda_3 y'(x_i+h)]$$

$$\begin{cases}1-\lambda_0-\lambda_1-\lambda_2-\lambda_3=0\\ \dfrac{1}{2}\quad +\lambda_1+2\lambda_2-\lambda_3=0\\ \dfrac{1}{6}\quad -\dfrac{\lambda_1}{2}-\dfrac{4\lambda_2}{2}-\dfrac{\lambda_3}{2}=0\\ \dfrac{1}{24}\quad +\dfrac{\lambda_1}{6}+\dfrac{8\lambda_2}{6}-\dfrac{\lambda_3}{6}=0\end{cases} \tag{8-30}$$

解得 $\lambda_0=19/24$，$\lambda_1=-5/24$，$\lambda_2=1/24$，$\lambda_3=3/8$。

式（8－31）成为

$$y_{i+1}=y(x_i)+\frac{h}{24}[19y'(x_i)-5y'(x_i-h)+y'(x_i-2h)+9y'(x_i+h)]+O(h^5) \tag{8-33}$$

于是得到下面的四阶阿达姆斯内插公式：

$$y_{i+1}=y_i+\frac{h}{24}(9f_{i+1}+19f_i-5f_{i-1}+f_{i-2}) \tag{8-34}$$

上式右端含有 y_{i+1}，因而是一个隐式公式，与梯形公式类似，可使用迭代法计算 y_{i+1}。

8.5.3 初始出发值的计算

使用阿达姆斯公式求数值解之前，重要的是求出除初始条件 $y(x_0)=y_0$ 之外的其余开始出发值 $y(x_0+h)$，$y(x_0+2h)$，$y(x_0+3h)$ 的足够准确的近似值 y_1，y_2，y_3，这可以选用下列的各种方法：

（1）使用单步法，如龙格－库塔法求出发值；

（2）使用 $y(x)$ 在 $x=x_0$ 处的泰勒公式：

$$y(x)\approx y(x_0)+y'(x_0)(x-x_0)+\cdots+\frac{y^{(k)}(x_0)}{k!}(x-x_0)^k$$

其中，泰勒公式的阶数 k 按需选取，各导数值 $y'(x_0)$，…，$y^{(k)}(x_0)$ 由复合函数 $f[x, y(x)]$ 的求导得出。

8.5.4 阿达姆斯预测－校正公式

使用阿达姆斯内插公式时，为了减小迭代次数，可与阿达姆斯外插公式联合使用，即先由外插公式得出 y_{i+1} 的预估值 $y_{i+1}^{(p)}$，再用内插公式进行校正。这种一组计算公式称为阿达姆斯预测－校正公式，表示为

$$\begin{cases}y_{i+1}^{(p)}=y_i+\dfrac{h}{24}[55f(x_i, y_i)-59f(x_{i-1}, y_{i-1})+37f(x_{i-2}, y_{i-2})-9f(x_{i-3}, y_{i-3})]\\ y_{i+1}=y_i+\dfrac{h}{24}[9f(x_{i+1}, y_{i+1}^{(p)})+19f(x_i, y_i)-5f(x_{i-1}, y_{i-1})+f(x_{i-2}, y_{i-2})]\end{cases} \tag{8-25}$$

例题 8.5 用阿达姆斯预测－校正公式求初值问题

$$\begin{cases} y' = -y(1+xy) \\ y(0)=1 \end{cases} \quad (0 \leqslant x \leqslant 1)$$

的数值解，取步长 $h=0.1$。

解 这个初值问题的准确解为 $y=\dfrac{1}{2e^x - x - 1}$，则

$$f(x, y) = -y(1+xy) \ (x_0=0, \ y_0=1)$$

用四阶经典龙格－库塔公式（8－18）计算前三步，先将计算结果作为启动值，再利用 Adams 预测－校正法计算式（8－25），结果列于表 8－4。

表 8－4 计算结果

x_n	启动值 y_n	Adams 预测－校正法 y_n	准确值 $y(x_n)$
0.1	0.900 623 7		0.900 623 5
0.2	0.804 631 5		0.804 631 1
0.3	0.714 430 4		0.714 429 8
0.4		0.631 461 66	0.631 452 9
0.5		0.556 363 35	0.556 346 0
0.6		0.489 203 87	0.489 179 9
0.7		0.429 672 40	0.429 644 5
0.8		0.377 233 72	0.377 204 5
0.9		0.331 241 54	0.331 212 9
1.0		0.291 015 16	0.290 988 4

小结

本章介绍了常微分方程初值问题的多种数值解法。构造常微分方程初值问题的数值解法主要有数值微积分法与 Taylor 展开法。其中，Taylor 展开法具有一般性，在构造迭代公式的同时，可以得到相应的截断误差。不论用哪种方法构造数值解法，其实质都是将微分方程离散化，建立数值解的递推公式。

从递推公式的结构来看，既有单步法（如 Euler 方法、Rung－Kula 方法等），又有多步法（如 Adams 方法等）；既有显式（如 Rung－Kula 方法等），又有隐式（如 Euler 方法等）。一般来说，显式方法计算简单，隐式方法计算较复杂；但稳定性比同阶显式方法好。

在实际问题中，如果要求解的精度高，常用的是四阶 Rung－Kula 方法。这是因为四阶 Rung－Kula 方法精度高，编程简单，易于调节步长，计算过程稳定；其缺点是计算量较大，计算函数 $f(x, y)$ 的次数比同阶的线性多步法（四阶 Adams 方法）多几倍。另外，如果 $f(x, y)$ 的光滑性较差，Rung－Kula 方法的精度还不如改进的 Euler 方法高。如果 $f(x, y)$ 较复杂，用 Adams 方法比较合适。

不论采用哪种方法，选取的步长 h 应使 λh（对于典型的常微分方程 $y' = \lambda y$ 而言）落在绝对稳定区域内。一般在保证精度的条件下，步长尽可能大些，这样可以节省计算量。

上机实验参考程序

1. 实验目的

（1）了解常微分方程数值解法的思想，掌握常用的常微分方程数值解的方法（欧拉公式、隐式欧拉公式、改进的欧拉公式、四阶龙格 - 库塔公式、阿达姆斯预测 - 校正公式等）。

（2）掌握局部截断误差的概念，能够用泰勒展开的方法求算法的精度，掌握单步法的收敛性与稳定性的概念和定理。

（3）正确应用所学方法，编写程序，求给定常微分方程的数值解。

2. 欧拉法参考程序

参照框图 8 -5 的计算步骤编写程序，用欧拉公式（8 -2）计算下列初值问题的数值解（取步长 $h = 0.1$，$1 \leqslant x \leqslant 2$）。

$$\begin{cases} \dfrac{dy}{dx} = \dfrac{y}{x} + \dfrac{x}{y} \\ y(1) = 1 \end{cases}$$

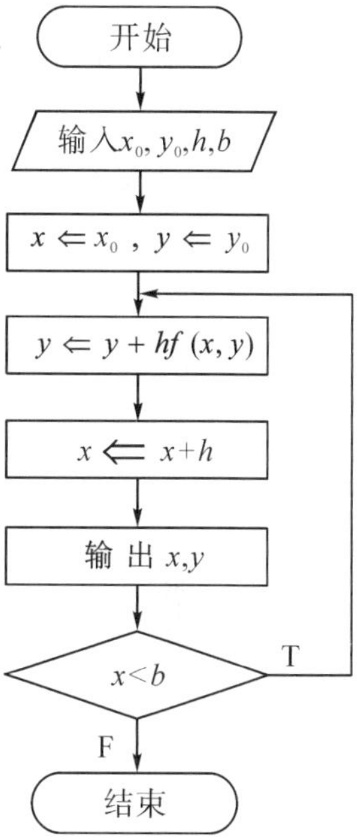

图 8 -5　欧拉法的计算框图

程序说明：

为了更清楚地了解常微分方法的各数值解的精度，本节所有的实验都使用上述例子，且该例子的精确解为 $y(x) = x\sqrt{2\ln x + 1}$。在各数值解的程序中都给出了数值解的结果以及精确解的值，从中得到它们的误差。

宏定义：

f(x, y)——微分方程右端函数，按本例设定为 f(x, y) = y/x + x/y。

yx(x)——精确解函数，按本例设定为 y(x) = x $\sqrt{2\ln x + 1}$。

Euler(x, y, h)——是欧拉公式，由 x, y, h 计算出下一个 y 值。

定义数据：

程序中的主要变量及函数：

double x0, y0——是初始条件。

double h——是步长。

double b——是区间的右端点。

double x, y——是坐标变量。

程序清单:

```
#include <math.h>
#include <stdio.h>
#define f(x, y)    (y/x + x/y)                        /* 微分方程右端函数 */
#define yx(x)   x * sqrt (2 * log(x) +1)          /* 精确解函数 */
#define Euler(x, y, h) (y + h * f(x, y))      /* 欧拉公式 */
void main ()    /* 主程序开始 */
{
  float b, h, x0, y0;
  double x, y, e, y_;    /* x, y 是坐标变量, e 是误差, y_是精确值 */
  printf ("Solve y' = f(x, y), y (x0) = y0 with the Euler method. a <= x <= b \
n");
  /* 显示求数值解信息 */
  printf ("x0, y0 = ");    /* 提示输入初始条件 */
  scanf ("%f,%f", &x0, &y0);    /* 输入初始条件 */
  printf ("h = ");    /* 提示输入步长 */
  scanf ("%f", &h);    /* 输入步长 */
  printf ("a = %f\n", x0);    /* 显示 x 区间左端点 */
  printf ("b = ");    /* 提示输入区间右端点 */
  scanf ("%f", &b);    /* 输入区间右端点 */
  printf ("%f <= x <= %f \n", x0, b);    /* 显示求数值解区间 */
  x = x0;    y = y0;
  printf ("====================================\n");
  printf ("     x\t\ty\t\ty(x)\t\te\t\t\n", x, y);    /* 输出 */
  printf ("====================================\n");
  do    /* 循环过程开始, 按步长计算数值解 */
  {
      y = Euler(x, y, h);    /* 用欧拉公式计算下一个值 */
      x = x + h;    /* 计算下一个值 */
      y_= yx(x);    /* 计算精确值 */
      e = y_- y;                       /* 计算误差 */
      printf ("%6.1f%16.8f%16.8f%16.8f\n", x, y, y_ , e);    /* 输出 */
  } while (x < b);    /* 当到 b 节点时继续循环过程, 否则退出循环 */
  printf ("====================================\n");
} /* 主程序结束 */
```

输出结果：

```
"D:\project\Debug\project.exe"
Solve y' = f(x,y), y(x0) = y0 with the Euler method. a <= x <= b
x0, y0 = 1,1
h = 0.1
a = 1.000000
b = 2
1.000000 <= x <= 2.000000
==================================================================
     x             y              y(x)              e
==================================================================
    1.1       1.20000000      1.20027107       0.00027107
    1.2       1.40075758      1.40181529       0.00105771
    1.3       1.60315531      1.60523869       0.00208338
    1.4       1.80756504      1.81079298       0.00322794
    1.5       2.01412909      2.01856212       0.00443303
    1.6       2.22287824      2.22854631       0.00566807
    1.7       2.43378689      2.44070305       0.00691617
    1.8       2.64680082      2.65496850       0.00816768
    1.9       2.86185194      2.87126892       0.00941698
    2.0       3.07886630      3.08952709       0.01066079
==================================================================
```

结果分析：

从上述结果可以看出，欧拉公式的精度较低。另外，也可以看出越往后的节点 x_i，其误差也越大。这是因为在求 y_{i+1}时，需要用到 y_i 的值，而 y_i 本身就存在误差，这样就导致了误差的积累。

3. *改进的欧拉法参考程序*

参照框图 8－6 的计算步骤编写程序，用改进的欧拉公式（8－11）计算下列初值问题的数值解（取步长 $h=0.1$，$1\leqslant x\leqslant 2$）。

$$\begin{cases}\dfrac{dy}{dx}=\dfrac{y}{x}+\dfrac{x}{y}\\ y(1)=1\end{cases}$$

主要函数及宏定义：

f(x，y) ——微分方程右端函数，按本例设定为 $f(x, y)=\dfrac{y}{x}+\dfrac{x}{y}$。

yx(x) ——精确解函数，按本例设定为 $y(x)=x\sqrt{2\ln x+1}$。

ImprovedEuler(x，y，h)——是改进的欧拉公式，由 x，y，h 计算出下一个 y 值。

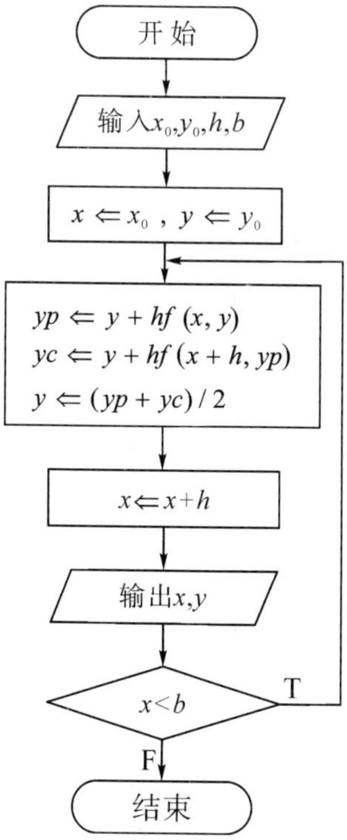

图 8－6 改进的欧拉法的计算框图

定义数据：

程序中的主要变量、函数：

double x0，y0 ——是初始条件。

double h ——是步长。

double b ——是区间的右端点。

double x，y ——是坐标变量。

double yp，yc ——是中间结果。

程序清单：

```
#include <math.h>
#include <stdio.h>
#define f(x, y)   (y/x + x/y)                    /*微分方程右端函数*/
#define yx(x)   x*sqrt (2*log(x)+1)         /*精确解函数*/
double ImprovedEuler (double x, double y, float h)   /*改进的欧拉公式*/
{
    double yp, yc;
    yp = y + h * f(x, y);
    yc = y + h * f (x+h, yp);
    return (yp+yc) /2;
}
void main ()    /*主程序开始*/
{
    float b, h, x0, y0;
    double x, y, e, y_;    /* x, y是坐标变量, e是误差, y_是精确值*/
    printf ("Solve y' = f(x, y), y (x0) = y0 with the ImprovedEuler method. a <= x <
= b \n");
    /*显示求数值解信息*/
    printf ("x0, y0 = ");    /*提示输入初始条件 */
    scanf ("%f,%f", &x0, &y0);    /*输入初始条件 */
    printf ("h = ");    /*提示输入步长 */
    scanf ("%f", &h);    /*输入步长 */
    printf ("a = %f\n", x0);    /*显示x区间左端点*/
    printf ("b = ");    /*提示输入区间右端点 */
    scanf ("%f", &b);    /*输入区间右端点 */
    printf ("%f <= x <= %f \n", x0, b);    /*显示求数值解区间*/
```

```
    x = x0;    y = y0;
    printf ("=====================================\n");
    printf ("    x\t\ty\t\ty(x)\t\te\t\t\n", x, y);    /*输出 */
    printf ("=====================================\n");
    do    /*循环过程开始，按步长计算数值解*/
     {
        y = ImprovedEuler(x, y, h);    /*用改进的欧拉公式计算下一个值*/
        x = x + h;    /*计算下一个值*/
        y_= yx(x);    /*计算精确值*/
        e = y_-y;                /*计算误差*/
        printf ("%6.1f%16.8f%16.8f%16.8f\n", x, y, y_, e);    /*输出 */
    } while (x < b);    /*当到b节点时继续循环过程，否则退出循环*/
    printf ("=====================================\n");
  } /*主程序结束*/
```

输出结果：

```
"D:\project\Debug\project.exe"
Solve y' = f(x,y), y(x0) = y0 with the ImprovedEuler method. a <= x <= b
x0, y0 = 1,1
h = 0.1
a = 1.000000
b = 2
1.000000 <= x <= 2.000000
==========================================================
    x          y               y(x)              e
==========================================================
   1.1     1.20037879      1.20027107      -0.00010772
   1.2     1.40196346      1.40181529      -0.00014818
   1.3     1.60539685      1.60523869      -0.00015817
   1.4     1.81094629      1.81079298      -0.00015331
   1.5     2.01870309      2.01856212      -0.00014096
   1.6     2.22867117      2.22854631      -0.00012486
   1.7     2.44081004      2.44070305      -0.00010699
   1.8     2.65505692      2.65496850      -0.00008842
   1.9     2.87133869      2.87126892      -0.00006977
   2.0     3.08957846      3.08952709      -0.00005137
==========================================================
```

结果分析：

从上述结果可以看出，改进的欧拉公式的精度较欧拉公式的有所提高。改进的欧拉公式也存在误差的积累问题。

4. 四阶龙格－库塔公式参考程序

参照框图 8－7 的计算步骤编写程序，用四阶龙格－库塔公式（8－18）计算下列初值问题的数值解（取步长 $h=0.1$，$1\leq x\leq 2$）。

$$\begin{cases}\dfrac{\mathrm{d}y}{\mathrm{d}x}=\dfrac{y}{x}+\dfrac{x}{y}\\ y(1)=1\end{cases}$$

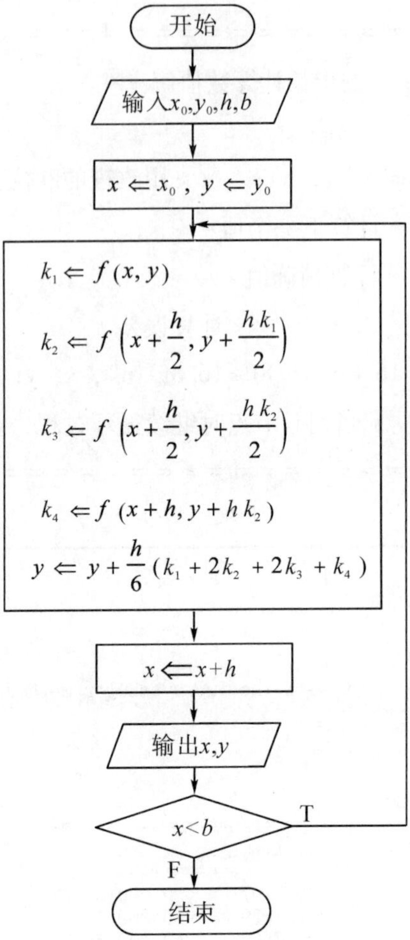

图 8-7　龙格-库塔法的计算框图

主要函数及宏定义：

f(x，y)——微分方程右端函数，按本例设定为 f(x，y) = y/x + x/y。

yx(x)——精确解函数，按本例设定为 y(x) = x $\sqrt{2\ln x+1}$。

rungekutta(x，y，h)——是龙格-库塔公式，由 x，y，h 计算出下一个 y 值。

定义数据：

程序中的主要变量、函数：

double x0，y0 ——是初始条件。

double h —— 是步长。

double b —— 是区间的右端点。

double x，y ——是坐标变量。

程序清单：

```
#include <math.h>
#include <stdio.h>
#define f(x, y)    (y/x + x/y)                    /*微分方程右端函数*/
#define yx(x)   x*sqrt (2*log(x)+1)          /*精确解函数*/
double rungekutta (double x, double y, float h)    /*龙格-库塔公式*/
{
  double k1, k2, k3, k4;
  k1 = f(x, y);
  k2 = f((x + h/2), (y + h*k1/2));
  k3 = f((x + h/2), (y + h*k2/2));
  k4 = f((x + h), (y + h*k3));
  return (y + h* (k1 + 2*k2 + 2*k3 + k4) /6 );
}
void main ()    /*主程序开始*/
{
  float b, h, x0, y0;
  double x, y, e, y_;    /* x, y是坐标变量, e是误差, y_是精确值*/
  printf ("Solve y' = f(x, y), y (x0) = y0 with the R-K method. a <= x <= b \
n");
  /*显示求数值解信息*/
  printf ("x0, y0 = ");    /*提示输入初始条件 */
  scanf ("%f,%f", &x0, &y0);    /*输入初始条件 */
  printf ("h = ");    /*提示输入步长 */
  scanf ("%f", &h);    /*输入步长 */
  printf ("a = %f\n", x0);    /*显示 x 区间左端点*/
  printf ("b = ");    /*提示输入区间右端点 */
  scanf ("%f", &b);    /*输入区间右端点 */
  printf ("%f <= x <= %f \n", x0, b);    /*显示求数值解区间*/
  x = x0;    y = y0;
  printf ("===================================\n");
  printf ("    x\t\ty\t\ty(x)\t\te\t\t\n", x, y);    /*输出 */
  printf ("===================================\n");
  do    /*循环过程开始，按步长计算数值解*/
```

```
    {
        y = rungekutta(x, y, h);    /* 用龙格 - 库塔公式计算下一个值 */
        x = x + h;    /* 计算下一个值 */
        y_= yx(x);    /* 计算精确值 */
        e = y_ - y;                 /* 计算误差 */
        printf ("%6.1f%16.8f%16.8f%16.8f\n", x, y, y_, e);    /* 输出 */
    } while (x < b);    /* 当到 b 节点时继续循环过程，否则退出循环 */
    printf ("==================================\n");
} /* 主程序结束 */
```

输出结果：

```
"D:\project\Debug\project.exe"
Solve y' = f(x,y), y(x0) = y0 with the R-K method. a <= x <= b
x0, y0 = 1,1
h = 0.1
a = 1.000000
b = 2
1.000000 <= x <= 2.000000
==================================================================
   x          y               y(x)              e
==================================================================
  1.1     1.20027140      1.20027107      -0.00000033
  1.2     1.40181576      1.40181529      -0.00000047
  1.3     1.60523924      1.60523869      -0.00000055
  1.4     1.81079358      1.81079298      -0.00000060
  1.5     2.01856276      2.01856212      -0.00000064
  1.6     2.22854698      2.22854631      -0.00000066
  1.7     2.44070374      2.44070305      -0.00000069
  1.8     2.65496921      2.65496850      -0.00000071
  1.9     2.87126966      2.87126892      -0.00000073
  2.0     3.08952785      3.08952709      -0.00000075
==================================================================
```

结果分析：

从上述结果可以看出，四阶龙格 - 库塔公式有较高的精度，每个结果，基本上具有 6 ~ 7 位有效数字。同样，四阶龙格 - 库塔公式也存在误差的积累问题。

5. 阿达姆斯预测 - 校正公式参考程序

参照框图 8 - 8 的计算步骤编写程序，用阿达姆斯预测 - 校正公式（8 - 25）计算下列初值问题的数值解（取步长 $h = 0.1$，$1 \leq x \leq 2$）。

$$\begin{cases}\dfrac{dy}{dx}=\dfrac{y}{x}+\dfrac{x}{y}\\ y(1)=1\end{cases}$$

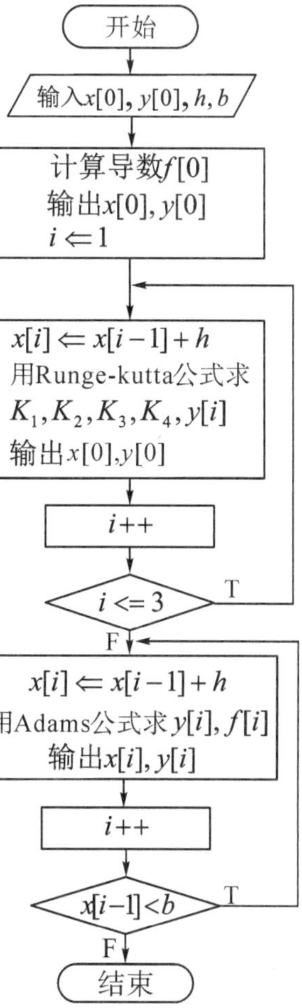

图 8－8　阿达姆斯预测－校正公式的计算框图

主要函数及宏定义：

f(x，y)——微分方程右端函数，按本例设定为 f（x，y）＝y/x＋x/y。

yx(x)——精确解函数，按本例设定为 y(x）＝x $\sqrt{2\ln x+1}$。

rungekutta(x，y，h)——是龙格－库塔公式，由 x，y，h 计算出下一个 y 值。

rungekutta（x[ ]，y[ ]，h，i）——是阿达姆斯预测－校正公式。

定义数据：

程序中的主要变量、函数：

double x0，y0 ——是初始条件。

double h—— 是步长。

double b—— 是区间的右端点。

double x[ ], y[ ] ——是用来存放坐标的数组。

算法流程：

(1) 输入 x [0], y [0], h, b。

(2) 用函数 rungekutta(x, y, h) 计算并输出 (x [i], y [i]) (i=1, 2, 3) 。

(3) 计算 y [i] =adams(x, y, h, i-4)(i≥4), x [i] =x [i-1] +h, 并输出结果, 用到了四个节点(x [i-4], y [i-4])、(x [i-3], y [i-3])、(x [i-2], y [i-2])、(x [i-1], y [i-1])的函数值 y 以及导数值 f, 来计算 y [i]。如 x [i] ≤b 则返回 (3), 否则结束。

程序清单：

```
#include <math.h>
#include <stdio.h>
#define N 50
#define fun(x, y)    (y/x + x/y)                    /* 微分方程右端函数 */
#define yx(x)   x * sqrt (2 * log(x) +1)        /* 精确解函数 */
double rungekutta (double x, double y, float h)   /* 龙格 - 库塔公式 */
{
  double k1, k2, k3, k4;
  k1 = fun(x, y);
  k2 = fun((x + h/2), (y + h * k1/2));
  k3 = fun((x + h/2), (y + h * k2/2));
  k4 = fun((x + h), (y + h * k3));
  return (y + h * (k1 + 2 * k2 + 2 * k3 + k4) /6 );
}
double adams (double x[ ], double y[ ], double f[ ], float h, int i)
{
  double yp, yc;
  yp =y[i+3] +h * (55 * f[i+3] -59 * f[i+2] +37 * f[i+1] -9 * f[i]) /24;
  f [i+4] =fun((x[i+3] +h, yp));               /* 求 f [i+4], 并保存下来 */
  yc =y[i+3] +h * (9 * f[i+4] +19 * f[i+3] -5 * f[i+2] +f[i+1])/24;
    return (yc);
}
```

```
void main ()    /*主程序开始*/
{
  float b, h;
  double x [N], y[N], f[N], y_, e;
  int i=0;
  /*显示用阿达姆斯公式求解初值问题信息*/
  printf ("Solve y'= fun(x, y), y (x0) = y0 with the Adams method. a <= x <= b \n");
  printf ("x0, y0 = ");    /*提示输入初始条件 */
  scanf ("%lf,%lf", x, y);    /*输入初始条件 */
  printf ("h = ");    /*提示输入步长 */
  scanf ("%f", &h);    /*输入步长 */
  printf ("a = %lf\n", x [0]);    /*显示区间左端点*/
  printf ("b = ");    /*提示输入区间右端点 */
  scanf ("%f", &b);    /*输入区间右端点 */
  printf ("%lf <= x <= %f \n", x [0], b);    /*显示求数值解区间*/
  printf ("=================================\n");
  printf ("  x\t\ty\t\ty(x)\t\t\n", x, y);    /*输出 */
  printf ("=================================\n");
  y_=yx (x [0]);                /*求x0处的精确值*/
  e=yx (x [0]) -y [0];          /*求x0处的误差*/
  f [0] =fun (x [0], y [0]);    /*求f0*/
  printf ("%4.1f%16.8f%16.8f%16.8f\n", x [0], y [0], y_, e);/*输出  */
  for (i=1; i<=3; i++)/*前3个值用四阶龙格-库塔公式计算  */
   {
      y [i] =rungekutta (x [i-1], y [i-1], h);    /*求yi*/
      x [i] =x [i-1] +h;
      f [i] =fun (x [i], y [i]);                  /*求fi*/
      y_=yx (x [i]);                              /*求xi处的精确值*/
      e=yx (x [i]) -y [i];                        /*求xi处的误差*/
      printf ("%4.1f%16.8f%16.8f%16.8f\n", x [i], y [i], y_, e); /*输
出*/
```

```
    }
    do /*循环过程开始，计算并输出后继的各组*/
     {
        y[i] =adams(x, y, f, h, i-4);          /*求yi*/
        x[i] =x[i-1] +h;
        y_=yx(x[i]);                        /*求xi处的精确值*/
        e=yx(x[i]) -y[i];                   /*求xi处的误差*/
        printf("%4.1f%16.8f%16.8f%16.8f\n", x[i], y[i], y_, e);   /*输出*/
        i++;
    } while(x[i-1] <= b);   /*当到b节点时继续循环过程，否则退出循环*/
    printf("===================================\n");
  }   /*主程序结束*/
```

输出结果：

```
"D:\project\Debug\project.exe"
Solve y' = fun(x,y), y(x0) = y0 with the Adams method. a <= x <= b
x0, y0 = 1,1
h = 0.1
a = 1.000000
b = 2
1.000000 <= x <= 2.000000
=====================================================
 x          y              y(x)
=====================================================
 1.0     1.00000000     1.00000000      0.00000000
 1.1     1.20027140     1.20027107     -0.00000033
 1.2     1.40181576     1.40181529     -0.00000047
 1.3     1.60523924     1.60523869     -0.00000055
 1.4     1.81079627     1.81079298     -0.00000329
 1.5     2.01856682     2.01856212     -0.00000470
 1.6     2.22855182     2.22854631     -0.00000551
 1.7     2.44070909     2.44070305     -0.00000603
 1.8     2.65497491     2.65496850     -0.00000641
 1.9     2.87127564     2.87126892     -0.00000672
 2.0     3.08953407     3.08952709     -0.00000698
=====================================================
```

结果分析：

y_0 是已知的初始值，y_1、y_2 和 y_3 是通过四阶龙格－库塔公式计算出来的结果，这些值都是作为阿达姆斯预测－校正公式中的启动值，$y_i(i \geq 4)$ 是通过阿达姆斯预测－校正公式计算的。

从运行结果可以看出，用四阶龙格－库塔公式运算结果的误差要略低于用阿达姆斯预测－校正公式运算结果的误差，但是四阶龙格－库塔公式中的 $K_i(i=1,2,3,4)$都需要计算$f(x,y)$的值，如果$f(x,y)$很复杂，四阶龙格－库塔公式的运算量就非常大。而四阶的阿达姆斯预测－校正公式主要是运用了在计算 y_{i+1}之前已经求得了一系列的函数近似值 y_i，y_{i-1}，y_{i-2}，y_{i-3}以及相应的导数近似值y'_i，y'_{i-1}，y'_{i-2}，y'_{i-13}（y'即是f），这样不但有可能提高计算结果的精确度，而且还可以大大减少计算量。实际上，四阶的阿达姆斯预测－校正公式和四阶龙格－库塔公式都具有 4 阶精度。

工程应用实例

医学图像异常检测[23]

医学图像异常检测是一种在医学图像数据中发现与正常生理状态或指标显著偏离的异常图像的技术，在医疗诊断、疾病预测、患者监护以及药物研发等方面发挥着重要作用。医学图像异常检测的核心在于对海量、高维度的医学图像（如 X 射线图像、MRI 图像等）进行综合分析和模式识别，自动地识别出与正常生理状态或指标不符的异常图像。

基于似然的异常检测具有较好的异常检测性能，它将图像或图像特征密度值较低的图像识别为异常图像。其实现步骤分为三步：首先，利用扩散常微分方程（ordinary differential equations，ODE）估计图像特征的似然值；其次，构建神经网络，拟合图像特征在不同时刻由扩散 ODE 估计的似然值；最后，通过扩散 ODE 估计的似然值和神经网络估计的似然值的加权平均得到异常分数，异常分数较大的图像被认定为异常图像。

异常检测算法第一步，是利用逆向扩散 ODE 方程[23]：

$$\mathrm{d}z(t)=\left\{f(t)z(t)-\frac{1}{2}g(t)^2\ \nabla_{z(t)}\log p[z(t)]\right\}\mathrm{d}t\quad\{t\in[0,1]\}\tag{1}$$

式中，$t\in[0,1]$ 表示时间；$f(t)$ 是 $z(t)$ 的漂移系数；$g(t)$ 是 $z(t)$ 的扩散系数；$\nabla_{z(t)}\log p[z(t)]$是分布$p[z(t)]$的分数。

这里设

$$f(t)=-\frac{1}{2}\beta(t),g(t)=\sqrt{\beta(t)}$$

$$\beta(t)=\bar{\beta}_{\min}+t(\bar{\beta}_{\max}-\bar{\beta}_{\min})\quad\{t\in[0,1],\ \bar{\beta}_{\min}=0.1,\ \bar{\beta}_{\max}=20\}$$

利用预训练的特征编码器得到医学图像特征 $z(0)$，并使用大规模数据集训练分数网络 $s_\theta[z(t),t]$拟合图像特征分布的分数 $\nabla_{z(t)}\log p[z(t)]$，则可得常微分方程：

$$\begin{cases}\mathrm{d}z(t)=\left[-\dfrac{1}{2}\beta(t)z(t)-\dfrac{1}{2}\beta(t)s_\theta(z(t),t)\right]\mathrm{d}t, & t\in[0,1]\\ z(0)=z_0\end{cases} \tag{2}$$

先将训练得到的数据代入常微分方程（2），便可得到中间时刻的图像特征 $z(t)$；再通过连续变量变换定理计算图像特征 $z(t)$ 的对数似然值；最后根据异常检测算法的后两步，就可以实现识别异常图像的目的了。

算法背后的历史

数学家秦元勋

秦元勋简介

秦元勋（1923—2008），贵州贵阳人，数学家，我国核事业的开拓者之一，获浙江大学理学学士（1943）、美国哈佛大学文学硕士（1946）、哈佛大学哲学博士（1947）、美国玛丽埃塔学院荣誉科学博士（1988）。

秦元勋在 1960 年 5 月至 1972 年 6 月期间，由于国家国防科研任务的需要，经中国科学院数学研究所华罗庚所长推荐，当时任数学所常微分方程组组长、副研究员的他，奉召调入当时的二机部九院理论部工作，出任副主任（主任是邓稼先）、研究员。这是他一生中的一个关键性的转折点，从此埋名隐姓、销声匿迹。从常微分方程的“定性”和“稳定性”理论的纯粹数学研究转向完成国家核武器研制任务的应用研究。学科分工是负责抓数学、计算和计算机方面的科研组织管理工作；任务分工是负责抓核武器设计中的威力计算方面的工作。有点类似于美国著名数学家冯·诺伊曼在美国核武器研制中所扮演的角色。

在攻克我国第一颗原子弹理论设计过程中，他提出计算机上解非定态中子输运方程的“人为次临界法”；用拓扑学方法论证球形合成的块数；提出原子弹威力计算的解析公式和整体计算的误差粗估等，并及时地写成百万字的《核装置分析》一书。在我国首颗原子弹爆炸（1964）前夕，由周光召、黄祖洽、秦元勋三人签字的备忘录直送中央专委，“保证成功概率超过 99%”。他远见卓识，及时地向国家提出建议——研制 119 机和 J－501 机这两台计算机，有力地支持我国首颗氢弹的研制过关，对氢弹威力计算的误差做出整体估计；对多维可压缩流体完整地提出“天然差分系统”的计算方法等，并亲临第一颗氢弹试验（1967）的现场，他一人在试验现场代表理论部在一张保证理论设计正确的保证书上签字。故他是我国“两弹”（原子弹、氢弹）突破中名副其实的功臣，是我国核事业的开拓者之一。

因负责我国首颗原子弹（“596”）、首颗氢弹（“639”）任务的威力计算问题，荣获1978年全国科学大会个人重大成果奖状（#0011424）；《原子弹氢弹设计原理中的物理力学数学理论问题》荣获1982年度国家自然科学一等奖，这是一项集体成果奖。秦元勋是荣誉证书（#100019）上9名代表者之一（其排名顺序是彭桓武、邓稼先、周光召、于敏、周毓麟、黄祖洽、秦元勋、江泽培、何桂莲）[24-25]。

秦元勋教授在常微分方程及相关领域做出的主要贡献

开辟和发展常微分方程学科：秦元勋教授自1954年起在中国科学院数学研究所担负起在中国开辟和发展常微分方程的任务，通过多种方式培养人才，迅速建立起常微分方程定性理论和运动稳定性理论的研究队伍。

引进和开发“实定性理论”和“运动稳定性理论”：秦元勋教授在1960年之前主要工作是引进和开发了“实定性理论”和“运动稳定性理论”两个分支，对中国常微分方程理论的发展起到了重要作用。

极限环的研究：秦元勋教授在二次系统极限环的研究中取得了重要成果，包括给出二次系统有一个极限环的具体类型，并在极限环的相对位置方面取得进展。

区域分析理论：秦元勋教授提出了“常微分方程的区域分析理论”，对复杂的非线性系统用分区线性逼近求解，并能大致确定极限环的位置。

计算机推导公式：秦元勋教授在1979年开创了常微分方程的计算机公式推导工作，与合作者一起对二次微分系统中十分复杂的中心焦点判别公式，通过计算机的符号运算加以实现，并纠正了前苏联科学院院士巴乌金的著名结果中的错误。

复域定性理论：秦元勋教授在复域上微分方程的定性理论方面做出了贡献，包括有根定理的提出，这是解决极限环个数问题的重要理论基础。

《常微分方程系统研究》荣获重大成果奖：在1978年的全国科学大会上，秦元勋教授的《常微分方程系统研究》荣获重大成果奖，这是对他在常微分方程领域研究成果的高度认可。

秦元勋教授的这些贡献不仅推动了中国常微分方程理论的发展，而且在国际上也产生了重要影响。

秦元勋常微分方程奖

秦元勋常微分方程奖是为了纪念秦元勋先生在常微分方程研究中取得的杰出贡献而设立的奖项。由中国科学院与华南理工大学共同发起，并主要由华南理工大学出资设立，以表彰在常微分方程研究中取得突出成绩的中青年学者。评选对象主要是已经取得博士学位、在常微分方程研究中取得突出成绩的中青年学者。该奖项每7年评选一次。

秦元勋常微分方程奖不仅是对秦元勋先生在常微分方程领域所做贡献的纪念，也是对后来者在该领域取得成绩的认可和鼓励，对推动中国常微分方程领域的研究和人才培养起到了积极作用，获奖者在常微分方程和动力系统科研发展中取得了突出的成绩。

习题 8

1. 取步长 $h=0.2$，用改进的欧拉公式解常微分方程初值问题：

$$\begin{cases} y' = 2x + 3y \\ y(0) = 1 \end{cases} \quad (0 \leqslant x \leqslant 1)$$

2. 取步长 $h=0.2$，用梯形公式求初值问题

$$\begin{cases} y' = x + y \\ y(0) = 1 \end{cases}$$

的数值解 y_1，y_2，要求绝对误差不超过 $\varepsilon=0.01$。

3. 就初值问题 $y' = ax + b$，$y(0) = 0$ 分别导出欧拉方法和改进的欧拉方法的近似解的表达式，并与准确解 $y = \frac{1}{2}ax^2 + bx$ 相比较。

4. 用梯形方法解初值问题 $\begin{cases} y' + y = 0, \\ y(0) = 1, \end{cases}$ 证明其近似解为 $y_n = \left(\frac{2-h}{2+h}\right)^n$，并证明当 $h \to 0$ 时，它收敛于原初值问题的准确解 $y = \mathrm{e}^{-x}$。

5. 利用欧拉方法计算积分 $\int_0^x \mathrm{e}^{t^2}\mathrm{d}t$ 在点 $x=0.5$，1，1.5，2 的近似值。

6. 取步长 $h=0.2$，用四阶经典的龙格－库塔方法求解下列初值问题：

$$\begin{cases} y' = x + y \\ y(0) = 1 \end{cases} \quad (0 < x < 1)$$

7. 取步长 $h=0.2$，用四阶龙格－库塔公式求下面初值问题的数值解。

$$y' = y - \frac{2x}{y},\ y(0) = 1 \quad (0 \leqslant x \leqslant 1)$$

8. 证明对任意参数 t，下列龙格－库塔公式是二阶的。

$$\begin{cases} y_{n+1} = y_n + \frac{h}{2}(K_2 + K_3) \\ K_1 = f(x_n,\ y_n) \\ K_2 = f(x_n + th,\ y_n + thK_1) \\ K_3 = f(x_n + (1-t)h,\ y_n + (1-t)hK_1) \end{cases}$$

9. 证明下列两种龙格－库塔方法是三阶的。

(1) $\begin{cases} y_{n+1}=y_n+\dfrac{h}{4}(K_1+3K_3), \\ K_1=f(x_n,\ y_n), \\ K_2=f\left(x_n+\dfrac{h}{3},\ y_n+\dfrac{h}{3}K_1\right), \\ K_3=f\left(x_n+\dfrac{2}{3}h,\ y_n+\dfrac{2}{3}hK_2\right); \end{cases}$ (2) $\begin{cases} y_{n+1}=y_n+\dfrac{h}{9}(2K_1+3K_2+4K_3), \\ K_1=f(x_n,\ y_n), \\ K_2=f\left(x_n+\dfrac{h}{2},\ y_n+\dfrac{h}{2}K_1\right), \\ K_3=f\left(x_n+\dfrac{3}{4}h,\ y_n+\dfrac{3}{4}hK_2\right)。 \end{cases}$

10. 分别用二阶显式亚当姆斯方法和二阶隐式亚当姆斯方法解下列问题：

$$\begin{cases} y'=1-y \\ y(0)=0 \end{cases}$$

取 $h=0.2$，$y_0=0$，$y_1=0.181$。计算 $y(1.0)$，并与准确解 $y=1-\mathrm{e}^{-x}$ 相比较。

11. 取步长 $h=0.1$，用阿达姆斯预测－校正公式求初值问题

$$\begin{cases} y'=x-y^2 \\ y(0)=0 \end{cases} \quad (0\leqslant x\leqslant 1)$$

的数值解。

参 考 文 献

[1] 喻文健．数值分析与算法［M］．3 版．北京：清华大学出版社，2020.

[2] 丁丽娟，程杞元．数值计算方法［M］．2 版．北京：北京理工大学出版社，2013.

[3] 约翰·H.马修斯，柯蒂斯·K.芬克．数值方法（MATLAB 版）［M］．4 版．周璐，陈渝，钱方，译．北京：电子工业出版社，2017.

[4] 金一庆，陈越，王冬梅．数值方法［M］．2 版．北京：机械工业出版社，2007.

[5] 李庆扬，王能超，易大义．数值分析［M］．5 版．北京：清华大学出版社，2008.

[6] 孟大志，刘伟．现代科学与工程计算［M］．北京：高等教育出版社，2009.

[7] 张静源，王明辉．非线性方程数值解法案例教学研究——以流体摩阻系数计算为例［C］．Proceedings of the 2021 International Conference on Modern Management and Education Research（MMER 2021）：236 – 239.

[8] 漫游者．巴西蝴蝶能引发美国龙卷风？——探秘神奇的“蝴蝶效应”与“混沌理论”［J］．当代学生，2016（11）：18 ~ 21.

[9] 蝴蝶效应一种混沌现象［BE/OL］．https：//baike. baidu. com/item/蝴蝶效应/13502.

[10] 薛芳．《代微积拾级》的翻译与晚清中算家对微积分的认识［D］．呼和浩特：内蒙古师范大学，2017.

[11] 张惠民．中国古代历法中内插法的应用与发展［J］．西南师范大学学报（自然科学版），2003，28（2）：198 – 202.

[12] 曲安京．中国古代历法中的三次内插法［J］．自然科学史研究，1996，15（2）：131 – 143.

[13] 张惠民．《授时历》中的招差法和弧矢割圆术研究［J］．西北大学学报（自然科学版），2001，31（5）：453 – 456.

[14] 刘洪元．高斯消元法是中国古法［J］．沈阳农业大学学报，2003，34（1）：56 – 58.

[15] 曹媛．浅谈《九章算术》对古今数学的影响［J］．天津职业院校联合学报，2013，15（12）：72 – 75.

[16] 王金仲，王新社．线性方程组解法探源［J］．周口师范高等专科学校学报，2001，18（5）：23 – 25.

[17] 李迪．中国数学通史（明清卷）［M］．南京：江苏教育出版社，2004.

[18] 中水北方勘测设计研究有限责任公司. 溢洪道设计规范：SL 253—2018 [S]. 北京：中国水利水电出版社，2018.

[19] 杨超，张显仁. 拉格朗日插值多项式在工程计算中的应用探讨 [J]. 吉林水利，2024 (9)：54－58.

[20] 陈希孺. 最小二乘法的历史回顾与现状 [J]. 中国科学院研究生院学报，1998，15 (1)：4－11.

[21] 藤瑞品. 低速智能汽车行驶轨迹的数值积分算法 [D]. 长沙：长沙民政职业技术学院，2024，31 (2)：115－119.

[22] 吴文俊：拓扑学做出了重大贡献、开创了崭新的数学机械化领域 [BE/OL] http：//www. amss. cas. cn/ryszl/wwj/202106/t20210618_ 6114096. html.

[23] 胡显耀，靳聪明. 基于扩散常微分方程的医学图像异常检测 [J]. 浙江理工大学学报（自然科学版)，2024，9：1－13.

[24] 张锁春. 数学家秦元勋的传奇人生和主要学术成就 [BE/OL]. https：//blog. sciencenet. cn/blog－39480－17201. html.

[25] 张锁春. 秦元勋负责完成了中国第一颗原子弹和氢弹的威力计算工作 [BE/OL]. https：//amss. cas. cn/ryszl/qyx/202106/t20210621_ 6114573. html.